矿物加工工程国家级一流本科专业建设系列教材
矿物加工工程教育部“新工科”项目建设系列教材

智能选矿概论

中国矿业大学矿物加工工程专业教研室　组织编写
廖寅飞　主编

中国矿业大学出版社
·徐州·

内容摘要

本书以智能控制理论和技术为基础，深度融合矿物加工工程的分选方法、设备和工艺。从实际矿物分选生产过程出发，涵盖原矿准备、矿石分选、产品脱水和辅助作业等环节。围绕检测、控制、执行和决策等方面介绍和总结了目前国内外智能选矿技术研究进展和选矿行业生产工程实践情况。本书内容分为智能化基础篇、煤炭分选篇和非煤矿物分选篇三个板块，强调对各种矿物加工方法的基本原理和各类智能控制技术的理解和应用。本书可作为高等院校矿物加工工程等相近专业的教材，也可供从事矿物加工工程的相关技术人员参考，以满足教学、科研、培训以及矿物加工工程技术人员的学习需要。

图书在版编目(CIP)数据

智能选矿概论 / 廖寅飞主编. —徐州 ：中国矿业大学出版社，2024.2

ISBN 978-7-5646-6182-3

Ⅰ. ①智… Ⅱ. ①廖… Ⅲ. ①智能控制—应用—选矿—概论 Ⅳ. ①TD928.9

中国国家版本馆 CIP 数据核字(2024)第 053910 号

书　　名　智能选矿概论
主　　编　廖寅飞
责任编辑　褚建萍
出版发行　中国矿业大学出版社有限责任公司
(江苏省徐州市解放南路　邮编 221008)
营销热线　(0516)83885370　83884103
出版服务　(0516)83995789　83884920
网　　址　http://www.cumtp.com　**E-mail**:cumtpvip@cumtp.com
印　　刷　江苏淮阴新华印务有限公司
开　　本　787 mm×1092 mm　1/16　**印张** 16.75　**字数** 430 千字
版次印次　2024 年 2 月第 1 版　2024 年 2 月第 1 次印刷
定　　价　45.00 元

前　言

当前，以大数据、云计算、物联网、人工智能为代表的信息技术已经成为经济增长的新引擎。矿业作为国家的基础行业和传统产业，智能化是推动其升级转型的新动力。发展矿山智能化是大势所趋。在“双碳”目标背景下，选矿行业对数字化、智能化的重视程度逐步提升，绿色低碳数字化转型已加速推进。面对行业发展和新经济的需求，急需既懂矿物加工工艺又懂机电设备和智能控制技术的复合人才，人才缺口巨大。为满足教学、科研、培训以及矿物加工工程技术人员的学习需要，同时充分结合选矿厂智能化控制技术的实际应用和发展情况，组织编写了本书。

本书第1章至第3章为智能化基础篇。第1章论述了人工智能理论的基本知识，介绍了人工智能的发展过程和基础技术以及人工智能在矿物加工中的应用；第2章对自动控制基本概念进行了概述，并介绍了自动控制仪表和常用的控制算法；第3章概述了智能控制的发展历程以及选矿智能仪表和智能控制系统。

本书第4章至第9章为煤炭分选篇。第4章论述了选煤智能化的规范和标准，包括选煤厂智能化基础、规定、要求以及选煤厂智能化建设的基本原则；第5章介绍了智能排矸技术和控制系统以及排矸智能化技术的应用案例；第6章介绍了重力分选、跳汰分选以及粗煤泥分选智能化技术；第7章介绍了浮选智能化技术，同时介绍了煤泥水处理智能化技术；第8章概述了选煤厂生产管理系统智能化技术；第9章从智能除尘、智能配电系统、智能照明和人员管理、智能采制样以及智能装车等方面介绍了辅助作业智能化技术。

本书第10章至第16章为非煤矿物分选篇。第10章论述了选矿智能化的规范和标准，介绍了智能选矿的基本原则、智能化基础、生产过程智能化规定等；第11章论述了选矿厂破碎筛分作业智能化技术；第12章论述了选矿厂磨矿分级作业智能化技术；第13章从泡沫图像处理、矿浆液位、矿浆pH值、加药智能控制以及浮选指标智能预测等方面介绍了矿物浮选智能化技术；第14章论述了浓缩脱水作业智能化技术；第15章论述了选矿厂生产管理智能化技术；第16章从预选作业、配矿、采样和维护等方面论述了选矿厂辅助作业智能化技术。

本书可作为高等院校矿物加工工程等相近专业的教学用书，也可供选矿厂工程技术人员参考。

由于编者水平有限，书中难免存在不妥之处，恳切希望大家提出宝贵的意见。

编　者

2024年1月

目　录

智能化基础篇

煤炭分选篇

非煤矿物分选篇

智能化基础篇

第 1 章　人工智能理论

1.1　人工智能的概念

人工智能(artificial intelligence),英文缩写为 AI。它是研究、开发用于模拟、延伸和扩展人的智能的理论、方法、技术及应用系统的一门新的技术科学。它是在计算机科学、控制论、信息论、神经心理学、哲学、语言学等多学科研究的基础上发展起来的一门综合性很强的交叉学科,是解决复杂工程问题的重要工具,也是当前许多高新技术产品中的核心技术。它被称为是 20 世纪 70 年代以来的世界三大尖端技术之一(空间技术、能源技术、人工智能),如图 1-1 所示。

空间技术　　能源技术　　人工智能

图 1-1　世界三大尖端技术

人工智能是社会发展和技术创新的产物,是促进人类进步的重要技术形态。人工智能发展至今,已经成为新一轮科技革命和产业变革的核心驱动力,正在对世界经济、社会进步和人民生活产生极其深刻的影响。在世界经济方面,人工智能是引领未来的战略性技术,全球主要国家及地区都把发展人工智能作为提升国家竞争力、推动国家经济增长的重大战略;在社会进步方面,人工智能技术为社会治理提供了全新的技术和思路,将人工智能运用于社会治理中,是降低治理成本、提升治理效率、减少治理干扰最直接、最有效的方式;在日常生活方面,深度学习、图像识别、语音识别等人工智能技术已经广泛应用于智能终端、智能家居、移动支付等领域,未来人工智能技术还将在教育、医疗、出行等与人民生活息息相关的领域里发挥更为显著的作用,为普通民众提供覆盖面更广、体验感更优、便利性更佳的生活服务。

中国人工智能发展的机遇是巨大的、难得的。改革开放四十多年来,中国科学技术和经济实力的发展,为我们在人工智能这个新技术领域的发展奠定了前所未有的实力地位。近年来,中国人工智能产业化发展迅速,企业数量、融资规模均居全球第二,成为人工智能产业化大国之一。由于国家强大的经济实力和制度优势,集中资源来发展关键技术以及作为第一人口大国而特有的天然的大数据,为人工智能的发展创造了独有的生态环境,这些都是人工智能发展的独特机遇。中国人民的创造力促进了我国在人工智能应用领域的特殊优势,中国在人工智能和互联网应用的结合方面走出了自己的发展道路。一些人工智能公司成长起来,例如:由智能推荐技术发展而来的今日头条,由图像合成技术发展而来的抖音,由机器翻译工业化发展而来的科大讯飞,由计算机视觉技术发展而来的商汤、旷视、依图等。疫情期间,人工智能应用"大显身手",让民众亲身体验了 AI 的强大算力:医疗机器人、影像分析、大数据分析、智能红外测温、面部识别等技术,为疫情防控提供了强大的支撑。举例来说,AI 能够秒级完成上百张 CT 影像筛查,让诊断效率提升至少 10 倍,大大缩短了疑似病例基因分析和 CT 影像的判读时间。中国人工智能发展的光明前景是可期的。

党的十八大以来,习近平总书记把创新摆在国家发展全局的核心位置,高度重视人工智能发展,多次谈及人工智能的重要性,为人工智能如何赋能新时代指明了方向。2018 世界人工智能大会 9 月 17 日在上海开幕,习近平总书记致信祝贺并强调指出人工智能发展应用将有力提高经济社会发展智能化水平,有效增强公共服务和城市管理能力。深入学习领会习近平总书记关于人工智能的一系列重要论述,务实推进我国《新一代人工智能发展规划》,有效规避人工智能"鸿沟",着力收获人工智能"红利",对建设世界科技强国、实现"两个一百年"奋斗目标具有重大战略意义。

人工智能可以为人类社会做出重大的贡献。首先,日益发达的自动化再配以"灵巧"的处理加工将导致生产率提高,这是提高生活水平与经济增长的关键因素。第二,人工智能可把人脑从乏味的、平庸的、重复性的工作中解脱出来,尤其是高危险的或者是有碍健康的工作。第三,人工智能可以向世界上的贫困地区提供知识,尤其向缺乏广泛经验或专门知识的领域,如医学、农业、土木工程等,提供理论知识。这将有助于提高多种语言的交流能力,打破语言障碍,减弱文化隔阂,从而增强全球的交流。

研究人工智能的目的,一方面是要创造出具有智能的机器,另一方面是要弄清人类智能的本质,因此,人工智能既属于工程的范畴,又属于科学的范畴。通过研究和开发人工智能,可以辅助、部分替代甚至拓宽人类的智能,使计算机更好地造福人类。

1.2 人工智能的发展过程

人工智能探索道路曲折起伏。回顾人工智能的产生与发展过程,可大致分为以下 6 个阶段。

起步发展期:1943 年—20 世纪 60 年代初

1943 年,美国神经科学家麦卡洛克(Warren McCulloch)和逻辑学家皮茨(Water Pitts)提出神经元的数学模型,这是现代人工智能学科的奠基石之一。1956 年,达特茅斯学院人工智能夏季研讨会上正式使用了人工智能这一术语。这是人类历史上第一次人工智能研讨,标志着人工智能学科的诞生。人工智能概念提出后,发展出了符号主义、联结主义(神经网络),相继取得了一批令人瞩目的研究成果,如机器定理证明、跳棋程序、人机对话等,掀起人工智能发展的第一个高潮。

反思发展期:20 世纪 60 年代—70 年代初

1965 年,古德(I. J. Good)发表了一篇关于人工智能未来可能对人类构成威胁的文章,可以算“AI威胁论”的先驱。他认为机器的超级智能和无法避免的智能爆炸最终将超出人类可控范畴。后来著名科学家霍金、发明家马斯克等人对人工智能的恐怖预言跟古德半个世纪前的警告遥相呼应。1969年，“符号主义”代表人物马文·明斯基(Marvin Minsky)在其著作《感知器》中提出对XOR(异或)线性不可分的问题：单层感知器无法划分XOR原数据，解决该问题需要引入更高维非线性网络(MLP，至少需要两层)，但多层网络并无有效的训练算法。这些论点给神经网络研究以沉重的打击，神经网络的研究走向长达10年的低潮时期。70年代初，哈佛大学沃伯斯(Paul Werbos)在其博士论文里首次提出了通过误差的反向传播(BP)来训练人工神经网络，实现“网络的万能近似功能”。BP算法的基本思想不是用误差本身去调整权重，而是用误差的导数(梯度)调整，但在该时期未引起重视。

应用发展期：20世纪70年代初—80年代中期

20世纪70年代出现的专家系统模拟人类专家的知识和经验解决特定领域的问题，实现了人工智能从理论研究走向实际应用，即从一般推理策略探讨转向运用专门知识的重大突破。专家系统(expert systems)是AI的一个重要分支，同自然语言处理、机器学习并列为AI的三大研究方向。它的定义是使用人类专家推理的计算机模型来处理现实世界中需要专家作出解释的复杂问题，并得出与专家相同的结论，可视作“知识库(knowledge base)”和“推理机(inference machine)”的结合。专家系统在医疗、化学、地质等领域取得成功，推动人工智能走入应用发展的新高潮。

低迷发展期：20世纪80年代中—90年代中期

随着人工智能的应用规模不断扩大，专家系统存在的应用领域狭窄、缺乏常识性知识、知识获取困难、推理方法单一、缺乏分布式功能、难以与现有数据库兼容等问题逐渐暴露出来。而机器学习(特别是神经网络)可以探索不同的学习策略和各种学习方法，在大量的实际应用中开始慢慢复苏。贝叶斯网络是一种模拟人类推理过程中因果关系不确定性的处理模型，如常见的朴素贝叶斯分类算法就是贝叶斯网络最基本的应用。1985年，朱迪亚·珀尔提出贝叶斯网络(bayesian network)，以倡导人工智能的概率方法和发展贝叶斯网络而闻名，还因发展了一种基于结构模型的因果和反事实推理理论而受到赞誉。论文《移动机器人鲁棒分层控制系统》的发表，标志着基于行为的机器人学科的创立，机器人学界开始把注意力投向实际工程主题。1989年，LeCun(CNN之父)结合反向传播算法与权值共享的卷积神经层发明了卷积神经网络(convolutional neural network，CNN)，并首次将卷积神经网络成功应用到美国邮局的手写字符识别系统中。

稳步发展期：20世纪90年代中—2010年

由于网络技术特别是互联网技术的发展，加速了人工智能的创新研究，促使人工智能技术进一步走向实用化。1997年国际商业机器公司(简称IBM)研制的深蓝超级计算机战胜了国际象棋世界冠军卡斯帕罗夫。深蓝是基于暴力穷举实现国际象棋领域的智能，通过生成所有可能的走法，然后执行尽可能深的搜索，并不断对局面进行评估，尝试找出最佳走法。2003年，Google公布了3篇大数据奠基性论文，为大数据存储及分布式处理的核心问题提供了思路：非结构化文件分布式存储(GFS)、分布式计算(distributed computing)及结构化数据存储(big table)，并奠定了现代大数据技术的理论基础。2006年，杰弗里·辛顿以及他的学生鲁斯兰·萨拉赫丁诺夫正式提出了深度学习(deep learning)的概念，开启了深度学习在学术界和工业界的浪潮。2006 年也被称为深度学习元年，杰弗里·辛顿也因此被称为深度学习之父。

蓬勃发展期:2011 年至今

2011 年，IBM Watson 问答机器人参与 Jeopardy 回答测验比赛最终赢得了冠军。Waston 是一个集自然语言处理、知识表示、自动推理及机器学习等技术实现的电脑问答(Q&A)系统。2012 年，Hinton 和他的学生 Alex Krizhevsky 设计的 AlexNet 神经网络模型在 ImageNet 竞赛中大获全胜，成为史上首个在 ImageNet 数据集中表现出色的模型，并激发了对神经网络研究的热情。2014 年，Goodfellow 及 Bengio 等人提出的生成对抗网络(generative adversarial network，GAN)，被誉为近年来最酷炫的神经网络。

随着大数据、云计算、互联网、物联网等信息技术的发展，泛在感知数据和图形处理器等计算平台推动了以深度神经网络为代表的人工智能技术的迅速发展，大幅缩小了科学与应用之间的“技术鸿沟”。人工智能学科发展需要基础理论、数据资源、计算平台、应用场景的协同驱动，当条件不具备时很难实现重大突破。人工智能经过 80 多年的发展，理论、技术和应用都取得了重要突破，已成为推动新一轮科技和产业革命的驱动力，深刻影响世界经济、政治、军事和社会发展，日益得到各国政府、产业界和学术界的高度关注。从技术维度来看，人工智能技术突破集中在专用智能，但是通用智能发展水平仍处于起步阶段；从产业维度来看，人工智能创新创业如火如荼，技术和商业生态已见雏形；从社会维度来看，世界主要国家纷纷将人工智能上升为国家战略，人工智能社会影响日益凸显。

1.3 人工智能的基础技术

人工智能存在许多不同的研究领域，人们在过去的几十年中已经建立了一些具有人工智能的计算机系统，这些系统能够求解微分方程、下棋、设计和分析集成电路、合成人类自然语言、检索情报、诊断疾病以及控制太空飞行器和水下机器人等。

人工智能基础技术包括：机器学习(ML)、深度学习、计算机视觉、自然语言处理、数据挖掘、机器翻译、生物识别技术等。

1.3.1 机器学习

机器学习是人工智能的一个科学领域，特别关注如何通过经验学习来改善具体算法的性能。这些算法企图从大量历史数据中挖掘出其中隐含的规律，并用于预测或者分类。更具体地说，机器学习可以看作是寻找一个函数，输入的是样本数据，输出的是期望的结果，只是这个函数过于复杂，以至于不太方便形式化表达。经典机器学习过程如图 1-2 所示。这个过程跟人的学习过程有些类似，比如人获取一定的经验，可以对新问题进行预测。需要注意的是，机器学习的目标是使学到的函数很好地适用于“新样本”，而不仅仅是在训练样本上表现很好。学到的函数适用于新样本的能力，称为泛化(generalization)能力。

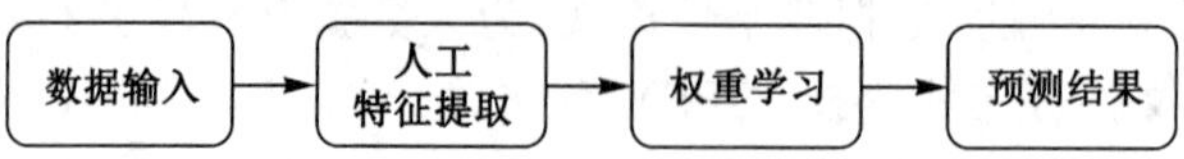

图 1-2 经典机器学习过程

随着大数据时代各行业对数据分析需求的持续增加，通过机器学习高效地获取知识已逐渐成为当今机器学习技术发展的主要推动力。大数据时代的机器学习更强调“学习本身是手段”，机器学习成为一种支持和服务技术。如何基于机器学习对复杂多样的数据进行深层次的分析，更高效地利用信息成为当前大数据环境下机器学习研究的主要方向。所以，机器学习越来越朝着智能数据分析的方向发展，并已成为智能数据分析技术的一个重要源泉。另外，在大数据时代，随着数据产生速度的持续加快，数据的体量有了前所未有的增长，而需要分析的新数据种类也在不断涌现，如文本的理解、文本情感的分析、图像的检索和理解、图形和网络数据的分析等。大数据机器学习和数据挖掘等智能计算技术在大数据智能化分析处理应用中具有极其重要的作用。

1.3.2　深度学习

人工智能是一门科学，机器学习是目前最主流的人工智能实现方法，而深度学习(DL)则是机器学习的一个分支，也是当下最流行的机器学习的一种。近年来，随着深度学习的火热和深入人心，人们渐渐将这一概念独立出来，由此有了深度学习和传统机器学习的区分，如图1-3所示。

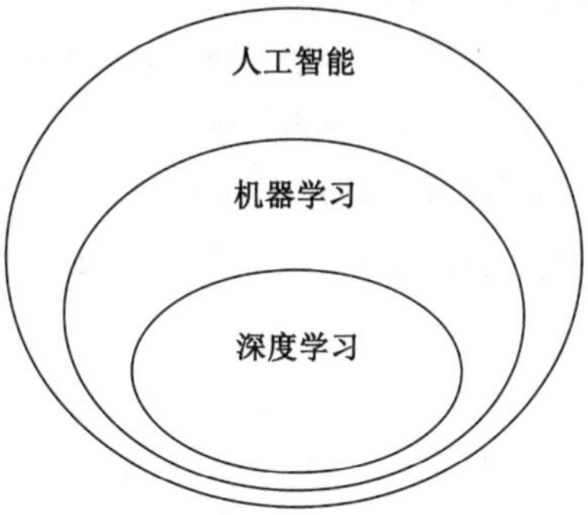

图1-3　人工智能、机器学习和深度学习三者关系图

深度学习是机器学习中一种基于对数据进行表征学习的方法，是一种能够模拟出人脑神经结构的机器学习方法。深度学习的概念源于人工神经网络的研究。而人工神经网络(artificial neural network，ANN)是从信息处理角度对人脑神经元网络进行抽象，建立某种简单模型，按不同的连接方式组成不同的网络，简称神经网络或类神经网络。因此，深度学习又叫深层神经网络(deep neural networks，DNN)，如图1-4所示，它是从之前的人工神经网络模型发展而来的。

深度学习所涉及的技术主要有：线性代数、概率和信息论、欠拟合、过拟合、正则化、最大似然估计和贝叶斯统计、随机梯度下降、监督学习和无监督学习、深度前馈网络、代价函数和反向传播、正则化、稀疏编码和Dropout、自适应学习算法、卷积神经网络、循环神经网络、递归神经网络、深度神经网络和深度堆叠网络、LSTM长短时记忆、主成分分析、正则自动编码器、表征学习、蒙特卡洛、受限玻尔兹曼机、深度置信网络、Softmax回归、决策树和聚类算法、KNN和SVM、生成对抗网络和有向生成网络、机器视觉和图像识别、自然语言处理、语音识别和机器翻译、有限马尔科夫、动态规划、梯度策略算法和增强学习等。

深度学习是机器学习研究中的一个新领域，其目标是建立、模拟人脑进行分析学习的神

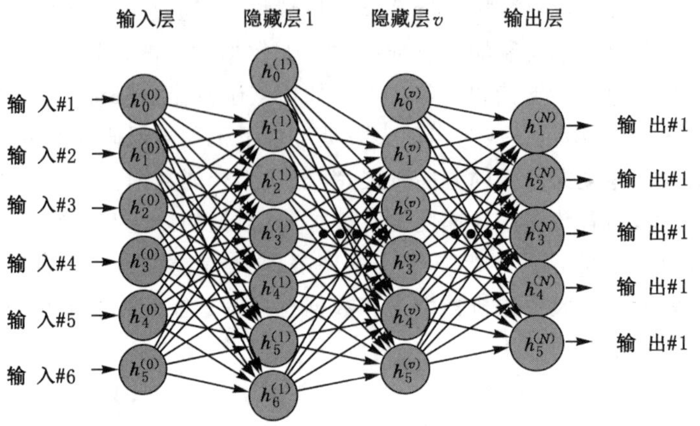

图 1-4　深层神经网络

经网络，它模仿人脑的机制来解释数据，比如图像、声音和文本等。深度学习能让计算机具有人一样的智慧。深度学习的实质是通过构建具有很多隐藏层的机器学习模型和海量的训练数据，来学习更有用的特征，从而最终提升分类或预测的准确性。因此，“深度模型”是手段，“特征学习”是目的。深度学习强调了模型结构的深度，突出了特征学习的重要性，通过逐层特征变换，将样本在原空间的特征表示变换到一个新特征空间，从而使分类或预测更加容易。与人工规则构造特征的方法相比，利用大数据来学习特征，更能够刻画数据的丰富内在信息。对深度学习而言，训练集是用来求解神经网络权重的，最后形成模型；而测试集是用来验证模型准确度的。

深度学习的优点：深度学习提出了一种让计算机自动学习模式特征的方法，并将特征学习融入建立模型的过程中，从而减少了人为设计特征造成的不完备现象。而目前以深度学习为核心的某些机器学习应用，在满足特定条件的应用场景下，已经达到了超越现有算法的识别或分类性能。

深度学习的缺点：在只能提供有限数据量的应用场景下，深度学习算法不能够对数据的规律进行无偏差的估计。为了达到很好的精度，需要大数据支撑。由于深度学习中图模型的复杂化导致算法的时间复杂度急剧提升，为了保证算法的实时性，需要更高的并行编程技巧和更多更好的硬件支持。因此，只有一些经济实力比较强大的科研机构或企业，才能够用深度学习做一些前沿而实用的应用。

1.3.3　计算机视觉

计算机视觉是一门关于如何运用照相机和计算机来获取我们所需的、被拍摄对象的数据与信息的科学。形象地说，就是给计算机安装上眼睛（照相机）和大脑（算法），如图 1-5 所示，让计算机能够感知环境。

计算机视觉既是工程领域，也是科学领域中一个富有挑战性的重要研究领域。计算机视觉是一门综合性的学科，它已经吸引了来自各个学科的研究者参加到对它的研究之中。其中包括计算机科学和工程、信号处理、物理学、应用数学和统计学、神经生理学和认知科学等。

图 1-5　计算机视觉城市运用

计算机视觉就是用各种成像系统代替视觉器官作为输入敏感手段，由计算机来代替大脑完成处理和解释。计算机视觉的最终研究目标就是使计算机能像人那样通过视觉观察和理解世界，具有自主适应环境的能力。这是需要经过长期努力才能达到的目标。因此，在实现最终目标以前，人们努力的中期目标是建立一种视觉系统，这个系统能依据视觉敏感和反馈的某种程度的智能完成一定的任务。计算机视觉可以而且应该根据计算机系统的特点来进行视觉信息的处理。但是，人类视觉系统是迄今为止，人们所知道的功能最强大和完善的视觉系统。对人类视觉处理机制的研究将给计算机视觉的研究提供启发和指导。因此，用计算机信息处理的方法研究人类视觉的机理，建立人类视觉的计算理论。这方面的研究被称为计算视觉（computational vision）。计算视觉可被认为是计算机视觉中的一个研究领域。

数十年来，传统的计算机视觉和图像处理技术已经应用于众多应用和研究工作。然而，现代 AI 技术采用人工神经网络，能够实现更高的性能和准确性；高性能计算依托 GPU 取得了长足进步，实现了超高的准确性，从而在运输、零售、制造、医疗健康和金融服务等行业广泛应用。在将图像和视频分类为精细离散的类别和分类方面，如医学计算机轴向断层扫描或 CAT 扫描中随时间微小变化的识别，传统或基于 AI 的计算机视觉系统远胜于人类。在这方面，计算机视觉实现了对人类有可能完成的任务的自动化，且准确性和速度远远超过人类。

1.3.4　自然语言处理

自然语言处理（natural language processing，NLP）是计算机科学领域与人工智能领域中的一个重要方向。它是一门以语言为对象，利用计算机技术来分析、理解和处理自然语言的学科。NLP 将计算机作为语言研究的强大工具，利用计算机支持对语言信息进行定量化研究，并提供可供人与计算机之间共同使用的语言描述。NLP 包括自然语言理解（natural language understanding，NLU）和自然语言生成（natural language generation，NLG）两部分。它是典型边缘交叉学科，涉及语言科学、计算机科学、数学、认知学、逻辑学等多个领域，关注计算机与人类（自然）语言之间的相互作用。它研究能实现人与计算机之间用自然语言进行有效通信的各种理论和方法。这一领域的研究将涉及自然语言，即人们日常使用的语言，所以它与语言学的研究有着密切的联系，但又有重要的区别。自然语言处理并不是一般地研究自然语言，而在于研制能有效地实现自然语言通信的计算机系统，特别是其中的软件系统。自然语言处理任务如图 1-6 所示，主要应用于机器翻译、舆情监测、自动摘要、观点提取、文本分类、问题回答、文本语义对比、语音识别、中文 OCR 等方面。

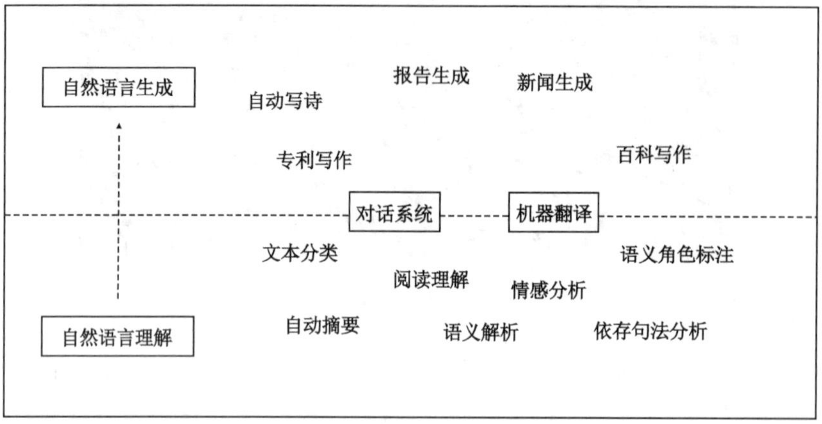

图 1-6　自然语言处理任务

1.3.5　数据挖掘

数据挖掘(data mining)就是从大量的数据中，提取隐藏在其中的、事先不知道但潜在有用的信息的过程。数据挖掘的目标是建立一个决策模型，根据过去的行动数据来预测未来的行为。比如分析不同用户对公司产品的购买情况，进而分析出哪一类客户会对公司的产品有兴趣。在讲究实时、竞争激烈的网络时代，若能事先破解消费者的行为模式，将是公司获利的关键因素之一。数据挖掘是一门交叉学科，它涉及了数据库、人工智能、统计学和可视化等不同学科和领域。

数据挖掘的基本步骤如图 1-7 所示，主要包括定义问题、建立数据挖掘库、分析数据、准备数据、建立模型、评价模型和实施。

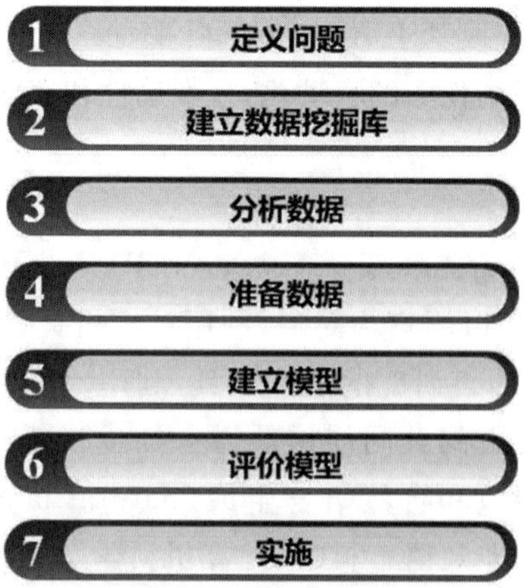

图 1-7　数据挖掘的基本步骤

1.3.6　机器翻译

机器翻译技术是指利用计算机技术实现从一种自然语言到另外一种自然语言的翻译过程。机器翻译基本流程如图 1-8 所示。基于统计的机器翻译方法突破了之前基于规则和实例翻译方法的局限性，翻译性能取得巨大提升。基于深度神经网络的机器翻译在日常口语等一些场景的成功应用已经显现出了巨大的潜力。随着上下文的语境表征和知识逻辑推理能力的发展，自然语言知识图谱不断扩充，机器翻译将会在多轮对话翻译及篇章翻译等领域取得更大进展。

图 1-8　机器翻译基本流程

1.3.7　生物识别技术

随着人工智能的不断创新与发展，生物识别技术也日益成熟起来。生物识别技术主要是指通过人类生物特征进行身份认证的一种技术，这里的生物特征通常具有独一的(与他人不同)、可以测量或可自动识别和验证、遗传性或终身不变等特点，包括指纹识别、静脉识别、虹膜识别、视网膜识别、面部识别、DNA 识别等。主流生物识别技术如图 1-9 所示，在安防领域广泛应用。

- 生物识别技术
  - 指纹识别
    - 指纹识别是通过比较不同指纹的细节特点进行身份识别的一种生物识别特征技术。指纹识别技术已取得了长足发展，在金融科技、公共安全、商业应用、民生服务等领域应用广泛
  - 人脸识别
    - 人脸识别是基于人的脸部特征信息进行身份识别的一种生物识别技术
  - 虹膜识别
    - 虹膜识别是利用虹膜特征来进行身份识别的一种生物识别技术
  - 静脉识别
    - 静脉识别是指基于静脉血管中的纹理特征进行身份识别的一种生物识别技术。静脉识别具有高度准确、高度防伪、特性稳定及使用方便等特点
  - 声纹识别
    - 声纹识别是基于人体声音特征进行身份识别的一种生物识别技术。声纹识别技术成本低廉、使用简单

图 1-9　主流生物识别技术

中国生物识别市场虽然起步晚于西方发达国家，但在政府支持、智能终端设备以及移动互联网产业的快速发展下，中国生物识别行业近年来取得了较快增长。2016—2023 年中国生物识别行业市场规模如图 1-10 所示。

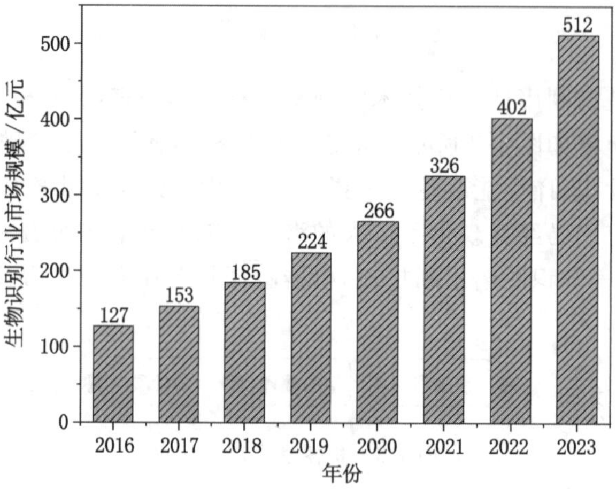

图 1-10　2016—2023 年中国生物识别行业市场规模

1.4　人工智能在矿物加工中的应用

随着人工智能的发展，信息化和自动化与选矿过程相互结合有了很大的发展。选矿是一个复杂的工艺过程，设备和工艺迫切需要自动化。与此同时，日益激烈的市场竞争迫使企业寻找经济有效的途径来降低生产成本，提高资源利用率，减少环境污染。人工智能技术作为一门新兴技术具有很好地处理非线性问题的优势，可以排除依赖人为经验操作所导致的稳定性低和可解释性差等问题，成为矿物加工领域新的研究方向。

人工智能在矿物加工领域的应用从 20 世纪 80 年代开始，在矿物鉴定、磨矿和浮选预测和监控等工艺流程中的应用最为广泛。矿物识别是矿物加工的基础，只有通过矿物识别确定包括矿物样本、碎屑和粉末中的物理和化学成分及相关特征，如矿物组成、矿物生成序列、结构和构造等信息，才能更好地利用选别技术将矿石中的目的矿物分选出来。采用人工智能技术识别矿物通常分为 4 个阶段：① 样本采集，利用相关仪器设备采集矿物的图像、解理、反光率等物理数据和矿物的元素组成、光谱图像等其他重要数据；② 模型建立，选择合适的人工智能算法模型框架，建立应用于矿物识别的识别模型；③ 模型训练，使用采集到的大量的矿物数据，训练建立好的矿物识别模型，针对不同矿物种类，提取的特征不同，识别方法也有所区别；④ 种类识别，使用训练好的矿物识别模型对待测矿物样本进行识别，判断待测矿物样本种类。其中，模型建立是最为重要的，同一类型的不同算法模型在相同数据集的情况下，其精确度、运算时间、是否需要实时检测等方面各有优势，针对某些特定目标的任务，选择合适的算法模型尤为重要。而模型的准确率、运行时间也会受到矿物性质、数据集的形式和规模等因素的影响，从而使结果产生较大的差别。

自 1979 年矿业领域第一个专家系统 PROSPECTOR 开发成功后，专家系统已逐步应用到矿业领域的诸多方面，如矿体识别、岩体评价、矿石开采、巷道维护、矿石可选性预测、破碎、磨矿、分选、浸出及冶金等过程。涉及问题有：故障分析及诊断、流程结构设计、系统监察、实时控制、操作培训、生产数据解释、咨询、辅助操作、装载管理、动态管理、过程模拟和评估等。矿业领域已出现的专家系统可分为以下几类：预测型、设计型、咨询型、模拟型、控制型、诊断型及决策型等。

目前专家系统在选矿领域中主要起辅助作用，即加入原系统中以减少消耗、提高质量、增加产量和改进响应时间，或用来咨询、教学、辅助决策等。专家系统在处理经验性知识、复杂领域问题、模糊或不确定性知识时与传统的计算机方法相比有其优越性。

神经网络在矿业工程中的应用是从 20 世纪 90 年代才开始的，已经有一些神经网络在化学和冶金工业中应用于过程控制、错误分析、视觉分类等的报道。1991 年在芬兰 Espoo 召开的研讨会上发表了几篇关于神经网络在选矿中的应用论文。这些论文主要介绍了神经网络技术在选矿过程控制方面的应用。然而，在矿业领域，神经网络的应用尚未充分普及和深入，主要集中在水力旋流器、磨机回路、浮选回路、金浸出过程、试验研究等几个方面。采用的神经网络一般为多层前馈模型和 BP 学习算法。神经网络具有鲁棒性、强适应性、可处理含噪信息等特点，预计在选矿领域将得到更加广泛的应用。

近年来，人工智能技术在矿物拣选、浸出等领域中也受到矿物加工工作者的关注。例如，基于传统煤矸石分拣机器人对于煤矸石的位置不敏感的问题，通过单激发多盒探测器机器视觉算法对煤矸石检测方法进行优化，有效地提升了煤矸石分拣机器人的感知与分拣能力；利用粒子群算法优化 BP 神经网络建立浸出率的预测模型，得到的预测结果与实际值相差很小，同时验证神经网络可以在一定条件下有效地控制浸出作业过程中的不确定性，提升浸出率；根据多项式建模和人工神经网络技术应用于磷灰石、方解石和白云石生物沉积的基本原理，采用遗传算法优化的全二次模型和三层前馈神经网络来描述矿物回收率，发现使用标准数值训练算法生成的人工神经网络模型具有更高的精度，与多项式模型相比，人工神经网络模型更适合描述和预测矿物回收率。

但是，当前现有研究成果尚存在不足的地方，主要有以下四个方面：① 缺少统一标准的、全品类的矿物加工领域的数据集。现有研究成果绝大多数是基于自建数据集进行实验研究的，而数据集的质量对实验的结果会产生较大的影响，统一标准、格式的数据集将有助于更好地评判算法模型。② 缺乏应用在实际生产中的人工智能算法模型。目前人工智能算法在矿物加工领域的应用仍然处于探索阶段，大量的研究成果依然来源于实验室，而并非实际的选矿厂。③ 人工智能在矿物加工领域中的应用大多用于研究某一工艺流程，缺乏整体性。矿物加工领域工艺流程，整体性强，依靠人工智能对浮选、磨矿或其他某一工艺的改善对于矿物加工的最终结果很难产生质的变化。④ 选矿厂大量生产数据未加以合理利用。矿物加工设备每日产生大量各种类型的数据，许多形式的数据（如球磨机的振动信号）在选矿厂甚至尚未采集，而单纯人工处理和简单算法无法体现数据的最大价值。人工智能在矿物加工领域的应用快速增长，反映了当前工业领域对于科学前沿技术的需求，但还需要很长一段时间的磨合和探索。

未来对于人工智能在矿物加工领域的应用充分考虑：建立统一规范的、全品类的标准数据集和数据集测试标准，通过标准数据集对人工智能算法模型进行性能评估；通过使用选矿厂的真实生产数据进行算法模型的建立，从实际生产角度出发，将算法模型实际应用于选矿厂的生产过程；加强人工智能技术结合矿物加工领域中其他工艺的应用研究，包括但不限于拣选、浸出等技术；通过人工智能算法模型开发具有高可用性、高鲁棒性的自动化矿物加工设备，在矿物加工领域充分发挥人工智能优势。人工智能技术在矿物加工领域的应用已经成为未来发展的大方向。随着人工智能的不断迭代创新，矿物加工领域也将迎来快速发展。

课后习题

1. 简述人工智能的定义。

2. 人工智能的发展过程可以分为哪几个阶段？其中哪个事件标志着人工智能学科的诞生？

3. 结合机器学习的知识，请解释泛化能力，并说出经典机器学习的四个过程。

4. 深度学习的实质是什么？

5. 计算机视觉的最终研究目标是什么？

6. 自然语言处理包括哪两个部分？

7. 如何建立数据挖掘过程模型？

8. 请简述机器翻译技术的定义。

9. 生物识别技术所采用的生物特征具有哪些特点？

10. 人工智能识别矿物通常分为哪几个阶段？并说明当前研究成果在哪些方面存在不足。

第 2 章　自动控制原理

2.1　自动控制简介

2.1.1　自动控制的发展过程

自动控制是指在没有人类直接参与的前提下，通过使用控制装置对被控机器、设备和生产过程进行控制，使其受控因素按照预定的规律自动变化。在传统工业生产过程中应用自动控制技术可以有效提高产品质量和企业经济效益，特别在一些恶劣环境下，自动控制显得尤为重要。

自动控制系统是指用一些自动控制装置，对生产中某些关键性参数进行自动控制，使它们在受到外界干扰（扰动）的影响而偏离正常状态时，能够被自动地调节而回到工艺所要求的数值范围内。在人们日常生活中，自动控制系统随处可见，例如自动收售货机、自动洗衣机、电冰箱等。它们都在一定程度上减轻了人类负担。

自动控制理论是自动控制系统的核心，至今已经经历了三代发展。

第一代为 20 世纪初开始形成并于 50 年代在线性代数的数学基础上发展起来的现代控制理论。20 世纪 50 年代后，过程控制技术开始得到发展。在这一阶段，过程控制系统绝大多数是单输入单输出系统。被控参数主要有温度、压力、流量等参数；控制的目的是保持这些工艺参数稳定，确保生产安全。

第二代为集中控制阶段，20 世纪 60 年代随着电子技术的迅速发展，半导体产品取代了电子真空管；随后，集成电路取代了分离元件，电子仪表的可靠性大为提高，逐步代替了气动仪表。继集成电路以后，出现了以集成运算放大器为主要放大元件、24 V DC 为能源，4～20 mA DC 为统一标准信号的 DDZ-Ⅲ型仪表。为了提高控制质量和满足特殊工艺的控制要求，开发使用了多种复杂控制系统方案，如串级控制、前馈控制、比例控制、均匀控制等；特别是前馈控制、选择控制的实现，使过程控制品质、安全性大为提高。前馈控制使控制质量显著提高；选择控制自动实现保护性自动控制，以避免强制性联锁停车，改变了过去不得不切向手动或被迫联锁停车的状况，从而扩大了自动化的范围。与此同时，计算机开始在过程控制领域应用。

第三代为集散控制阶段，20 世纪 70 年代，随着大规模集成电路出现及微处理器的问世，又出现了 DDZ-S 型智能式单元组合仪表。它以微处理器为核心，能源、信号都与 DDZ-Ⅲ型相同，其可靠性、准确性及功能等则远远优于 DDZ-Ⅲ型仪表。计算机的性价比和可靠性大为提高，采用冗余技术和自诊断措施的工业计算机完全满足工业控制对可靠性的要求，为新的过程控制仪表、装置与系统的设计开发提供了强有力的支持。在发展过程中综合了人工智能、自动控制、运筹学、信息论等多学科的最新成果并在此基础上形成了智能控制理论。

2.1.2 自动控制系统常用术语

自动控制系统常用术语如表 2-1 所示。

表 2-1 自动控制系统常用术语

术语	功　能
测量元件	测量被控量的实际值
比较元件	将被控量的实际值与被控量的要求值进行比较
调节元件	包括放大元件和校正元件
执行元件	接收调节元件输出控制,使被控量产生变化
给定量	希望输出量的要求值
被控量	被系统控制的物理量
反馈量	与输出成正比或成某种函数关系,与给定量有相同量纲和相同数量级的信号
偏差量	给定量与主反馈量之差
系统	按照某种划分得到的若干元素的集合
反馈	将系统输出信号引回并加入输入信号的系统结构和工作方式
负反馈	使系统输出信号趋于稳定或者使系统的被控变量与给定值之差减小的反馈
正反馈	使系统输出变量单调趋于极限或者使系统的被控变量与给定值之差增大的反馈
控制	为实现目的而施加的作用
开环控制	没有反馈的简单控制,如电灯开关或者电风扇调节控制
闭环控制	具有负反馈的控制

2.1.3 自动控制系统分类

(1) 开环控制系统和闭环控制系统

根据自动控制系统基本结构的差异,可分为开环控制系统和闭环控制系统两类。

① 开环控制系统

该系统特点是调节器按照设定的要求发出命令,控制执行器按照一定规律进行运动,为被控过程服务。调节器只负责调节功能,对于命令执行的结果无法感知和改变。图 2-1 所示为开环控制系统的框架图。

图 2-1　开环控制系统

② 闭环控制系统

闭环控制系统又称反馈控制系统,如图 2-2 和图 2-3 所示。其特点是具有反馈功能,可以监视并控制被控过程的运行情况。在实际运用中,该系统利用检测元件及变送器,将被控过程在执行器运行后的结果,即被控变量的变化测量出来,并回输到调节器,进行分析比较,判断下一步如何运动,并继续向执行器发出命令,直到动作的结果即被控变量变化,与原先规定的相符为止。

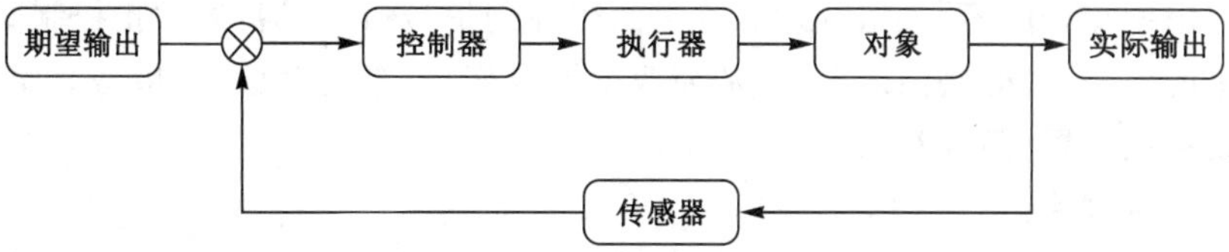

图 2-2　单回路闭环控制系统

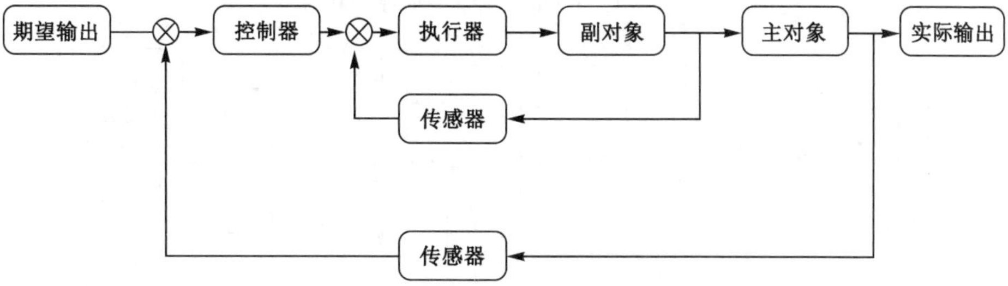

图 2-3　双回路闭环控制系统

闭环控制系统又可分为定值控制系统、随动控制系统和程序控制系统三类。定值控制系统指系统中的设定值保持不变。这类系统主要应用于克服扰动对被控变量的影响,应用比较普遍。随动控制系统的设定值是随机变化的,设定的数值是事先未知的时间函数。这类系统主要用于使被控变量能尽快、准确地跟踪设定值的变化,而不考虑扰动对被控变量的影响。程序控制系统的设定值也是变化的,但其是时间的已知函数,即设定值按一定的时间程序变化。近年来,程序控制系统被广泛应用,而且微型计算机的普及也为程序控制提供了良好的技术工具和有利条件。

(2) 简单控制系统和复杂控制系统

① 简单控制系统

简单控制系统主要由控制器、变送器、执行器和被控对象构成(图 2-4)。该控制系统通常只包含一个被控对象,所以也被称为单回路控制系统或单变量控制系统。该控制系统具有设备投资少、所需自动化工具少、便于维护、运行简单等特点。

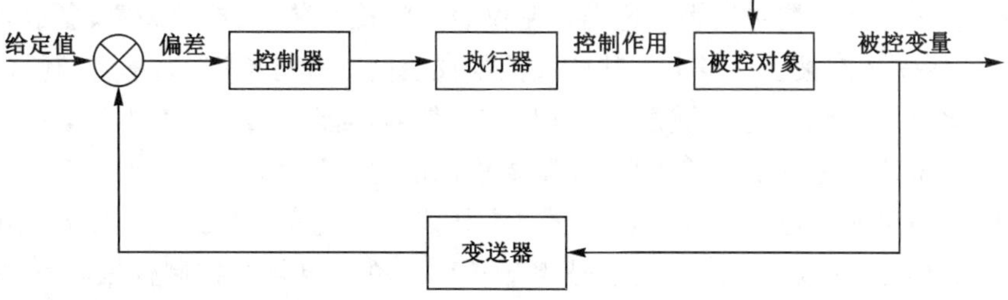

图 2-4　简单控制系统

由图 2-4 可知,简单控制系统由下面基本单元构成。

变送器:用于测量工艺参数的大小并成比例地转化为特定的信号,如气压信号或电流、电压信号等;控制器:用于接收变送器送来的测量信号,与工艺参数保持值所对应的设定值进行比较得出偏差,并按照一定的运算规律给出控制信号;执行器:通常指控制阀,它能接收控制器送来的信号,改变阀门的开度,从而改变操纵变量;被控对象:是指需要控制其工艺参数的生产设备或装置,简称对象。

② 复杂控制系统

相对于简单控制系统,复杂控制系统所控制的被控变量较多,并且使用的调节仪表和装置的数目也不止一个,构成的控制回路和各环节之间关系复杂。复杂控制系统主要包括串级、均匀、比值、选择性、分程、前馈和多冲量控制系统等,如图 2-5 所示。

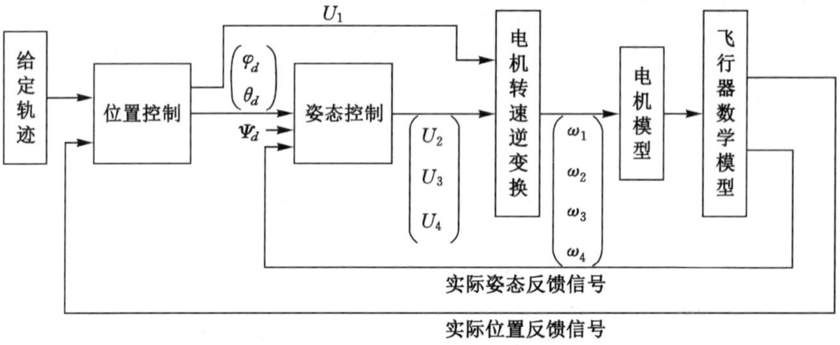

图 2-5 串级 PID 无人机控制系统框架图

2.2 自动控制仪表

2.2.1 控制仪表

控制仪表又称控制器或调节器(图 2-6),是反馈控制系统判断、决策的指挥中心,其作用是将被控参数(过程变量)的测量值(PV,process variable)与给定值(SV,set variable)相比较,根据比较的结果(偏差 e)进行数学运算,并将运算结果以控制信号(操纵值)(MV,manipulated variable)的形式送往执行器,实现对被控参数的自动控制。

控制仪表的发展可分为三个阶段:

第一阶段为基地式控制仪表。这类控制仪表是将检测装置、控制装置、显示装置组装为一个整体,直接安装在被控设备上。基地式控制仪表同时具有检测、运算、控制与显示功能,它的功能简单、价格低廉、使用方便,但通用性差,信号不能与其他仪表共享,一般只应用于一些简单控制系统。适用于一些小型、控制要求低的生产设备的自动控制。

第二阶段为单元组合式控制仪表。这类控制仪表主要完成控制运算功能,附带简单的显示,和其他单元之间以统一的标准信号相互联系。单元组合式控制仪表有气动与电动两大类,气动仪表采用 20～100 kPa 的气动标准信号;电动仪表采用的信号标准是 DC 0～10 mA/DC 0～10 V(Ⅰ型)和 DC 4～20 mA/DC 1～5 V(Ⅲ型)。

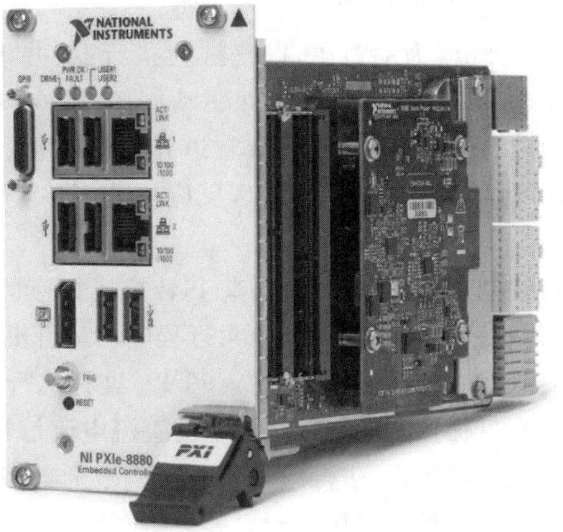

图 2-6　控制器

第三阶段为以微处理器为中心的控制仪表。这类仪表控制功能丰富，操作方便，易于构成各种复杂控制系统，在当前过程控制中得到广泛的应用。主要有单回路数字控制器、可编程序控制器(PLC)和各种计算机控制系统等。

2.2.2　常用执行器

执行器(图 2-7)是过程控制系统的控制操作环节，其作用是根据控制器送来的控制信号改变所操作介质或能量的大小，将被控参数维持在所要求的数值(或其附近)。执行器按其所操作介质、能量的不同有多种形式，如自动调节阀、电磁阀、电压调整装置、电流控制器件、控制电机等。这里只介绍过程控制中使用最多的自动调节阀。

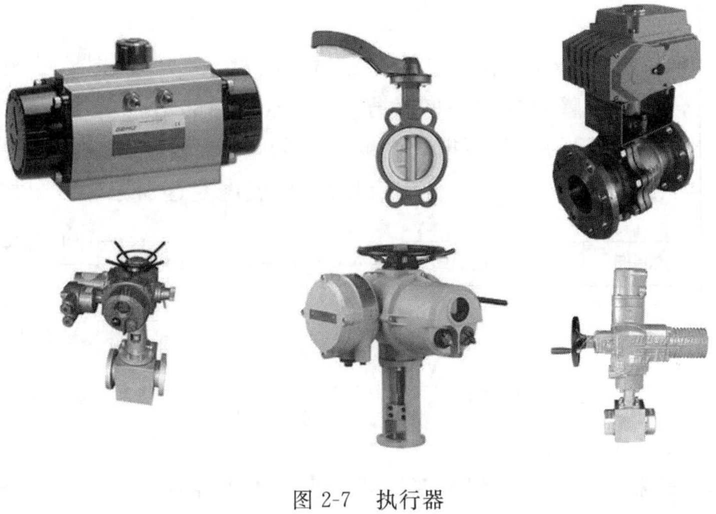

图 2-7　执行器

自动调节阀是能够按照所接收的控制信号自动改变开度的阀门。自动调节阀由执行机构和调节机构(阀)两部分组成。执行机构是执行器的驱动装置，它根据控制信号推动阀杆位移，带动调节机构(阀)改变开度到相应位置，控制流过调节机构(阀)的流体流量。自动调节阀按其工作能源形式可分为气动、电动、液动三大类。

气动调节阀就是以压缩气体为动力源，以气缸为执行器，并借助于阀门定位器、转换器、电磁阀、保位阀、储气罐、气体过滤器等附件驱动阀门，实现开关量或比例式调节，接收工业自动化控制系统的控制信号来完成调节管道介质的流量、压力、温度、液位等各种工艺过程参数。气动调节阀的特点是控制简单，反应快速，且本质安全，不需另外再采取防爆措施。

电动调节阀接收来自控制器直流电信号，并将其转换成相应的角位移或直线位移。电动执行机构有角行程、直行程和多转式等类型。角行程电动执行机构以电动机为动力元件，将相应的直流电流信号转换为相应的角位移(0°～90°)。这种执行机构适用于操纵蝶阀、挡板之类的旋转式调节阀。直行程执行机构接收输入的直流电流信号后，使电动机转动，然后经减速器减速并转换为直线位移输出，去操纵单座、双座、三通等各种调节阀和其他的直线式调节机构。多转式电动执行机构主要用来开启和关闭闸阀、截止阀等多转式阀门，由于它的电机功率比较大，最大的有几十千瓦，一般多用作就地操作和遥控。

液动调节阀是管路流体输送系统中的控制部件，用于改变通路断面和介质流动方向，具有导流、截止、调节、节流、止回、分流或溢流卸压等功能。该阀门可用于控制水、蒸汽、油品、气体、泥浆、各种腐蚀性介质、液态金属和放射性流体等各种类型流体的流动，它的工作压力范围从 0.001 3 MPa 到 1 000 MPa 的超高压，工作温度范围从 −269 ℃的超低温到 1 430 ℃的高温。阀门的控制可采用多种传动方式，如手动、电动、液动、气动、蜗轮、电磁动、电磁-液动、正齿轮驱动等。在压力、温度或其他形式传感信号的作用下，阀门可以按预定的要求动作，也可以不依赖传感信号而进行简单的开启或关闭。阀门依靠驱动或自动机构使启闭件进行升降、滑移、旋摆或回转运动，从而改变其流道面积以实现控制功能。

2.2.3 常用检测仪表

(1) 温度变送器

温度变送器由模拟器件构成，将温度传感器信号转换成标准模拟信号输出。它有多个品种和规格，以配合不同传感元件和不同量程需求，但它们的结构基本相同。DDZ-Ⅲ型温度变送器是工业现场中常用的一类模拟式温度变送器，可与热电偶、热电阻配套使用，将信号转换成标准的 4～20 mA 或 1～5 V 直流信号输出，温度变送器原理框图如图 2-8 所示。

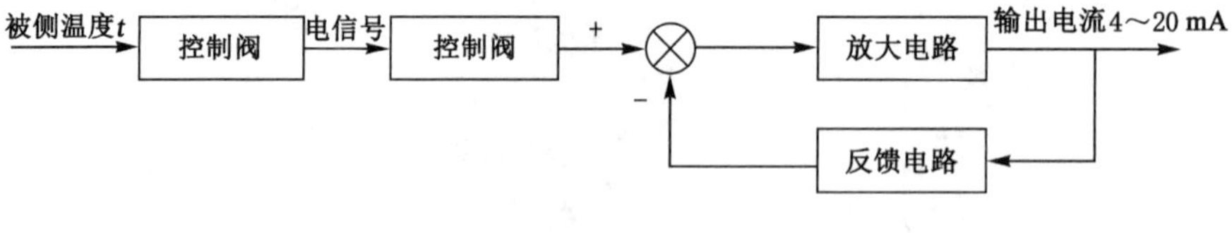

图 2-8 温度变送器原理框图

将传感器和变送器融为一体的温度变送器称为一体化温度变送器。它是将变送器模块安装在测温元件接线盒或专用接线盒内的一种温度变送器。变送器模块和测温元件是一个整体并直接安装在被测位置，输出为统一的标准信号。这种变送器是一种小型固态化温度变送器，电路高度集成化并自带冷端补偿功能，用 24 V 直流供电，体积小，质量轻，现场安装方便，应用广泛。

(2) 压力变送器

压力变送器主要分为以下几种类型。

① 扩散硅压力变送器

20 世纪 90 年代中期，美国 Icscnsor 公司、Nova 公司应用硅晶石和硅晶片生产了扩散硅压力传感器并开发出具有精度高、重复性小、抗腐蚀的扩散硅压力变送器(图 2-9)。压力通过隔离膜片、密封硅油传输到扩散硅膜片上，同时参考端的压力(大气压)作用于膜片的另一端。这样膜片两边的压差产生一个压力场，使膜片的一部分压缩，另一部分拉伸。在压缩区和拉伸区分别有两个应变电阻片，以感受压力引起的阻值变化，从而将压力信号转换为电信号。

图 2-9　扩散硅压力变送器

② 电容薄膜式压力变送器

电容薄膜式压力变送器是利用弹性薄膜在压差作用下产生压变引起电容变换的原理制成的，它由检测部分和转换电路组成(图 2-10)。检测部分有真空腔和检测腔两个腔体。固定极板位于真空腔中，由极板引出线引至腔外。检测膜片位于高真空的真空腔与连接低真空待测系统的检测腔之间，检测膜片为可动极板，其与固定极板形成一个平板电容器，有一定的电容。被测的低真空压力通过检测孔进入检测腔，检测膜片产生挠曲，改变了其与固定极板的距离，电容值也随之改变，电容信号被输送到电路转换部分，通过变换、整理、放大等环节，输出一个标准电压或电流信号，它与真空压力成正比。该类型压力变送器灵敏度高、零点稳定、动态响应特性好、适应性强，一般适用于静压力的测量。

③ 陶瓷厚膜压力变送器

陶瓷厚膜压力变送器(图 2-11)利用了陶瓷厚膜电阻的力敏效应。它将陶瓷厚膜压力芯片作为弹性元件，将印刷和烧结在陶瓷膜片上的厚膜电阻作为敏感电阻，通过精密的补偿技术和信号处理技术的解析，将压力信号直接转换成标准的电流信号，然后接入工业仪表或计算机控制系统，实现生产过程中的自动检测与控制。

图 2-10　电容薄膜式压力变送器

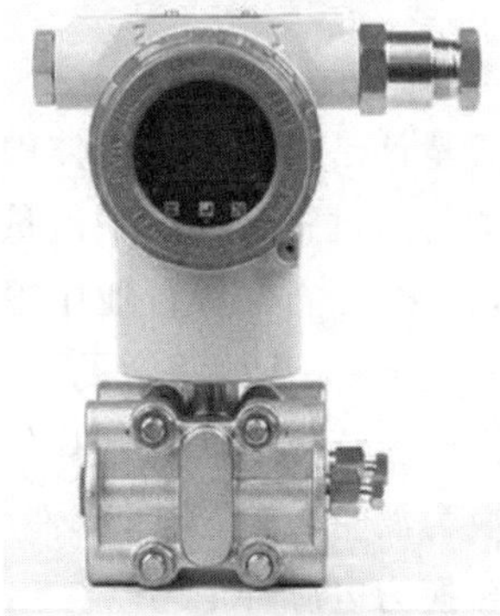

图 2-11　陶瓷厚膜压力变送器

陶瓷厚膜压力变送器可将各种介质，包括腐蚀性和非腐蚀性的气体、液体，直接引流到陶瓷厚膜片上，无须进行复杂的隔离技术。压力变送器的弹性体用物化性能稳定的高铝瓷制作，长期工作无蠕变或塑性变形，线性度、滞后性能明显优于其他类型的压力变送器。

(3) 流量计

① 差压式流量计

差压式流量计是基于伯努利方程和连续性原理进行工作的(图 2-12)。在流通管道上安装节流元件，当流体通过节流元件时会产生流速变化，进而在节流元件前后产生压力差，通过差压测量即可求得被测流量。该种流量计结构简单、运行可靠，可以与差压变送器直接配合，适用于多种介质流量检测，是流量测量仪表中最成熟、最常用的仪表之一。

② 转子流量计

转子流量计的转子在垂直锥形管中随着流量变化而升降，通过测量转子与锥形管之间的环形流通面积的变化来测量体积流量。这种流量计特别适合于 10～150 mm 的中小管径和每小时几升的小流量测量。转子流量计的基本结构如图 2-13 所示，其测量精度易受被测流体密度、黏度、温度和压力等影响。

图 2-12　差压式流量计

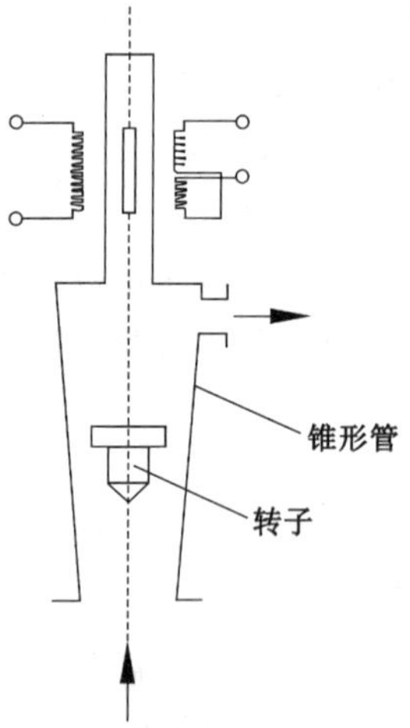

图 2-13　转子流量计的基本结构

③ 涡轮流量计

涡轮流量计是利用置于流体中的涡轮转速与流体速度成比例的关系，通过检测涡轮转速来间接测得通过管道的体积流量。涡轮流量检测是目前流量检测技术中较成熟的高精度测量方法，在化工、石油等行业中得到广泛应用。涡轮流量计结构如图 2-14 所示，壳体起到固定安装测量部件、连接管道的作用，导流器安装在进出口处，对流体起导向整流作用，避免流体自旋而改变流体对涡轮叶片的作用角，影响测量精度；涡轮是流量计的测量元件，将流体流速转换为涡轮转速；支承部件起到支承传感器和保证涡轮自由旋转的作用；感应线圈将涡轮转速转换为电脉冲信号。

(4) 液位计

① 浮球液位计

浮球液位计(图 2-15)的主要测量元件为磁浮球，利用磁耦合作用使传感器内部电阻呈线性变化，并通过智能转换器将电阻信号转化为 4～20 mA 的输出电流信号。该液位计具有结构简单、安装方便且测量范围大等特点，常适用于石油、化工、电力、轻工及医药等行业污水处理及各类常压和承压容器内介质液位的测量，尤其对于地下贮槽、贮罐的液位测量最为理想。

图 2-14　涡轮流量计

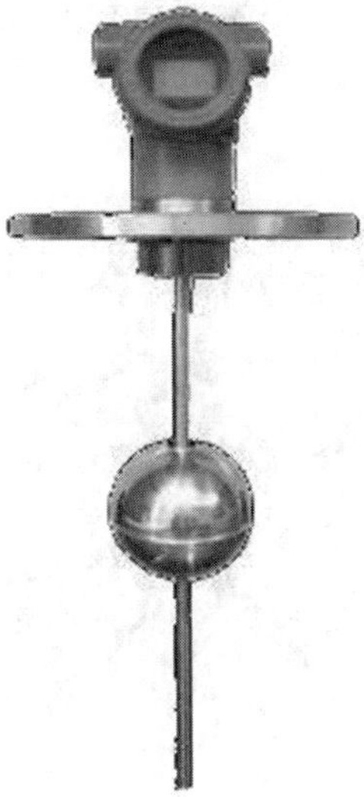

图 2-15　浮球液位计

② 电容液位计

电容液位计(图 2-16)利用测量电容的变化来测量液面的高度。利用一根金属棒插入盛液容器内作为电容的一个极，容器壁作为电容的另一极。两电极间的介质即为液体及其上面的气体。由于液体的介电常数 ε_1 和气体的介电常数 ε_2 不同，比如 $\varepsilon_1>\varepsilon_2$，则当液位升高时，电容式液位计两电极间总的介电常数值随之加大，因而电容量增大；反之，当液位下降时，介电常数值减小，电容量也减小。

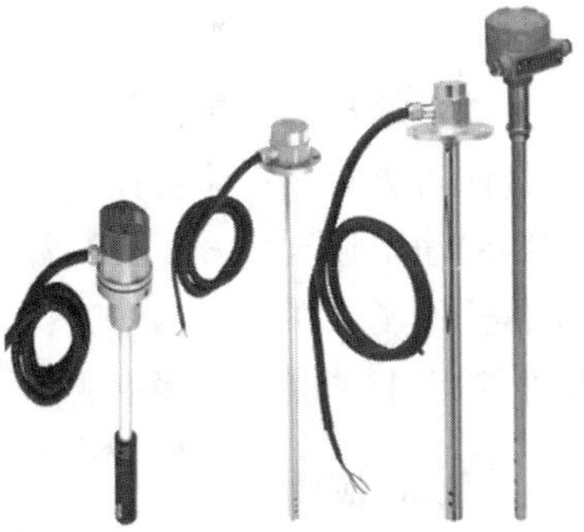

图 2-16　电容液位计

(5) 物位计

① 超声波物位计

超声波物位计是一种无接触式测量仪表(图 2-17)。其测量原理是利用不同密度物体的声波传播速度不同来进行测量。测量时，超声波探头发出声波信号，该信号经过物料表面反射之后折回到超声波探头的位置。探头将两次声波传送到超声换能器，在处理器的控制下，利用声波在空气中的传播时间，对被测目标和超声波换能器之间的距离进行计算。该仪器具有工作可靠、安装简便、使用周期长、维护方便等特点，并具有相对廉价的优势。通常应用于石油、自来水、煤矿、化工以及食品加工等诸多行业。

② 雷达物位计

雷达物位计(图 2-18)根据工作方式主要分为连续调频式和脉冲式两种。连续调频式雷达物位计发射电磁波信号，被液面反射后，被同一天线接收，再基于快速傅立叶变换的技术原理，将时域中不同频率的信号转变成频域中的频谱。根据发射信号和回波信号之间的频率差与到介质表面的距离成正比，计算出天线到物料表面的距离。脉冲式雷达物位计采用微波的原理，电磁波信号由物位计天线发射，并在被测物料表面产生反射，反射信号被雷达物位计接收，再计算出发射至接收的行程时间。

图 2-17　超声波物位计

图 2-18　雷达物位计

2.3　常用控制算法

控制器输出的控制信号决定了执行器的动作方向和动作幅度，因此控制信号决定着控制系统能否克服扰动使被控变量跟踪设定值。在相同测量值的情况下，不同控制算法会产生不同的输出控制信号。控制算法指的是控制器的输出信号与输入信号之间的决定控制器输出信号的函数关系。控制系统中，控制器常用的控制算法有位式控制、比例积分微分(PID)控制、模糊控制以及预测控制等。目前较为广泛使用的是 PID 控制。

2.3.1　位式控制

位式控制，即通断式控制，是将测量值与设定值相比较之差值经放大处理后，对调节对象进行开启或关闭控制的调节。位式控制又分二位式控制和三位式控制。

(1) 二位式控制

二位式控制算法输出的控制量只有高低 2 种状态。执行机构使控制对象要不全额工作，要不就停止工作。当 PV 低于 SV 时全额工作，当 PV 大于或等于 SV 时就彻底停止工作。如果控制对象是一个 1 000 W 的加热器，当温度未达到设定值时，加热器以 1 000 W 全功率运行，一旦温度达到设定值时，加热器停止工作。由于环境因素、控制系统传输延时或者控制对象本身的惯性等因素影响，控制效果常常表现为 PV 在 SV 的上下波动较大。当 PV 接近 SV 的临界点时，控制输出信号 OUT 往往在 H 和 L 之间频繁转换，导致执行部件的触点频繁开关，易产生干扰及缩短执行部件的寿命。二位式控制基本原理如图 2-19 所示。

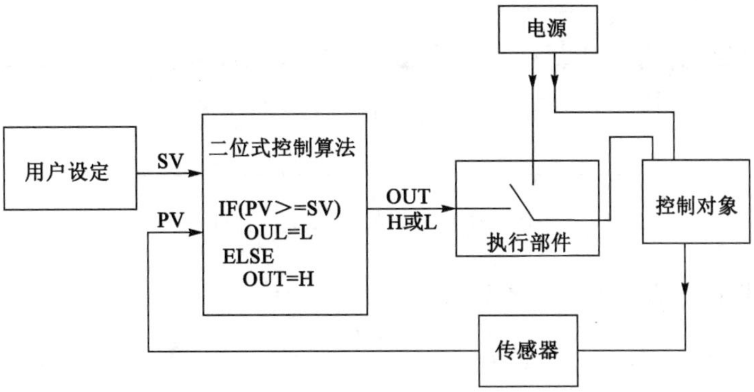

图 2-19　二位式控制基本原理

（2）三位式控制

在二位式控制的基础上对控制对象的功率分成 0 功率(停止工作)、半功率、全功率三种情况(即三位)。当前值低于设定值一定比例(一般 10%)时,OUT1 和 OUT2 同时起控制作用,控制对象全功率运行;当前值在设定值的±10%范围时,OUT1 单独作用,工作于半功率状态;当前值达到或超过设定值时,OUT1 和 OUT2 都停止输出,控制对象停止工作。相对一般二位式控制算法,三位式算法对控制对象的当前状态值做了简单的分析,并根据不同的当前状态值输出不同的控制信号。三位式控制基本原理如图 2-20 所示。

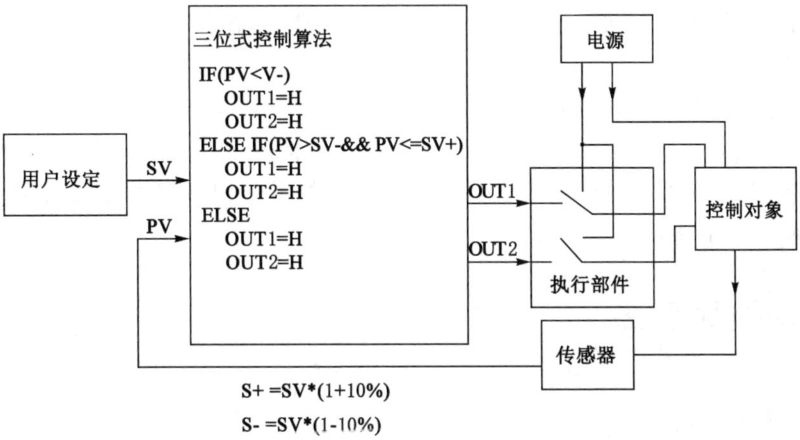

图 2-20　三位式控制基本原理

2.3.2　PID 控制

比例积分微分控制,简称 PID 控制,是最早发展起来的控制策略之一。其算法由于简单、鲁棒性好和可靠性高,被广泛应用于化工、冶金、机械、热工和轻工等工业过程控制系统中。PID 控制可以看作比例、积分和微分三种控制的叠加作用。简单地说,根据给定值和实际输出值构成控制偏差,将偏差按比例、积分和微分通过线性组合构成控制量,对被控对象进行控制。PID 控制系统原理如图 2-21 所示。

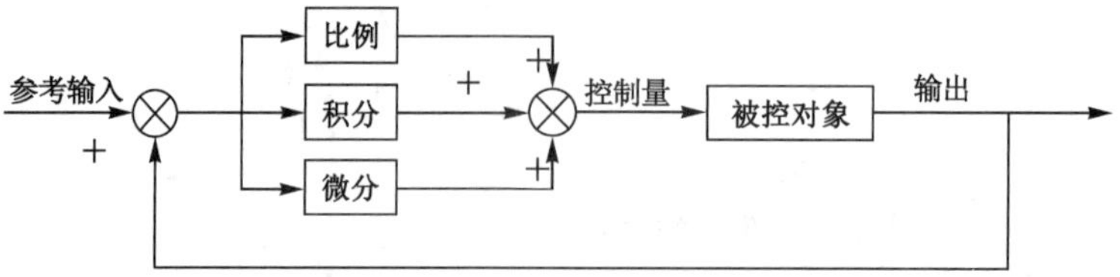

图 2-21　PID 控制系统原理图

理想的 PID 控制算法可用下式表示：

$$\Delta I = K_P\left(e + \frac{1}{T_I}\int_0^t e\mathrm{d}t + T_D\frac{\mathrm{d}e}{\mathrm{d}t}\right) \tag{2-1}$$

或者为：

$$u(t) = K_P e(t) + K_I\sum_{n=0}^{t} e(n) + K_D[e(t) - e(t-1)] \tag{2-2}$$

主要调节规律如下：由各个参数的控制规律可知，比例 P 使反应变快，微分 D 使反应提前，积分 I 使反应滞后。在一定范围内，P 和 D 值越大，调节的效果越好。PID 各个参数的调节原则如下：① 在输出不振荡时，增大比例系数 K_P；② 在输出不振荡时，减小积分时间常数 T_I；③ 在输出不振荡时，增大微分时间常数 T_D。

由于自动控制系统被控对象的千差万别，PID 的参数也必须随之变化，以满足系统的性能要求。PID 参数整定规律总结如下：参数整定寻最佳，从大到小顺次查。先是比例后积分，最后再把微分加。曲线振荡很频繁，比例度盘要放大。曲线漂浮绕大弯，比例度盘往小扳。曲线偏离回复慢，积分时间往下降。曲线波动周期长，积分时间再加长。理想曲线两个波，调节过程高质量。

PID 控制由于算法简单实用而深受工程界欢迎，因此，在工程领域被广泛应用。但传统的 PID 控制最主要的问题是参数整定问题，而且一般情况下很难计算 PID 参数，仅凭工程技术人员的经验设定不容易达到理想状态。工业现场常有很多控制系统的 PID 参数没有调整好，致使性能不够好。

2.4　自动控制系统

2.4.1　可编程控制器

可编程控制器(programmable logic controller)，简称 PLC。现代 PLC 本质上是一种计算机控制系统，也可以说是一种专用计算机系统。PLC 的基本组成原理与典型的计算机组成相似，结构主要有整体式和模块式两种基本形式。整体式 PLC 的所有组成部分都装在一个机壳内，其组成结构如图 2-22 所示，微型、小型 PLC 多采用这种结构形式。

随着工业规模的不断扩大，PLC 的应用范围也越来越广，相应的技术和产业结构也需要不断更新改进，功能日益完善，随之而起的还有越来越高的性价比。在产品规模方面，向两极发展。一方面为了适应小型自动控制系统的需要，许多制造企业投入大量的人力物力研究更高速、高性价比的小型与超小型 PLC 产品；另一方面，则是朝着超高速、巨容量的大型 PLC 产品研制方向推进。如今系统控制变得越来越复杂，这就对 PLC 的要求越来越苛刻。随着微处理

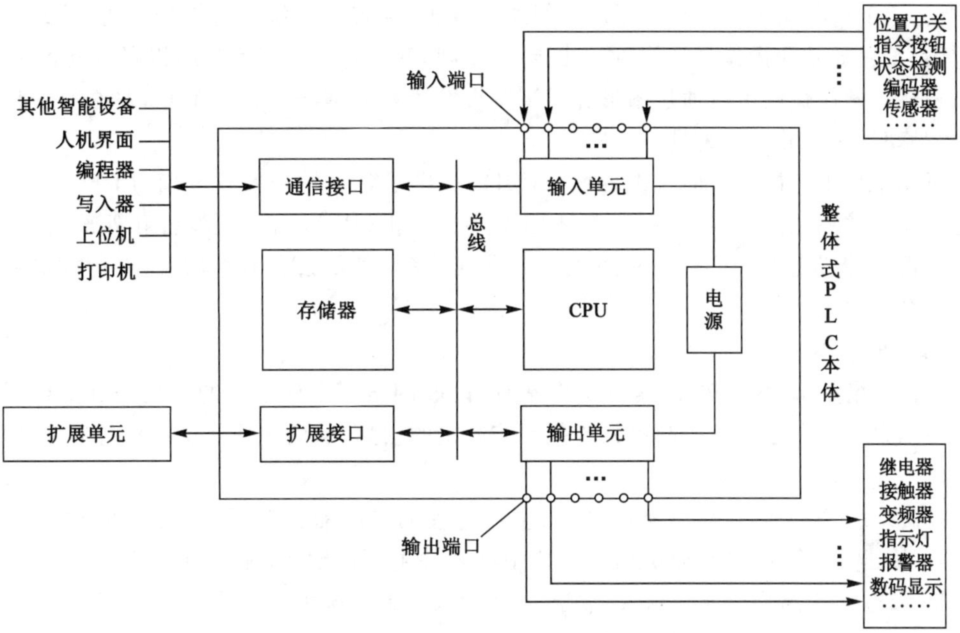

图 2-22　整体式 PLC 基本组成结构框图

计算机技术的发展，信息处理速度高速化、用户存储器容量海量化已经成为必然。

2.4.2　集散控制系统

集散控制系统(distributed control system，DCS)(图 2-23)是 20 世纪 70 年代中期发展起来的计算机控制系统，它综合了计算机技术、控制技术、网络技术和图形显示技术等技术手段，形成了以微处理器为核心的计算机系统。它不仅具有传统的控制功能、集中化的信息管理和操作显示功能，而且还有大规模数据采集、处理的功能以及较强的数据通信能力，为实现高等过程控制、优化控制和生产管理提供了先进的工具和手段。

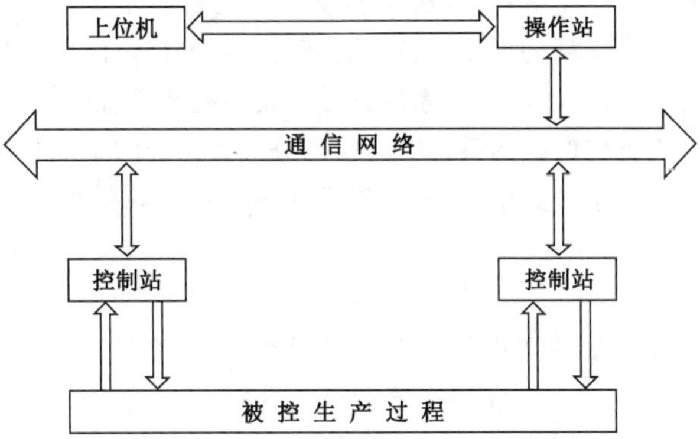

图 2-23　集散控制系统

(1) 工作站

工作站包括主工程师站、工程师站、操作站、应用站等，硬件主要采用 Delta V 专用工业

PC机。主工程师站负责全局数据库的组态及维护，配置有系统组态操控、维护及诊断软件包，具备工程师站和操作员站的所有功能。工程师站具有上位工程师站相同的组态、操作与诊断功能。操作员站可以通过图形界面浏览报警流程图或模块详细信息，对必要的调节参数进行修改操作，并对报警进行响应操作。

工作站是工艺操作员的人机界面(HMI)，提供了各类操作监视画面，用于对生产过程进行操作、监视和管理。工作站一般选用工业计算机(PC)，由主机设备和外部设备组成。其中主机设备有主机、LCD、键盘、鼠标和通信板卡等，外部设备有打印机、专用键盘和辅助操作台等。

(2) 通信网络

通信网络是DCS各单元(也称工作站)的内联网络。全厂范围的中央控制室可通过通信网络汇集分散在各过程控制单元或单元控制室的信息，从而实现信息综合与集中管理。

(3) 控制站

控制站(CS)是DCS的基础，直接与生产过程的传感器、变送器和执行器连接，具有信号输入、输出、运算、控制和通信功能。控制站硬件主要由输入/输出单元(IOU)、主控单元(MCU)和电源三部分组成。输入/输出单元(IOU)是控制站的基础，直接与生产过程的输入/输出信号连接，由各种类型的模拟量输入(AI)、数字量输入(DI)、模拟量输出(AO)、数字量输出(DO)、脉冲量输入(PI)和串行接口(SI)模板或模块组成。

2.4.3 现场总线控制系统

现场总线控制系统(fieldbus control system，FCS)是应用在生产现场、微机化测量与控制设备之间实现双向串行、多节点数字通信的系统，也称开放式、数字化、多点通信的底层网络系统。通过现场总线，将分布于生产现场的变送器、执行器和控制器等现场仪表或现场设备构成现场总线网络，在现场总线上构成控制回路。现场总线控制系统具有完全开放的特点，任何符合现场总线标准的现场仪表或现场设备都能通过现场总线接入系统。按公开、规范的通信协议，把单个分散的测量控制设备变成网络节点，相互实现数据传输与信息交换，以形成各种基于网络的过程控制系统，从而形成一个全数字开放式的彻底分散的控制系统。此外，现场总线还可使生产现场的控制设备与更高管理层网络之间建立起密切的联系，为实现企业的综合自动化创造条件。现场总线系统突破了集散控制系统中通信由专用网络完成的封闭式信息"孤岛"状况，而把集散控制系统中集中与分散相结合的系统结构，变成了新型的全分布式结构，将控制功能彻底下放到了现场，并依靠现场智能设备本身实现其控制与通信功能。

课后习题

1. 典型的自动控制系统主要由哪几部分组成？
2. 简述闭环控制系统和开环控制系统特点与区别。
3. 什么是自动调节阀？简述其主要分类和特点。
4. 简述压力变送器的主要分类和特点。
5. 流量计主要分哪几类？选取其中一种介绍该流量计的优缺点。
6. 简述PID控制中各个参数的调整规律。
7. 什么是DCS？该系统中包括哪些部分？

第 3 章　智能控制技术

3.1　智能控制的发展历程

智能控制的思想出现于 20 世纪 60 年代。当时，控制领域的研究十分活跃，并取得了较好的应用效果。如自学习和自适应方法的开发，被用于解决控制系统的随机特性问题和模型未知问题；1965 年美国普渡大学傅京孙（K. S. Fu）教授首先把 AI 的启发式推理规则用于学习控制系统；1966 年美国门德尔（J. M. Mendel）首先主张将 AI 用于飞船控制系统的设计；1967 年，美国莱昂德斯（C. T. Leondes）等人首次正式使用“智能控制”一词；1971 年，傅京孙论述了 AI 与自动控制的交叉关系。自此，自动控制与 AI 开始碰撞出火花，一个新兴的交叉领域——智能控制得到建立和发展。早期的智能控制系统采用比较初级的智能方法，如模式识别和学习方法等，而且发展速度十分缓慢。

扎德于 1965 年发表了著名论文 *Fuzzy Sets*，开辟了以表征人的感知和语言表达的模糊性这一普遍存在不确定性的模糊逻辑为基础的数学新领域——模糊数学。1975 年，英国马丹尼（E. H. Mamdani）成功地将模糊逻辑与模糊关系应用于工业控制系统，提出了能处理模糊不确定性、模拟人的操作经验规则的模糊控制方法。此后，在模糊控制的理论和应用两个方面，控制专家们进行了大量研究，并取得一批令人感兴趣的成果，被视为智能控制中十分活跃、发展较为深刻的智能控制方法。

20 世纪 80 年代，基于 AI 的规则表示与推理技术，专家控制系统得到迅速发展，如瑞典奥斯特隆姆（K. J. Astrom）的专家控制、美国萨里迪斯（G. M. Saridis）机器人的专家控制等。随着 20 世纪 80 年代中期人工神经网络研究的再度兴起，控制领域研究人员提出并迅速发展了具有良好非线性逼近特性、自学习特性和容错特性的神经网络控制方法。

随着研究的展开和深入，形成智能控制新学科的条件逐渐成熟。1985 年 8 月，IEEE 在美国纽约召开了第一届智能控制学术讨论会，讨论了智能控制原理和系统结构。由此，智能控制作为一门新兴学科得到广泛认同，并取得迅速发展。

近十几年来，随着智能控制方法和技术的发展，智能控制迅速走向各种专业领域，应用于各类复杂被控对象的控制问题，如工业过程控制系统、机器人系统、现代生产制造系统、交通控制系统等。

3.2　选矿智能仪表

智能仪表是以微型计算机（单片机）为主体，将计算机技术和检测技术有机结合，形成的新一代“智能化仪表”。随着微电子技术和计算机技术的不断发展，这种结合引起了仪表结构的根本性变革。与传统仪表的常规测量电路相比，智能仪表在测量过程自动化、测量数据处理及功能多样化方面取得了巨大进步。近年来，以在线密度计、在线浓度计、在线灰分仪、在线粒度分析仪、在线品位分析仪、质量检测仪、在线水分测定仪和矿浆磁性物含量测量仪为代表的矿物加工智能控制仪表得到了迅速发展，下面对此展开介绍。

3.2.1 在线密度计

密度的测量方法通常分为静态和动态两种。静态液体密度检测采用传统的称重法、浮力法等方法，不适合当前工业生产的需求，无法实时地检测密度值，只能在实验室中进行测量；动态液体密度检测采用多种方法，如超声波式、电容式、射线式、振动式等，其测量结果准确可靠，反应时间短，能够有效地指导工业生产，提高生产效率，适用于多数工业生产的在线测量。智能密度计(也称在线密度变送器)是一种用于连续在线测量液体密度的设备，可直接用于工业生产过程。矿物加工中常用的密度计有压差式密度计、音叉密度计和放射性同位素密度计等。

(1) 压差式密度计

压差式密度计是根据介质在一定垂直距离上的压力差值来计算密度值的。实际工业应用中，在输送悬浮液的管路上以一定高度差安置两块压力传感器。忽略两位置间的微小速度差，此时两位置的压力差与介质密度大小成正比。两个压力传感器将产生的压力传送到压差式密度计，压差式密度计输出与该差压成线性的电流信号(4～20 mA)，电流信号经采样后由控制器计算出介质的密度。压差式密度计原理如图 3-1 所示，其外形如图 3-2 所示。

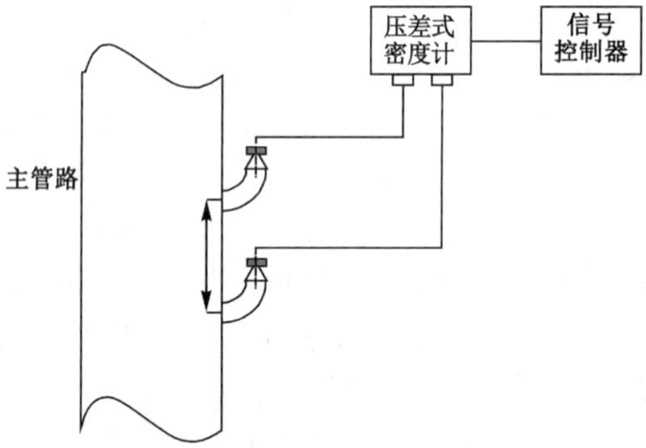

图 3-1 压差式密度计原理图

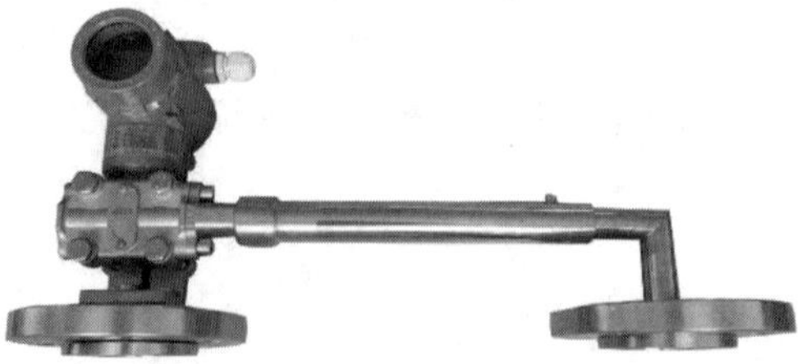

图 3-2 压差式密度计外形

压差式密度计没有辐射源，结构及测量原理简单，能够实时显示每个时刻的密度值，具有抗震动、测量误差小、维护简单等特点。但现有的压差式密度计容易因为安装位置的不同和测量流体周围波动的影响而产生误差，这种情况在有压生产时尤其突出。不同的选煤厂根据自身的实际情况有不同的抗干扰方法。例如，选煤厂采用在压差式密度计出料侧安装管道三通和电动调节回流阀，使得密度计工作时压力稳定。

(2) 音叉密度计

音叉密度计的传感器是基于元器件振动原理工作的，元器件为浸入被测液体中的音叉。音叉通过固定于叉体底部一端的压电设备感应振动。振荡频率由固定于叉体另一端的二次压电设备来检测，然后通过顶部的电路放大信号。液体密度与被测液体流动时的振动频率密切相关，当被测液体密度变化时，液体流动时的振动频率也随之改变。通过以下方程，计算被测液体的密度：

$$\rho = K_0 + K_1 T + K_2 f \tag{3-1}$$

式中，ρ 为未校准的被测介质密度；T 为传感器输出的振动周期；f 为被测介质流经叉体时的频率；K_0、K_1、K_2 为传感器的常数，在出厂时标定探头在不同介质中的振动频率，例如：在空气中振动，频率约 1 000 Hz，在油中振动，频率约 700 Hz，在水中振动，频率约 600 Hz。

音叉密度计主要是采用插入式安装，在检测过程中可以自动补偿温度对被测介质密度 ρ 的影响，压力对密度没有显著的影响。它可以应用于以密度为基本参数的过程控制或者以固体百分比或浓度百分比为参照的质量控制，典型行业包括：矿物加工行业，石油化工行业，酿酒业，食品行业和制药行业。但该密度计用于测量易结晶、结垢介质时效果不理想。音叉密度计外形如图 3-3 所示。

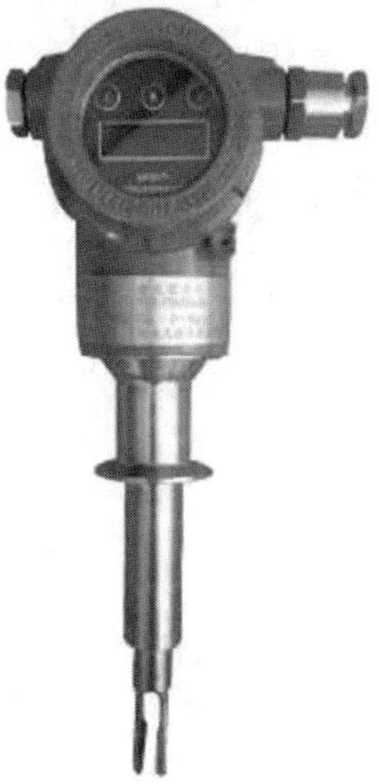

图 3-3　音叉密度计

(3) 放射性同位素密度计

放射性同位素密度计（别名核密度计、核辐射密度计或伽马密度计）是一种利用 γ 射线穿过被测物质时，其强度随物质的密度变化的原理，测量物质密度的仪表。放射性同位素密度计主要用于检测液体、固体（如气载煤粉）、矿浆、水泥浆等物质的密度及对金属矿浆浓度（密度）的检测，典型应用如电厂脱硫工程中对石膏浆密度的检测以及矿山对各种矿浆的密度检测。

放射性同位素密度计由三部分组成，如图 3-4 所示。铅密封的 ^{137}Cs 放射源发射 γ 射线，γ 射线接收器用以吸收未被管道和悬浮液吸收的余下射线，显示部分用以显示测量出的悬浮液密度。放射源和接收器分别置于悬浮液管道的两侧，放射源发射的射线，一部分被管壁和悬浮液吸收，悬浮液密度大小与这部分被吸收的 γ 射线的强度大小呈正相关。余下部分则进入 γ 射线接收器的电离室中，电离室中的特殊气体吸收来自 γ 射线的能量，电离产生电信号。这个电信号被传输至现场的仪表进行分析计算，得出悬浮液密度。这种密度计结构较为简单，测量原理可靠，可满足自动控制要求。许多选煤厂目前仍在使用放射性同位素密度计，但这类密度计存在很大的安全隐患。在 ^{137}Cs 与 ^{60}Co 仪表使用过程中，必须根据国家相关法律法规办理辐射安全许可证，现场必须安装环境当量实时监测系统及视频监控系统，同时必须设置有保存铅盒的专用仓库，才能使用。仪表维护人员必须取得辐射安全与防护培训合格证，进入现场时必须穿戴齐全铅衣、佩戴辐射测量仪才能工作，且由于人的天然畏惧心理，导致工作上的诸多不便，且放射源必须终身监管，从生产、运输、使用、报废都必须按照规定流程，一旦出现疏漏，将造成严重后果。

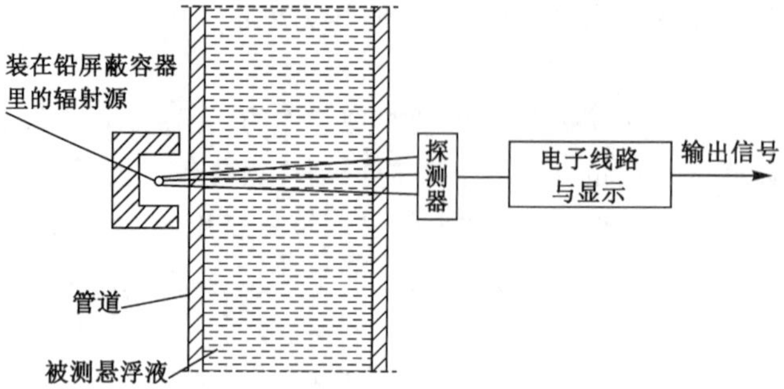

图 3-4 放射性同位素密度计示意图

(4) Na^{22+} 放射性同位素密度计

Na^{22+} 放射性同位素密度计与 ^{137}Cs、^{60}Co 的测量原理一致，但其与 ^{137}Cs 和 ^{60}Co 不同点在于该产品能以极低的活度获得想要的测量结果。该仪表核源活度 $\leqslant 1\times10^6$ Bq，低于国家要求的豁免度水平，在生态环境部的豁免清单之内，可以作为普通仪表使用。Na^{22+} 放射性同位素密度计由夹抱装置、探测器、射线输出装置、智能测控仪等组成，如图 3-5 所示。

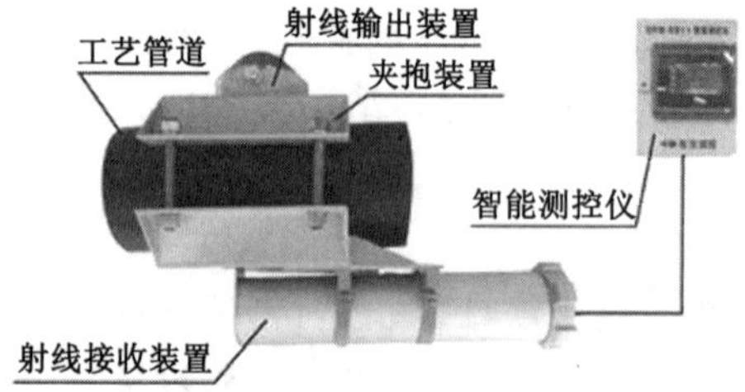

图 3-5 Na^{22+} 放射性同位素密度计

Na^{22+} 放射性同位素密度计的工作原理：由 Na^{22+} 放射源产生的 γ 射线穿过被测介质，其中一部分 γ 射线被介质阻挡吸收，剩余的部分射线被探测器接收。探测器接收的 γ 射线量越多，则表明被测介质的密度越小，反之亦然。根据探测器接收 γ 射线的衰减程度计算电离辐射通量的变化情况，进而得出工艺管道内介质的密度值并以标准的 4～20 mA 电流信号输出至智能仪表或 DCS 控制系统。

Na^{22+} 放射性同位素密度计可应用于冶金、矿山、化工、煤炭、污水处理等行业中各种料液密度的在线检测。其优势包括：① 探测器采用高灵敏、高效率的闪烁体以及自动稳峰技术，可对温度变化或元器件老化等因素造成的仪器漂移进行补偿，具有极高的稳定性，大大减少了仪表的维护工作；② 非接触式测量方式，探测器及放射源安装在工艺管道外侧，不受物料的黏稠、腐蚀、高温、高压、磨损等恶劣条件影响，长期运行稳定可靠，经久耐用；③ 适应性强，环境因素以及物料的速度、温度等均对射线测量没有影响；④ 密度计采用管道夹抱式安装，安装便捷，不与检测介质直接接触，在生产过程中同样可以顺利地完成仪表的拆解、维修、更换工作，极大地满足了现场的使用需求。

3.2.2　在线浓度计

矿浆浓度的及时准确获取对磨矿、浮选及浓缩等工艺流程的调控至关重要。矿浆浓度在线检测手段和产品多种多样，如 X 射线、超声波、激光和差压浓度计等。

(1) BDAS-I 型在线矿浆浓度计

如图 3-6 所示，BDAS-I 型在线矿浆浓度计主要由七部分组成。浓度测量组件是进行浓度测量的核心装置；控制箱是整个系统的大脑，对取样系统进行控制；稳流箱组件用于将二次矿浆样品以相对稳定的速度供给浓度测量组件中的称重箱；气缸组件用于控制将一次矿浆样品流进行二次取样缩分；冲洗水组件用于控制测量前后各箱体的清洁；支架组件用于各部件组装，并通过地脚固定在安装现场；排矿箱组件用作汇聚一次样品流的旁路，将测量后的矿浆以及冲洗水通过管道排回流程。

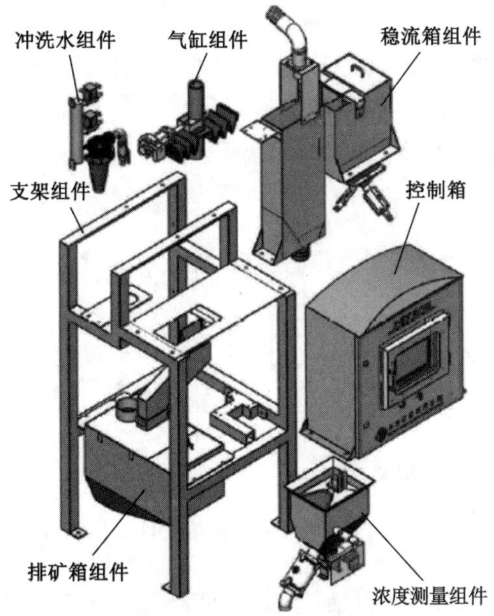

图 3-6　BDAS-I 型在线矿浆浓度计结构图

BDAS-I 型矿浆浓度计具有以下性能特点：① 采用称重溢流法测量矿浆浓度，方法简单可靠，测量精确；② 梅特勒-托利多称重传感器及配套的变送器保证了测量的可靠性和高精度；③ 每一次测量，同时输出矿浆浓度和密度信息；④ 典型情况下可在 60 s 内完成一次测量，分析测量实时性高，测量间隔时间可调；⑤ 自动进行浓度称重箱皮重测量，可排除矿泥黏结或冲洗不干净对测量精度的影响；⑥ 自动进行浓度称重箱体积标定，可排除结垢后体积变化对浓度测量的影响；⑦ 矿浆黏度、温度及其中的气泡不会影响浓度测量精度；⑧ 灵活多样的通信接口可以满足绝大多数自动化通信需求，人性化的触摸屏人机界面使现场操作人员可以很快上手；⑨ 模块化的简易结构设计，维护量少且易于维护，具有一定的防水、防尘功能，可以用水整体冲刷清洗。

(2) TPD 超声波矿浆浓度计

TPD超声波矿浆浓度计(图3-7)是专为选矿、冶金、造纸、污泥处理等行业的浓度监测而设计的在线监测仪表,可以实现0.2%至80%的浓度变化监测。目前,该产品已经在上述多个领域的智能化控制和监测中成功应用。应用领域:黑色金属矿浆(铁、锰、铬矿浆);有色金属矿浆(金、铜、银、镍等矿浆)、煤浆;泥沙(河流泥沙、湖泊淤泥、模型沙等);其他工业浆料(石灰浆、水泥、涂料等)。

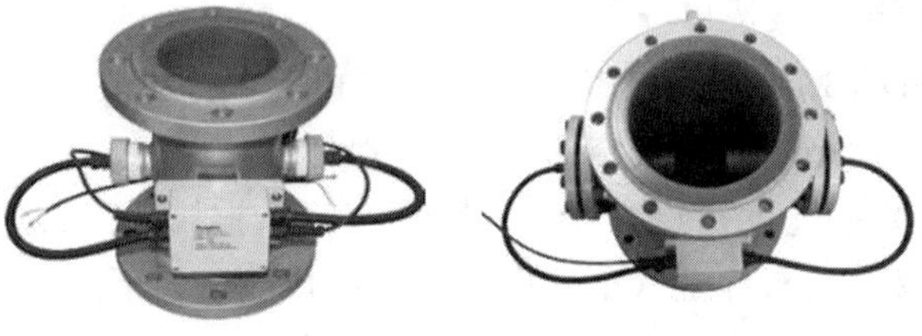

图3-7 TPD超声波矿浆浓度计

TPD超声波矿浆浓度计的工作原理如图3-8所示。传感器向被测物质中发出一束超声波脉冲,超声波经过浆料时,由于浆料的散射和吸收,超声波能量会发生衰减,超声波在浆料中的衰减与液体中的浆料浓度有关,通过测量超声波的衰减值可以计算出浆料浓度。不同种类的浆料对超声波的衰减特性不同,通过调整传感器的间距以及工作的频率可以适应各种不同的介质测量。

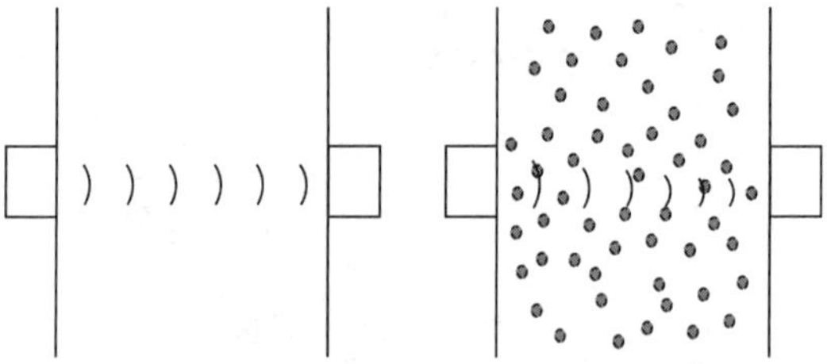

图3-8 TPD超声波矿浆浓度计工作原理

TPD超声波矿浆浓度计的特点包括:① 超声波测量方法无射线污染,绝对安全;② 超声波发射采用DDS技术,提供高可靠性驱动,无漂移;③ 超声波接收采用AGC技术,提供更大的测量范围;④ 自动频率扫描技术保证传感器工作在最佳状态;⑤ 浸没式、管道插入式和管道式三种安装方式适应不同的应用;⑥ 智能变送器可记录长达十年的历史数据;⑦ 支持RS232或RS485数字接口,支持Modbus ASCII、Modbus RTU和简化的自定义通信协议;⑧ 根据现场情况,提供多种耐磨方式;⑨ 3组可编程继电器可分别设置为:高报警、低报警和定时工作方式;⑩ 内置记事本如实记录重要操作过程和仪表断电等事件,方便查询和维护。

(3) H-WMS100在线矿浆浓度计

H-WMS100在线矿浆浓度计(图3-9)的探测器采用常温超导稀土金属(铋)元件高精度集成,探测器根据中央处理器发出的探测指令在探测区域形成超高频常温超导谐振区,中央处理器以探测前设定的超高频常温超导谐振系数对一切经过此区域的材料进行探测分析,探测区域与被探测材料形成一个相对恒定的超高频常温超导谐振探测场。当水分在被测原料内出现时,整个恒定的超高频常温超导谐振探测场就会被微弱扰动,中央处理器就会瞬间将这种水分微弱扰动信号进行数字化分析，逆向运算后转化为矿浆浓度值并迅速转换成模拟信号输出。该矿浆浓度计不受现场防爆与腐蚀环境影响，安装轻便安全，分析可靠精确。

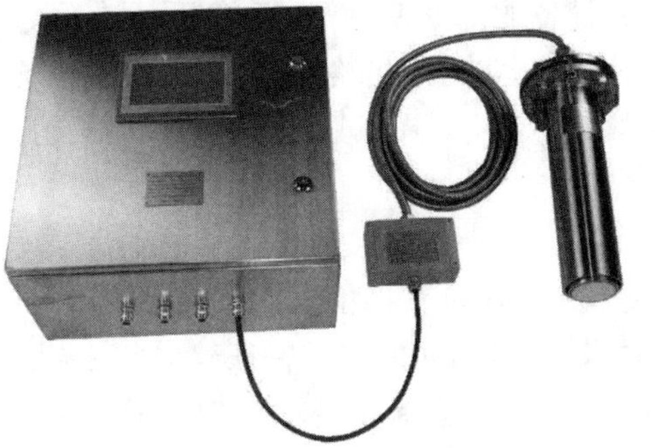

图 3-9　H-WMS100 在线矿浆浓度计

H-WMS100 在线矿浆浓度计的应用领域有：金属矿浆、煤浆、砂浆、污泥浆、云母浆、原油等体积浓度。技术特点包括：① 单侧安装，对高温、高粉尘、高水分、高流速、强腐蚀等恶劣环境适应能力强；② 现场测量，避免了复杂和需要大量维护的采样实验室分析，系统成本低和维护工作量少，在正常使用维护下使用寿命长达 10 年；③ 实时测量，响应速度非常快，仅取决于仪表的数据处理时间（<1 s）；④ 系统依据理论物理成果超高频常温超导谐振原理成功研发，没有背景物料交叉干扰影响；⑤ 智能化程度高，仪器自控自检，保障系统运行；⑥ 网络化数据传输功能，实现数据的远程传输和分析仪运行状态的远程监控；⑦ 无放射性辐射源，对环境安全无污染。

3.2.3　在线灰分仪

(1) X 射线在线灰分仪

X 射线在线灰分仪采用 X 射线荧光技术与 X 射线吸收技术相结合的原理。利用 X 射线管作为激发源，X 射线探测器接收散射 X 射线及 X 射线荧光信息，正比计数管接收透射 X 射线信息，再通过超声波物位计判断煤质的高度信息，将这些信息传送到上位机，经过数据处理，计算出煤质的灰分值。X 射线在线灰分仪可用于对整条运输胶带上的煤炭或采样机弃料中的灰分含量进行快速准确的测量，广泛应用于煤矿、选煤厂、配煤厂、焦化厂、燃煤电厂、钢铁厂和煤码头等领域。X 射线在线灰分仪工作原理如图 3-10 所示。

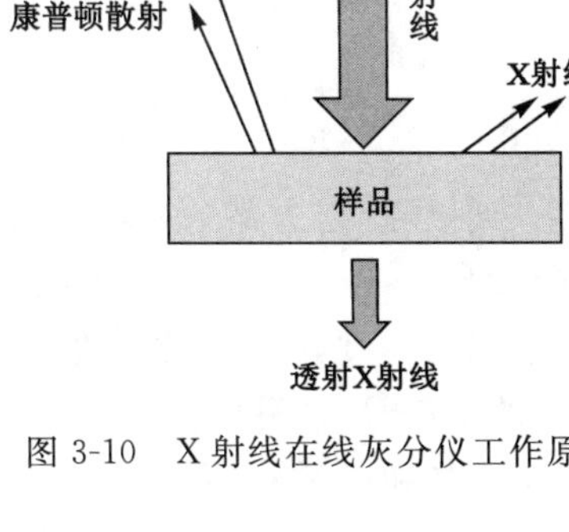

图 3-10　X 射线在线灰分仪工作原理图

X 射线在线灰分仪的特点：采用 X 射线管代替放射源，断电后不会产生射线，设备周围无任何辐射，设备安全可靠，无须办理放射源手续；受物料影响小；实时在线无损非接触检测，测量数据稳定、精度高、设备故障率低、操作简单、界面友好、易于维护；灰分测量范围大，灰分从 5%到 60%；分析速度快，实时给出检测结果，克服了传统采、制、化的滞后性；采用合理的结构设计，仪表出现故障时，不会影响现场正常的生产工艺；采用工业以太网通信方式，可接入现场 DCS 控制系统。

(2) 矿浆灰分在线检测仪

矿浆灰分在线检测仪是一种通过直接检测矿浆样品，在线获得矿浆内煤泥灰分的在线分析仪。它通过 X 射线技术，针对不同的煤质特征建立与之相适应的数学模型。该设备能够作为浮选系统的“眼睛”，为实现浮选系统智能化创造了条件。该设备完全自主运行，检测精度高，设备维护量小。矿浆灰分在线检测仪外形如图 3-11 所示。

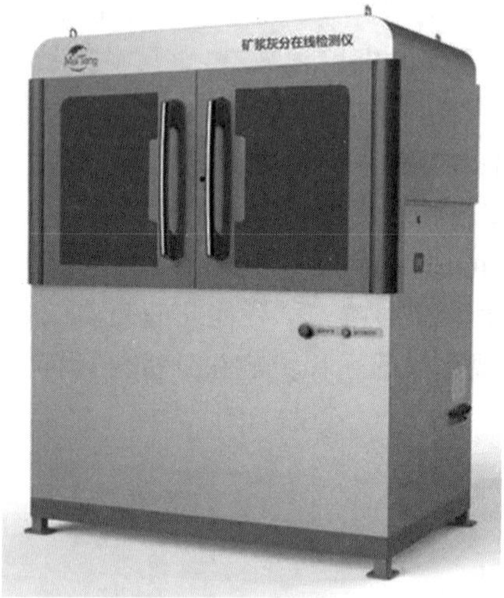

图 3-11 矿浆灰分在线检测仪

它的工作原理为：待测矿浆通过入料管进入设备，经过矿浆处理、煤样检测、数据分析等环节后检测出矿浆灰分并输出数据，检测后的煤样清洗后通过排料管排出，整个过程通过智能控制器的控制来实现。矿浆灰分在线检测仪工作流程如图 3-12 所示。主要特点：在线检测，检测周期 10～30 min，根据生产需要进行设定；检测周期 10 min，绝对偏差±0.7%(2σ)；检测周期 20 min，绝对偏差±0.6%(2σ)；检测周期 30 min，绝对偏差±0.4%(2σ)，可根据现场煤质情况确定；在性质均匀并具有一定流量的浮选精矿管道上，设备自带吸料泵，连续自动吸料，取料流量为 0.5 m^3/h；人机交互采用触摸屏，输出标准数字信号，具有良好的系统兼容性。

(3) ZZ-89 在线灰分仪

ZZ-89 在线灰分仪采用双能量 γ 射线透射方案，使镅-241(^{241}Am)的低能 γ 射线和铯-137(^{137}Cs)的中能 γ 射线透过被测煤样，其中低能 γ 射线的减弱取决于煤的灰分值和煤层厚度，而中能 γ 射线的减弱只取决于煤层厚度，与煤的灰分值无关。采用闪烁探头把透过煤层的两种能量射线转变成两种不同的电信号，两种电信号的强弱变化，包含了煤灰分值和煤层厚度两种信息。利用电信号分析电路和微型计算机可以计算出煤灰分值和煤层厚度。

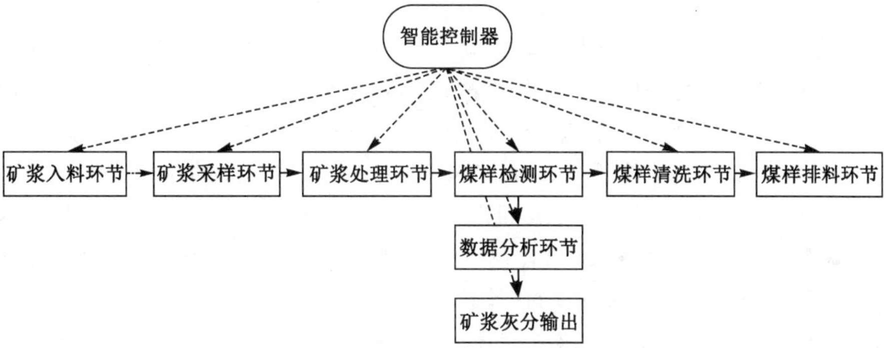

图 3-12　矿浆灰分在线检测仪工作流程图

ZZ-89 在线灰分仪不仅可以定时显示，用于控制生产流程或指导生产，而且可以根据需要随时查询、了解任何时间段的煤灰分的变化情况。ZZ-89 在线灰分仪外形如图 3-13 所示。

图 3-13　ZZ-89 在线灰分仪

ZZ-89 在线灰分仪的技术优势为：可以直接对传送胶带上的散煤进行在线测量，无须分流取样、破碎制样等附加设备；没有垂直偏析现象；对煤的最大粒度无严格限制；辐射安全；在测量灰分的同时，还可以测量煤的密度，能扩展与激光秤配合使用，减少了设备购置费用。

3.2.4　在线粒度分析仪

在线粒度分析仪在选矿领域是一种重要的分析工具，用于检测矿石的粒度分布情况。粒度分布是一项重要的矿石物理学指标，与物理性能有关联，对选矿过程的设备选择和工艺流程的设计具有重要意义。例如，在浮选流程中，矿物的浮选性能与其粒度有明显关系，通过粒度分析可以控制物料的粒度分布，从而实现优化浮选效果。在磨矿过程中，矿物磨到一定粒度可以提高其浮选性能，而过细又会影响后续的分选过程，因此需要通过粒度分析来控制磨矿过程中的粒度分布。在线粒度分析仪还可以与控制系统集成，通过实时监测和调整物料的粒度分布，实现选矿生产线的智能化控制和高效化管理。

(1) DF-CPSM 超声波在线粒度仪

超声波在线粒度仪是一种利用悬浮在矿浆中的固体颗粒对超声波的黏滞和散射现象来获取颗粒信息的物料粒度分析装置。超声波在矿浆(均匀悬浮液)中传播一定的距离后,其振幅会发生变化,也就是超声波的衰减,衰减值的大小与矿浆浓度、矿粒粒度及组成、工作电压、超声波频率、矿浆温度和传播距离等多种因素有关,而超声波的振幅或能量与工作电压成正比。在工作电压、传播距离等因素固定时,超声波频率越高,其能量衰减越大;矿浆浓度越大,其衰减系数值越大。物料粒度对超声波衰减的作用比较复杂,但对频率较高的超声波,在一定粒度范围内,衰减系数值随颗粒粒度增大而增加。超声波在线粒度仪测量粒度原理如图 3-14 所示,DF-CPSM 超声波在线粒度仪外形如图 3-15 所示。

(a) 传感器间充满清水时　　(b) 传感器间充满悬浮液时

图 3-14　超声波在线粒度仪测量粒度原理图

图 3-15　DF-CPSM 超声波在线粒度仪

DF-CPSM 超声波在线粒度仪适用于各类液体浆料的粒度分布实时监测、在线分析和控制,例如选煤、石油、化工、食品、制药、涂料、造纸等行业。以选煤领域为例,该设备具有以下特点:检测结果代表性强,准确度高,能真实反映整个煤泥水中颗粒粒度分布情况;测量效率高,可以实时获得测量结果;现场适应性强,能有效降低矿浆浓度及其中固体颗粒粒度波动对测量结果的影响;可同时有效监测>0.5 mm、>0.25 mm、0.25～0.045 mm 等粒级;安装容易,操作简单,维护工作量小;仪器坚固耐用,使用寿命长。

(2) BPSM-Ⅲ型在线粒度分析仪

BPSM-Ⅲ型在线粒度分析仪结构如图 3-16 所示,主要由主控制箱、气控箱、粒度测量头、排矿箱、多流道切换箱、稳流箱等组成,同时集成了浓度称重箱,以便在测量粒度时测量浓度。它的测量原理是被测矿浆样品通过矿浆入口流入粒度测量装置,并在粒度测量装置中流动,当矿浆流经动触头和静触头之间时,矿浆中的矿粒大小属性被传感器测量出来并被传送到控制器中进行分析计算,被测量过的矿浆从矿浆出口流出粒度测量装置。

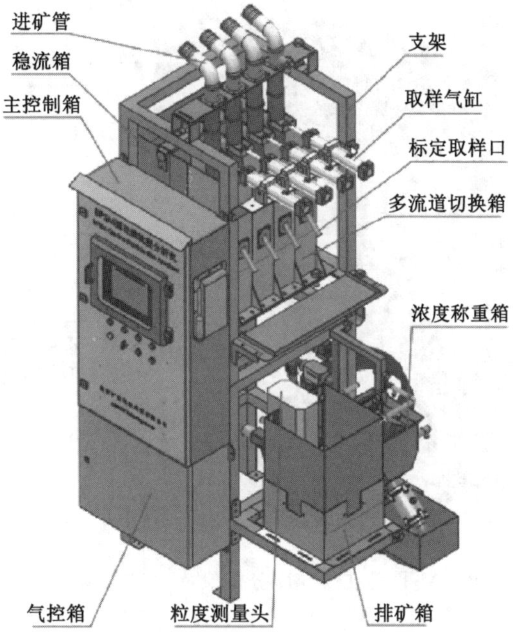

图 3-16　BPSM-Ⅲ型在线粒度分析仪结构图

BPSM-Ⅲ型在线粒度分析仪的主要特点：动触头和静触头直接接触，直接测量矿浆中的颗粒尺寸；采用称重溢流法测量矿浆浓度，方法简单可靠、直观、测量精确；能够测量多达 4 个通道的矿浆；对每一个矿浆通道的粒度，可以同时计算出 5 个粒级；多通道测量时，分析测量实时性高，典型情况下每个通道可以在 90 s 内完成测量，4 个通道循环测量一遍 360 s 内即可完成，单通道测量时可以实时连续地检测磨矿矿浆颗粒情况的变化；自动、手动零点校正，可自动排除矿浆磨损给粒度测量带来的精度损失，零点检测时对浓度称重稳流箱进行体积标定，可自动排除结垢后体积变小对浓度测量的影响；矿浆黏度、温度不会对粒度测量带来影响，矿浆中的气泡不会影响粒度的测量精度；灵活多样的通信接口可以同绝大多数自动化系统组网通信；人性化的人机界面，通俗易懂的触摸屏操作方式，现场操作人员可以很快上手；不锈钢机身，耐腐蚀；高强度陶瓷测量触头，坚固耐磨；自动化程度高，维护量少，具有一定的防水、防尘功能，可以用水整体冲刷清扫。BPSM-Ⅲ型在线粒度分析仪及 1# 取样器的现场安装图如图 3-17 所示。

3.2.5　在线品位分析仪

(1) Courier 6i SL 载流 X 荧光品位分析仪

Courier 6i SL 载流 X 荧光品位分析仪主要包括一次取样器、矿浆多路分配器(MNA)、班样取样器、一次取样样品返回、分析仪主机(控制柜和本地操作站)、标定取样器(CSA)、二次取样样品返回和数据通信系统，其组成结构如图 3-18 所示，外形如图 3-19 所示。它适用于对选矿厂原矿、尾矿和精矿矿浆中元素含量的精确可靠在线测量，精确监测原矿矿物学的变化。

Courier 6i SL 支持 24 个矿流的检测，可同时测量铁、铜、钼、钨、铝等元素含量，具有以

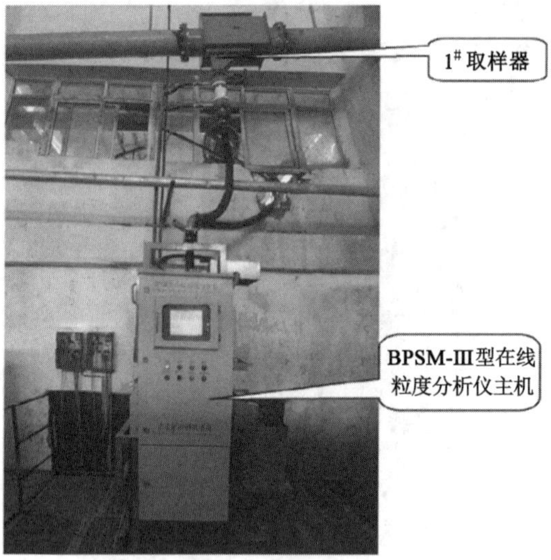

图 3-17　BPSM-Ⅲ型在线粒度分析仪及 1# 取样器的现场安装图

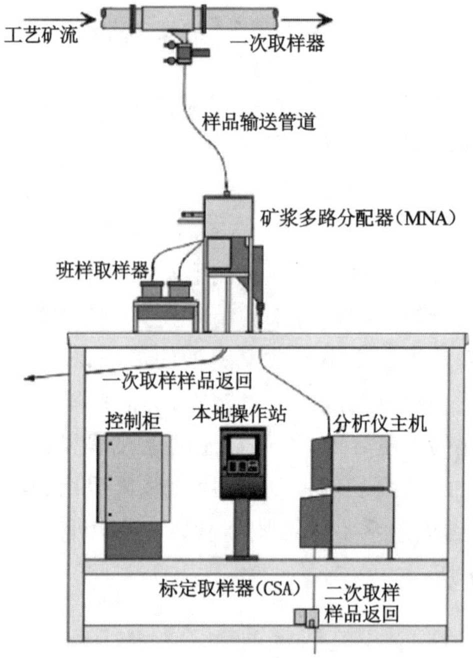

图 3-18　Courier 6i SL 载流 X 荧光品位分析仪结构示意图

下优点:分辨率高,采用波长色散 NDXF 技术,有效降低元素背景干扰;稳定性高,自动测量内置参比样进行漂移校正;检测含量范围 0.004%～100%,检测限为 3～30 mg/kg;检测速度快,典型测量时间为 15～30 s,样品的测量可自定义;检测精度高,低含量元素相对标准偏差为 3%～6%,高含量元素相对标准偏差为 1%～4%;自动化程度高,整个检测过程的取样、分析、数据发布自动进行,无须人为参与。

图 3-19　Courier 6i SL 载流 X 荧光品位分析仪

(2) BOXA 载流 X 荧光品位分析仪

BOXA 载流 X 荧光品位分析仪是一种大型矿浆品位分析系统(图 3-20)。该分析仪采用波长色散与能量色散相结合的 X 荧光光谱分析方法,测量矿浆中的金属元素。分析仪的测量对象是矿浆,矿浆是一种悬浊液,相对于粉末样,生产线上的矿浆光谱散射更加复杂,并具有多变性和不确定性。

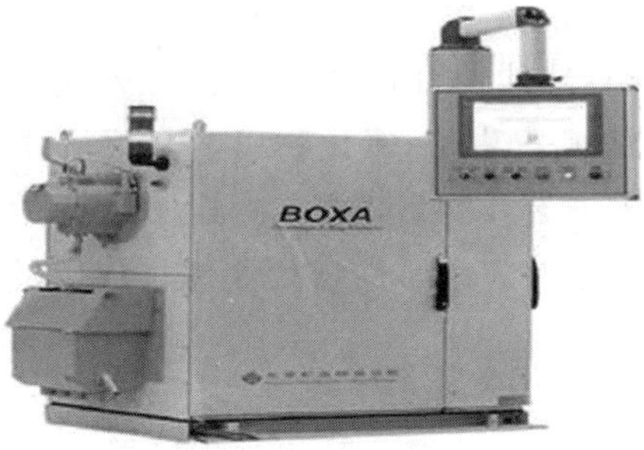

图 3-20　BOXA 载流 X 荧光品位分析仪

BOXA 载流 X 荧光品位分析仪可根据生产需求,对作业单元进行个性化配置,一般由矿浆取样单元、矿浆多路分配器单元、主机检测分析、矿浆返回等单元组成。其主机检测分析数据可通过互联网共享到办公室人员电脑上,通过内部设置局域网,可以在相关生产车间,如浮选车间、脱水车间配备大屏幕来进行数据显示,分析仪的组成单元见图 3-21。

BOXA 载流 X 荧光品位分析仪的特点有:① 每个元素通道采用波长色散和能量色散 X 荧光分析方法相结合的技术,测量结果更精确。② 灵敏度高,对大多数元素(原子序数从 20 到 92),在品位为 1%的水平下能够检测出 0.01%的变化,可信度高达 95%。③ 符合国家辐射安全标准,探头外盖无射线泄漏,激发源采用Ⅲ类辐射装置而不是同位素放射源,无放射性,断电后无射线。④ 一次取样(取样器)矿浆快速到达二次取样器(多路器)后分别返回各自工艺点,形成循环,矿样相互间不混合。⑤ 多模型自动选择可以提高分析精度,尤其是在矿样的物理化学性质经常发生变化的情况下。⑥ 采用膜片自动更换技术,自动更换隔离矿浆与检测设备的膜片,防止膜片磨损导致矿浆泄漏。

(3) SFA 在线矿石品位分析系统

SFA 在线矿石品位分析系统由卤素光源、分光镜、探测器三部分构成。它利用近红外

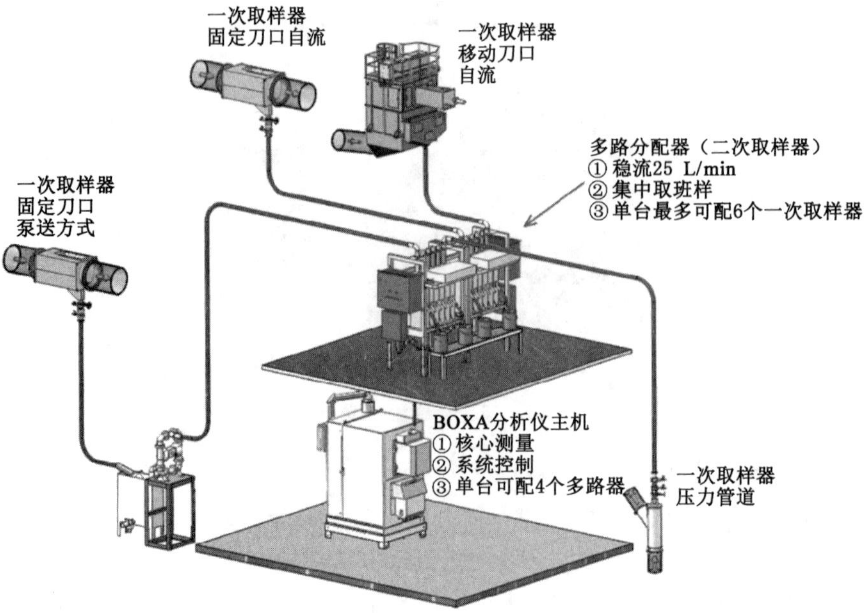

图 3-21 BOXA 载流 X 荧光分析仪的组成单元

光照射样品，通过测量样品对近红外光的吸收，得到近红外光谱，从而反映样品的基本组分(图 3-22)。它能够提供精确的矿石物相、氧化物以及其他活性硅酸盐成分分析，实现混料后的矿物组成、碱度、水分的实时在线测量，同时，可以实现矿物组分的准确定量，包括水分、灰分、硫分、挥发分等的测定。通常应用于钢铁行业优化配矿、生产控制、海关检测、煤电厂来料分析等环节。

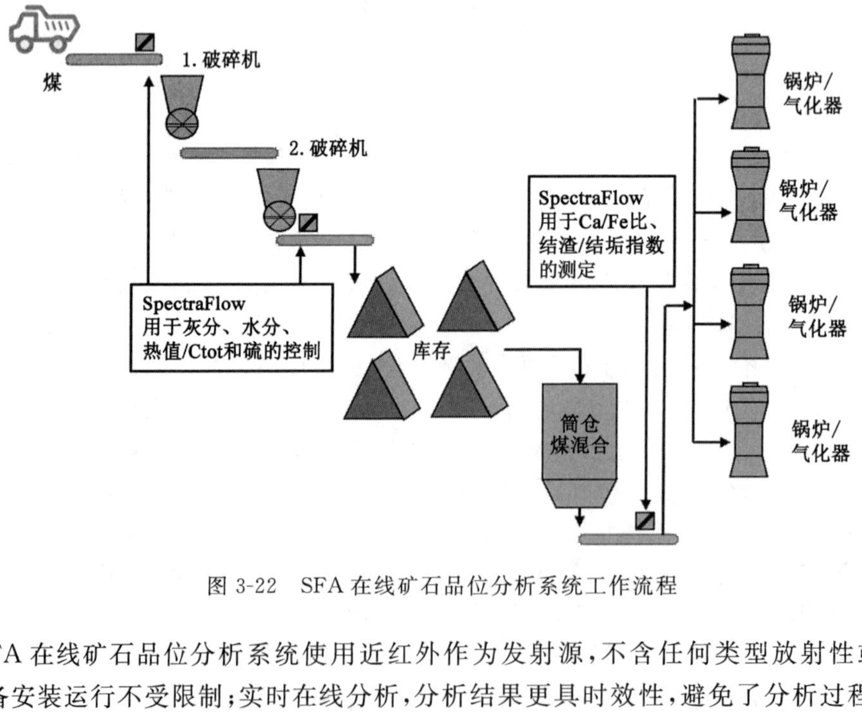

图 3-22 SFA 在线矿石品位分析系统工作流程

SFA 在线矿石品位分析系统使用近红外作为发射源，不含任何类型放射性或 γ 放射源，设备安装运行不受限制；实时在线分析，分析结果更具时效性，避免了分析过程冗长、严重滞后等现象；其他在线分析技术是对元素进行分析，而近红外技术是对物质的组分、化合物进行分析，结果分析更加准确；运营成本低，光源是唯一耗材；每分钟完成140次测量，高测量频率确保了测量结果的准确性和稳定性。

3.2.6 质量检测仪

(1) 电子皮带秤

电子皮带秤是一种用于测量输送带传送物料质量的装置，通常安装在输送带上，可以实时测量物料的质量，并能自动记录和输出测量数据。它主要由称重传感器、速度传感器、称重桥架和积算器等部分组成(图3-23)。

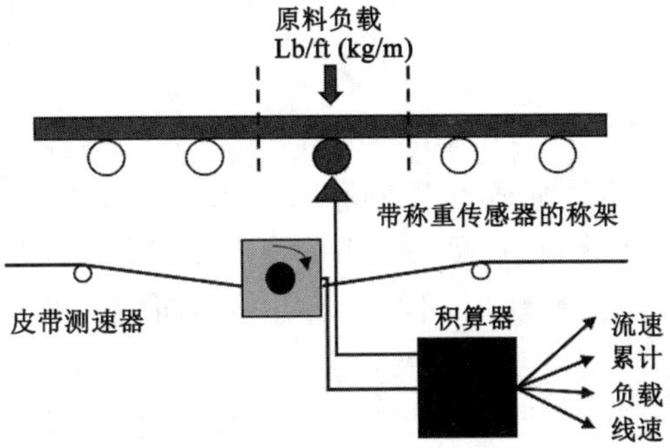

图3-23 电子皮带秤的组成示意图

称重桥架又称承载器，主要作用有两个：第一是称重台的作用，用于安装称重传感器；第二是传输支架的作用，用于将物料的载荷通过皮带、称重托辊、秤架传递到称重传感器上。称重传感器的作用是完成称重信号到电信号(mV)的转换，目前在皮带秤上使用较多的是S形和悬臂梁式称重传感器。速度传感器完成对皮带速度的测量，将皮带的转速信号转换成电信号(电压或脉冲)，速度传感器主要有模拟式测速发电机式、磁阻脉冲式、光电脉冲式三类。目前，模拟式测速发电机式测速传感器的应用逐渐在减少，取而代之的是上述两种输出脉冲信号的数字式测速传感器。积算器又称二次仪表，用来将质量信号和速度信号进行积分，从而获得瞬时流量和累积量，并可根据设定目标输出控制信号，如根据设定流量输出4～20 mA DC电流调节信号或者根据载荷情况输出开关量报警信号。

电子皮带秤具有自我校准、自动清零、自动追踪、自动输送等功能，能有效提高工作效率，减少人工成本，避免了传统皮带秤的一些缺陷，如读数不准确、维护成本高等问题。电子皮带被广泛应用于化工、水泥、钢铁、电力、矿山等行业的输送过程中，能够实现物料的准确计量、计量数据的实时记录和分析。

(2) 核子皮带秤

核子皮带秤的工作原理是利用伽马射线穿透被测介质，当伽马射线能量一定时，其强度的衰减与介质的组分、密度和射线方向上的厚度呈指数关系。通过对载有物料时的射线强度进行连续测量，并与空皮带(或其他传送设备)时的射线强度测量比较，同时对皮带运行速度加以测量，然后通过计算机系统的运算，显示单位载荷、瞬时流量、累积量等工艺参数(图3-24)。

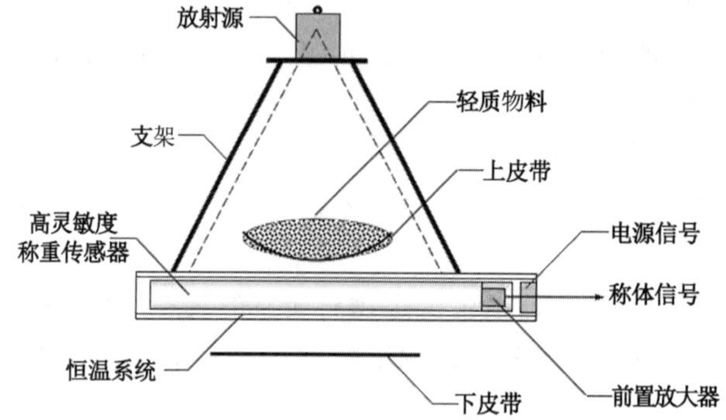

图 3-24　核子皮带秤示意图

普通负荷型微机核子秤放射源选用同位素铯(^{137}Cs)，铯源的辐射能量较高，射线能量为 662 keV，半衰期为 30 年，通常适用于负荷 5 kg/m 料重以上的普通散装物料(如矿石、煤炭、黏土、食盐、甘蔗、粮食等物料)计量。该系统稳定性较高，故障率低，维护和维修量小；设备和秤体结构简单，尺寸小，安装快捷，不需要专用皮带机或特设安装空间，可直接跨装在现有输送机上；不受环境温度、湿度变化以及输送机位置、倾角限制、物料厚度变化、频繁启停的影响，适用于各种场合散装轻质物料的在线计量与控制；主机系统采用高可靠性的 PLC 或 IPC，操作简单，功能齐全，人机界面丰富，具备工况流程、工艺参数、过程趋势、故障诊断等图文显示功能，可方便直观地进行参数设置、信号标定、自动校正、故障查询等操作；支持多机种联合工作，可实现数据交换、查询、统计，报表打印，累计班产、日产，自动换班等功能；能显示瞬时计量、连续计量，可统计指定时间内物料质量，定量；同时具备 4～20 mA 模拟量输出，信号可接入 DCS 系统，具备链接现场控制网络的能力，具备 Profibus-dp 接口或 Modbus 接口，支持 OPC 共享，便于近、远程监控，实现管理控制一体化，有利于生产设备的系统集成，实现实时网络数据传输和远程控制管理。

3.2.7　在线水分测定仪

(1) 在线近红外水分测定仪

在线近红外水分测定仪适用于需要快速测定水分的领域，可对化工原料、粮食谷物、木工木屑等原料进行在线检测。该仪器发出特定波长的光经过透镜、滤光盘、反射镜后将平行光反射到被测样品物料上，其中一部分红外光被样品吸收，另外一部分红外光散射后经过凹面镜聚集到近红外传感器中，传感器的内部数字处理器将光信号的参比光和测量光经过数字处理器处理后传送给仪器主机，主机即可快速显示被测物的水分范围(图 3-25)。

近红外光线穿透力强，无须进行任何前期处理，可以穿透玻璃和塑料等，实现对目标物料的无损测试。测试过程无须任何耗材，和常规分析方法相比，既不会对环境造成污染，又可以节约大量的耗材费用。近红外光谱检测技术检测快速，响应时间为 0.1～60 s，可对目标物料水分进行实时在线监测，测试结果准确。此外，加配声光报警装置，设置水分超标上限预警、水分超标下限预警，当水分范围超出设定范围时，系统及时预警，确保产品质量的稳定性，广泛应用于钢铁、煤炭和化工等行业。

图 3-25　在线近红外水分测定仪

(2) MS-590 在线微波水分测定仪

MS-590 在线微波水分测定仪是一款非接触式多频谱微波水分、密度测量仪(图 3-26)。它采用多频谱硬件技术和独特模糊数据分析的专利算法结合数据模型结构,可实现含水率与密度完全独立测量,互不影响。它的工作原理如下:仪器内有发送和接收两个传感器,传感器通过微波发射-接收系统向被测介质发射微波信号。电磁能在穿过被测介质时,介质中的水分子由于极性会在电磁场中吸收能量。被水分子吸收的这部分能量与水分子含量呈线性关系。不同的电磁频段,含水率和介质间特性各不同。通过同时发射多段不同频率的频谱,结合数据模型和特殊算法就能够确定被测介质的水分含量与密度。

图 3-26　MS-590 在线微波水分测定仪

MS-590 在线微波水分测定仪拥有智能自学习功能校准模型,一次成功校准后,无须经常校准,即可精确测量水分,无须进行高度补偿、密度补偿及温度补偿。该仪器可以同时测量水分、密度两个参数,且水分和密度各自有独立数据模型和校准曲线。不受被测物质的高度、大小、密度、温度、品种、质量等因素的影响,克服了近红外水分测定仪只能测量物料整体表面水分的限制。

3.2.8 矿浆磁性物含量测量仪

在重介选煤工艺流程中,悬浮液中煤泥的含量是影响分选效果的重要因素之一。煤泥含量过高会导致悬浮液中磁性物含量过低,粒度过大,从而影响分选效果;而煤泥含量过低则会导致悬浮液中磁性物含量过高,粒度过小,容易造成磁铁粉沉淀,同样会影响分选效果。在工艺上一般采用分流法实现系统煤泥量的平衡。但分流的开度大小如何控制一直困扰着许多选煤厂。将矿浆磁性物含量测量仪安装在合格介质管上,将测到的磁性物含量信号与密度计测得的密度信号进行计算,可以推算出重介质悬浮液中的煤泥百分含量。通过控制分流阀的开度,可以确保煤泥含量处于适当水平。矿浆磁性物含量测量仪在重介质选煤流程中的应用如图 3-27 所示。其外形如图 3-28 所示。

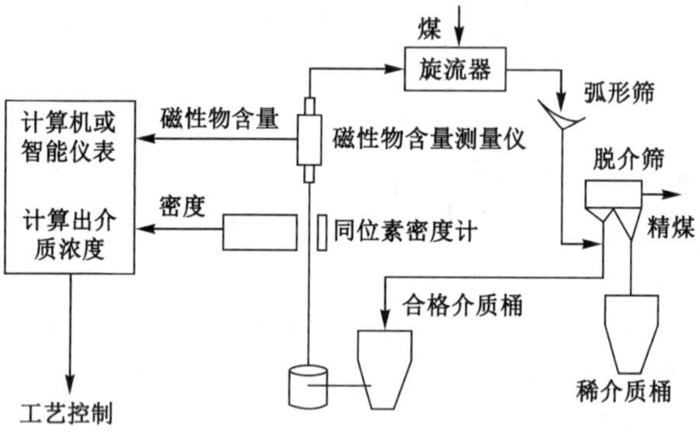

图 3-27 矿浆磁性物含量测量仪在重介质选煤流程中的应用

图 3-28 矿浆磁性物含量测量仪

矿浆磁性物含量测量仪主要用于检测和测量磁性悬浮液、铁磁矿石或铁磁性物质,如测量磁性悬浮液中磁性物质的含量、铁磁矿石的品位、磁性悬浮液的液位等。这种仪器广泛应用于钢铁、铁矿山、铁选厂、重介质选煤厂等需要对磁性物质进行检测的工矿企业。对于选煤厂来说，矿浆磁性物含量测量仪的成功使用，不仅为分流大小提供了依据，还在生产中降低了介耗，节约了成本。

3.3 智能控制系统

智能控制系统就是在无人干预的情况下能自主地驱动智能机器实现控制目标的自动控制技术。对许多复杂的系统，难以建立有效的数学模型和用常规的控制理论去进行定量计算和分析，而必须采用定量方法与定性方法相结合的控制方式。

3.3.1 模糊控制系统

经典控制论解决线性定常系统的控制问题是十分有效的，但在实际生产中却有相当数量的生产过程，如大滞后、非线性等复杂工业过程，用传统的方法控制效果不理想甚至难以实现自动控制。但一个熟练的操作人员可能并没有多少控制理论知识，也不知道被控过程数学模型，却能凭自己丰富的实践经验，通过手动操作实现复杂生产过程的控制。

人的经验知识具有模糊性，无法用精确的数学语言表达，但可用模糊集合与模糊逻辑描述。1974年，英国学者E. H. Mamdani根据美国自动控制理论专家L. A. Zadeh于1965年提出的模糊集合理论，提出了模糊控制器的概念，标志着模糊控制的正式诞生。此后，模糊控制理论就成为工业过程控制研究与应用活跃的领域之一。与一般工业控制的根本区别是模糊控制并不需要建立控制过程精确的数学模型，而是完全凭人的经验知识“直观”地进行控制。与各种精确控制方法相比，模糊控制有如下优点：① 模糊控制完全是在模仿操作人员控制经验的基础上设计的控制系统，使一些难以建模的复杂生产过程的自动控制成为可能。只要这些过程能在人工控制下正常运行，而人工控制的操作经验又可以归纳为模糊控制规则，就可设计出模糊控制器。② 模糊控制具有较强的鲁棒性，被控过程特性对控制性能影响较小。这是由于模糊控制规则体现了人的思维过程，对过程特性变化有很强的适应能力与鲁棒性。③ 基于模糊控制规则的推理、运算过程简单，控制实时性好。④ 模糊控制机理符合人们对过程控制的直观描述和思维逻辑，为人工智能和专家系统在过程控制中的应用奠定了基础。模糊控制所采用的模糊控制规则是人类知识的应用，是一类简单的专家系统。

(1) 模糊控制基本结构

图3-29为模糊控制系统基本结构，点画线部分为模糊控制器。系统将变送器测得的数据PV(被控参数)与给定值SV进行比较后得到的偏差e和偏差变化率$\dot{e}$输入模糊控制器，模糊控制器通过计算得出控制量MV，通过MV对生产过程进行控制。

图3-29中模糊控制器有两个输入变量e和$\dot{e}$，称为二维模糊控制器；如果只有一个输入变量e，则称为一维模糊控制器；为了提高控制精度，在输入e和$\dot{e}$的基础上再输入偏差的二阶导数，则称为三维模糊控制器。高维模糊控制器虽然可提高控制精度，但由于控制规律运算复杂，可能降低控制的实时性，因此大多数情况下都采用二维模糊控制器。

(2) 模糊控制实现方法

模糊控制的功能是通过模糊控制算法实现的，常用的实现方法有以下几种。

① CRI查表法

CRI(关系合成推理，composition rule of inference)查表法是模糊控制最早采用的方

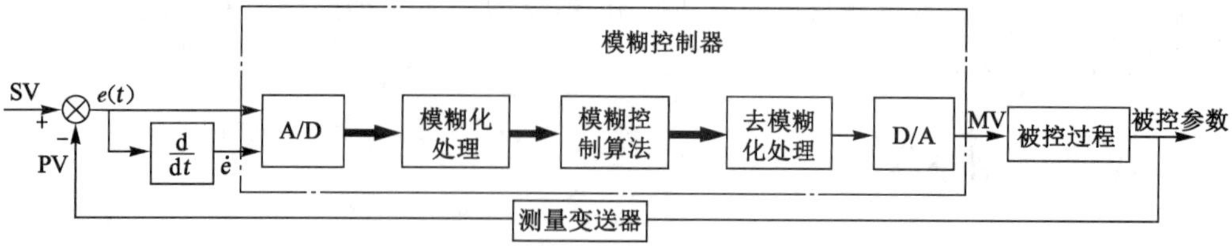

图 3-29　模糊控制系统基本结构

法，应用最广泛。所谓查表法就是将所有可能输入变量的隶属度函数、模糊控制规则及输出变量的隶属度函数都用表格（称为模糊控制表）来表示。输入变量模糊化、模糊规则推理和输出变量的清晰化均通过查表实现。模糊控制表的生成方法有两种：一种是直接从控制规则求出控制量，称为直接法；另一种是先求出模糊关系，再根据输入变量求出控制变量，最后把控制量清晰化得到控制表，称作间接法。

② 专用硬件模糊控制器

专用硬件模糊控制器是用硬件直接实现模糊规则推理的。它的优点是推理速度快，控制精度高，市场上已有各种模糊芯片供选用。专用硬件模糊控制器价格相对较高，目前主要应用于伺服系统、机器人、汽车等领域。

③ 软件模糊推理法

软件模糊推理法的特点在于利用软件实现模糊控制器的输入量模糊化、模糊规则推理、输出清晰化和知识库。

模糊控制在复杂生产过程的自动控制中取得了显著效果。

3.3.2　专家控制系统

专家控制系统是一个具有大量的专门知识与经验的程序系统。它应用人工智能技术和计算机技术，根据某领域一个或多个专家提供的知识和经验，进行推理和判断，模拟人类专家的决策过程。简而言之，专家控制系统是一种模拟人类专家解决问题的计算机程序系统。专家控制器的典型结构如图 3-30 所示。

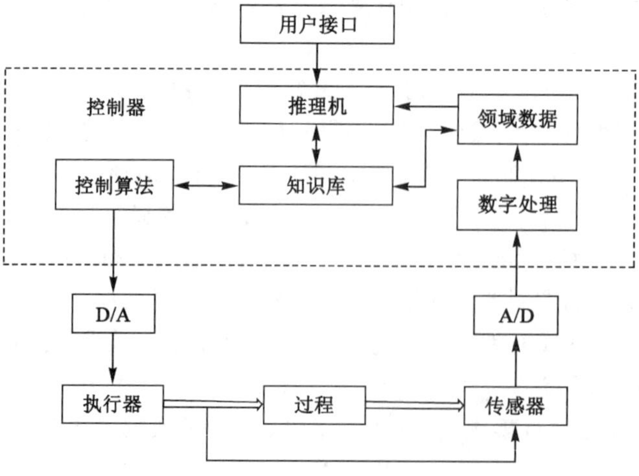

图 3-30　专家控制器的典型结构

(1)专家控制系统特点

① 它在一定程度上模拟人的思维活动规律，能进行自动推理，善于应对各种变化，具有透明性和灵活性。

② 它可以不断监督生产过程，实现特定性能指标下的优化控制，能处理大量底层信息，可进行操作指导。

③ 相对传统控制，扩展了许多功能，如复杂系统的高质量控制、故障诊断和容错控制、参数和算法的自动修改、不同算法的组合等。

④ 深层知识的引入，可以弥补专家经验的不足，可以自然地消除决策冲突。

(2) 专家控制系统分类

专家控制系统的类型很多，包括演绎型、经验型、工程型、工具型和咨询型等。按照专家控制系统所求解问题的性质，可把它分为下列几种类型。

① 诊断型专家系统。这是根据对症状的观察与分析，推出故障的原因及排除故障方案的一类系统。

② 解释型专家系统。这是根据表层信息解释深层结构或内部可能情况的一类专家系统，如卫星云图分析、地质结构及化学结构分析等。

③ 预测型专家系统。这是根据过去和现在观测到的数据预测未来情况的系统。其应用领域有气象预报、人口预测、农业产量估计、水文、经济、军事形势的预测等。

④ 设计型专家系统。这是按给定的要求进行产品设计的一类专家系统。它广泛地应用于线路设计、机械产品设计及建筑设计等领域。

⑤ 决策型专家系统。这是对各种可能的决策方案进行综合评判和选优的一类专家系统。它包括各个领域的智能决策及咨询。

⑥ 规划型专家系统。这是用于制订行动规划的一类专家系统，可用于自动程序设计、机器人规划、交通运输调度、军事计划制订及农作物施肥方案规划等。

⑦ 控制型专家系统。控制型专家系统的任务是自适应地管理一个受控对象或客体的全部行为，使之满足预定要求。控制型专家系统的特点是，能够解释当前情况，预测未来发生的情况、可能发生的问题及原因，不断修正计划并控制计划的执行。所以说，控制型专家系统具有解释、预测、诊断、规划和执行等多种功能。

⑧ 教学型专家系统。这是能进行辅助教学的一类系统。它不仅能传授知识，而且还能对学生进行教学辅导，具有调试和诊断功能，加上多媒体技术，其具有良好的人机界面。

⑨ 监视型专家系统。这是用于对某些行为进行监视并在必要时进行干预的专家系统。例如当情况异常时发出警报，可用于核电站的安全监视、机场监视、森林监视、疾病监视、防空监视等。

3.3.3　学习控制系统

学习控制是智能控制的一个重要的研究分支。学习控制与智能控制相提并论，从发展学习控制的角度首先提出智能控制的概念。在控制问题中引入拟人的自学习功能，研究各种机器系统可以实现的学习机制。学习控制与自适应控制一样，是传统控制技术发展的高级形态，但随着智能控制的兴起和发展，已被看作是脱离传统范畴的新技术、新方法，可形成一类独立的智能控制系统。

学习控制系统具有 3 个反馈环的层次结构。底层是简单反馈环，包括一个补偿器，它提供控制作用；中间层是自适应环，包括一个模式识别器，它对补偿器进行调整，以响应对象动态特性变化的估计；高层是学习环，包括一个"教师"（一种控制器），它对模式识别器进行训练，以做出最优或近似最优的识别。这种学习控制系统的原理框图如图 3-31 所示。

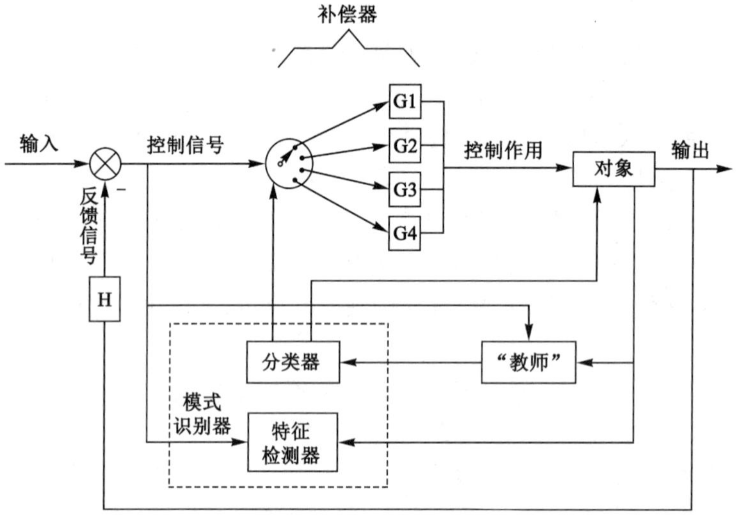

图 3-31 学习控制系统的基本原理

学习控制具有 4 个主要功能：搜索、识别、记忆和推理。在学习控制系统的研制初期，对搜索和识别的研究较多，而对记忆和推理的研究比较薄弱。与学习系统相似，学习控制系统也分两类，即在线学习控制系统和离线学习控制系统，分别如图 3-32(a)和(b)所示。图中，R 为参考输入，Y 为输出响应，为控制作用，S 为转换开关。当开关接通时，该系统处于离线学习状态。

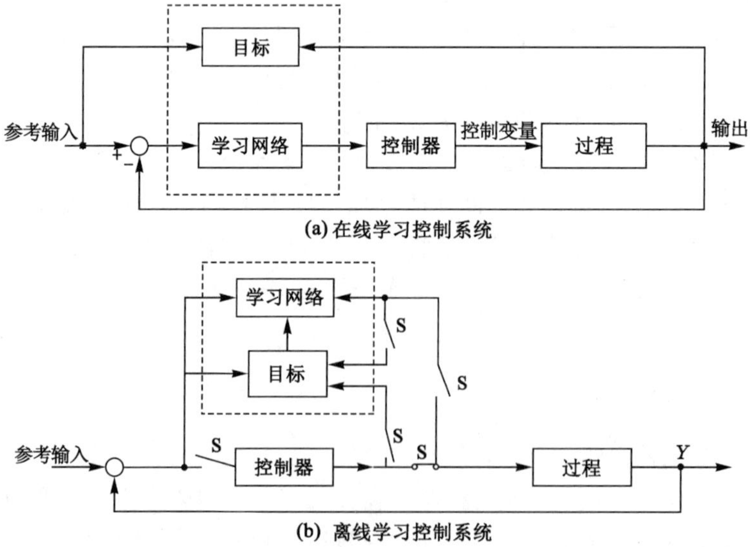

图 3-32 学习控制系统分类

(1) 迭代学习控制

迭代学习控制(iterative learning control,LC,又称为反复学习控制)方法最先由英国和日本学者提出。它是指通过不断重复执行相同轨迹的控制尝试,并根据结果修正控制律,以得到非常好的控制效果的控制方法。迭代学习控制的任务如下:给出系统的当前输入和当前输出,确定下一个期望输入,使得系统的实际输出收敛于期望值。因此,在可能存在参数不确定性的情况下,可通过实际运行的输入输出数据获得较好的控制信号。迭代控制与最优控制间的区别在于:最优控制根据系统模型计算最优输入,而迭代控制则通过先前试验获得最好输入。

迭代控制与自适应控制的区别在于:迭代控制的算法是在每次试验后离线实现的,而自适应控制的算法是个在线算法,而且需要大量计算。迭代学习控制系统的基本结构如图 3-33 所示。

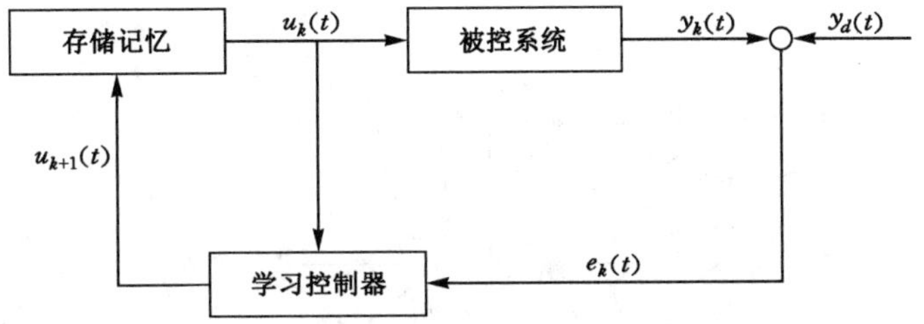

图 3-33 迭代学习控制系统的基本结构图

(2) 增强学习控制

增强学习(又称强化学习,reinforcement learning),由于其方法的通用性、对学习背景知识要求较少以及适用于复杂、动态的环境等特点,已引起了许多研究者的兴趣,成为机器学习的主要方式之一,并在控制领域获得成功应用。增强学习控制系统如图 3-34 所示。

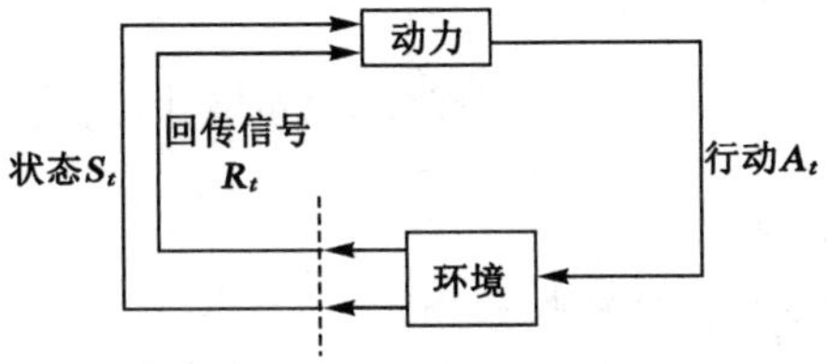

图 3-34 增强学习控制系统

在增强学习中,学习系统根据从环境中反馈信号的状态(奖励/惩罚),调整系统的参数。这种学习一般比较困难,主要是因为学习系统并不知道哪个动作是正确的,也不知道哪个奖惩赋予哪个动作。在计算机领域,第一个增强学习问题是利用奖惩手段学习迷宫策略。20 世纪 80 年代中后期,增强学习才逐渐引起人们的广泛研究。最简单的增强学习采用的是学习自动机(learning automata)。近年来,根据反馈信号的状态,提出了 Q-学习算法、Rarsa 算法和时差学习等增强学习方法。

3.3.4 神经网络控制系统

神经网络的研究已有较长的历史，最早的研究是 20 世纪 40 年代心理学家 Mcculloch 和数学家 Pitts 合作提出的兴奋与抑制型神经元模型和 Hebb 提出的神经元连接强度的修改规则，他们的研究结果至今仍是许多神经网络模型研究的基础。20 世纪 50 年代、60 年代的代表性工作是 Rosenblatt 的感知机和 Widrow 的自适应线性元件 Adaline。1969 年，Minsky 和 Papert 合作发表了颇有影响的 *Perceptron* 一书，得出了消极悲观的论点，加上数字计算机正处于全盛时期并在人工智能领域取得显著成就，70 年代人工神经网络的研究处于低潮。进入 80 年代后，传统的 Von Neumann 数字计算机在模拟视听觉的人工智能方面遇到了物理上不可逾越的极限。与此同时，Rumelhart 与 Mcclelland 以及 Hopfield 等人在神经网络领域取得了突破性进展，神经网络的热潮再次掀起，神经网络示意图如图 3-35 所示。

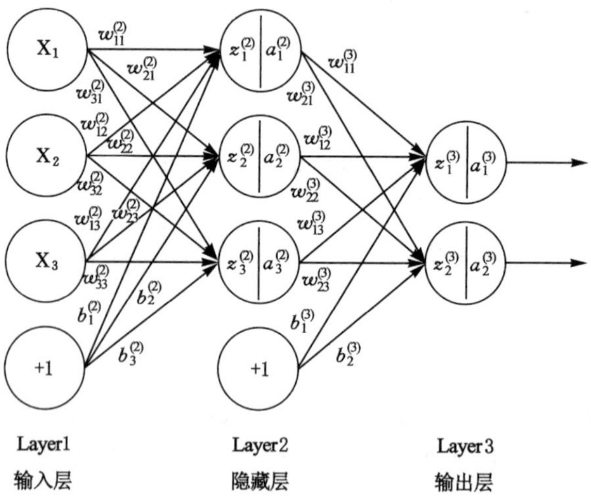

图 3-35　神经网络示意图

(1) 人工神经网络的优点

① 可以充分逼近任意复杂的非线性关系；

② 所有定量或定性的信息都等势分布贮存于网络内的各神经元，故有很强的鲁棒性和容错性；

③ 采用并行分布处理方法，使得快速进行大量运算成为可能；

④ 可学习和自适应不知道或不确定的系统；

⑤ 能够同时处理定量、定性知识。

(2) 神经网络模型

迄今为止，有三十多种人工神经网络模型被开发和应用。其中，很多神经网络模型被经常用于控制。下面给出一些常用的神经网络模型。

① 自适应谐振理论(ART)

自适应谐振理论(ART)由 Grossberg 提出，是一个根据可选参数对输入数据进行粗略分类的网络。ART1 用于二值输入，而 ART-2 用于连续值输入。ART 的不足之处在于过分敏感，输入有小的变化时，输出变化很大。

② 双向联想存储器(BAM)

双向联想存储器(BAM)由 Kosko 开发，是一种单状态互联网络，具有学习能力。BAM 的缺点为存储密度较低，且易于振荡。

③ Boltzmann 机(BM)

Boltzmann(BM)由 Hinton 等提出，是建立在 Hopfield 网基础上的，具有学习能力，能够通过一个模拟退火过程寻求解答。不过，其训练时间比 BP 网络要长。

④ 反向传播(BP)网络

最初由 Werbos 开发的反向传播训练算法是一种迭代梯度算法，用于求解前馈网络的实际输出与期望输出间的最小均方差值。BP 网络是一种反向传递并能修正误差的多层映射网络。当参数适当时，此网络能够收敛到较小的均方差，是目前应用最广的网络之一。BP 网络的缺点是训练时间较长，且易陷于局部极小。

⑤ 对流传播网络(CPN)

对流传播网络(CPN)由 Hecht-Nielson 提出，是一个通常由五层组成的连接网。CPN 可用于联想存储，其缺点是要求较多的处理单元。

⑥ Hopfield 网

Hopfield 网由 Hopfield 提出，是一类不具有学习能力的单层自联想网络。Hopfield 网模型由一组可使某个能量函数最小的微分方程组成。其缺点是计算代价较高，而且需要对称连接。

⑦ Madaline 算法

Madaline 算法是 Adaline 算法的一种发展，是一组具有最小均方差线性网络的组合，能够调整权值使得期望信号与输出间的误差最小。此算法是自适应信号处理和自适应控制的得力工具，具有较强的学习能力，但是输入输出之间必须满足线性关系。

⑧ 认知机(Neocognitron)

认知机(Neocognitron)由 Fukushima 提出，是至今为止结构上最为复杂的多层网络。通过无师学习，认知机具有选择能力，对样品的平移和旋转不敏感。不过，认知机所用节点及其互连较多，参数也多且较难选取。

3.3.5 大数据系统

大数据(big data)指的是在常规时间内无法使用普通算法工具分析处理的海量数据集合，是需要改进或者创新的算法模式加工后具有高价值、高增长和多样化的信息资产。早在1980 年，阿尔文·托夫勒(AlvinToffler)在《第三次浪潮》中便提出了“第三次浪潮的华彩乐章”便是大数据；IBM 率先提出了大数据的 5V 特点，即 volume(数量大)、velocity(速度快)、variety(多样性)、value(价值密度低)、veracity(真实性)；Gartner 公司根据信息世界的发展规律认为大数据将会成为科技界最热门的研究方向。

整个大数据处理流程如图 3-36 所示，即经数据源获取的数据，因为其数据结构不同(包括结构型、半结构型和非结构型数据)，用特殊方法进行数据处理和集成，将其转变为统一标准的数据格式方便以后对其进行处理；然后用合适的数据分析方法将这些数据进行处理分析,并将分析的结果利用可视化等技术展现给用户,这就是整个大数据处理的流程。

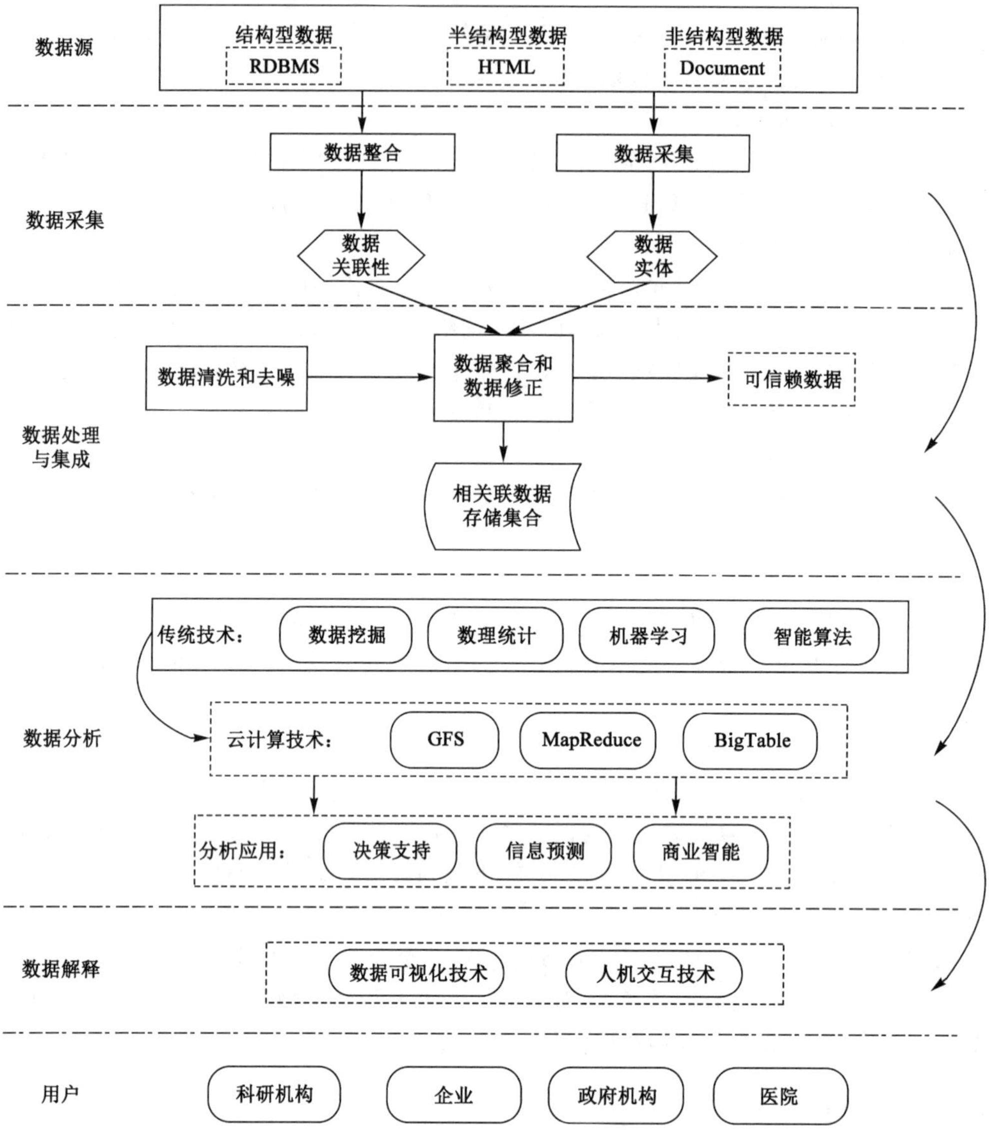

图 3-36　大数据基本处理流程

(1) 基于大数据的决策系统

决策树是机器学习中的一个树状预测模型,通常其内部节点表示在一个属性上的测试,而叶子节点代表最终的类别,如图 3-37 所示。决策树模型被用来解决许多基本问题,诸如多阶段决策、表查找、最优化等,它很自然地还原了做决策的过程,将复杂的决策过程拆分成了一系列简单的选择,因而能直观地解释决策的整个过程。

- 决策树
  - ID3
    - 划分的依据:IDS
    - 缺点
      - 缺失值
      - 连续值
      - 计算熵复杂
      - 对特别多的特征有偏好
      - 多叉树
    - 缺失值:ignore
    - 连续值:无法处理
  - C4.5
    - 划分依据:一定信息增益下,选取信息增益率
    - 缺失值
      - 权重划分到下面节点
      - 先用无缺失的计算,再加权
    - 连续值:排列再离散化
    - 缺点
      - 无法做回归任务
      - 计算熵复杂
      - 多叉树效率不高
      - 排列的话,对于大数据集会导致 OOV
  - CART
    - 缺失值:surrogate splits
    - 连续值:同 C4.5
    - 分类树:划分依据
      - Gini
      - 二分类
    - 回归树:划分依据:MSE
    - 缺点
      - 排列的话,对于大数据集会导致 OOV
      - 过拟合

图 3-37　决策树

在大数据环境下,样本数量巨大,同时往往会伴有特征数量多的问题。进行特征选择能规避无关或冗余的特征带来的影响,从而减少运行时间并提高预测准确度,这是应用各种机器学习算法之前一个很重要的环节。在决策树的构建过程中,选取出真正相关的特征有助于简化模型,同时保留了决策树模型易于解释的优点。

优化扩展各种决策树的学习算法以应对大数据的挑战是一个很重要的研究方向,许多研究者活跃在这个方向并且提出了各种优化方法,这些方法的思路大致分为两个方向:① 为了规避内存大小限制而在磁盘上进行的集中式算法;② 使用特别的平台或架构进行计算的分布式并行算法。第一方向的瓶颈在于磁盘读写的速度相比内存而言慢得太多,而第二个方面的瓶颈在于分布式节点的通信负载以及如何将算法的核心任务分割成可以并行执行的子任务。

此外,面临越来越多的大数据,研究人员也一直在满足面向大数据机器学习算法的基本需求的前提下进行各种优化。

(2) 基于大数据的深度学习控制系统

大数据分析的一个核心问题是如何对数据进行有效表达、解释和学习。无论是对图像、声音还是文本数据,传统的研究也有很多数据表达的模型和方法,但通常都是较为简单或浅层的模型。模型的能力有限,而且依赖于数据的表达,不能获得很好的学习效果。大数据的出现提供了使用更加复杂的模型来更有效地表征数据、解释数据的机会。深度学习就是利用层次化的架构学习对象在不同层次上的表达,这种层次化的表达有助于解决更加复杂和

抽象的问题。在层次化中，高层的概念通常是通过低层的概念来定义的。深度学习通常使用人工神经网络，常见的具有多个隐层的多层感知机(MLP)就是典型的深度架构。

深度学习的起源要追溯到神经网络，20世纪80年代，后向传播(BP)算法的提出使得人们开始尝试训练深层次的神经网络。然而，BP算法在训练深层网络的时候表现不够好，以至于深层感知机的效果还不如浅层感知机，于是很多人放弃使用神经网络，转而使用更容易得到全局最优解的浅层模型，提出诸如支持向量机、boosting等浅层方法，以至于此前大部分的机器学习技术都使用浅层架构。2006年，多伦多大学的Hinton等人使用无监督的逐层贪婪的预训练(greedy layer-wise pre-train)方法成功减轻了深度模型优化困难的问题，从而掀起了深度学习的浪潮。Hinton引入了深度产生式模型DBN，并提出高效的逐层贪婪的学习算法，使用DBN初始化一个深度神经网络(DNN)，再对DNN进行精调，通常能够产生更好的结果。Bengio等人基于自动编码器(auto-encoder)提出了非概率的无监督深度学习模型，也取得了类似的效果。

课后习题

1. 简述智能控制的发展历程。
2. 什么是智能仪表？简述智能仪表的特点。
3. 列举矿物加工智能控制过程常用的智能仪表。
4. 智能控制系统有哪些？
5. 简述模糊控制系统的优点和基本结构。
6. 模糊控制系统与专家控制系统有何相同和不同之处？
7. 神经网络优点有哪些？列举几种神经网络模型。

煤炭分选篇

第 4 章　选煤智能化的规范和标准

4.1　选煤智能化背景

我国在 2020 年提出了“提高国家自主贡献力度，采取更加有力的政策和措施，二氧化碳排放力争于 2030 年前达到峰值，努力争取于 2060 年前实现‘碳达峰’和‘碳中和’的目标”；同时，《“十四五”现代能源体系规划》也指出，我国现代能源体系建设要加快推动能源生产消费方式绿色低碳变革、优化能源发展布局、着力提升能源产业链现代化水平、加快构建清洁低碳、安全高效的能源体系。这为我国的能源行业的发展提出了指导性的建设方向。

煤炭作为我国国民经济发展的基础性、保障性能源，在 2023 年仍占据能源消费总量的 55.3%。我国的煤炭产量占据了世界煤炭总产量的 1/2 以上，煤炭资源在我国的战略地位将长期保持。近年来，全球煤炭需求下滑、产量下降，导致煤炭经济运行形势复杂多变，供需阶段性错位失衡矛盾突出。根据《中华人民共和国国民经济和社会发展第十四个五年规划和 2035 年远景目标纲要》（简称《“十四五”规划》），中国要实现“3060”目标，需要优化产业结构和能源结构，推动煤炭清洁高效利用；要进一步优化煤电发展方向，以控煤减碳、提高能效为目标，严控新增产能，选煤行业也进入了存量经济时代。

我国的选煤厂设计和发展大致经历了 4 个阶段：1949—1980 年的起步阶段；1981—2000 年的成长发展阶段；2001—2018 年的成熟爆发阶段；2019 至今甚至未来相当一段时间进入了精益求精的智能化阶段。煤矿和选煤智能化是煤炭工业高质量发展的核心，代表着新质生产力的发展方向。

4.2　选煤厂智能化建设基本原则

根据 2020 年末国务院发布的《新时代的中国能源发展》白皮书，煤炭智能分选的发展离不开标准化工作，通过建立标准体系，推动煤炭分选产业规范发展、提档升级，这是推进煤炭清洁高效利用的基石和保障。中国煤炭加工利用协会于 2020 年发布了《智能化选煤厂建设通用技术规范》，详细规定了智能化选煤厂的建设原则、基本架构、基础平台、基础自动化、智能控制、智能管理、智能决策、选煤装备智能化要求、选煤工程设计智能化要求、专业技术保障要求等内容。该规范是选煤智能化建设的指导性文件和技术依据，适用于选煤厂以及与煤炭质量相关的部门、集团公司和分公司的选煤煤质管理部门、信息化建设等部门，用于指导智能化选煤厂的建设、运营、管理。同时，该规范也可作为智能化选煤厂相关技术研发、装备制造、设计、总包等单位开展工作的参照依据。

智能化选煤厂建设的基本原则可分为以下几点：

(1) 前瞻性

在"中国制造 2025"强国战略的引导下，在国家信息化相关标准体系的框架内，结合选煤行业应用场景特点，补齐基础技术短板，着力专业核心环节，完善数字化系统，建设具有显著行业特色的智能化工业生产体系。

(2) 先进性

按照"共性先立、急用先行"的原则，引入和贯彻 MES(manufacturing execution system，制造执行系统)现代生产理念，建立计划、管理、控制为一体的智能化生产体系，以核心生产环节智能化为基础，通过物联网、大数据、云计算、现代通信与信息技术、人工智能技术、智能控制技术与选煤行业专家经验知识库的有机融合，实现选煤厂全流程智能化生产，最终建成安全、高效、节能、环保的智能化选煤厂。

(3) 标准化

应考虑涉及不同层级管理需求，自下而上分别为选煤厂(煤矿)级、集团公司级、省级与国家级选煤协会等，各级管理应有不同要求，下一级数据应能作为上一级管理的基础。应注重标准选煤数据库建设，考虑数据信息的内容、格式、编码等的规范与统一，以保证信息系统的标准化、通用性、开放性以及数据重用等。

(4) 循序渐进

应首先考虑选煤核心业务的管理与控制过程的自动化、数字化、智能化建设，然后逐步纳入辅助生产与管理环节。条件不具备的应逐步改善条件，补齐自动化短板，完善数字化系统，推动相关新技术的落地应用，最终实现选煤厂智能化。应本着"统筹规划、统一标准、面向应用、突出重点、分步实施"的原则，依托现有资源和信息化工作的基础，坚持自主开发与技术引进相结合，加强标准体系建设，强化标准实施与监督力度，为智能化选煤厂建设提供强有力的支持、保障和服务。

4.3 选煤厂智能化基础

选煤厂的智能化建设可以分为三个阶段。

第一阶段：进行基础设施升级，补齐自动化短板，完善底层自动化系统，提高检测设备精度，推进各类无人操控设备和无人值守系统的应用，达到减人提效的目的；统一、规范数据采集、存储的规则与标准，建设通用的标准选煤数据库，使选煤数据完整集成在一起，实现全面感知，实时互联、数据共享、深度应用。

第二阶段：强化大数据技术与选煤专业知识的深度结合与应用，建设选煤专家知识库；推进重点生产单元与管理过程的智能化研究，形成能够综合分析、自主学习、动态预测、协同控制的智能分选系统，实现生产过程控制和管理智能化。

第三阶段：形成完善的智能感知、智能控制、智能管理、智能决策的智能化体系，主要工艺环节、主要管理岗位及重要设备实现完整 AI 驱动，全面建成安全、高效、节能、环保的智能化选煤厂，与矿井、公司、集团智能化系统实现无缝对接。

智能化选煤厂的基本构架分为四层(图 4-1)：设备层、控制层、管理层、决策层。设备层主要包括网络设备、机电设备及检测仪表、保护装置、配电设备等；控制层主要包括基础自动化和智能控制，基础自动化主要包括生产控制系统、设备状态监测系统、视频监控系统、调度通信系统、安全监测系统等，智能控制主要包括生产过程智能控制、智能仓储与配煤、智能装车、智能集控、智能视频、智能停送电等；管理层主要包括生产管理、机电管理、安全管理、经营管理、节能与环保管理等；决策层主要包括综合分析、智能决策等。

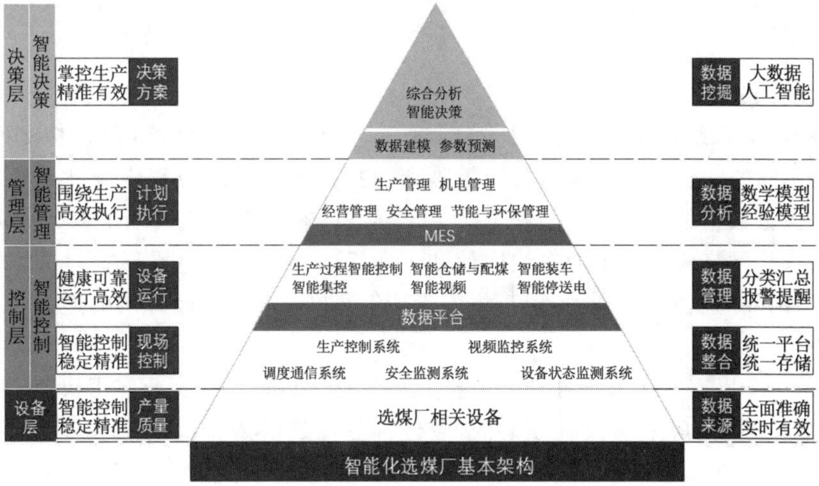

图 4-1　智能化选煤厂基本架构

智能化选煤厂建设内容分为基础平台、基础自动化、智能控制、智能管理、智能决策五部分，如图 4-2 所示。基础平台包括基础设施与交互系统，是整个建设体系的支撑；基础自动化包括生产系统与辅助系统，为智能化准备硬件条件、执行机构与实时数据；智能控制包括生产系统与辅助系统的智能化；智能管理涵盖了生产管理、机电管理等各种智能化专用模块；智能决策是人工智能与选煤专业技术的结合，包括综合分析与智能决策，是智能选煤的集中体现。

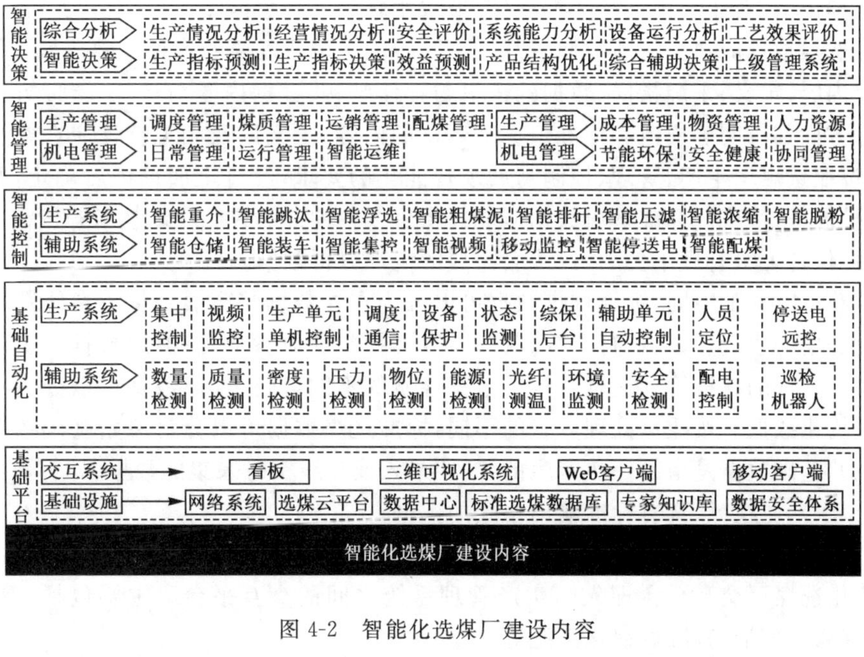

图 4-2　智能化选煤厂建设内容

4.4 选煤厂智能化规定

4.4.1 基础平台

(1) 网络系统

选煤厂的网络系统应分为控制网络、管理信息网络和视频监控网络,应划分不同的VLAN,并按不同的安全要求设置防火墙等隔离防护措施。网络带宽应能满足后续大数据传输的需求,保证数据的传输速度与安全。主干网络传输速率不应低于1 000 Mbps。根据组网形式,选煤厂网络应包括工业有线通信和工业无线通信两种组网形式。选煤厂管理信息网应通过网络隔离及安全设备实现与集团管理信息网或Internet外网的连接。

(2) 云平台

云平台是一个以工业大数据处理和分析、数字孪生快速建模、工业应用快速开发等为核心的工业互联网平台,应采用微服务架构,应包含各种数据算法、基础服务、系统管理等内容,为智能控制、智能管理和智能决策提供支撑。智能选煤云平台应支持公有云、私有云、混合云的部署,支持PB级数据存储,具有存储灾备、故障转移、流量均衡等功能。通过云平台,开展"一对多"服务,进行专业化管理。

(3) 数据中心与标准选煤数据

数据中心是选煤厂信息化的中心,在通过虚拟化技术提供高性价比硬件服务的基础上,提供高效的数据采集、数据整合、数据清洗、数据加工及数据挖掘,实现选煤厂底层数据的采集和生产管理智能化的上层数据应用(图4-3)。数据中心应包括计算机系统、配套的通信和存储系统、冗余的数据通信连接、环境控制设备、监控设备以及各种安全装置,还包括数据接口、数据库、交换机、服务器、存储装置等。对于物联网数据存储,应选用时序数据库以支持海量数据读写;对于应用系统数据存储,应选用轻关系型数据库。

标准选煤数据应包括智能控制、智能管理、智能决策所需要的各种基础数据。标准数据应在数据内容、定义、来源指向、数据的逻辑与存储结构、数据内涵与特征、整理方法及输出方式等各方面都有明确规范和标准。标准数据的内容、定义以及相关特性应在充分调研的基础上,按照选煤厂生产、管理、控制与后续智能化的要求,经过全面论证后确定,并力求可通用、可扩展、可推广。标准选煤数据应能提供后续各种选煤智能化新技术开发需要的基本数据,并提供各上级管理单位、行业协会需要的统计分析数据。

按照获取方式的不同,标准选煤数据可以分为在线数据与离线数据。在线数据包括主要生产过程中的生产参数、运行参数、状态参数和物料性质参数等;离线数据主要包括各职能部门手工处理的各种管理信息。按照数据性质的不同,标准选煤数据可以分为结构化数据与非结构化数据。按数据处理方式的不同,标准选煤数据可以分为原始基础数据与计算数据。原始基础数据是指第一次产生的、离线录入或在线实时采集的数据;计算数据是指经过基本处理、专业换算、具有标准输出格式的数据。

(4) 交互平台

智能化选煤厂交互平台即人与生产管理系统之间的交互平台。主要包括:看板、Web客户端、移动客户端、三维可视化系统等。

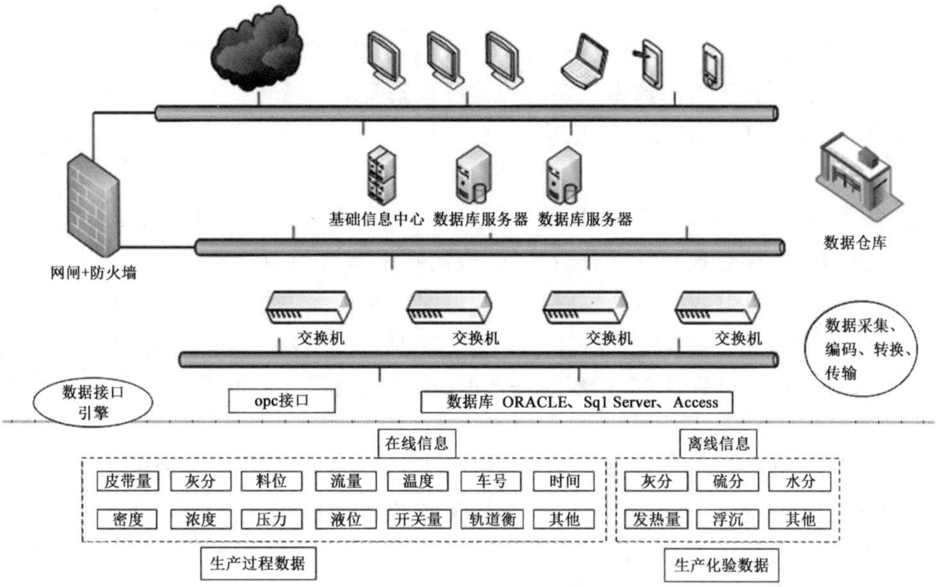

图 4-3　选煤数据中心网络架构示意图

看板主要解决人与生产管理系统之间的交互，在看板上主要展示当前和历史数据，包括实时数据和分析结果数据，如：数质量的完成情况、设备运行与维护状况、报警信息、生产计划完成情况、生产绩效分析、设备健康分析等，可分为生产看板、报警看板、任务看板、设备看板等。

Web 客户端简称 Web 端，主要指 Web 浏览器，其主要功能是将用户向服务器请求的 Web 资源呈现出来，显示在 PC 端浏览器窗口中。

移动客户端简称移动端，将生产系统中的相关信息通过微信公众号、企业微信、钉钉、移动 App 等方式发布，选煤厂工作人员可在授权的移动终端对生产信息进行交互处理。

4.4.2　辅助系统

选煤厂的辅助环节应包含以下几种系统。

（1）视频监控系统

在选煤厂重要设备及场所应安装数字网络摄像机，防爆场所安装的摄像机应满足防爆要求。图像能够实时传输至视频服务器或硬盘录像机。传输网络干线通信速率不宜低于 1 000 Mbps，视频监控历史数据应存储 3 个月以上。工业视频监控传输介质应采用光纤，编码、存储、解码均应采用网络化设备，以实现对摄像头的远程访问。视频监控数据经过采集筛选后，进行存储与分析。系统应支持按时间、事件等信息对监控图像进行备份、查询和回放，还应提供实时调用、保存和回放的二次开发接口，以满足选煤厂智能系统集成的需要。此外，用户可以通过移动终端进行视频查看。

（2）调度通信系统

选煤厂应设置调度通信系统，系统应与各智能终端互联互通。调度通信系统应具有广播功能，可按区域播放调度指令信息、报警信息等。

(3) 设备状态在线监测系统

选煤厂主要选煤设备及关键设备应设在线(温度、振动)状态检测传感器,检测传感器应在设备出厂前预装完成,检测数据应实时传输至设备管理系统,并与集中控制系统联动。所安装的在线监测装置应具备标准通信接口及协议。

(4) 配电监控系统

应配置高、低压后台管理系统,能够实现远程控制、检测、分析、预警以及事件的查询记录功能;具备电能质量管理和能耗分析功能,应能够采集提供供配电设备的各类电气参数,应具有双向标准通信接口和协议。高、低压配电室应实现无人值守,应设置温度、湿度、烟雾检测和控制,应采取密闭和除尘措施,当发生火灾时,应能自动灭火;配电室应安装门禁系统,对进入人员进行严格管理;应实现断路器的分、合闸远程和就地操作。

(5) 环境安全监测系统

在瓦斯易集聚场所,应设在线瓦斯、CO 检测装置;在易发生火灾的地方,应设在线感温、感烟检测装置;在电缆集中敷设区域、输煤系统传送带沿线,应设缆式测温装置;在机械设备集中、噪声较大的场所,应设置噪声监测装置;在原煤区域、产品区域等易产生煤尘的部位,应设置煤尘监测装置。所有检测信息都应传输至数据中心。

(6) 照明控制

根据人员定位、现场情况、季节变化、使用时间、作用、亮度等因素实现照明自动开停并调节照度。

(7) 泵类与风机系统控制

对供水阀门进行控制,在泵启停时及时开关轴封水,并对轴封水的压力和流量进行检测。泵类设备的前后阀门应与泵类实现联动控制,按工艺要求进行开启或关闭。扫地泵应实现根据液位自动控制。应实现压风机房无人值守、压风机智能轮流启停、集控室远程监控,实现节能降耗。

(8) 智能仓储与配煤智能

仓储与配煤功能要求有三个方面。① 智能仓储:应实现煤质、煤量、仓位等信息的自动检测与实时显示,并能根据检测信息自动调节配仓设施与放料装置,为智能配煤创造条件。② 原煤配煤:根据各原煤粒度组成、密度组成、煤质、入选需求和精煤煤质的实时与历史数据分析,建立原煤配煤数学模型,自动生成最优配煤方案;在原煤混煤线上安装在线灰分仪和皮带秤,根据在线灰分或在线质量实时调整给煤机变频器的频率,实现原料煤入选的均质化配煤;利用在线数据的自学习功能自动修正原煤配煤数学模型,使得原煤配煤控制更加精准。③ 产品煤配煤:根据产品煤煤质、产品煤成本、用户需求和煤质的实时历史数据进行分析并建立产品配煤数学模型,依据效益最大化原则自动生成配煤方案;在产品混煤线上安装灰分仪和皮带秤,根据在线灰分或在线质量实时调整给煤机变频器的频率,实现产品效益最大化;利用在线数据的自学习功能自动修正产品配煤数学模型,使得产品配煤控制更加精准。

(9) 智能装卸车系统

应实现数据采集、计算、统计、分析以及为其他系统提供集成功能。具体包括:① 火车装卸车系统应具有车号自动识别、车辆精准定位、自动装卸、自动称重、装卸车效果评价、车辆引导等功能,实现装卸车过程无人值守、远程监控。配套的防冻液、抑尘剂喷洒系统应接入整体控制系统，实现自动喷洒控制，减少人工操作和干预，提高喷洒量控制的准确性和有效性。② 汽车装卸车系统应实现无人值守、远程监控，通过汽车车牌号、射频卡进行车辆身份标识，通过汽车衡全自动称重系统实现自动语音指挥、称重图像即时抓拍、红绿灯控制、防作弊、道闸控制、远程监管。在称重的整个过程中做到计量数据自动可靠采集、自动判别、自动指挥、自动处理、自动控制。

(10) 其他辅助环节

应设置自动化工业卫生冲洗水系统、除尘系统、通风系统，以提升作业环境的清洁水平。

4.4.3 分选过程

(1) 集中控制系统

集中控制系统由检测、操作、控制与执行三部分组成。检测主要完成设备状态、过程参数的采集；操作主要指以上位机软件为核心的人机界面，完成系统的各种状态，参数的展示和指令下达；控制和执行主要指以PLC为核心的控制系统或集散控制系统(DCS)，完成操作指令的执行和各种状态、参数的收集。应将现场所有设备(包括生产设备及辅助生产设备、阀门、闸板等)全部纳入集中控制系统，主要生产环节实现自动化控制与检测，对关键设备和关键环节实现监控，对主要生产指标及设备工况信息实现实时采集，建立分层次的网络结构，实现“管、控一体化”，实现与上级企业网的互联。实现各种流程的启停操作，动态显示各系统机械设备运行状态、工艺参数、数质量、仓位、保护信号、阀门/闸板的位置信息等；满足过程参数自动控制的要求，对主要参数自动调节，自动形成各主要参数的变化趋势和历史曲线，对各工艺参数进行制表、打印，对各种报警自动进行记录。

(2) 智能排矸

针对大块原煤排矸，应选用适合煤质条件且高效、环保、智能的排矸设备，逐步取消人工选矸。对已有的重介、跳汰排矸系统，可增加原料煤与产品在线测灰仪，以便根据煤质，智能调节设备操作参数。

(3) 智能重介

在原煤皮带处可配置在线测灰仪，或根据原煤浮沉资料，并通过对原煤煤质的历史和实时数据进行分析，建立原煤数学模型，根据原煤密度组成与粒度组成，自动生成可选性曲线，自主预测分选密度;建立重介质悬浮液密度设定模型，实现悬浮液密度随原煤煤质变化自动设定;可在产品线配置在线灰分仪，根据产品实时灰分反馈调节循环悬浮液密度设定值。检测并分析循环悬浮液密度、各介质桶液位、磁性物含量、压力等参数，建立补水、补介、分流与密度之间的智能控制模型与策略，实现智能补水、分流和加介，实现循环悬浮液密度、液位、煤泥含量、压力的稳定控制。

(4) 智能跳汰

在原煤皮带处可配置在线灰分仪，或根据原煤浮沉资料，并通过对原煤煤质、产品煤质、给料、风水、排料等实时历史数据进行分析，并建立跳汰数学模型，根据原煤密度与粒度组成、产品指标自主预测跳汰环节的工艺参数。可在产品线配置在线灰分仪，根据模型实时调节给料、风水、排料等参数，稳定产品质量，提高数量效率。利用在线数据的自学习功能自动修正跳汰环节的预测数学模型，使跳汰环节的预测更加精准。对跳汰系统的排料与输送装置、给风给水系统进行在线监控，应具有实时分析运行状况、事故预警等功能。

（5）智能浮选

实时检测浮选药剂加药量、入浮浓度、流量、煤泥粒度、有效泡沫层厚度、浮精灰分，尾矿浓度与灰分，结合入料性质和产品指标，建立浮选加药数学模型，自主预测浮选环节加药量、加药比例、充气量、精煤或尾煤灰分等各工艺参数，根据预测参数以及在线检测参数，实时调整加药量、加药比例、充气量和液位，实现浮选效果及产品数质量指标的智能控制，稳定精煤灰分，提高精煤产率。

（6）智能粗煤泥分选

对粗煤泥分选过程粒度组成、分选入料浓度、流量、精煤灰分、尾煤灰分、冲水量、尾矿口开度、分选床密度等信息进行全过程在线监测与可视化。建立粗煤泥产品质量的数学模型，实现基于粗煤泥精煤产品质量指标的粗煤泥分选过程优化控制，应对现场煤质的波动和变化，使粗煤泥分选过程优化运行。

（7）智能浓缩/过滤

智能浓缩应对入料和底流浓度、流量、药剂添加量、溢流水浊度、澄清水高度等工艺参数进行检测与分析。根据实时与历史数据、入料性质等建立浓缩加药数学模型，自主预测浓缩环节的药剂添加量；根据溢流水浊度、澄清水层厚度实时调节加药量及加药比例。利用在线数据的自学习功能自动修正浓缩环节的预测数学模型，使浓缩环节的预测更加精准。

智能过滤与压滤应对过滤与压滤系统及上下游设备信息、控制信息、煤泥水浓度和流量等信息进行分析，建立控制模型，自动生成控制策略，通过对压滤机单机控制系统进行组网，实现压滤机群组智能排队、协同作业。对于细黏物料的过滤与压滤作业，应设置滤布智能清洗、滤饼智能卸料装置，降低工人劳动强度，提高安全水平。应设置滤布状态智能监测装置，及时发现滤布黏料、破损等不完好状态，及时采取相应措施。

（8）智能脱粉

对于采用脱粉入选工艺的选煤厂，应设置脱粉量在线调整机构。脱粉量调整应遵循优先入选较大粒度原煤的原则进行。依据最大产率原则或最大经济效益原则，建立脱粉量、分选密度关系优化模型，实现智能优化脱粉量和分选密度等生产运行参数组合。

（9）智能干选

通过对原煤煤质、产品煤质、工艺参数等实时与历史数据进行分析，建立光电干法分选、干法重介、复合干法分选的预测数学模型，自主预测干法分选的控制参数。利用在线数据的自主学习功能，自动修正预测数学模型，使预测更加精准。应对干法分选的设备状况、环境参数等进行在线监控，实时分析系统的运行状况，进行事故预警。应采用分选效果评价工具，按照国家与行业标准，对所预测的各种指标及分选效果进行评价。

4.4.4 生产管理

（1）智能集控

根据工艺及生产需要，在生产流程的调整、工艺参数的自动调节、物料流量匹配、节能降耗、综合指标最优等方面，所有环节能够自动调整，实现生产过程最优。优化设备联锁启停控制、分组控制，视频信号和电气信号共享联动，生产故障快速诊断及故障自动应对，对主要工艺参数的精准测量，从而支撑主要分选环节的智能决策与控制，减少设备空运转时间，降低故障处理时间，提高运行效率。

（2）智能视频

智能视频应具备区域智能侦测、视频智能联动、状态智能识别等主要功能。

区域智能侦测：重要生产区域所装摄像机应具有区域入侵、越界报警等功能。实现重点区域安全布防、岗位巡查监督等功能。

视频智能联动：选煤厂工艺流程中的设备在系统集控顺序启停车时，在其中关键设备启动的同时，大屏幕应自动切换到该设备最近的监控点；当设备在运行过程中出现故障时，应在大屏幕上能自动切换为该设备最近的摄像头的视频信息，并且摄像机自动转向该设备，同时上位机监控画面应有对应的报警信息。

状态智能识别：充分利用图像识别技术，通过智能视频分析算法，识别现场物料、设备、环境、人员的异常状态，发出报警信号，并将信号传送至集中控制系统。

（3）智能停送电

利用智能终端和无线网络，进行停送电业务的流程化管理，实现电子停电牌、数字化审批。对经过审批的停送电业务，通过控制系统和电操装置，实现远程/就地分合闸。在分合闸过程中，根据配电回路的状态参数、环境参数和视频信息，对准确性和安全性进行实时判断，提高检修作业的安全性和停送电作业的效率。

（4）智能管理

① 调度管理

分类记录当班发生的系统运转情况、问题事故情况、上传下达指示内容以及交接班遗留问题。为选煤数据平台采集生产时间、事故、原料煤调入及仓储等本地信息。对全厂生产、质量、销售、机电、消耗、安全等信息进行汇总整理，对每日生产作业计划执行情况进行汇总。

② 煤质管理

应采用先进、准确、智能的检测化验设备，自动输出数据或配备数据输出接口，为选煤数据平台采集原煤及产品的各种质量信息、井下煤质与采掘进尺信息、各种试验研究数据。应对井下及入厂毛(原)煤信息、日常生产快速检查、月综合检查、单机检查、系统检查、商品煤以及用户反馈煤质信息等，按不同需求与条件进行数据计算、分析，生成分析图表，绘制选煤专业曲线。利用生产煤样与煤层煤样资料、分采面煤层煤质资料、采掘计划进尺情况、毛煤五日报等，进行煤质变化趋势分析。利用分析结果，进行原煤及产品的数质量预测，为应对市场变化与指导选煤生产提供支持。对关键煤质标准设定预警值，监测煤质的异常波动，及时预警。

③ 运销管理

运销管理为选煤数据平台采集原煤及销售产品的数量、用户信息、储运信息等。应实现轨道衡、地磅、皮带秤的无人值守，信息自动采集，并能够自动导出后传输至选煤数据平台。对入厂原料煤来源与数量、产品销售量、轨道衡、地磅、皮带秤等在线数量信息、请车与装车过程信息、外运对账管理、销售计划与合同信息、用户反馈信息等，按不同要求与条件进行数据分析，生成分析图表。对原料煤、商品煤来源与去向变化趋势、商品质量情况进行分析与预测。对质量问题查找与生产过程的关系，反馈对生产过程的指导意见。

④ 配煤管理

配煤要对不同原煤及产品进行多参数实验，然后根据主要煤质指标的实验资料、产品质量要求、分选设备性能、生产检查的历史数据等进行配煤模型研究。对配煤入选模型进行研究，要考虑煤种、炼焦或动力煤要求的各种指标以及实际生产过程中分选设备的性能等因素，以最大经济效益为目标，预测与优化配煤入选的数量及各项指标，并根据预测方案智能控制配煤系统，均质化入选。

4.4.5 机电管理

(1) 日常管理

以机电设备的全生命周期为主线，将设备需求计划、招标采购、到货入库、领用出库等管理流程与设备出库后使用、日常检修、点检、维护保养、维修、调拨、移交、报废、处置等流程衔接起来，形成以设备流动与实际使用全过程的跟踪管理。管理范围涵盖生产设备、办公设备及特种设备等。机电设备的管理应建立完整的设备档案，包括设备分类与编码、基本信息、附属设备信息、备品备件信息、易损件信息、采购资料及技术资料、大中修计划、检修执行及验收信息、特种设备检验与检定信息、设备更新与改造信息、设备报废信息等。维修工单执行及故障维修信息应及时录入，包括故障类型、现象、原因、后果和影响以及预防对策等。同时进行用水、用电分析，对车间机电绩效进行评估，记录机电事故信息等。通过计算分析设备的使用率、完好率、待修率、事故率、新度系数等指标。

(2) 运行管理

设备的动态运行信息应包括：设备运行时间及过煤量、故障、检修信息，维护与润滑信息，设备点检信息，设备综保信息与各种保护信息，设备由噪声、振动、温度检测等得到的在线监测故障信息，设备隐患与缺陷的跟踪管理信息等。按不同条件对单台设备的动态运行信息进行统计，对设备工况与变化情况、运行状态、初期故障及恶化趋势进行综合分析，获得设备实时运行状态，尽早发现故障前兆。利用设备状态实时监测数据和机电设备管理模块数据，实现对设备故障从发现到处理完成的全过程管理。统一规划设备的定期保养、故障维修、预防性维护、部件润滑等。完成故障报修、故障分析，制订维修计划。设备运行智能管理应注重以在线监测的设备实时状态为基础的动态分析，实现自动预警并及时采取相应措施，实现对设备各关键检修与维护时间节点的预警。从设备全生命周期的角度，对单台设备的动态运行信息进行全面分析，绘制故障曲线，结合在线故障诊断与点检数据，进行故障预警等。

(3) 智能运维

应建立智能运维系统，将监控、管理和故障定位有机结合起来，构建智能化运维管控模型，自动识别业务问题，简化运维操作复杂度，持续改善业务健康状况。根据设备信息，对单台设备工况与变化情况、运行状态、初期故障及恶化趋势进行分析，建立设备预测性维护系统，提升设备的综合效益。根据分析提供预警、检修或维护时间等，并自动下达任务。建立设备健康数学模型，实现设备预测性维护。对于润滑点比较集中且润滑油脂型号相同的区域，应实现自动润滑，注油管长度不宜超过 100 m，不同润滑周期的注油点，可设置电磁阀分组控制。有条件的选煤厂可根据实际需要设置巡检机器人。

4.4.6 经营管理

(1) 计划统计

计划统计功能有 4 个方面要求。

① 计划编制：生产计划用于宏观性排产，并在生产时跟踪生产进度。根据历史资料、市

场变化、生产系统情况，自行编制企业的年度生产与经营计划，并分解与下达月度、季度计划。最终计划可细分到日计划，并可用以制订每班的生产计划。计划内容包括全年或每月计划入选原煤量、精煤和分品种产量、中煤/洗混煤产量、煤泥产量及矸石产量、各产品灰分等。应支持计划中期进度、数量、质量调整。

② 汇总统计：通过选煤数据平台采集原煤、产品、商品煤数质量信息以及消耗指标、经济效益等各种计划与实际信息，汇聚生产时间及事故、主要财务数据、各种效益、设备完好率、关键生产环节的产品指标等信息。

③ 分析与指导：以不同时间节点进行计划与实际指标的统计对比分析，根据实际情况进行计划调整，指导生产实际。进行历史数据分析，纵向对比找出各种指标变化趋势，指导计划编制与实际生产。

④ 上报与沟通：编制、上报统计报表，与上级管理部门沟通计划编制与完成情况。

(2) 成本分析

成本分析应尽可能按原料煤、产品品种、生产系统、主要设备、生产车间与班组等不同分类分别进行。针对成本构成的各要素，分别进行原料煤成本、制造费用、销售费用及管理费用的成本分析，提出降低成本的途径。原料煤成本分析应根据不同原煤及产品品种、不同计价方法、不同采购方式等，进行成本与利润分析，综合计算包括共耗费用的分配。

(3) 物资管理

物资管理系统仅限于有单独物资管理权限的选煤厂设置，可为选煤数据平台提供物资计划、采购、物资出入库、库存与消耗信息。数据分析应包括物资计划、采购、仓储、领用信息分析，设备使用年限、工作负荷分析，材料使用趋势分析等内容。应进行分作业环节、分设备、分部门的材料采购及消耗量、价格分析，各种消耗与入选原煤、产品结构、设备负荷与使用年限的消耗关系分析，以此为基础建立物资消耗规律数学模型。根据分析结果与消耗模型，制订需求、采购、调拨计划，提出降耗方案，指导物资管理工作。

(4) 人力资源

为整个智能化系统提供所需要的人员、部门、职务角色等信息。智能化系统内所有涉及人员信息的地方，均应以此模块信息为准，直接引用此模块信息。对人员基本构成、工资薪酬结构、职工绩效考核及培训等情况进行分析，提出工资薪酬整改与人员聘任建议方案。以目标管理为核心，通过层层分解 KPI 指标至组织与个人，将绩效考核结果关联到薪酬系统，以实现员工绩效的薪酬激励。

(5) 协同管理

在线进行上级与下级、部门与部门之间的工作任务审批及推送，实现选煤厂内不同职能部门、不同生产单元之间的高效协同。实现移动端或 Web 端审核、签字，自动完成各种审批的记录，便于追溯。分析各项工作任务发生的单位、频度、内容等，总结规律，提前预警。

4.4.7　安全与职业健康管理

(1) 安全管理

为选煤数据平台提供安全与职工健康信息。根据任务工序、风险与事故类型、安全隐患点与危险源、人员不安全行为种类等信息，进行安全等级划分，建立危险源辨识库。对安全隐患点与危险源进行状态分析，结合安全检查、安全防护、事故处理、隐患排查等记录，进行数据分析，寻找规律。根据数据分析结果，建立安全隐患点与危险源发展趋势模型，进行安全监测和预警。

(2) 职业健康管理

建立职工动态安全、健康档案。重点进行风险及安全情况分析、健康状况分析、隐患排查、信息查询及预警。

4.4.8 节能与环保管理

(1) 节能管理

为选煤数据平台采集用电量与污染信息。根据全厂用电设备台账(与机电管理关联)、高低压设备电耗记录、主要材料消耗记录，形成分班、分月、分年的统计图表及历史曲线，实现班组间纵向对比和同类对比。建设智能节能系统，逐步实现系统能耗的在线监测与在线分析。对单生产系统、单台设备的能耗进行分析，查找异常消耗原因，提出节能措施。功率因数符合电网有关规定，有条件的可使用谐波治理设备，提高供电质量。

(2) 环保管理

对外排水浓度、粉尘、噪声等信息进行分析与预警。皮带机落料处喷雾、抑尘设备应按当地环保要求配置。

4.4.9 智能决策

(1) 生产情况分析

应按照国家与行业标准、规定等的要求，进行生产过程情况综合分析，对产品指标与控制参数的先进性、工艺的合理性进行评价，针对存在问题给出优化解决方案。分析内容包括但不限于以下方面：

① 分析原煤性质，进行各种理论指标计算与煤质历史数据分析，明确原煤数质量与变化情况，分析分选效果与变化趋势；

② 分析分选产品、商品煤数质量与变化趋势；

③ 分析生产过程中的灰分、密度、压力、浓度、流量、液位、磁性物含量、阀门开度等参数的变化，明确变化情况，分析对工艺流程和产品指标造成影响的变化趋势；

④ 分析配煤合格率、外运煤炭质量，优化产品煤配比；

⑤ 分析重介质悬浮液、煤泥水密度、浮选药剂浓度，根据分选密度自动修正重介质悬浮液密度，稳定入料煤泥水浓度，保证浮选、浓缩和压滤效果；

⑥ 分析粗煤泥分选过程中分级旋流器溢流、浮选入料等粒度情况，以确定粗煤泥分选的粒度工况和旋流器分级效率，从而指导浮选工艺的生产控制。

(2) 经营情况

对指定时间段内的原料、产品、消耗、成本、销售、财务等指标进行全面分析，针对发现的问题提出应对措施，撰写经营情况分析报告。建立煤炭分选成本计划、成本控制、成本核算、成本分析、成本考核智能化管理系统，实现智能化监督、控制，全面管理选煤厂的经营成本。

(3) 工艺效果评价

利用离线和在线数据，按照国家与行业标准、规定的要求，逐项评估各工艺环节、设备的工艺性能与效果，确定各工艺环节或者设备的工艺性能水平等级，识别影响产品质量和分选效率的因素，采取针对性措施加以改进。建议优先采用在线评价。

(4) 生产指标预测

① 毛(原)煤质量预测

可根据井下巷道采样信息，对不同开采位置的毛煤质量情况进行预测。可根据井下开采进度、毛煤质量信息或入厂原煤质量信息，对入选原煤质量情况进行预测。

② 工艺参数预测

利用在线数据及自学习功能，自动修正配煤数学模型、筛分数学模型、重介循环悬浮液密度预测数学模型、跳汰环节的预测数学模型、浮选环节的预测数学模型、浓缩环节的预测数学模型等，使得选煤各环节的预测更加精准，针对存在问题给出优化解决方案。完成主要产品指标、分选环节工艺参数、操作参数的在线或离线预测，并实现优化计算。可根据分选指标、销售价格、消耗情况等，预测生产方式、产品结构、经济指标。

③ 产品结构优化

可以根据煤层、煤种、比例、工艺系统、选煤方法等因素进行选煤厂的产品结构计算、预测以及最大产率/效益原则计算。同时，也可以进行经济效益测算。根据现有原煤质量情况、设备分选性能、设备操作水平等，按照最大产率原则或最大经济效益原则，预测分选产品的结构组成情况，并对分选产品结构进行优化。

④ 经济效益预测

根据现有原煤质量情况、设备分选性能、设备操作水平、分选指标或产品指标，预测分选产品的经济效益情况。

⑤ 设备运行分析

利用图像识别技术对选煤厂关键设备、重点区域、人员安全进行实时数据采集。通过应用机器视觉深度学习算法对视频画面进行深入分析，及时发现故障及危险情况并进行报警。综合分析全厂设备信息，识别易出现故障的设备，统计各类设备的寿命、故障频率、检修周期及成本等数据，以建立设备使用率、完好率、待修率、事故率、新度系数等指标。应建立设备故障库，对大量的专家知识、建议、解决方案、经验性资料、设备的故障代码、故障信息等内容进行记录和存储。建立设备预测性维护系统，提升设备的综合效率。对设备的综合健康状态进行判断，建立设备健康数学模型。

⑥ 生产组织决策

对工艺流程复杂、产品结构多样的选煤厂，可以根据用户需求及效益最大化目标，通过智能决策算法，实现对选煤厂生产组织、工艺参数和作业成本进行智能调配与决策。构建包含原煤煤质数据、生产工艺、作业成本、产品预测算法、产品价格和经济效益等在内的生产数据库；根据不同的产品结构要求、工艺参数，衍生出多种生产方式，形成生产方式库；根据生产实践与市场信息，构建产品成本和售价信息库。建立生产方式、生产流程组合、产品结构、生产成本、经济效益之间的数学模型。基于可能实现的不同生产组织方式，预测所能生产的商品煤产率和质量，决策出最佳的生产方式、最合理的生产流程组合，实现最佳经济效益。

⑦ 综合辅助决策

应采用大数据分析与机器学习等手段，对系统积累的大量数据分系统、分专业进行分析，寻找影响质量、成本、利润、安全等的因素，或汇总不同煤质条件下的最佳操作经验，为生产管理、质量管理、技术管理、机电管理、安全管理及经营管理提供决策支持。

⑧ 不同管理层面的统计分析

选煤企业的上级主管部门、行业协会所需要的分析统计报表，应按要求格式，从标准数据平台查询生成。应能够通过大数据技术，获取行业技术发展的各种趋势、工艺指标的变化情况以及市场需求与产品供求信息。各级主管部门根据大数据分析结果，提出对行业、企业发展的战略规划。

4.5 选煤装备智能化要求

4.5.1 制造要求

(1) 总体要求

选煤装备的制造厂家，应通过科技创新不断提高产品的智能化水平，逐步做到：

① 生产过程及自身运转参数可自动采集与储存，并与选煤厂智能化系统进行数据传输与通信；

② 通过机器学习算法自主进行参数优化，实现智能控制；

③ 机械设备可根据温度、振动、电流等参数自主判断其健康状态，并将其状态参数上传至数据中心；

④ 应能向用户提供设备的三维图纸资料。

(2) 故障监测部位

对于均匀旋转类机电设备，下列部位应配置温度传感器：驱动源(如电动机或其他动力装置)、传动机构(如减速器)、主机旋转部件的轴承、靠摩擦力传动部件的摩擦面(如带式输送机驱动滚筒)以及设备制造厂家认为关键的其他部位。对于设备整体价值较高且对振动监测有效的部位，应配置振动传感器。

(3) 监测配置原则

应评估配置测温、测振监测是否有利于预防故障发生，若有利则优先配置。应评估配置测温、测振监测是否可以作为对设备健康状态的评价依据，若有效则优先配置。低转速设备不宜采用振动监测；对温度、振动不敏感部位，不宜采用温振监测。选煤机械设备在制造过程中应预埋温度和振动在线检测传感器。当设备制造商没有做内部测温传感器预埋时，应在需要监测的部位预留安装平台，预留平台不小于 80 mm×80 mm 或 ϕ100 mm。

(4) 监测数据

对于设置温度监测的部位，设备厂家应给出该部位正常温度范围、预警温度值和停机报警值。对于环境温度变化剧烈的地区，应考虑环境影响因素，给出修正系数。对于设置振动监测的部位，设备厂家应提供振幅、加速度的正常范围和报警限值。设备厂家宜提供温度、振动的报警、故障和健康状态的相互关系。对于设备的温度和振动传感器产生的数据，应统一数据格式、传输方式、存储方式(应优先采用无线传输)，方便系统读取和维护。

4.5.2 机械设备

(1) 电动机配置原则

55 kW 及以上的电动机应配置无线温度传感器，200 kW 及以上的电动机应配置温振一体式传感器。对于特别重要或特殊用途的电动机可按需配置温度、振动传感器。当 $P<200$ kW 时，监测点应首选负载端轴承，其他部位可按负载种类和工作特性增减。当 $P>200$ kW 时，监测点首选电动机两端轴承和定子内部预埋。

(2) 传动部件配置原则

减速机类传动设备：当 $P\geqslant 75$ kW 时应配置温度和振动传感器；其他情况由设备厂家根据设备的性能和现场需求来配置监测传感器。液力耦合器类传动设备：$P\geqslant 75$ kW 时应配置温度传感器；其他情况由设备厂家根据设备的性能和现场需求来配置监测传感器。其他传动设备由设备制造厂家根据设备的性能和现场实际需求配置监测传感器。

(3) 带式输送机配置原则

电动机按电动机配置原则进行配置。减速机监测按传动部件配置原则进行配置。$P>75$kW 时，驱动滚筒、机尾滚筒的轴承均应配置温度和振动传感器；其他情况由设备厂家根据设备的性能和现场需求来配置监测传感器。

(4) 刮板输送机配置原则

电动机按电动机配置原则进行配置。减速机监测按传动部件配置原则进行配置。

(5) 离心脱水机配置原则

离心脱水机均应配置温度或振动传感器。主驱动电动机应在负载端配置温度传感器。离心机转动主轴应配置温度和振动传感器。

(6) 筛分设备配置原则

分级筛、脱水筛等筛分设备的电动机、激振器均应配置温度传感器；对激振器的温度检测宜采用无线非接触式测温仪表。筛分设备振动平稳性监测优先选取在线监测，不能在线监测时，应配备振动分析仪通过离线方式定期检查。

(7) 离心泵类配置原则

电动机按电动机配置原则进行配置。当 $P\geqslant 200$ kW 时，泵体应配置温度和振动传感器；其他情况由设备厂家根据设备的性能和现场需求来配置监测传感器。

(8) 真空泵类配置原则

真空泵电动机应按电动机配置原则进行配置。系统监测应按轴承室数量确定温度和振动传感器数量。

(9) 鼓风机电动机

应按电动机配置原则配置温度传感器。鼓风机本体检测应按轴承室数量确定温度和振动传感器数量。

(10) 空压机配置原则

空压机监测应按照 JB/T 6430—2014 和 GB 50029—2014 要求，由设备制造厂家确定温度和振动传感器。

(11) 给料机配置原则

给料设备可不考虑温振监测，或由设备制造厂家根据设备的性能配置监测传感器。

(12) 浮选机配置原则

由设备制造厂家根据设备的性能配置监测传感器。

4.5.3 供配电设备

所有高压配电回路的接地开关应设置成电动操作，除 PT 手车外，其他断路器手车、F-C 回路手车、隔离手车、熔断器手车等应配置成电动操作。应为低压断路器配电动操作机构。所有配电回路均应设置电动机综合保护器，并具有标准通信接口。在重要导电部位应设置温度传感器。推荐采用智能无功功率补偿设备，以提高电网功率因数，提升用电效率，实现节能节电。

4.5.4 采制化设备

(1) 智能采制样系统

自动采制样要求具有良好的重现性、准确性和稳定性，简单快速。在皮带机头部或中部采样时，应采用机械臂采样头，实现全断面采样；在火车和汽车车厢采样时，可采用机器人采样或螺旋钻取样。自动制样系统由除铁器、给料机、缩分装置、破碎机、样品收集装置、弃料返回装置等组成，应具备煤样自清扫和防湿煤堵塞功能，或设置湿煤旁路系统。

(2) 化验分析系统

煤质化验分析要求快速、准确，符合国标相关要求。应优先采用在线检测仪器。化验室分析仪器应采用微机全自动量热仪、智能全自动胶质层测定仪、全自动黏结指数测定仪、智能定硫仪、全自动挥发分仪、全自动水分测定仪、智能盘式灰分测定仪、智能一体马弗炉、数显干燥箱、电子天平等，亦可采用煤质分析系统，快速准确地检测煤炭中灰分、挥发分、发热量、水分等煤质指标，或进行煤质全元素分析。

(3) 数据要求

对于采制样过程中产生的数据和化验数据，应统一数据格式、传输方式、存储方式，方便系统读取。

4.5.5 仪器仪表

检测仪器仪表所测得的数据应采用总线/网络方式进行传输。仪器仪表制造厂家应根据自身条件单独或联合建立远程数据中心，实时监测仪器仪表的使用情况，进行运行状态跟踪、远程诊断，并提供远程使用与维护指导。同时对仪器仪表数据进行统计分析，建立产品定期总结及反馈机制。

4.5.6 智能终端

应根据实际情况选择配置智能终端，包括工业手机、PAD、触摸屏等，实现有关生产信息的实时同步、生产设备分布式操控管理、任务提醒、视频查看等。

4.5.7 智能服务

应优先选用建立区域性服务协作的装备及仪表服务厂商，以便通过专业维保平台软件进行系统健康状态分析与维修指导，及时消除隐患。对系统进行迭代升级，不断满足生产实际需求。

4.6　选煤工程设计智能化要求

4.6.1　设计手段

（1）三维设计

三维设计应符合下列规定：

在初步设计与施工图设计中，逐步采用 BIM 技术手段，采用各种三维软件、流体计算软件、概预算软件等；设计成品实现三维模型输出，建立选煤综合生产信息三维全景展示系统，并实现模型参数化。

（2）协同设计

协同设计应满足以下要求：

不同专业设计人员依据设计顺序，在同一个三维空间和模型上进行相关设计，提高设计质量和效率；三维模型可以与智能化系统融合，实现选煤厂静态参数和动态参数一体化；可实现远程协作和人机交互，使设计师及现场项目经理和相关参与人员实时反馈和智能干预，减少后期非设计缺陷影响。

4.6.2　资料交付

提交给业主三维设计模型与演示文档，与模型中各设备模型相关联的设备技术参数可以在演示系统中点击查看，并可进行二次开发应用。

4.6.3　设备选型

设备选型应满足以下要求：优先选用智能化程度高的成熟设备；依据智能化要求，设置完善的传感器、检测设施、执行机构、监控报警设施；应优先选用带有通用数据接口和标准通信协议的设备；应优先选用非接触式、稳定可靠、维护量小、寿命长的传感器；应优先选用先进适用、自主可控的国产设备或软件系统。

4.6.4　检测装置空间要求

为各种检测仪器仪表充分预留安装和正常使用所需的位置和空间。对于原煤及中间产品的输送装置，应采用单系统配置，以便进行数量、质量的在线检测与回控。对需要在管道上安装的仪表，应预留满足仪表要求的管道长度和压力，设计时应考虑必要的预留口，并为特殊管道预留安装管节。应预留自动采样点与采样装置的布置空间和满足各种检测仪器仪表吊装的空间，以确保检测设备安装地点具备承载能力。

4.7　专业技术保障要求

4.7.1　组织机构

为保障选煤厂智能化工作的顺利推进，企业应成立智能化工作领导小组。领导小组是智能化建设的最高决策机构，应由企业主要领导担任组长，并设专门机构负责日常事务。应设置专业维保队伍对系统进行维护，保证系统平稳运行。企业各职能部门与车间，应指定专人负责智能化选煤厂的建设、运营、维护等工作。

4.7.2 人员配备

应明确智能化系统的主管领导，配备系统管理和运维人员。建立相关人员的操作规程和岗位责任制，明确相应的权限及责任。建立员工培训制度，操作人员上岗前必须经过培训并考核合格。系统管理和维护人员每年应安排一周以上专业技术培训。

4.7.3 数据备份

应定期对数据进行备份，备份数据保存时间不得少于 10 年。应定期对磁盘空间进行整理，间隔时间不得长于 30 天。

4.7.4 数据安全

数据安全应满足 GB/T 22080—2016、GB/T 36323—2018 的规定，需设置分级操作权限，以确保用户合法使用并记录其操作，防止系统结构缺陷与漏洞，保障数据的保密性、完整性、可用性和抗抵赖性。同时，应建立完整的数据安全管理制度，并在系统接入外网时采取安全隔离措施。

课后习题

1. 简述智能化选煤厂建设的基本原则。
2. 简述智能化选煤厂的基本构架。
3. 标准选煤数据应该具备哪几种数据和要求？
4. 简述智能化选煤厂建设的辅助环节。
5. 选煤厂的智能仓储与智能配煤应该注意什么？
6. 简述选煤厂集中控制系统的组成以及各个组成的任务。
7. 如何利用智能管理分析煤质变化趋势？煤质管理的要求是什么？
8. 简述生产情况分析内容和生产指标预测内容。
9. 智能化选煤厂在配置机械设备时应该注意哪几点？

第 5 章　排矸智能化技术

5.1　排矸技术简介

长期以来，排矸作业常采用人工手选，生产效率低，迫切需要使手选工人从繁重的手选作业解放出来，改善工作环境，减少安全隐患。目前国内用于块煤排矸的主要工艺有湿法、干法两类工艺。湿法分选工艺有动筛跳汰机分选、重介（浅槽、立轮、斜轮、旋流器）分选等；干法分选工艺有复合干选（风选）、筛分＋手选排矸、智能干选排矸等。

5.1.1　动筛跳汰机分选技术

根据筛体驱动形式，动筛跳汰机可以分为机械式动筛跳汰机和液压驱动式动筛跳汰机。动筛跳汰分选以水为介质，水介质相对静止，筛板上下往复运动，置于筛板上的块原煤随筛板实现扬起、下降、松散和吸坠作用，因水介质的阻尼作用，密度高的矸石先于块煤沉降在床层的下部，密度低的块煤停留在床层的上部。床层随筛板摇动向前移动，两者通过不同的排料通道排出分选区，从而实现煤矸分离。该工艺具有入料粒度范围宽、分选密度高、分选精度略差和结构复杂等特点。机械驱动动筛跳汰机结构如图 5-1 所示。

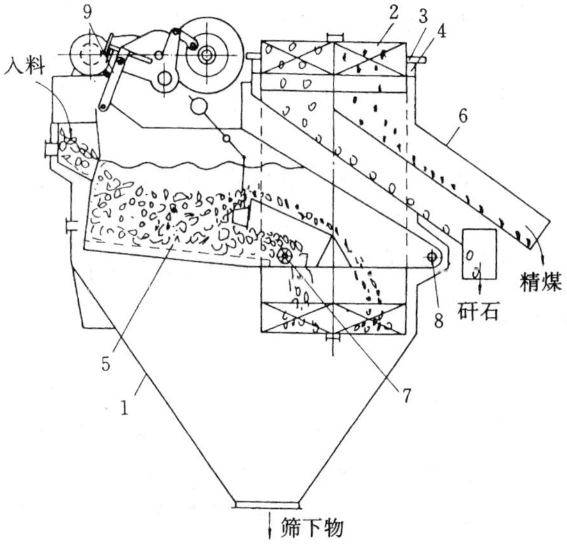

1—槽体；2—提升轮；3—挡板；4—托轮；5—动筛；6—溜槽；7—排料轮；8—销轴；9—拉杆（驱动机构）。

图 5-1　机械驱动动筛跳汰机结构简图

5.1.2 重介浅槽排矸技术

重介浅槽排矸技术广泛应用于选煤厂的块煤分选。重介浅槽分选机结构如图 5-2 所示。它是利用煤和矸石的密度差异在相对静止(非脉动水流)的重介质悬浮液中自然分层。下沉的矸石由刮板带出分选槽排出,而上浮的煤由水平介质流带出分选槽,实现煤与矸石的分选。重介浅槽的分选精度高达 97%以上,处理物料粒度上限大,单台处理能力高,占地面积小,无大型运动部件,对煤质和煤量的波动适应性强。重介浅槽排矸工艺环节包括分选、脱介、介质回收、煤泥水处理等环节。

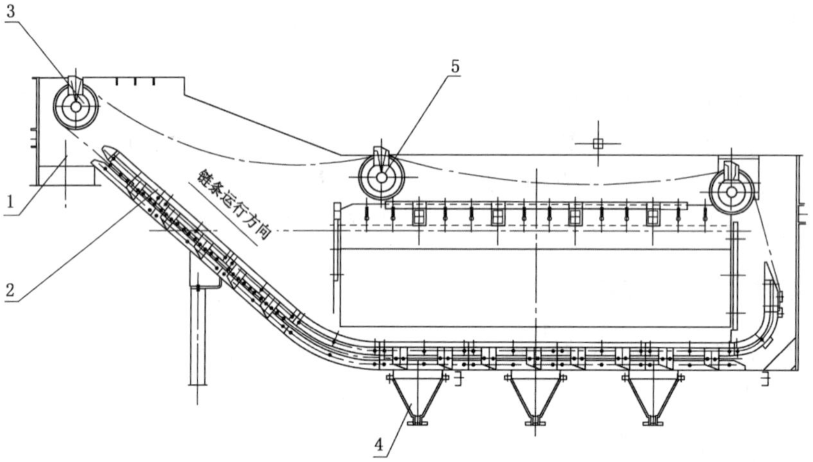

1—矸石排料口;2—刮板链条;3—头轮组;4—上升流布流漏斗;5—随动轮组。

图 5-2 重介浅槽分选机结构

大型选煤厂应用重介浅槽分选机进行块煤排矸的几个特点:

① 简易的构造,较大的处理能力,处理能力可达到 100 t/h。

② 较高的分选精度,操作简便,可用于难选煤的分选,具有较强的适应煤质波动的能力。

③ 分选粒度范围 300～13 mm,粒度下限在部分选煤厂会被减少到 10～6 mm,分选密度范围 1.2～1.9(2.0)g/cm^3。

④ 介耗较小(小于 0.3 kg/t),耗电量较少,维修与生产成本较低。

5.1.3 X 射线排矸技术

该技术是基于 X 射线穿透不同密度矿物的衰减程度不同,通过 X 射线源对运输胶带上的煤和矸石进行透射,由探测器采集和转换衰减后的射线信号,并进行成像处理和矿物识别。整个分选系统由检测部分、识别部分和分选部分组成。分选部分通过控制终端与压缩空气气阀之间的连接和控制,实现矸石或煤块的击打操作。设备采用高灵敏度探测器,识别准确率高达 97%以上。X 射线分选设备用于块煤分选,可取代人工手选,特别适合大块煤分选,可代替 300～80 mm 块煤人工拣矸。该分选工艺不用水,无须煤泥水系统,设备数量少,关联衔接点少,设备宽度和高度低,适合井下运行。与湿法分选相比,该工艺系统简单,投资省,运行成本低,建设周期短。缺点是原煤可选性变差或入料粒度下限低于 50 mm 时,矸石带煤量较大，特别不适合小于25 mm末煤分选，而且单通道处理能力低。

5.1.4　复合干选排矸技术

复合式干法分选机由分选床、风机、振动机构、吊挂装置等组成，见图5-3。物料在复合式干选机内做螺旋翻转的运动，利用风力和振动力使床层松散，在重力作用下使不同质量的物料实现分层。在分选机不同区段内有煤粉和空气形成的混合介质，对块煤起到按密度分选的作用。

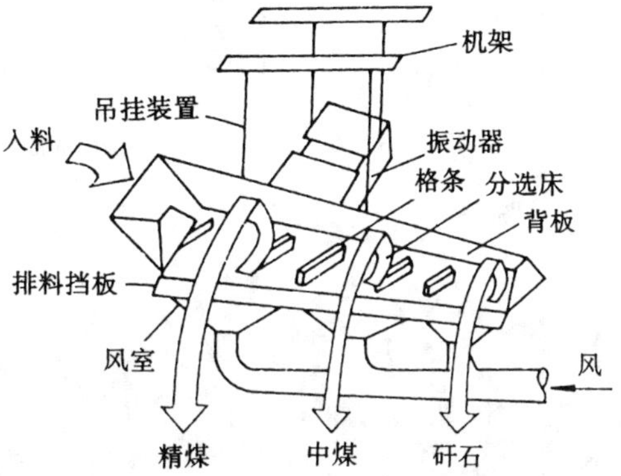

图5-3　复合式干法分选机示意图

复合式干法分选由多种效果共同作用，主要包括振动、风力、介质作用等。复合式干法分选对于大于6 mm块煤具有较高的分选能力，能够在一定程度上实现块煤的排矸提质要求；对于小于6 mm末煤的分选效果不佳，现有的复合式干法分选技术尚不能满足末煤的分选要求，开发和创新小于6 mm末煤的干法分选技术，提高劣质末煤的分选能力和分选效果，是我国动力煤干法分选技术未来发展的重要方向。

5.2　智能排矸技术

在智能化建设的背景下，智能排矸系统可准确识别煤或矸石，实现选煤过程中的自动排矸，这不仅契合智能化选煤厂建设需求，同时对改善选煤厂作业环境、推动煤炭行业智能化建设进程具有重要作用。

5.2.1　TDS智能分选机

TDS智能分选机通过X射线和图像识别技术，运用深度学习算法等先进技术，对煤和矸石进行识别，不同密度的物料对X射线吸收量不同，从而呈现出不同的颜色，实现了对块煤的精准识别与分选。TDS智能分选系统如图5-4所示。智能系统捕获的物料信息如图5-5所示。TDS智能分选机排矸系统由振动给料机、TDS智能干选机、空气压缩机和块煤破碎机组成。

TDS智能分选机的技术特点如下。

① 分选精度高：智能识别分选精度高，处理能力大，辐射强度小，管理方便，目前该技术分选精度达到矸中带煤率1%以内，矸石排出率大于97%；

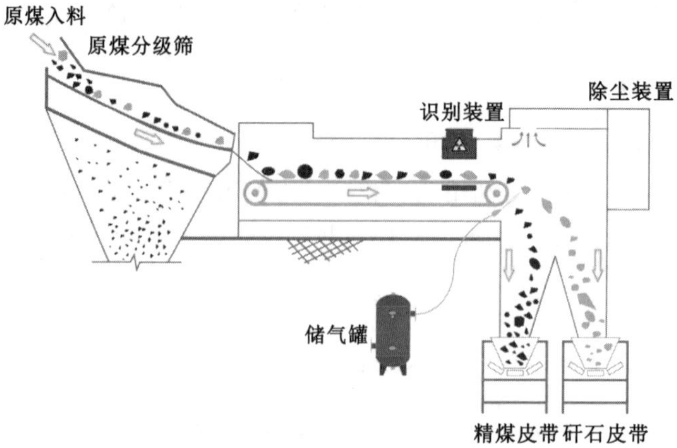

图 5-4 TDS智能分选系统示意图

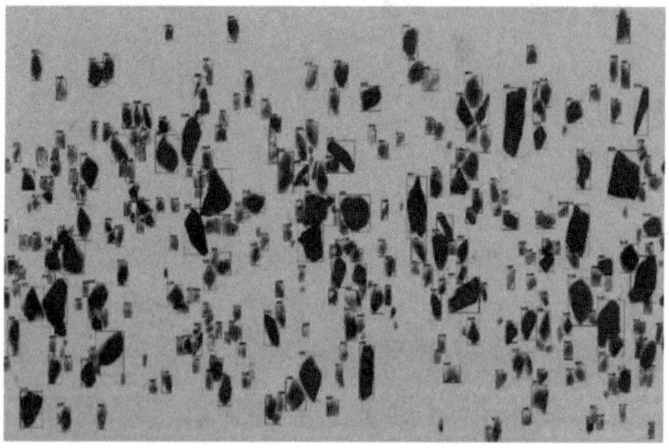

图 5-5 智能系统捕获的物料信息

② 处理能力大:单台设备最大处理能力约 400 t/h;

③ 处理粒级宽:可处理 300～25 mm 粒级毛煤,分选上限为 300 mm,下限为 25 mm;

④ 运行成本低:不需要借助水和其他介质,没有产品脱水、脱介等环节,系统简单,运行成本低;

⑤ 智能程度高:系统可智能学习,故障自检;

⑥ 安全性能好,辐射防护可靠:设备采用含铅外壳防护,辐射值远小于国标规定的限值,同时配备了辐射环境监测工具,能够保证操作人员的安全。

5.2.2 跳汰机智能排矸

采用模糊逻辑控制的煤矿井下动筛跳汰机在开滦集团唐山矿业分公司井下进行了工业性试验,分选排矸系统电气硬件主要由功率变送器、PLC、变频器和工控机等组成。PLC 作为模糊控制器,通过模拟量模块接收功率变送器信号进行模糊处理,得到变频器控制频率,控制排矸变频电机转速。工控机基于组态王监控软件进行设备操作、参数设定、数据保存、实时监测等任务。

PLC 模糊控制器控制程序如图 5-6 所示。

井下机械动筛跳汰机的结构如图 5-7 所示,主要由组合箱体、动筛体、驱动机构、排矸机构、刮板机及电控系统组成。井下智能选矸系统及集中控制室如图 5-8 所示。

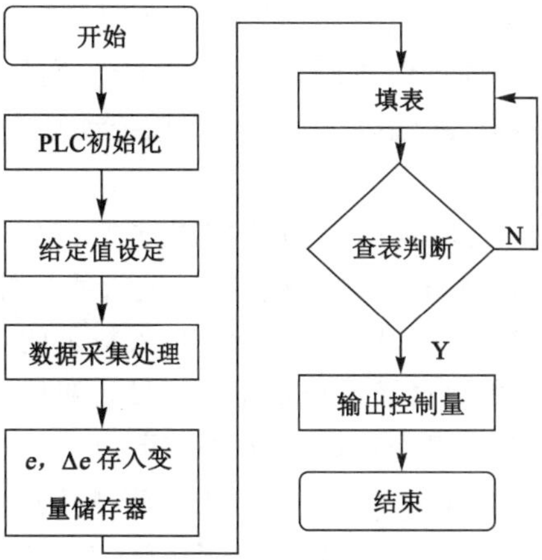

图 5-6　PLC 模糊控制器控制程序框图

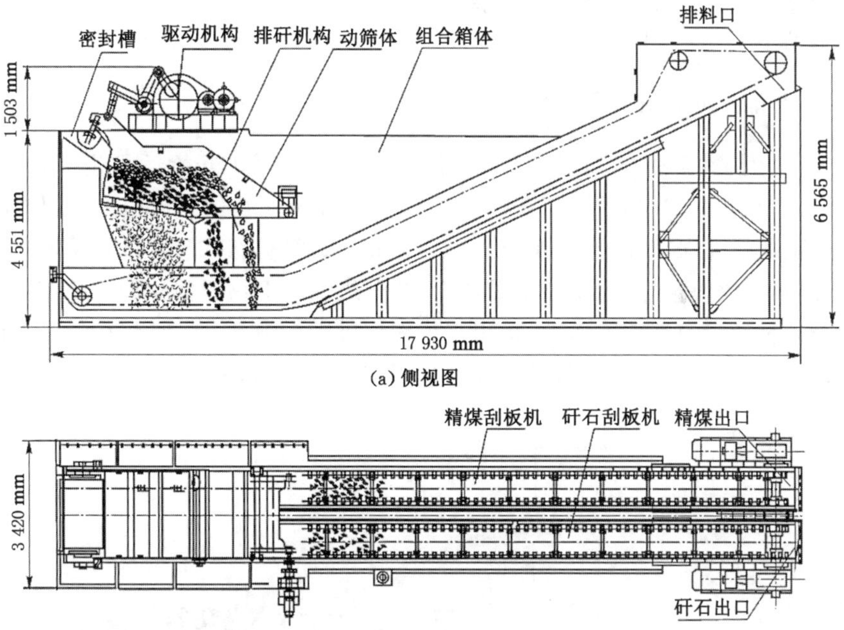

(a) 侧视图

(b) 俯视图

图 5 7　井下机械动筛跳汰机结构

(a) 智能选矸系统　　(b) 集中控制室

图 5-8　井下智能选矸系统及集中控制室

动筛跳汰机实际参数设定下限值为 35 kW，上限值为 75 kW；当入料量为 280 t/h 时系统稳定，此时动筛实际功率为 55 kW，排矸频率为 28 Hz。实际入料量不稳定是影响排矸效果的主要因素，调节系统入料量，用组态王软件实时监控动筛内矸石量（矸石层）及排矸电机频率输出曲线。

当入料量小范围变化时，经现场检测两种控制方式下的矸石含煤量分别为 2.4％和 2.3％，排矸效果相差不大；当入料量大范围变化时，逻辑线性控制方式矸石含煤量 4.9％，而模块逻辑控制方式矸石含煤量 2.8％。由此看出，入料量的不稳定对单一的逻辑线性控制影响更大，而模糊逻辑控制的排矸频率可根据入料量的变化进行智能调节，筛体内的矸石量变化较小，矸石层结构稳定，恢复稳定速度也比逻辑线性控制快，排矸效果更好。工业性试验结果表明，模糊逻辑控制系统可以很好地解决动筛跳汰选煤过程非线性、时变性、滞后性数学模型难以确定的问题。控制效果良好，稳定性好，能够达到排矸预期目标。

5.3 排矸智能化技术应用案例

5.3.1 TDS 智能排矸系统应用案例

2018 年 11 月，井下采煤、干选、充填系统在山东王楼煤矿开始运行生产。王楼煤矿实际年生产能力为 2.30 Mt，采用了干选＋工作面充填技术。在这一流程中，工作面开采的原煤首先被运至新建 TDS 智能排矸系统，经 50 mm 分级筛分级，＞50 mm 原煤进入 TDS 分选，分选出矸石和大块精煤；大块精煤破碎后，与分级筛筛下物返回到原煤系统，大块矸石则由运输系统运至专门的充填工作面，采用支护充填机进行抛矸。王楼煤矿井下 TDS 智能排矸系统设备流程如图 5-9 所示，TDS 块煤分选系统布置如图 5-10 所示。

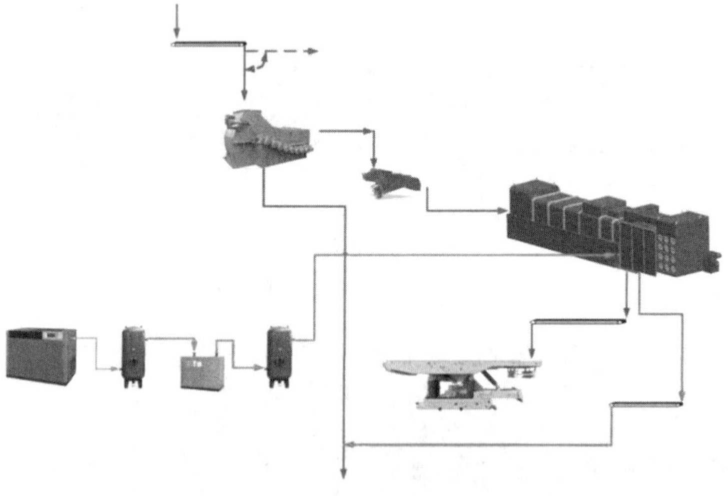

图 5-9　王楼煤矿井下 TDS 智能排矸系统设备流程

王楼煤矿年排矸能力约为 0.30 Mt。根据前述计算，采用干选＋工作面充填技术后，运输、分选、矸石处理和税收费用可节省 44 元/t，每年为企业增加收入 1 320 万元。同时，矿井设置井下 TDS 排矸系统后，主井提升能力为 2.30 Mt/a，工作面毛煤产量达 2.60 Mt/a，

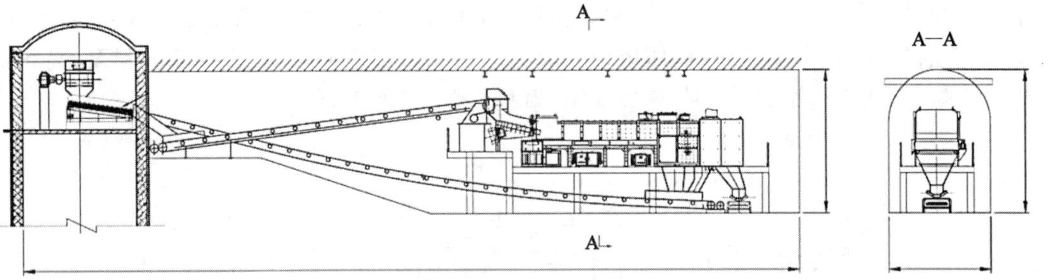

图 5-10　TDS 块煤分选系统布置图

矿井实际产能提高 0.30 Mt/a。据测算，王楼煤矿原煤开采成本为 370 元/t，原煤按 450 元/t 计，每年将增加收入 2 400 万元。在主井提升能力不变的情况下，工作面毛煤产量可提高 13%，出井毛煤质量得到改善。TDS 智能排矸系统的成功应用，标志着矿井设计及运行模式的变革，对于提高矿井的产能、降低能耗、减少环境污染、提高企业的经济效益等具有重要作用。

5.3.2　跳汰智能排矸系统应用案例

（1）系统硬件组成及通信方式

跳汰排矸及矸石回填控制系统主要由 2 台 PLC、1 台触摸屏的操作台和 1 套地面工程师站等构成。系统通信结构如图 5-11 所示。PLC 主站、触摸屏和地面工程师站之间通过以太网进行信息交互，其中上位机软件进行数据采集与监控；而 PLC 主从站之间采用 Profibus 总线通信；PLC 和现场开关柜之间采用 Modbus 总线或 Profibus 总线通信；其他设备如现场的就地按钮盒、监测点、预警装置以及部分不带通信功能的电控系统等均通过硬接点方式直接接入 PLC 主站或从站。

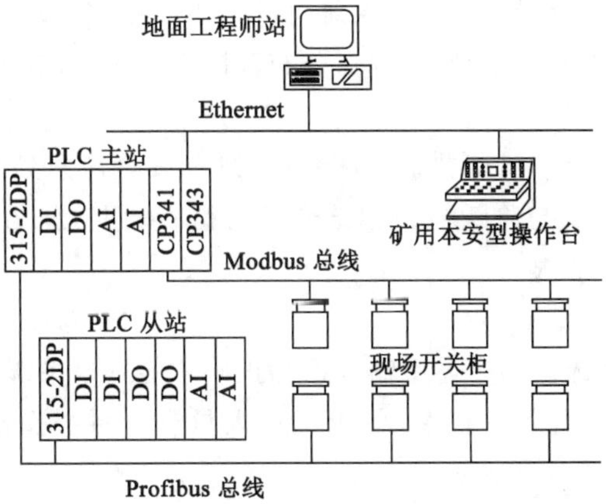

图 5-11　跳汰排矸及矸石回填控制系统通信结构

（2）系统工艺及控制流程

跳汰排矸及矸石回填控制系统工艺流程如图 5-12 所示。整个系统从功能上可分为跳汰排矸系统和煤泥水系统。跳汰排矸系统包括斜箅子、摆轴筛、刮板筛分输送机、大块输送带、带式除铁器、破碎机、跳汰机、脱水链斗机、循环水箱、循环水泵、精煤输送带、矸石带式输送机、矸石转载机、高压风包、低压风包。煤泥水系统包括缓冲水箱、高频筛入料泵、高频筛、压滤水箱、压滤入料泵、压滤机、事故水箱、事故水泵、扫地水泵。

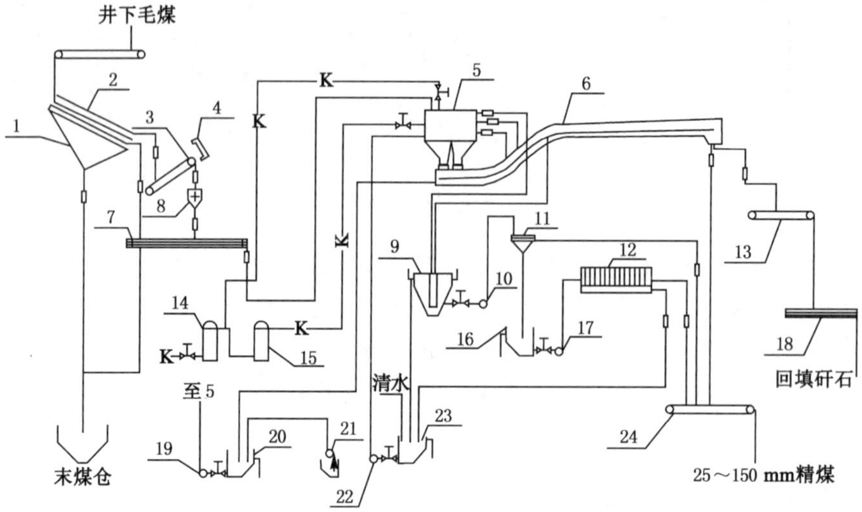

1—摆轴筛；2—斜箅子；3—大块输送带；4—带式除铁器；5—跳汰机；6—脱水链斗机；
7—刮板筛分输送机；8—破碎机；9—缓冲水箱；10—高频筛入料泵；11—高频筛；12—压滤机；
13—矸石带式输送机；14—高压风包；15—低压风包；16—压滤水箱；17—压滤入料泵；18—矸石转载机；
19—事故水泵；20—事故水箱；21—扫地水泵；22—循环水泵；23—循环水箱；24—精煤输送带。

图 5-12　跳汰排矸及矸石回填控制系统工艺流程

(3) 系统功能设计

跳汰排矸及矸石回填控制系统具备自动、手动、就地、远程等控制方式及闭锁、解锁、故停、急停、暂停、续起、续停等操控功能。系统可满足不同用户需求，保证人身及设备安全，在出现意外情况时可自动采取适当措施，确保分布范围大、煤流线长的多设备系统按照工艺要求协同工作。

PLC 程序包括跳汰控制、选煤排矸、煤泥水处理和安全应急处理等 4 个模块，其主要特点：排矸控制采用 PID 控制与阶跃控制相结合的方法；采用数学方法以脉冲频率调制方式控制排矸速度；精简程序结构。

(4) 人机交互软件

人机交互权限分明，选择用户名后输入密码正确才能登录系统，不同等级的用户有不同的操作权限。交互界面设有各种视图，便于工作人员进行系统操作和查看系统运行参数。图 5-13 为部分人机界面。

从图 5-13 可看出，人机界面包括 7 个功能界面：主窗口界面用于用户登录、系统工作方式设置和系统控制，同时展示系统当前状态；系统监控界面以工艺流程图的形式展示系统的运行情况和主要数据；煤流监控界面按现场分布情况显示跳汰排矸系统和煤泥水系统，方便手动操作；设备监控界面显示各个设备的当前状态及其对应参数；参数监控界面涉及系统中所有工艺参数和保护参数，同时可以屏蔽传感器或跳过部分设备的运行；系统故障界面记录最近 10 天的故障信息；操作规程界面为详细的系统使用说明书和故障分析助手。

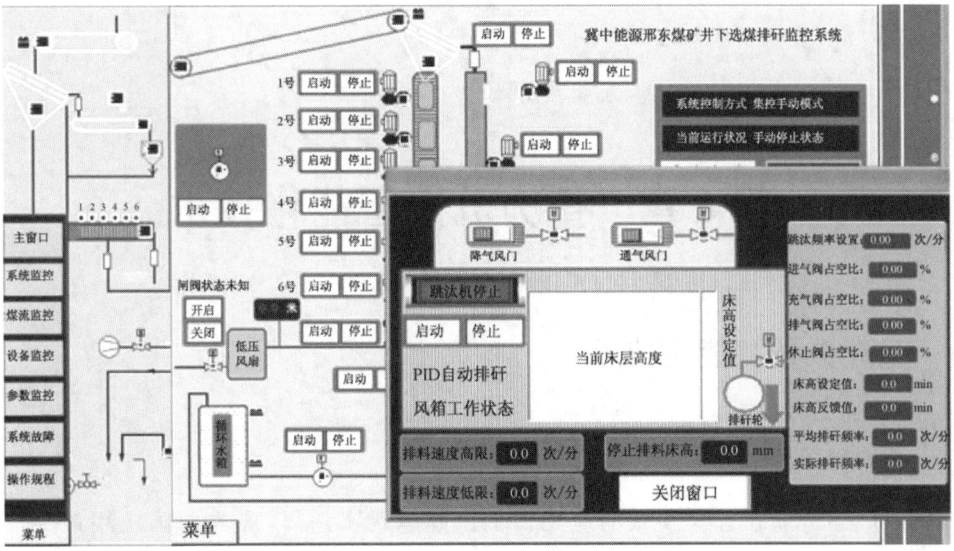

图 5-13　人机界面

课后习题

1. 简述动筛跳汰机的分选原理。
2. 简述重介浅槽排矸技术的分选原理。
3. 简述重介浅槽分选机设备的特点。
4. 简述 X 射线排矸技术的分选原理。
5. 简述 TDS 智能干选机的工作原理及特点。
6. 列举排矸智能化的技术应用案例。
7. 展望未来排矸智能化技术的发展趋势。

第6章 重力分选智能化技术

6.1 重介分选智能化技术

6.1.1 重介分选简介

近年来,重介质在选煤领域的应用比例已超越跳汰选煤,成为中国应用最为广泛的选煤技术。高效率、高精度、智能化的重介质选煤技术是重介分选的主要发展方向。当前选煤厂最常用的重介质分选理论包括两种:① 颗粒按重介质作用原理的分层。根据同一体积下不同密度的颗粒所受到的浮力之间的差异进行分选;未入选原煤主要由煤和矸石两种成分组成,正常煤质条件下煤和矸石之间的密度存在可区分的差别;在重介质分选中,通过调节水中的重介质比例,从而改变悬浮液密度,使悬浮液密度处于煤和矸石密度的中间,进而使煤和矸石在悬浮液中实现分离和分选。② 颗粒在离心力场中按沉降末速分层。采用惯性离心加速度取代重力加速度,在离心力场中强化颗粒按密度分级的效果。

重介质选煤过程中,最主要的因素是悬浮液的性质。悬浮液的两个主要工艺参数是密度和黏度。在选煤过程中悬浮液密度直接影响精煤的灰分和回收率,必须设法稳定在给定值附近,不能远离给定值。黏度的高低直接影响悬浮液的稳定性和分选效率。因为悬浮液是由水、加重剂和细粒煤泥组成的,黏度过小容易导致沉淀和分层现象,从而降低悬浮液稳定性,严重时会影响正常工作;黏度过高则会使对于小粒度物料的分选作用减弱,进而降低分选效率。为了使悬浮液有足够高的稳定性和分选效率,最大限度地降低分选下限,即便小粒度物料也有很好的分选作用,必须设法维持悬浮液黏度或稳定性在最佳状态。

重介质选煤主要有以下几类设备。

(1) 重介浅槽分选机

重介浅槽分选机的主体是一个槽式的箱体,设有入料箱、溢流堰和排矸口,槽体底部有一层带孔的底板,两边有转动链条带动刮板排出矸石。重介浅槽分选机是利用密度原理进行分选的。将原煤放入一定密度介质的浅槽中,由于煤、矸石自身密度不同,在浅槽介质中自动进行分层,煤的密度较小会浮于悬浮液上层,矸石密度较大会沉于悬浮液底部;矸石经刮板输送机运输出浅槽,实现精煤和矸石的分离。重介浅槽分选机结构简单,处理能力大,分选精度高,广泛应用于原煤排矸和主选、再选。

(2) 斜轮/立轮重介质分选机

斜轮/立轮重介质分选机是通过重介质悬浮液将原煤按密度分层的。精煤由溢流堰排出而矸石通过提升轮排出；立轮重介质分选机与斜轮重介质分选机的工作原理基本相同，其差别仅在于分选槽槽体形式和排矸轮安放位置等机械结构上略有不同。斜轮/立轮重介质分选机分选精度高，分选粒度范围宽，广泛应用于原煤排矸或块煤分选。

(3) 重介质旋流器

重介质旋流器(图 6-1)作为重介质选煤的核心设备，根据其所分选出产品数目的不同，主要分为两产品重介质旋流器和三产品重介质旋流器；根据原煤入选方式的不同，分为有压给料和无压给料；根据产品机体和结构形状的不同，分为圆筒形和圆锥形。重介质旋流器使用重介悬浮液作为介质，利用离心力按密度对煤进行分离，随着物料在介质中的旋转，轻物质上升，重物质下降，溢流口流出精煤颗粒，矸石从底流口流出。重介质旋流器不存在运动部件，主要靠外加的料液进入时的动力作为旋转的动力来源。重介质旋流器由于其入料范围较宽，分选精度高，分选粒度下限低，广泛应用于动力煤或炼焦煤的主选作业中。

图 6-1　重介质旋流器

重介质选煤技术在选煤工艺中发挥了重要的作用及优势，有着广阔的智能化发展前景。首先，重介质选煤的设备更加先进，选煤成本逐渐降低；其次，通过智能化控制，重介质选煤的效率会不断提高，从而提高选煤的精确性和效率；然后，通过智能化控制，重介质选煤技术可以提高单机的处理量，进而提升设备的可靠性和选煤加工深度，增加重介质分选设备入料上限，同时还能进一步减少选煤的投资成本，提高选煤厂的经济效益；最后，针对重介系统悬浮液密度调节的复杂性、时变性，智能化技术能实现对悬浮液密度的预测、控制、稳定、调节和反馈，确保整个循环系统的稳定性。

6.1.2　重介分选智能检测技术

(1) 在线灰分检测

灰分仪的可靠性是制约重介分选智能化发展的主要环节之一。目前，精煤灰分在线检测主要采用以下三种技术：双能量 γ 透射技术、天然 γ 测量技术、X 射线吸收技术。高精度精煤灰分在线检测(检测误差≤0.2%)需要围绕检测装置安装位置、安装方式、检测方式与检测方法开展探索和研究。此外，精煤统计过程控制也是精煤灰分检测的重要一环。由于煤炭本身具有天然的随机特性，精煤同样也具有这种特性，因此研究产品质量指标的统计特性更具有现实性和可操作性。

（2）在线密度检测

差压式密度计具有测量精度高、安装简单、易于维护等优点，被广泛应用于重介质选煤厂。差压式密度计通过压力传感器测量出一定高度被测液柱的静压力，压力与该液体的密度成正比，然后根据被测液体的流速，计算出被测物的密度值。当压力信号作用于传感器时，压力传感器将压力信号转换成电信号，经差分放大和输出放大器放大，将电压电流转换成与被测介质的液位压力成线性对应关系的标准电流输出信号。控制箱的模拟量输入端负责导入传感器信号，并通过内部 A/D 转换将模拟信号转换为数字量；然后由 CPU 对其进行温度、压力补偿以及流速计算，从而得出密度值。最后，经模拟量模块进行 D/A 转换，将标准电流信号输出，传送给选煤厂主控 PLC(图 6-2)。

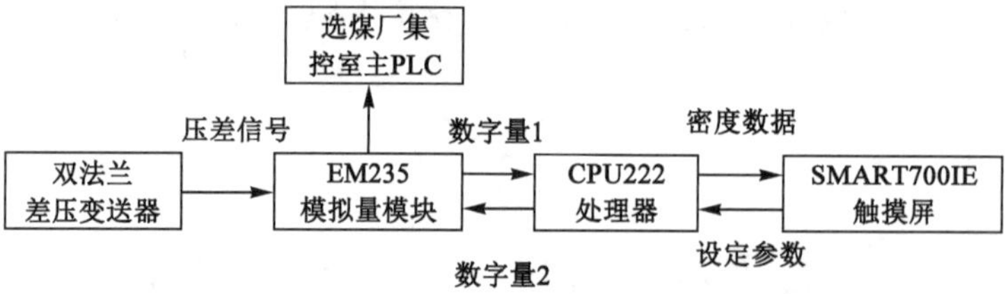

图 6-2　差压式密度计应用于重介质选煤厂

同位素密度计同样是选煤厂重介系统常用的密度检测装置。同位素密度计带有放射性同位素辐射源，放射性辐射在透过一定厚度的被测物后被射线检测器所接收，一定厚度的被测物对射线的吸收量与该物体的密度有关，而射线检测器的信号则与该吸收量有关，因此，通过相关运算可计算出被测物的密度。智能化同位素密度计具有自动漂移补偿及放射源衰减自动补偿功能，系统长时间稳定性好；将硬件滤波和软件滤波相结合的方式，有效抑制外界干扰信号；该密度计具有测量精度高、寿命长的优点。

（3）在线数据库

选煤厂重介分选相关的在线检测仪表主要有灰分仪、皮带秤、密度计、压力计等，智能化控制需要将所有的在线数据有效地集中到中控系统中。将不同接口的数据进行采集处理，在线灰分仪、皮带秤、密度计记录的实时数据经过异常值剔除、过滤、替换，传输到远程的数据仓库中。数据仓库中建立在线数据表，用于实时显示传输来的在线数据，同时根据数据量的大小建立按月或按天的数据分区表，将实时数据的每分钟算术平均值记录到分区表中。某重介系统的在线数据采集流程如图 6-3 所示。

6.1.3　重介悬浮液密度智能控制

（1）悬浮液密度预测模型

当前制约重介选煤智能化发展的主要因素包括灰分仪的可靠性、分选密度的确定和悬浮液密度的调节。要促进重介选煤智能化的发展，关键在于解决重介质密度控制的实时性和精准性。为实现重介质密度的智能预测，一方面要建立产品在线灰分仪的校正方法，提高灰分仪的检测精度，为在线灰分回控提供决策依据；另一方面要考虑产品质量与原煤性质等诸多因素，建立密度设定值的智能预测理论，取代传统基于人工经验的设定方法。通过建立

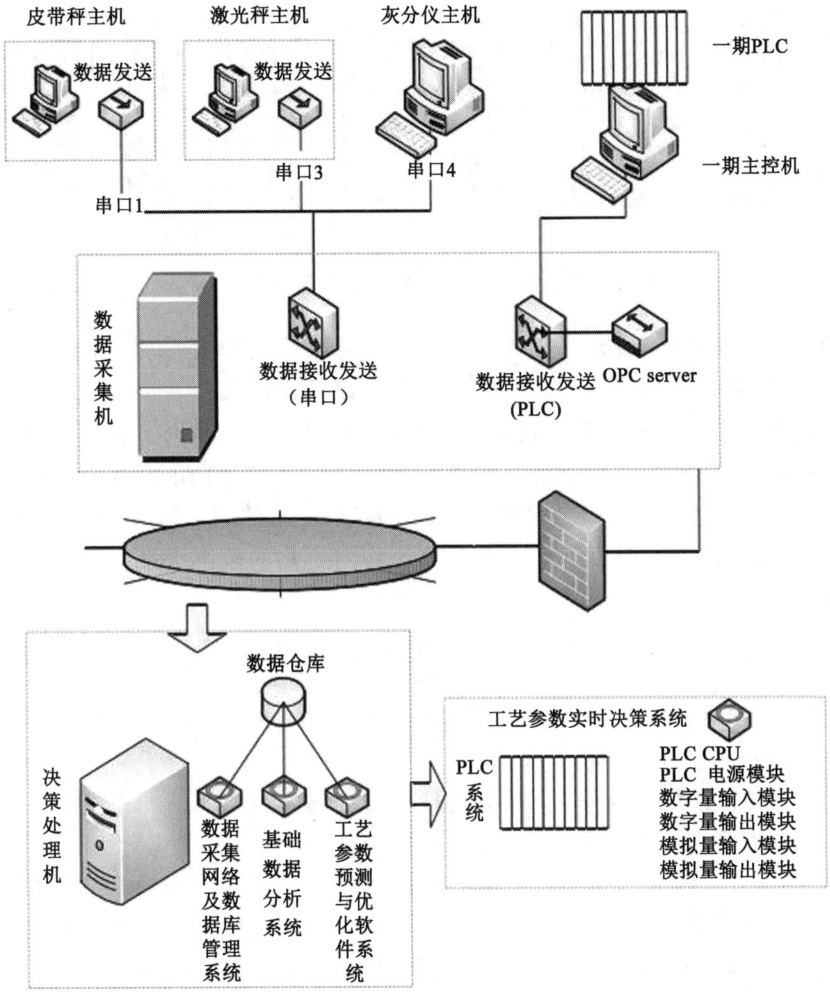

图 6-3　某重介系统的在线数据采集流程

重介质密度控制模型，利用预测控制理论解决密度调节的大滞后问题，提高密度调节的实时性与准确性，从而提高产品质量与分选效率。

重介质悬浮液密度、原煤灰分与精煤灰分之间关系密切。悬浮液密度预测方法之一是基于灰分数据进行预测。重介分选可分为两个闭环控制，重介质悬浮液密度的控制为内环控制，精煤灰分的反馈控制为外环控制。外环控制为通过灰分给定值确定重介质悬浮液密度数值，当灰分与灰分数值产生差异后，可通过改变密度数值来影响重介质旋流器的灰分输出；内环控制为通过控制补水阀和加介阀控制密度，密度计可反馈实际密度数值，从而对密度进行实时调节。

根据灰分反馈预测重介质悬浮液密度，目前主要采用最小二乘支持向量机（LSSVM）方法，即通过分析前一时刻的历史数据建立灰分和密度的关系模型，将精煤产品要求、原煤灰分以及重介质悬浮液密度等实时数据输入模型，对下一刻的合理重介质悬浮液密度进行预测，如图 6-4 所示。

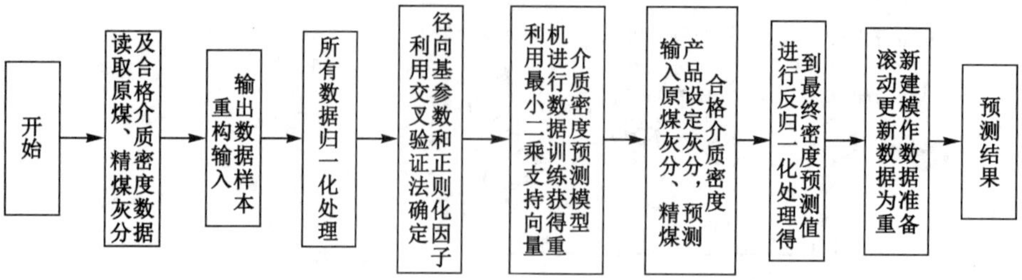

图 6-4　基于最小二乘支持向量机的密度预测方法

另一种常见的预测方法是基于 BP 神经网络的悬浮液密度预测。例如，选取磁性物含量、分选压力、悬浮液密度、分流开度、原煤流量以及精煤灰分 6 个变量作为 BP 神经网络的输入，而其输出量为悬浮液密度，构建的神经网络结构如图 6-5 所示。首先，需要部分数据来对 BP 神经网络进行训练，选取 60 组数据，其中 40 组数据先进行训练，而后 20 组数据则用于预测。激发函数采用 Sigmoid 函数，一般来说，在 BP 神经网络进行数据归一化之前需要让该函数曲线处于最大斜率。将归一化的范围设在 0.1～0.9 之间。归一化表达式如下：

$$x'_k = \frac{x_k - x_{\min}}{x_{\max} - x_{\min}} \times 0.8 + 0.1 \tag{6-1}$$

式中，x_k为其中第 k 个数据；x'_k为 k 个数据进行归一化处理之后的数值；$x_{\min}$、$x_{\max}$分别为 40 组数据中的最小值与最大值。

对 40 组密度数据进行训练，训练步骤如下：第一步是进行初始化设置，对神经网络中的阈值、连接权值等进行初始化，并且让连接权的取值范围在 −0.1～0.1 之间，而网络中的学习率则可以被设置为 0.01，由于该算法不断循环，还需要设置一个终止算法的条件，即误差≤0.005 时就可以终止神经网络运行；第二步是归一化处理数据，在对选定的 60 组数据进行训练处理时，为了能够让计算机处理数据更加快捷，须将这 60 组数据转换至 0.1～0.9 之间；第三步是取得误差值；第四步是求出 δ_k值和 δ_i值；第五步是求出 $\Delta\omega_{ki}$值和 $\Delta\omega_{ij}$值；第六步是终止循环。当设定误差≤0.005 时，就可以终止训练，否则退到第三步重新进行循环，悬浮液密度智能预测神经网络如图 6-5 所示，神经网络预测的输入输出数据如表 6-1 所示。

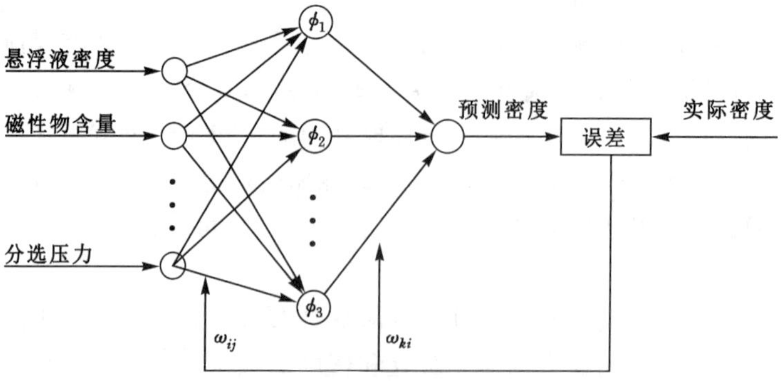

图 6-5　悬浮液密度智能预测神经网络

表 6-1　神经网络预测的输入输出数据

输入						悬浮密度/(kg/L)		
悬浮密度/(kg/L)	磁性物含量/(g/L)	分选压力/kPa	分流开度/%	原煤流量/(t/h)	精煤灰分/%	实际输出	预测输出	误差
1.442	342	300	80	574	7.36	1.440	1.439	0.001
1.435	332	300	80	584	7.67	1.440	1.435	0.005
1.441	393	290	90	529	7.46	1.440	1.445	−0.005
1.455	397	290	90	543	8.36	1.439	1.439	0.000
1.454	368	300	80	616	7.65	1.437	1.439	−0.002
1.442	420	300	90	578	7.54	1.429	1.432	−0.003
1.439	453	300	90	592	8.18	1.434	1.430	0.004
1.440	357	300	80	611	7.67	1.430	1.430	0.000
1.435	351	300	80	597	8.57	1.436	1.427	0.009
1.440	331	300	80	589	6.96	1.435	1.431	0.004

(2) 悬浮液密度智能控制

在重介质悬浮液密度控制中,悬浮液密度、合格介质桶液位参数相互耦合,难以建立精确的数学模型。因此模糊控制成为当前悬浮液密度智能控制的主要方法之一。该方法以悬浮液密度偏差、密度偏差变化率、合格介质桶液位作为密度模糊控制器的输入变量,以合格介质桶液位偏差、液位偏差变化率作为液位模糊控制器的输入变量,利用密度模糊控制器和液位模糊控制器有效控制补水阀和分流箱,可实现重介质悬浮液密度精确、稳定控制。

基于耦合变量模糊化的重介质悬浮液密度模糊控制原理如图 6-6 所示。基于各种在线传感器反馈的密度和液位实时数据,模糊控制器迅速计算出密度、液位的偏差及偏差变化率,并将它们分别传递至密度、液位的模糊控制器,经分析并智能驱动执行分流箱和补水阀,其中密度模糊控制器通过调节分流箱和补水阀的开度来实现调节,而液位模糊控制器则仅通过调节分流箱开度来实现调节,从而最终使悬浮液密度和液位达到稳定平衡。整个过程循序渐进,时间越长,密度和液位越趋于稳定。

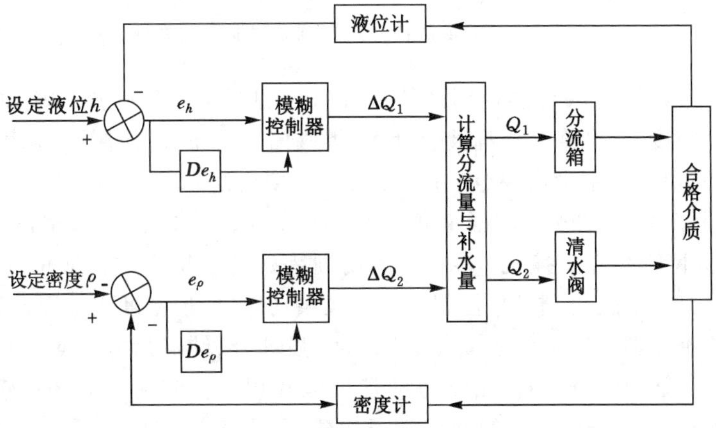

图 6-6　重介质悬浮液密度模糊控制原理

近年来,有学者设计了一种综合性的重介质悬浮液密度宽域智能控制系统。重介质悬浮液密度宽域智能控制系统主要实现煤质和工况波动条件下的密度自适应、大范围、智能化调整,涉及自动补水、自动分流、自动加介三个核心控制环节。其控制流程如图 6-7 所示。该智能控制系统的特点如下:

① 智能控制算法优化。由简单的 PID 控制过渡至预测控制、模糊控制和解耦控制等智能控制算法,满足重介质分选过程不同执行机构动作的需求。

② 煤泥含量优化控制。煤泥含量控制和分流控制存在较大的耦合特性,需要考虑控制算法的解耦效应。

③ 桶位平衡优化控制。需要综合考虑桶位平衡、设备能力和容量限制,良好的桶位平衡优化控制可以为密度控制创造良好的边界条件。

④ 智能配煤。通过采用专家系统、智能分类等,实现配煤过程优化,最大幅度减小密度调整范围,为重介质悬浮液密度宽域智能控制创造条件。

⑤ 密度预测和设定智能控制。重介质悬浮液密度设定值智能控制采用双闭环控制,内环是重介质悬浮液密度智能控制,外环以精煤灰分作为反馈,其与精煤灰分设定值的差值作为内环给定输入,使用模糊控制方法实现重介质悬浮液密度设定值的智能控制。

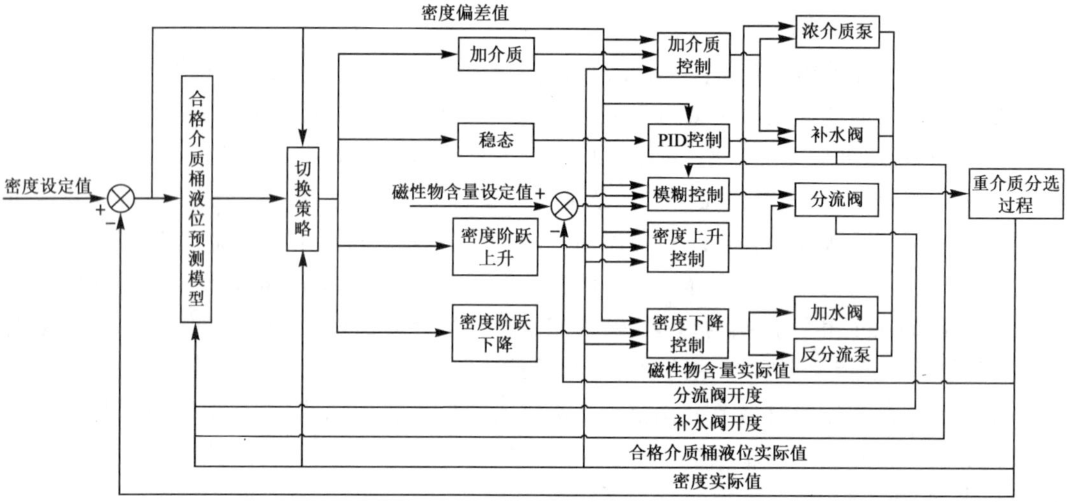

图 6-7 重介质悬浮液密度宽域智能控制流程

重介质悬浮液密度宽域智能控制系统由设备层、控制层、管理层组成,如图 6-8 所示。设备层由差压型密度计、合格介质桶液位计、各类阀门及泵组成;控制层即 PLC,由 CPU、通信模块、模拟量模块及数字量模块组成;管理层由工控机组态软件、Matlab 及 MySQL 数据库组成。设备层采集的合格介质桶液位、分流阀开度、补水阀开度、密度等数据传输至 PLC,并通过以太网上传至工控机,Matlab 利用训练好的合格介质桶液位预测模型计算相应的控制模式,反向传输至控制层,控制各类阀及泵动作,实现密度大范围自动控制。

针对重介质旋流器控制系统多变量、非线性、强耦合、纯滞后等特点,有学者提出了以 PID 反馈控制为基础、基于神经网络学习和带抗饱和积分控制为核心的前馈控制策略,如图 6-9 所示。在该控制策略中,神经网络学习构建了“多输入、两输出”的智能算法,即以精煤灰分和数量效率为输出目标,重介分选过程多个参数作为输入变量,并用 Python 语言编

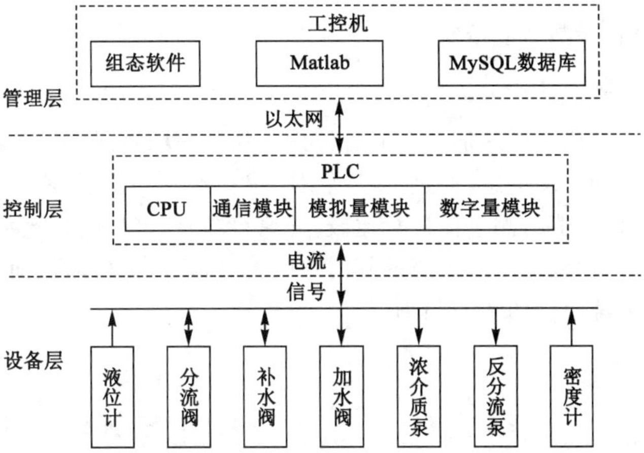

图 6-8　重介质悬浮液密度宽域智能控制系统

制了针对该网络结构的 BP 算法程序，收集和分析了选煤厂生产实时在线数据，并进行了相关训练和仿真模拟。反馈控制器通常选择 PID 控制器，它在重介分选过程中起到稳定整个控制系统的作用，并在初始控制阶段对分选过程作出较大的控制效力，起到基础作用；带抗饱和积分控制器在控制系统偏差存在的情况下使稳态误差向零点逼近，同时又能够抗饱和，防止执行器在异常状态下运行；神经网络输出为精煤灰分和数量效率，输入根据相关性指标分析得到。为实现上述复杂控制策略，设计了一套重介质旋流器分选智能控制软件，可以完成大量的数据采集和处理，并将其仿真训练的结果给入基于 BP 网络的复杂控制模块中，用于自动或指导重介分选系统生产（图 6-10）。

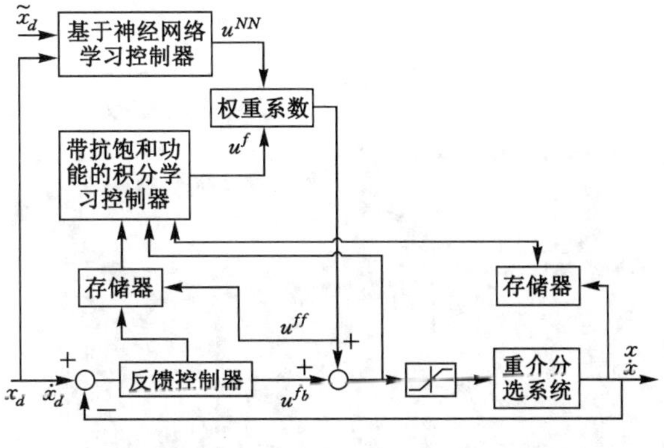

图 6-9　基于神经网络学习和带抗饱和积分控制的复杂控制原理

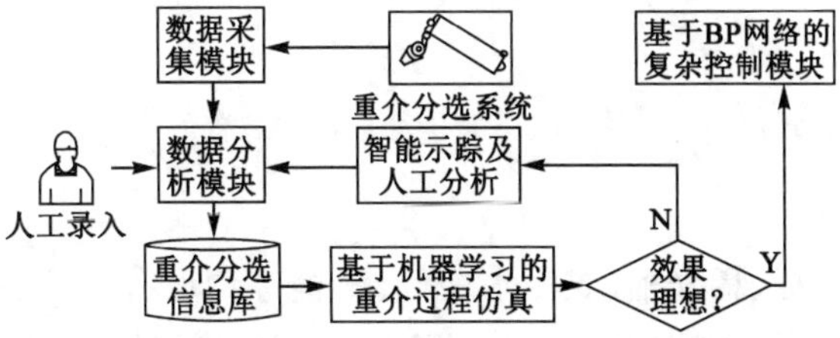

图 6-10　重介质旋流器分选智能控制软件数据流

6.1.4 重介分选其他参数智能控制

(1) 介质智能添加

常见的介质添加手段是通过加介泵向悬浮液中添加高浓度悬浮液。液位计和密度计用于采集悬浮液的液位和密度信息，通过 A/D 转换获取测量值，集控室上位机设定液位和密度目标值；系统会将设定值与测量值进行比较，若密度或液位达到加介条件时，PLC 控制器将触发加介控制信号，导致加介质系统的阀门接收控制信号后打开，从而向介质池中添加介质。自动介质添加系统原理如图 6-11 所示。

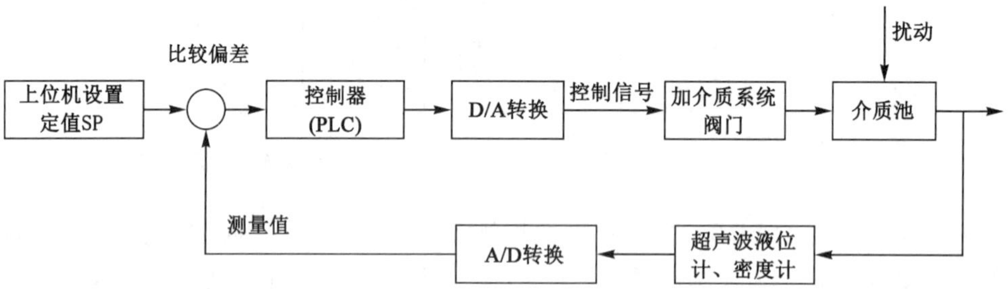

图 6-11　自动介质添加系统原理图

另外，一种基于机械爪的介质添加系统采用激光测距的方法检测介质的盘料分布，同时将实时检测信号传送给 PLC，根据悬浮液的密度和液位等信息判断主厂房的加介需求，按逻辑编写 PLC 程序。需要添加介质时自动执行相应程序，控制加介系统自动执行加介操作，使液位满足生产需求后停止加介；自动完成配水、制介、加介等一系列动作。智能介质添加装置如图 6-12 所示。

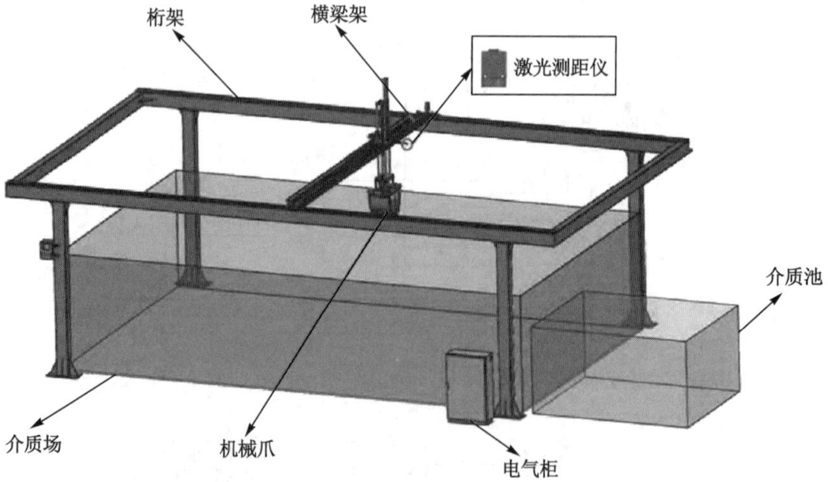

图 6-12　智能介质添加装置

(2) 桶位智能控制

重介系统合格介质桶、稀介桶、煤泥水桶、清水桶等均设有液位自动控制。采用压力变送器测量桶底部压力，转换为液位信号输入 PLC 的 PID 控制模块，与设定液位值比较，其差值转换为电信号反馈给桶上部的加水阀或分水阀信号接收端，调节加清水量或分流量，保证各桶液位稳定在设定值。合介桶液位智能控制模块如图 6-13 所示。

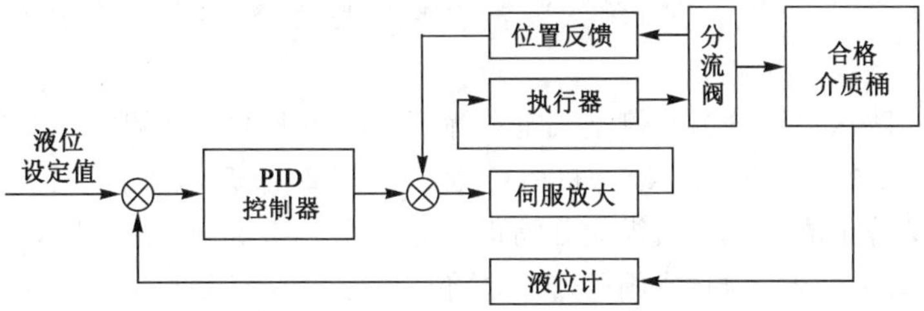

图 6-13　合介桶液位智能控制模块

(3) 重介质旋流器入口压力控制

重介质旋流器入口压力智能控制模块的控制策略是将重介质旋流器入口压力作为被控制对象，通过调整供介泵的转速来对重介质旋流器的入口压力进行调整。该智能控制模块的基本监测点是压力传感器测得的重介质旋流器入口实时压力数据，通过变频调速器调整重介质旋流器供介泵的转速，进而调整重介质旋流器入口处的介质压力，改善重介质旋流器的分选效果。重介质旋流器入口压力智能控制模块如图 6-14 所示。

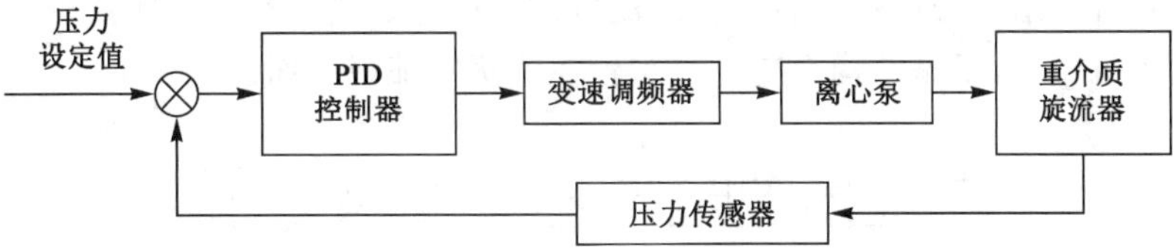

图 6-14　重介质旋流器入口压力智能控制模块

(4) 重介浅槽介质流控制

重介浅槽介质流，即水平流和上升流，对分选效果有很大影响，如果水平流过大，会导致原煤未完全分选就进入溢流产品，影响分选效果；如果上升流过小，会影响物料松散，悬浮液介质不稳定。有些选煤厂选择将介质流压力监测系统安装在块煤重介浅槽分选系统，分别在浅槽分选系统的上升流管道和水平流管道安装压力变送器，获得多个管路的实时压力，从而监测管路的堵塞情况，并指导管路阀门的开度，保证浅槽介质的稳定供给。

总体而言，重介质分选过程涉及设备较多，包括重介质分选设备、上下游的脱水脱介设备、介质回收设备、固体物料运输设备、悬浮液运输设备（如合格介质桶、稀介质桶、煤泥桶）等。重介质分选过程智能化的核心是上述设备的智能化控制。目前，重介质旋流器入口压力闭环控制、重介质悬浮液密度稳定控制已经实现了工业化应用；重介质净化回收检测与优化控制同样取得了一定进展，重介质悬浮液密度智能预测和宽域智能控制仍需进一步研究和实践。

6.2　跳汰分选智能化技术

6.2.1　跳汰分选技术简介

跳汰选煤是煤炭分选广泛应用的工艺之一。跳汰选煤的优点在于工艺流程简单、设备操作维修方便、处理能力大且有足够的分选精确度；跳汰选煤入料粒度范围宽，其能处理0.5～150 mm粒级原料煤。当前跳汰装置主要分为两类：空气脉动式跳汰机和动筛跳汰机。

空气脉动式跳汰机可分为筛侧空气室和筛下空气室两类。筛侧空气室跳汰机是最为常见的跳汰设备，如图6-15所示。跳汰机由机体1、风阀2、筛板6、排料装置4、5和排矸道8、排中煤道7等部分组成。机体由纵向分隔板9分为空气室和跳汰室，两室的下部相通。空气室上部密闭，设有特制风阀，风阀的作用是将压缩空气交替地给入空气室中，同时按一定的规律将空气室中的压缩空气排出室外。当给入压缩空气时，跳汰室中的水被强制上升；待空气室中的压缩空气排出时，跳汰室中的水位又自动下降，因此，推动跳汰室水面上下运动形成脉动水流10。如改变给入的压缩空气时，可以调节跳汰机中的水流冲程，改变风阀的运动速度也可调节水流脉动的频率。顶水从空气室下部顶水进水管13进入以改变跳汰机水流运动特性，并在跳汰室中形成水平流，便于运输物料，同时使物料在跳汰室中进行松散和分层。跳汰机中的冲水是从机头与原料煤一起给入的。原料煤在跳汰机中经分层得到分选后，在第一段(矸石段)和第二段(中煤段)的重产物矸石、中煤，分别经各段末端的排料装置排到各自的排料道，并与透筛的小颗粒重产物一块排到各自的排料口，再经与机体密封的脱水斗子提升机排出。轻产物(精煤)自溢流口排出机体。筛下空气室跳汰机工作原理与筛侧空气室跳汰机相似，只是结构上空气室布置在跳汰室筛板下面。

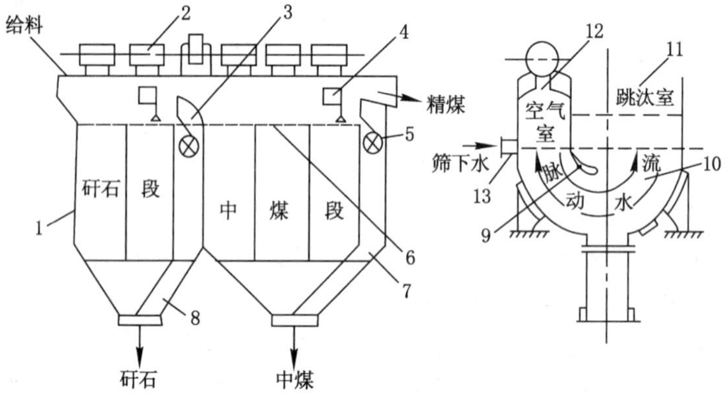

1—机体；2—风阀；3—溢流堰；4—自动排料装置的浮标传感器；5—排料轮；6—筛板；7—排中煤道；8—排矸道；9—分隔板；10—脉动水流；11—跳汰室；12—空气室；13—顶水进水管。

图6-15　筛侧空气室跳汰机结构

动筛跳汰机通过控制筛板上下脉动而使床层和水介质之间产生相对脉动，从而使床层分散，并按密度分层。动筛跳汰机常用于原煤排矸或井下原煤的预处理，在原煤分选中的应用较少，在这里不再详细介绍。

跳汰机采用重选原理使原煤按密度进行分选。如图6-16所示，以水作为介质使原煤粒群松散，相同粒度的原煤颗粒由于密度不同导致沉降末速不同，按密度进行分层，高密度矸石在床层下方，低密度精煤在床层上方，从而实现对原煤的分选。在跳汰分选中，床层的松散是跳汰机能按密度进行分选的前提，床层状态是跳汰机分选效果的重要衡量标准，同时跳汰机的排料控制是跳汰机智能控制的关键。

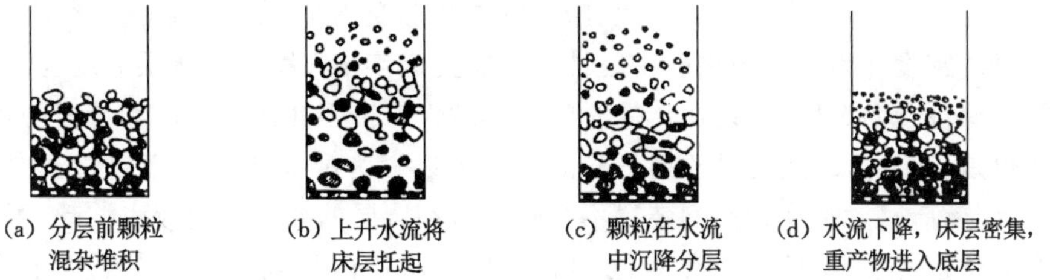

图 6-16　矿粒在跳汰机中的分层过程

6.2.2　跳汰分选智能检测技术

跳汰机控制的基本原则是根据当前床层状态调整风阀、排料，从而改变床层状态。因此跳汰机床层的感知和检测是实现智能化的基础。床层状态参数反映了物料按密度分层的情况，决定了跳汰机分选效果的好坏，而产品指标直接反映了跳汰机分选的最终结果。

床层的松散和分层是相互依存的，跳汰机要达到最佳的分选效果，跳汰机床层必须具有适宜的松散度。当前检测装置针对松散度还难以直接测量，因此采用测量液面高度或床层密度的方式间接反映床层的松散度。当前常用的检测装置包括浮标检测装置、电子探杆检测装置以及辐射密度计检测装置。

浮标检测装置是检测跳汰机床层状态最常用的装置。一种超声波浮标检测装置如图 6-17 所示。以双段四室跳汰机的矸石段为例，沿跳汰机床层宽度方向安装 4 个密度可调的浮标，浮标①设置 2 个，其密度等于或略小于矸石；浮标②设置 1 个，其密度等于或略小于精煤；浮标③设置 1 个，其密度等于或略小于水。利用超声波传感器分别检测浮标①、②、③在各种风水制度下的高度变化，从而得到矸石和煤层跳起的最大高度及高度的变化规律，将检测值进行分析并跟踪跳汰效果，即选煤的灰分值和跑煤情况。

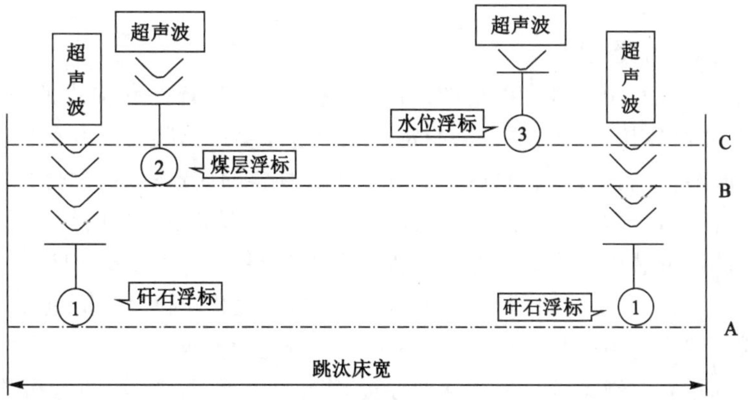

图 6-17　超声波浮标检测装置

电子探杆检测装置在跳汰机床层状态检测中得到应用，它能够测量床层各层位间的压强变化及松散度变化。电子探杆检测装置由两部分组成：① 自动往复插入/拔出跳汰机床层的智能压力传感器有源探杆。杆体插入/拔出床层的速度可任意设定。② 电子计算机。

将探杆送出的压力描绘成动态曲线，并根据曲线变化的包络线、每一个层位压力变化曲线及各层位压力变化，计算出床层厚度变化、床层分层状态变化及床层松散度变化。

以 γ 射线密度计为代表的辐射密度计检测装置近年来在跳汰机床层密度检测中得到应用。当放射源位置固定后，射线在传播时的衰减就仅取决于介质的密度和传播的距离，而传播的距离也是一定的，因此通过放射信号的衰减可以较为准确地反映床层的密度变化。相比浮标检测装置，辐射密度计检测装置不会随入料和床层的变化产生较大波动，可以稳定地获得整个跳汰周期内密度的动态变化。单个跳汰周期内的辐射密度计检测信号变化如图 6-18 所示。

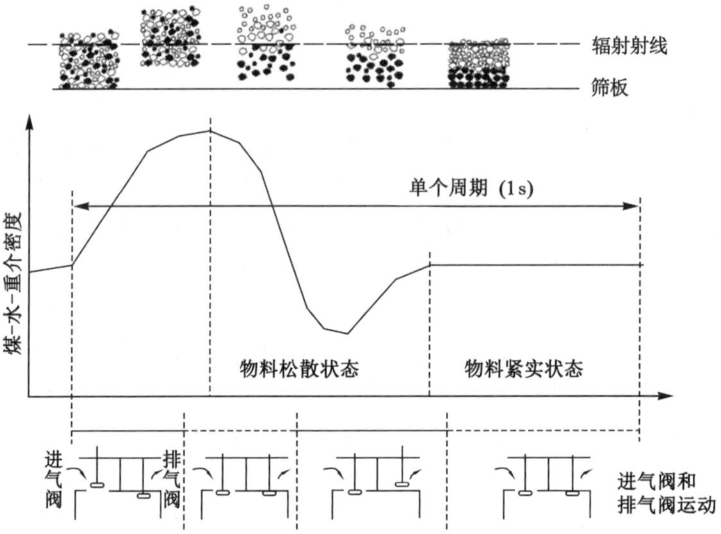

图 6-18　单个跳汰周期内的辐射密度计检测信号变化

6.2.3　跳汰智能控制系统

（1）排料装置智能控制

在跳汰周期及风水制度都已确定的条件下，为了筛上原煤跳跃前进的速度和幅度稳定在最佳值，筛板重物床层的厚度要保持稳定。床层过厚会影响跳动幅度和物料分层效果，增加分选密度，使较重物料上浮到轻物料中，降低了轻物料的质量；床层过薄会降低分选密度，使轻物料下沉并随重产物排出，导致资源损失。中煤、矸石等重产物的筛上排料对床层的影响最为明显。跳汰分选中稳定床层厚度是提高分选效果的重要环节，而床层厚度的稳定可通过合理的排料实现，因此对排料装置的智能控制是跳汰智能化分选的重要环节。

常用的排料装置有闸板式和叶轮式，通过改变闸板的开度或排料轮的转速来调整排料量。跳汰机自动排料控制系统一般由床层厚度检测传感器、控制器、执行机构（电动机或闸板）等部分组成，其控制原理为：床层厚度检测传感器将跳汰机的重物料层的厚度转换成相应的电信号，并与床层各段厚度给定值进行比较，将其偏差值送入调节器，控制器根据偏差的大小输出具有一定功率的电信号，从而驱动执行机构（电动机或闸板）调节排料量，保持床层稳定，以实现排料的自动控制。排料控制的目标是稳定床层，及时而连续均匀地排出重产物，保持稳定而合适的床层厚度。跳汰机排料的基本控制流程如图 6-19 所示。

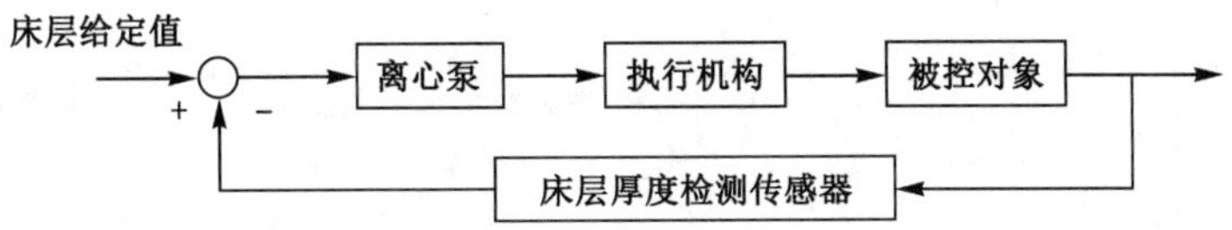

图 6-19　跳汰机排料的基本控制流程

排料装置的智能控制包括以下几种类型。

① 基于专家系统的排料控制

专家控制具有基于知识结构处理不确定性问题的能力。引入专家知识使控制系统的灵活性、可靠性和处理不确定干扰的能力增强,对控制系统可以进行预测、诊断错误、给出补救方案、监视执行。跳汰机排料装置的控制可以通过专家系统实现自动化控制。跳汰机专家系统自动排料装置包括检测和控制两大部分。应用浮标传感器检测床层厚度,通过控制器比较床层测量值与给定值的大小,最终取得偏差信号。应用专家系统输出控制信号,控制排料机构动作,执行机构通过液压系统带动闸板上下运动,改变排料口大小,实现对排料量的控制,最终使跳汰机床层稳定在给定值附近,保证跳汰机正常工作。基于专家系统的跳汰机排料控制如图 6-20 所示。

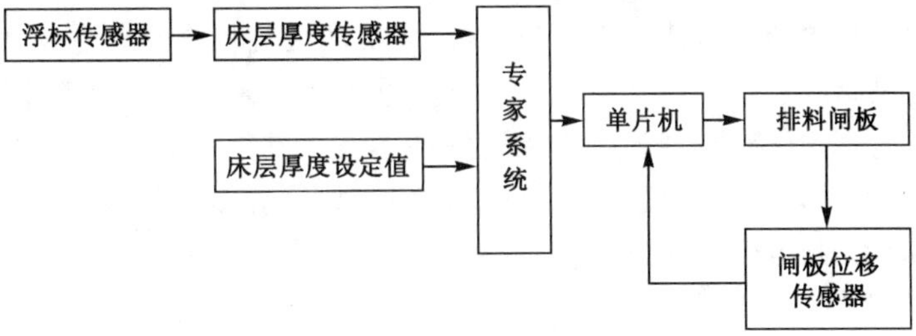

图 6-20　基于专家系统的跳汰机排料控制

② 基于模糊控制的排料控制

跳汰机分选是典型的大滞后、非线性、随机干扰、多参数强烈耦合的复杂系统。煤层与煤质存在瞬变性。因此传统的数学控制模型难以满足这种情形。为了更好地适应这种多变的外部影响,模糊控制方法被广泛应用于跳汰控制过程。模糊控制是指当变量关系呈现非线性时,将人的经验作为控制的模型,以模糊逻辑推埋以及语言变量的数学类工具,通过计算机进行智能控制的方法。

跳汰机排料模糊控制原理为:通过位移传感器确认室内浮标的高度位置,检测室内床层的厚度,将厚度信号上传至控制器,控制器将实际厚度与理论预设厚度对比,根据对比结果确定排料开关的时间与排量。以白龙选煤厂的排料模糊控制系统为例,将实际床层厚度与理论床层厚度对比,差值为 c、差值变化率为 cv,两个变量作为模糊控制器的输入信号;而排料电机的转速 v 则作为控制器的输出,即通过确定 c、cv 数值将其对应一个或者几个转速 v 的范围。在跳汰机工作过程中,当水量与床层高度差小于设定值时,给料电机减速,控制给料量,排料电机全速运转,增加排料量;当床层高度差过大时,给料电机全速运转,排料电机减速甚至停机,以保证床层厚度稳定。跳汰机排料模糊控制系统如图 6-21 所示。

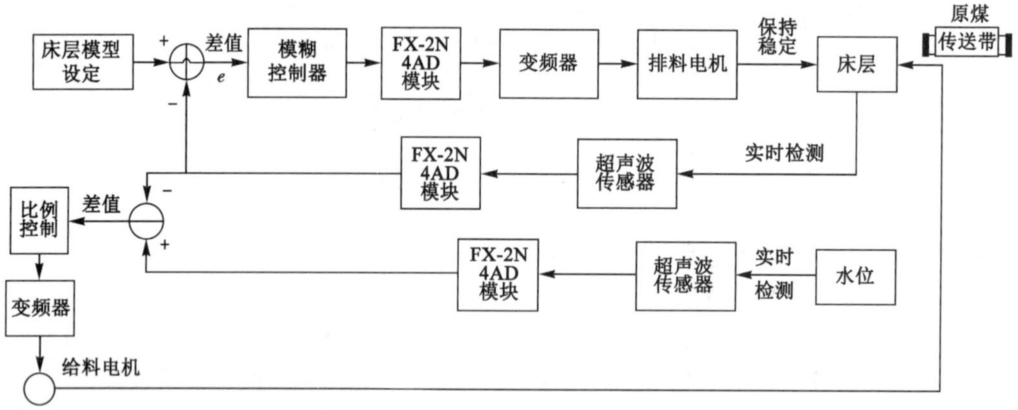

图 6-21　跳汰机排料模糊控制系统

(2) 风阀智能控制

在跳汰机分选过程中，风压、水压以及跳汰的频率、周期、幅度等都会直接影响床层的松散度，是调节松散度的关键因素。风压的设置与配合在很大程度上也会影响床层的松散度。针对系统的参数和运行状态合理地调配各风阀进气、排气的最佳比例，使床层达到合适的松散度。风阀的功能是周期性地使空气室与风包、风机和大气相连或隔绝，从而在跳汰室形成脉动水流。因此风阀的控制是控制跳汰分选过程重要的组成部分。国内外使用的空气脉动跳汰机风阀有滑动风阀、旋转风阀、电磁风阀三种形式。其中电磁风阀调整灵活，可以任意调整跳汰周期，进气、排气的变换速度快，可以精确地控制脉动周期和吸啜过程的时间。所以电磁风阀的智能控制得到广泛研究和应用。

① 专家系统控制

跳汰机风阀控制专家系统的专家知识来源于：第一，水流运动特性对床层松散与分层的作用及空气室内水位变化与风阀参数的对应关系；第二，床层松散度与风阀参数之间的内在联系。通过检测获得水位和床层密度等传感器信号，利用现场大量的数据以及具有经验操作人员的知识，汇总形成专家知识；专家知识库则需要将这些数据以及经验转变成计算机可识别的程序语言，即一条一条的规则，从而对风阀进排气期的长度进行控制。跳汰风阀专家控制系统的流程如图 6-22 所示。该流程采用跳汰机各个床层密度值信号的高低变化来控制风阀进、排气期参数，在当前大型跳汰机的自动控制中有较好的应用，也是风阀智能控制的雏形和智能化改造的基础。

② 风阀的模糊控制

跳汰机风阀模糊控制系统的方案是将跳汰机床层的松散度误差 e 与床层松散度误差变化率 ec 作为跳汰机模糊控制器的输入。如图 6-23 所示，控制器的输入参数经过模糊化处理、模糊推理、反模糊化处理，将跳汰机风阀的周期参数作为控制器的输出。通过模糊控制运算处理后能够使跳汰机床层松散度维持在设定的松散度范围内，实现对跳汰机床层松散度的自动控制。

风阀模糊控制器结构如图 6-24 所示。$r(t)$ 为系统床层松散度的设定值；$y(t)$ 为 t 时刻跳汰机床层松散度的实际值；e 为松散度偏差；ec 为松散度变化率；E 和 EC 分别为 e、ec 的模糊集合；u 为跳汰室内风量的需求值；U 为 u 的模糊集合；Ke、Kec 分别为 e、ec 的量化因

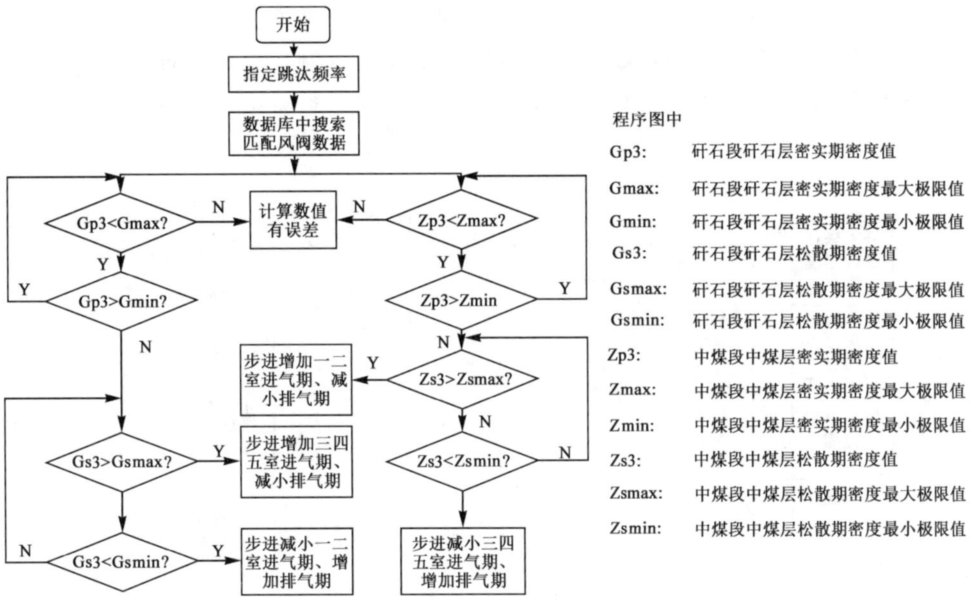

图 6-22　风阀专家控制系统的流程

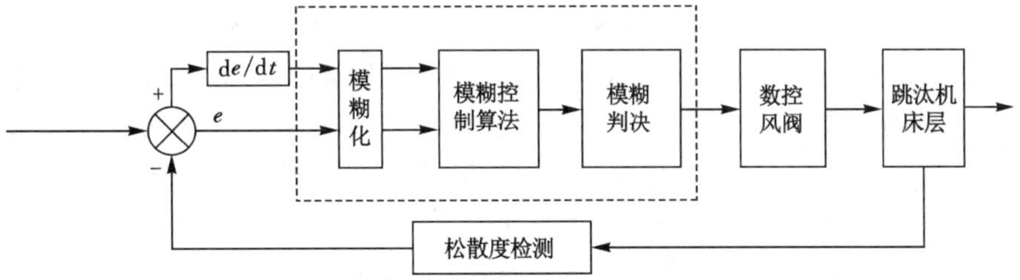

图 6-23　跳汰机风阀模糊控制原理

子；Ku 为风量需求量的比例因子。其中输入量 e 和 ec 通过下式获得：

$$e(k)=r(k)-y(k) \tag{6-2}$$

$$ec(k)=e(k)-e(k-1) \tag{6-3}$$

式中，$e(k)$为 kT 时刻的床层松散度偏差量；$e(k-1)$为$(k-1)T$ 时刻的床层松散度偏差量；T 为采样周期。

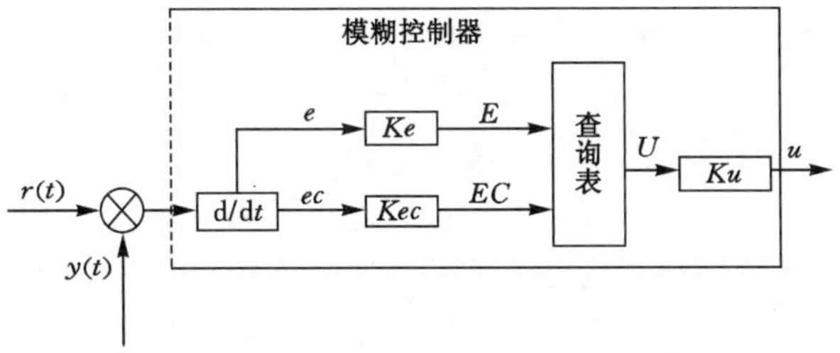

图 6-24　风阀模糊控制器结构图

以白龙选煤厂为例，该选煤厂结合煤质的特点，进行了跳汰机风阀模糊控制系统的硬件设计。该系统首先基于控制模糊理论建立松散度控制系统。松散度模糊控制系统基于气阀与床层松散度的关系，实现气阀各参数的自动调节，将松散度控制在最适合的范围内。其系统主要由厚度检测、信号转换模块、PLC、气阀驱动组成，具体联系图如图 6-25 所示。

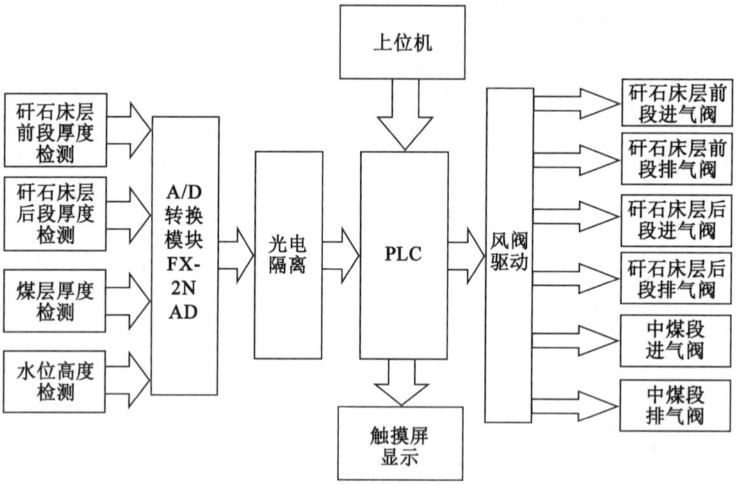

图 6-25 风阀模糊控制系统联系图

床层厚度传感器与水位高度传感器信号通过 A/D 转换模块，转换为数字信号发送至系统模糊控制器（载体 PLC）中，经过模糊算法，控制气阀驱动的输出。气阀驱动是由半导体晶体管与继电器等元器件组成，用于信号的转换，驱动气阀动作。气阀为电磁控制，主要由气路设备、数控装置以及气阀三部分组成。触摸屏显示选择的可视化编程触摸屏，可以实时显示气阀的参数以及跳汰周期等的动态运行曲线，同时还可以将数据实时传输至数据库中，进行数据共享。上位机与 PLC 之间是将 RS-485 通信模块作为中间桥梁来实现转换连接的。

（3）跳汰产品灰分回控

跳汰产品灰分回控是基于产品指标预测的智能控制方法。在实际生产的跳汰分选过程中，基于算法预测和实际产品灰分等关键指标，不断通过产品指标的反馈而调整分选参数。常用的跳汰产品质量预测方法有 BP 神经网络等，如图 6-26 所示。以煤粒尺寸、床层厚度、入料速度和水流速度作为输入，预测输出跳汰产品灰分和可燃体回收率。

以某选煤厂采用的跳汰灰分回控系统为例。该系统采用灰分仪测定分选后产品灰分，与灰分设定值比较得到灰分差值，调节闸板的左右开度来控制中煤和精煤的掺杂比例，尽可能高精度地得到用户所需要的煤炭灰分。该系统包含 6 个控制回路，分别实现对给煤量、数控风阀、排料量、煤炭灰分回控、总风量和总水量等的控制。

给煤量控制：给煤的粒度分布与密度分布的变化最影响跳汰机处理量，因此，在原煤性质变化很大的情况下，可以调整跳汰机给煤量以适应不同煤质的分选。矸石段床层厚度是决定给煤量的另一个重要因素，矸石层厚度超过某个经验值影响正常分选时，自动按比例调整给煤电机的转速，以确保系统的稳定运行。

数控风阀控制：作用是在跳汰室产生脉动水流，使物料在跳汰室分层，该系统通过设定风阀的周期频率参数完成风阀动作的控制。

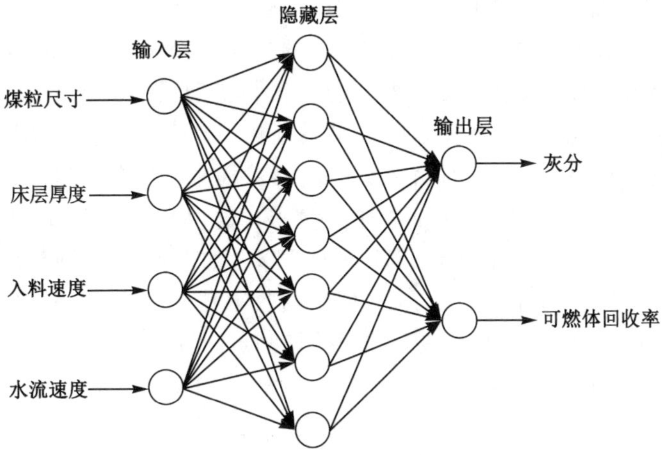

图 6-26　人工神经网络预测跳汰产品质量

自动排料控制：采用超声波传感器（精度为 0.5%）检测煤层中浮标的高度作为床层厚度，将检测信号传送至 PLC 中，与设定床层厚度比较得到厚度差，然后通过模糊 PID 算法计算输出，并将其送入变频器。变频器驱动电机带动排料轮进行排料，最终实现通过调节排料轮转速以保持稳定的床层厚度。

煤炭灰分回控：利用灰分仪测定分选后产品的灰分值，采样取平均值并与设定值进行比较，得到灰分差值。通过调节闸板的左右开度来控制中煤和精煤的掺杂比例，尽可能高精度地得到用户所需要的产品灰分。系统的煤炭产品灰分偏差可控制在 1%以内。跳汰灰分回控系统硬件结构如图 6-27 所示。

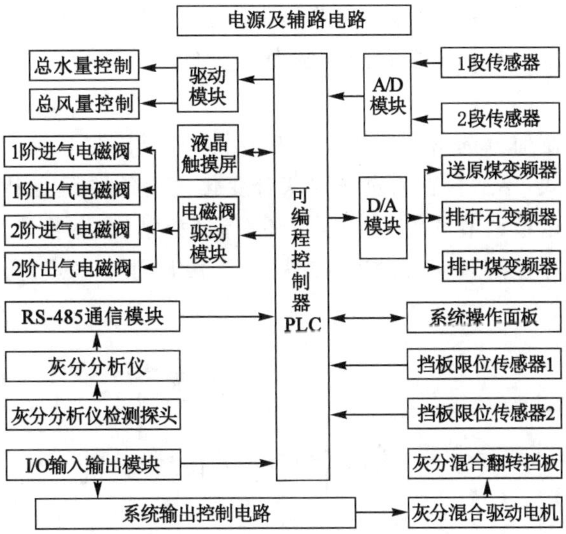

图 6-27　跳汰灰分回控系统硬件结构图

总水量和总风量控制：一般在粗颗粒中，密度高的颗粒越多，则用水量也就越多。因此，决定给水多少的自然条件是入料粒度和密度组成。总水量和总风量根据水面波动和床层松散度进行控制。

有跳汰机分选理论认为：原煤分层过程是在跳汰机、风、水、给、排等五大环节相互配合作用下，使煤与矸石分离，错配区由宽到窄变化的过渡过程。为了保证精煤不含矸石并保证最大产率，二段最佳灰分切割点应处于精煤分布区与错配区的交界处；入选原煤经过五大环节分选作用，到达二段终点时，出现分层效果不理想、错配区过宽的情况。如图 6-28(a)所示，最佳灰分切割点在 A 线处，这时由 A 线、Q 曲线、横坐标所包络区域的面积较大，表示二段矸石排放量中含煤量较大，即煤矸石中带煤量多。这说明由于分层效果不好，即便工作在二段最佳灰分切割点 A 线，也会导致分选效果下降。如图 6-28(b)所示，错配区间变窄，对比之下可知灰分可以提高，矸中带煤量少，精煤回收率得到提高，即分选效果得到提高。因此使跳汰机二段分选密度工作在二段最佳灰分切割点，是跳汰智能控制的一个重要指标，主要取决于跳汰机、风、水、给、排等参数的调控。

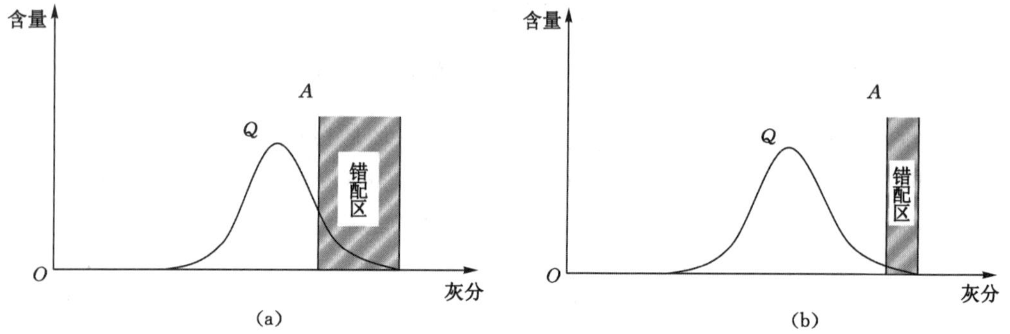

图 6-28　跳汰错配区间宽度影响

由于不同时间内入选煤净灰分的分布情况不同，二段最佳灰分切割点的位置会相应变化。也就是说，跳汰机二段最佳分选密度应该根据某一时刻入选煤净煤灰分分布及错配区域来确定，这是一个随机变量，需要跟随入选净煤灰分的分布区域进行跟踪调节，方能取得最佳分选效果。

跳汰灰分闭环控制对分选密度的调节具有“回控响应快”“系统滞后小”的优势，但它局限于“定值调节”的模式，不适合在入选净煤灰分变化大的条件下使用。但是把“跟随跳汰精煤灰分进行跟踪”与“定值调节的跳汰灰分闭环控制”相结合，如图 6-29 所示，构成“跳汰精煤灰分自动跟踪的闭环控制”，就可以实现对跳汰二段最佳切割点的跟踪控制，从而实现动力煤高效跳汰分选。

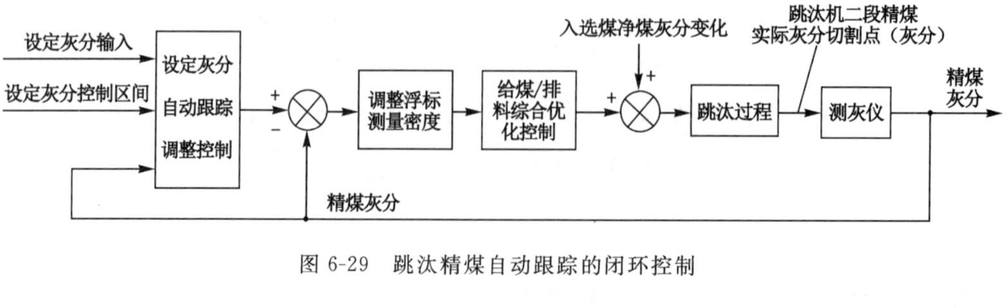

图 6-29　跳汰精煤自动跟踪的闭环控制

6.3　粗煤泥分选智能化技术

6.3.1　粗煤泥分选简介

由于粗煤泥的粒度组成比较特殊，传统的跳汰机、重介质旋流器、浮选机等均不能对其实现有效分离。在生产实践中发现：跳汰机的有效分选下限在 1～2 mm 以上，重介质旋流器的有效分选下限在 2～0.25 mm 之间，浮选机的有效分选上限可以达到 0.25 mm。粗煤泥分选粒度范围如图 6-30 所示。目前，0.25～0 mm 粒级细煤泥浮选、>2 mm 粒级原煤重选（重介选）的设备相对成熟，但 2～0.25 mm 粒级粗煤泥分选效果欠佳的问题突出，成为制约精煤质量的重要因素。

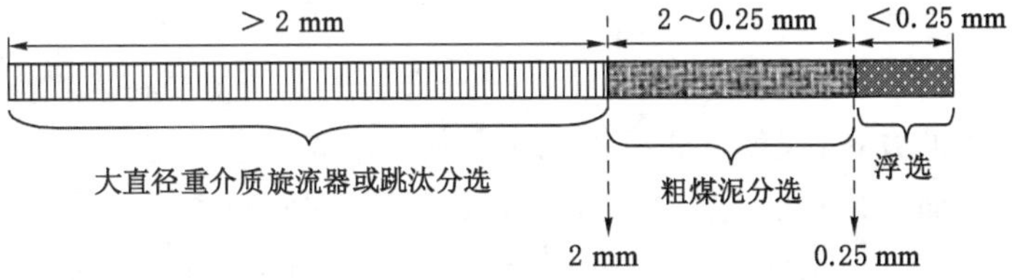

图 6-30　粗煤泥分选粒度范围

近年来，液固流化床分选机已应用到国内外不同的动力煤和炼焦煤选煤厂中，并取得了理想的效果。在回收粗煤泥的工艺中，液固流化床分选机表现出较大的优势，如结构简单、对入料煤质变化的适应性强、分选密度低及分选效率高等。液固流化床分选机基本结构如图 6-31 所示。

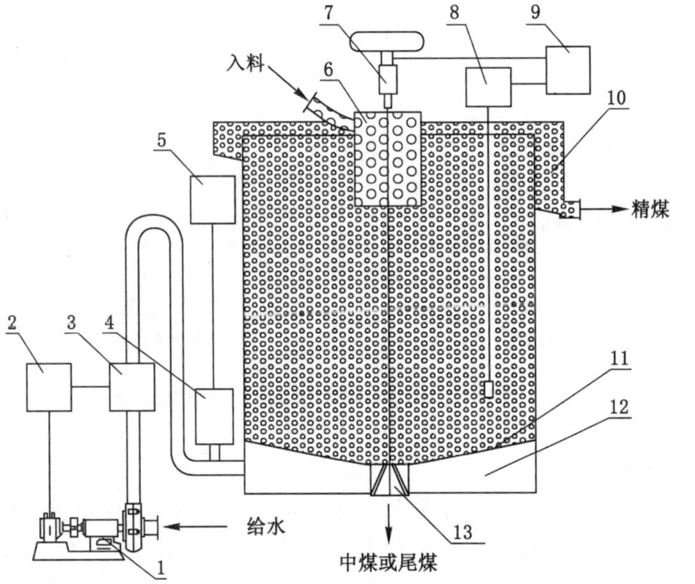

1—上升水流给水泵；2—流量变频控制器；3—在线流量计；4—压力传感器；5—给水压力在线显示仪；6—入料缓冲筒；7—尾矿排放执行机构；8—密度传感器；9—密度控制器；10—精煤溢流槽；11—水流分布器；12—水箱；13—尾矿阀。

图 6-31　液固流化床分选机基本结构

液固流化床分选机种类较多，但分选原理相近，主要差别在于结构方面，总体可划分为以下几类。

(1) 干扰床分选机

干扰床分选机(TBS)作为最初发明出来的液固流化床分选机，广泛应用在粗煤泥分选行业，分选时的煤泥粒度下限为 0.15 mm，粒度上限为 2～3 mm，是国内粗煤泥分选的主要设备。其分选原理为：粗煤泥颗粒在上升水流的作用下自由扩散，由于粗煤泥的密度和粒度差异变为流态化床层。当流态化床层变为稳定时，粗煤泥中密度小于整个床层平均密度的颗粒会上浮，由上部的溢流口进入精煤产品中；密度大于整个床层平均密度的颗粒会下沉进入底流，由排料口排出实现分选。干扰床分选机的分选密度可通过排料和上升水流进行调控，整个分选系统的设备数量较少，整体运营成本较低，具有处理量大、分选效率高的技术特点。

(2) 横流式分选机

如图 6-32(a)所示，横流式分选机与干扰床分选机的不同主要在入料方式上。横流式分选机采用切向给入的方式，这种方式可以减小入料管内煤泥水的速度，从而使入料管中的水由上部缓慢地沉降而不是直接进入流化床层，减少了煤泥水对整个床层的扰动，显著地提升了分选机的分选效率。在国外开展的工业性试验结果表明：横流式分选机的不完善度 I 值低于干扰床分选机，而且分选效率相较于干扰床分选机提高了 1 倍左右。横流式分选机的分选原理是依据流化床层的分选方式，属于水力分选的范畴，特别适用于分选粒度和密度差异较大的混合型矿物，密度组成的差异越大，分选的效率越高，分选时的精矿产率越高。

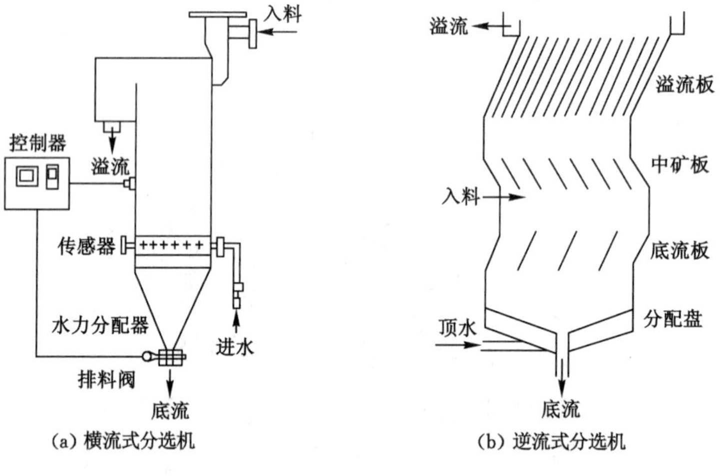

图 6-32　横流式分选机和逆流式分选机结构示意图

(3) 逆流式分选机

逆流式分选机可以对入料的矿物进行分级和分选，其结构与传统干扰床分选机类似，不同之处在于逆流式分选机内部增加了三组具有不同功能的倾斜平行板，目的在于使颗粒在流化床层内沉降时有更大的作用面积，沉降的时间更加充分，可以使分选能力提高 2 到 3 倍左右。如图 6-32(b)所示，分选时，入料矿浆从入料口沿着切向进入，分选机的内部由上到下有三组倾斜的平行板，每组倾斜板的长度和倾斜角度均不相同，质量较大的产物快速下沉与底流板接触，由于底流板的安装角度，会继续向下滑动而沉积在床层底部，当底部排料口打开时排出形成尾矿；质量较轻的产物在顶水的上升作用下，克服重力受到一个向上的力，向上移动时依次与中矿板和溢流板接触，消除因顶水而对流化床层造成的扰动，避免未能有效分选就直接形成溢流而从溢流口排出，使得精矿产物的杂质过多。

(4) 水力浮选分选机

水力浮选分选机结构如图 6-33 所示。该分选机与传统的干扰床分选机在结构上大体相似，都是由底部的水流分布器向上顶水使整个床层流态化。不同之处在于该分选机增加了气泡发生系统，可以随着上升水流使整个流化床层内部充满气泡。如果矿物颗粒具有疏水性(也可以加入捕收剂使其具有疏水性)，那么气泡会黏附在这些颗粒上，在气泡的作用下更好地克服重力向上运动，上升到分选机上部的溢流槽后经出口流出。亲水性的矿物颗粒无法与气泡黏附，无法附着在颗粒上，上升水流产生的力无法克服重力，矿物颗粒向下沉降，由底流排出。

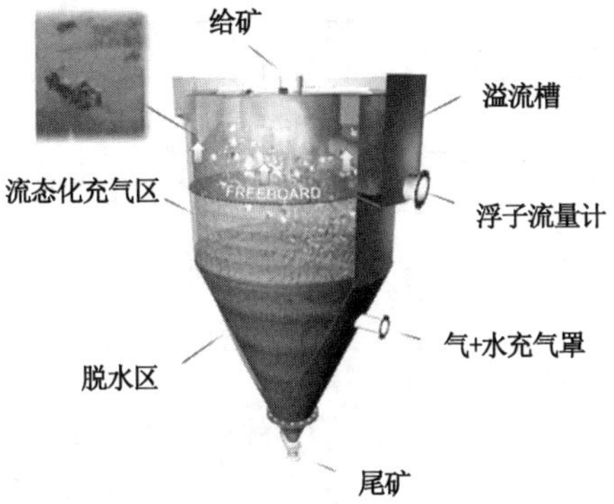

图 6-33　水力浮选分选机

6.3.2　TBS 智能化控制

(1) TBS 分选效果影响因素

对于 TBS 而言，影响分选效果的主要工艺因素包括以下方面。

入料性质：分选机分选物料的粒度范围为 3～0.15 mm，选煤厂的粗煤泥一般控制在 1.5～0.15 mm，最佳分选粒度应在 1～0.25 mm。粒度范围越窄，分选效果越好。分选机的一般给料浓度为 40%～60%，且入料浓度对于分选机的分选过程、生产能力、产品质量和产率有着重要影响。

上升水流流速和压力：上升水流流速是影响物料分选的关键因素，上升水流流速直接影响分选密度，进而影响精煤的产率和数量。一般来说，上升水流流速高，精矿灰分和产率高，床层密度低，最终导致分级效果明显；上升水流流速低，床层密度高，悬浮液的黏度高，分选效果也会变差。上升水流流速与上升水流流量成正比，与干扰床截面面积成反比。上升水流的入口压力一般为 0.07～0.1 MPa，上升水流流量一般为 10～20 m^3/h。

床层密度设定值和上升水流流量设定值：这两个设定值是 TBS 中最主要的影响因素，二者共同决定分选床层的密度和松散度；并且床层分选指标受这两个因素共同作用，若密度值设定较高，而上升水流流量较大，那么床层会变松散，导致实际床层密度低于设定值，从而尾矿无法按照设定进行排放。

(2) TBS分选智能控制

对于TBS而言,控制系统由信号采集部分、主控单元、执行部分构成。信号采集部分主要有:床层密度传感器、床层松散度传感器、上升水流流量计等。控制单元主要有:入料稳定控制系统、上升水流稳定控制系统、床层密度稳定控制系统。

① 入料稳定控制系统

入料稳定对于整个分选稳定性具有重要影响。目前入料稳定一般由调节入料压力控制,具体控制回路如图6-34所示。输入量是设定压力值,反馈量是传感器检测到的压力值。安装在入料管的压力传感器将检测到的压力信号传到控制器,控制器将检测到的信号反馈进行计算,并通过调节变频器的输出频率来控制入料泵的转速,从而实现对入料量的调节。另外,控制阀的开度也随着输入量产生变化,若压力数据较低,则会调高阀门开度,从而加大入料量。

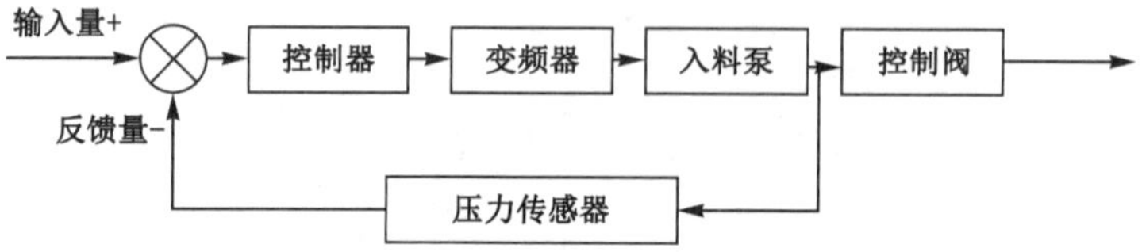

图6-34　入料稳定控制系统

② 上升水流稳定控制系统

上升水流稳定控制系统是通过控制上升水流水泵的转速来稳定其流量,系统包括压力传感器、控制水泵转速的变频器、上升水泵等,如图6-35所示。SP为上升水流压力设定值,PV为压力传感器检测值。压力传感器将检测信号以4～20 mA的电流信号传输到控制器中,控制器根据传感器的信号大小反馈控制变频器的输出频率,调节上升水流水泵的转速,从而控制其流量。在上升水流的管道上安装可以显示数值的电磁流量计。

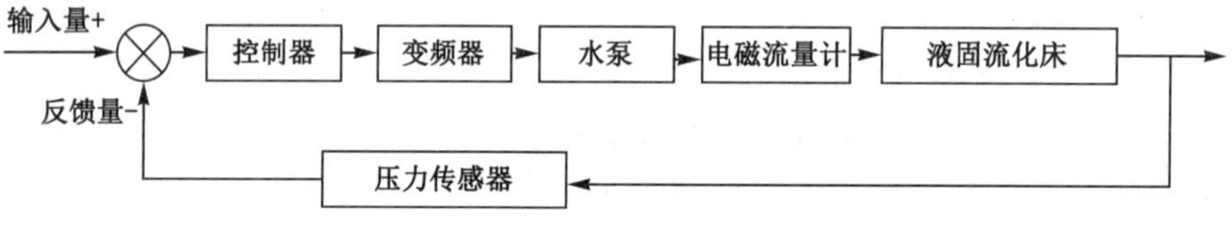

图6-35　上升水流稳定控制系统

③ 床层密度稳定控制系统

床层密度的稳定对精煤的灰分和产率影响较大。床层密度过高,精煤灰分上升,质量下降;床层密度过低,精煤产率下降。床层密度的控制是液固流化床粗煤泥分选机控制的关键环节,而且床层密度和上升水流又存在一定的联系。床层密度稳定控制系统如图6-36所示,输入量为床层密度设定值,反馈量为密度传感器检测值。采用控制器对偏差信号进行特征识别,当床层密度控制在大偏差范围内时,利用在线调整参数的模糊控制规则调整系统的控制量,当床层密度在小偏差范围内时,转换成PID控制,在PID控制的死区范围内采用调整上升水流流量来稳定床层密度和提高产品质量。

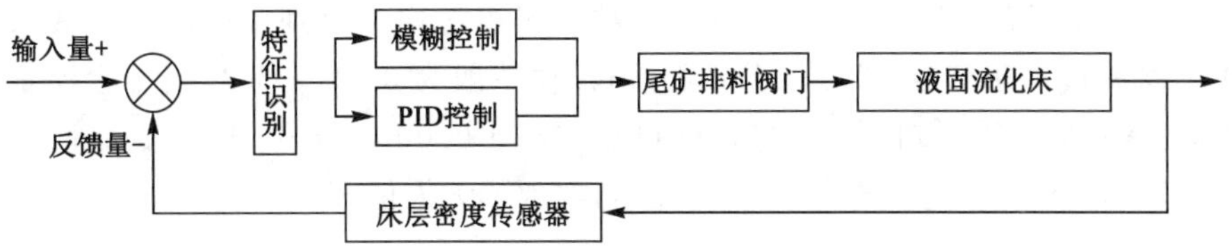

图 6-36　床层密度稳定控制系统

6.3.3　TCS 智能化控制

(1) TCS 简介

TCS(telligent coarse seperator)是智能粗煤泥分选机的简称，是在 TBS 基础上创新研制出来的一种新型分选设备，主要由驱动装置、智能干扰装置、排料装置、顶水装置、分选筒体、行走平台等组成。TCS 的结构如图 6-37 所示。排料泵的频率由分选床层内部的密度传感器发出的信号控制，通过控制排料泵频率和定压补水阀门的开度，即可控制尾矿排放量，达到控制分选床层密度的目的。

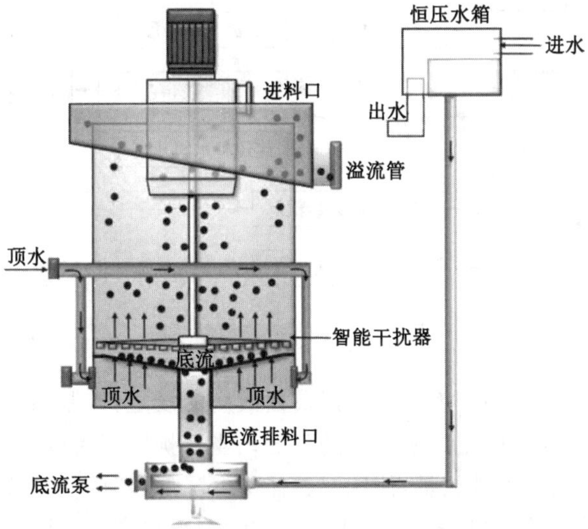

图 6-37　TCS 的结构图

与 TBS 相比，TCS 取消了锥形排料阀，而通过变频排料泵、稳压补水箱、排料分配机构和电动调节阀来实现尾矿的连续稳定排放，尾矿可在负流量—零流量—正流量之间无间断调节。而且在排料箱上增加了一个电控气动开关闸阀，当短时停机时需关闭此阀，排空泵体内的物料。

TCS 适合排料量较小的高密度分选过程，其排料系统不易堵塞，可实现小流量连续排料，尾矿灰分可达 65%以上，床层稳定，不再出现上下喘动现象，分选精度高。另外，由于系统跑粗，粗煤泥中一般有一定量的较粗颗粒，原有 TBS 容易出现堵塞问题，需经常停机处理，而 TCS 成功解决了这一问题。

TCS 具有如下特点：① 采用泵排料，尾矿排料连续、稳定，可在线控制排料量；② 有动力干扰，分选精度更高，对于1.5～0.25 mm粒级粗煤泥均可得到很好的分选效果，E值小于0.09，分选精度高于传统TBS的分选精度（E值一般为0.12）；③ 设有多台流量计，入料量、精矿量、尾矿量在线已知；④ 分选密度可稳定在±0.001 g/cm³，床层更加稳定，分选粒度上限可达1.5 mm；⑤ 分选全程自动化控制，实现了无人值守。

（2）TCS智能控制系统

TCS的分选效果受多种因素的影响，除了受入选煤泥性质、粗煤泥分选机分选工艺参数设定及准确调控等因素的制约外，还受入料煤泥的粒度与煤泥水的浓度、分选机上升水流的压力和流速、干扰床层密度设定等因素影响。TCS智能控制系统如图6-38所示。该系统以在线检测的床层密度、精煤灰分作为输入的基础参数，同时结合分选过程积累的历史数据进行综合分析，通过调整上升水的压力和流量以及干扰装置的转速，使床层密度、精煤灰分保持稳定。

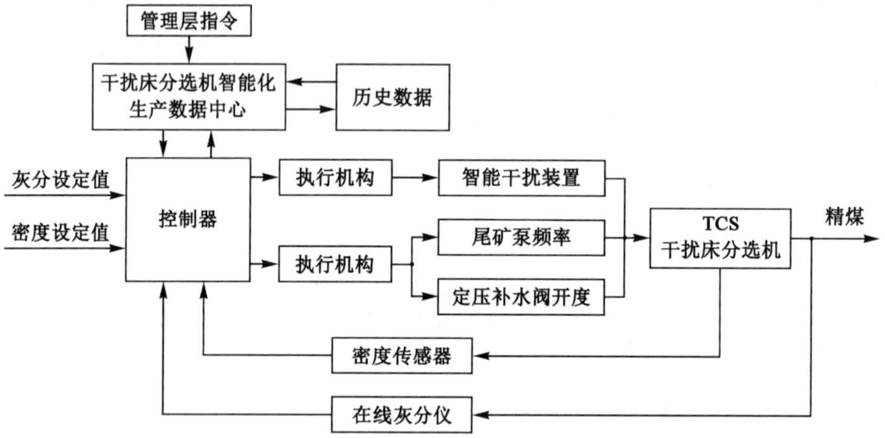

图6-38　TCS智能控制系统

在生产过程中，根据床层密度的变化以及松散度的设定，控制系统适时调整干扰叶片的转速，达到稳定床层密度和稳定尾矿排量的目的。当干扰床层密度高于设定值时，控制系统通过适时增大分选机底流的排放量，使床层整体密度降低，从而使分选机溢流精煤泥的灰分降低，以此来稳定粗精煤泥的灰分，生产出合格质量的精煤产品；反之，当干扰床层密度低于设定值时，控制系统则降低分选机底流的排放量，以此来提高床层的密度，达到提高尾煤灰分的目的。排料系统根据床层内密度传感器发出的信号通过调节梭阀的开度来控制沉淀物的排放量。在整个控制过程中，床层密度传感器会适时发出床层密度的检测信号，以此来控制尾矿泵的频率和补水阀的开度，达到控制重产物的排放量，稳定分选机床层密度的目的。TCS智能排料系统如图6-39所示。

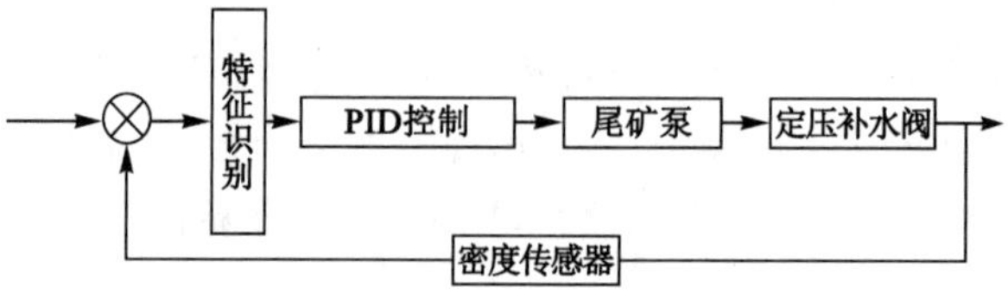

图6-39　TCS智能排料系统

课后习题

1. 简述重介质分选的发展概况及原理。
2. 影响重介质选煤分选过程的主要因素有哪些?
3. 重介质选煤设备的主要类型有哪些? 分别简述其原理和特点。
4. 简述差压式密度计的工作原理及特点。
5. 简述重介质悬浮液密度宽域智能控制系统的特点。
6. 简述跳汰分选的发展历程及工艺优势。
7. 简述当前跳汰机的主要类型及工作原理。
8. 跳汰排料装置的智能控制包括哪几种类型? 阐述各自控制原理。
9. 液固流化床分选机分为哪几种类型? 阐述各自工作原理。
10. 相比传统 TBS,TCS 做了哪些改进? 取得了什么效果?

第7章　浮选与煤泥水处理智能化技术

7.1　浮选技术简介

浮选是处理－0.5 mm粒级煤泥最有效的分选方法。该方法利用煤与矸石表面的疏水性差异，以气泡作为分选载体，并加入浮选试剂进行强化作用。煤颗粒因其表面疏水而黏附气泡上，而矸石因其表面亲水而不与气泡黏附，从而实现两者的有效分离。按照有用矿物的排出方式可将浮选分为正浮选和反浮选，正浮选是将有用的矿物浮入泡沫中，由刮板将其从上方刮出，其他的杂质脉石从设备底部排出；反浮选是将有用矿物留在矿浆中从设备底部排出，将脉石矿物留在泡沫中。煤和矸石表面疏水性的差异是浮选的基础，表7-1列出了煤和矸石在疏水性、润湿性及与气泡黏附难易程度的差别。

表7-1　煤和矸石表面性质的差别

名　称	煤	矸　石
疏水性	疏水性矿物(疏水性好)	亲水性矿物(疏水性差)
润湿性	不易被水润湿(润湿性差)	易被水润湿(润湿性好)
与气泡黏附的难易程度	易与气泡黏附	不易与气泡黏附
接触角大小	接触角大	接触角小

浮选过程一般包括以下作业：

① 磨矿——即先将矿石磨细，使煤与脉石矿物解离；

② 调浆加药——调整矿浆浓度适合浮选要求，并加入所需的浮选药剂，以提高效率；

③ 浮选分离——矿浆在浮选机中充气浮选，完成矿物的分选；

④ 产品处理——浮选后的泡沫产品和尾矿产品进行脱水分离。

浮选过程如图7-1所示。

智能化技术的应用能保证浮选过程的高效进行，有效避免了因为人工操作造成的处置不及时等问题。浮选智能化能够实现远距离定量、定时加药，通过现代化程序控制设定对加药机进行调节，确保给药过程准确、高效，同时能够控制整个浮选过程，实现对多槽浮选作业的液位、充气量自动调节，使浮选流程更稳定，从而提高矿物回收率。图7-2显示了典型浮选槽截面图。

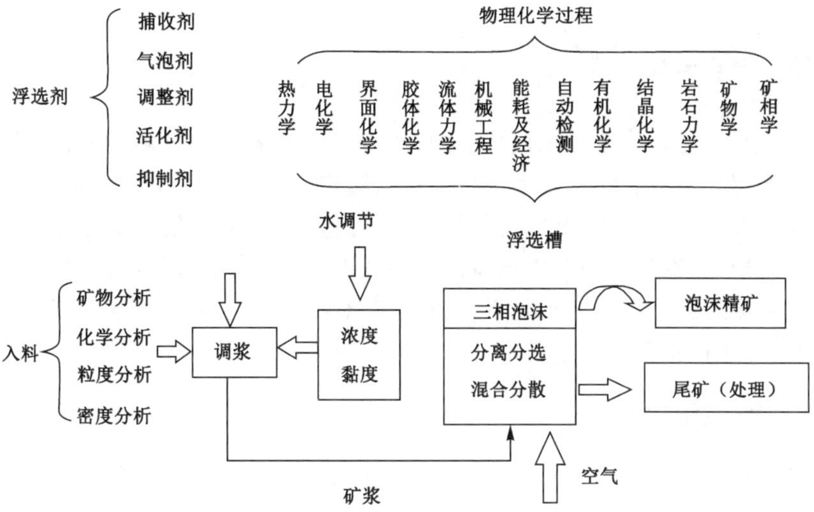

图 7-1　浮选过程

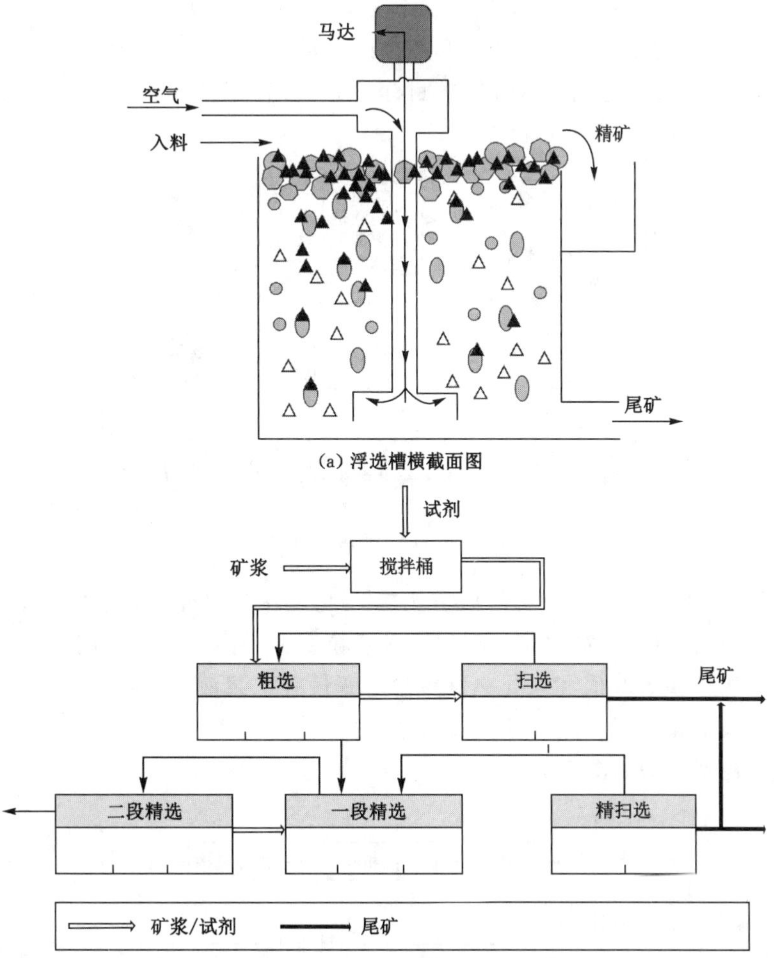

图 7-2　典型浮选槽截面图

7.2 浮选过程变量监控

煤泥浮选过程监控系统主要采用特定的检测设备、控制器以及执行单元作为硬件基础，由作业人员配合操作完成。该监控系统包括视频监控与数字信息监控两部分。通过视频监控可以实时监控浮选设备内部的液位情况；数字信息监控负责收集设备与煤泥浮选过程中的实时数据，并分析浮选过程中各类设备的运行状况、煤浆数据以及矿石数据等，及时将处理分析的数据结果反馈到各个自动化系统，指导针对有问题的设备、煤浆或矿石采取相应措施，从而确保选煤生产正常稳定进行。

7.2.1 浮选过程变量分类

煤泥浮选过程受多个变量的影响，例如：浮选机的入料流量、充气量，浮选过程中的药剂用量和补加水量，入料粒度、浓度，矿浆 pH 值、Eh 值和电导率等化学变量，浮选气泡的流速、稳定性、尺寸及视觉特征，入料、精煤、尾煤的灰分等。在浮选过程控制中，这些变量可以划分为操作变量、扰动变量、控制变量和状态变量，其中操作变量是指可以改变控制模型状态的变量；扰动变量则是指不能被修改和控制的变量，或者在某些特定情况下可以被监测的变量；控制变量一般指浮选指标或控制的目标参数；状态变量是指被模型定义的内部参数。浮选过程变量分类如图 7-3 所示。

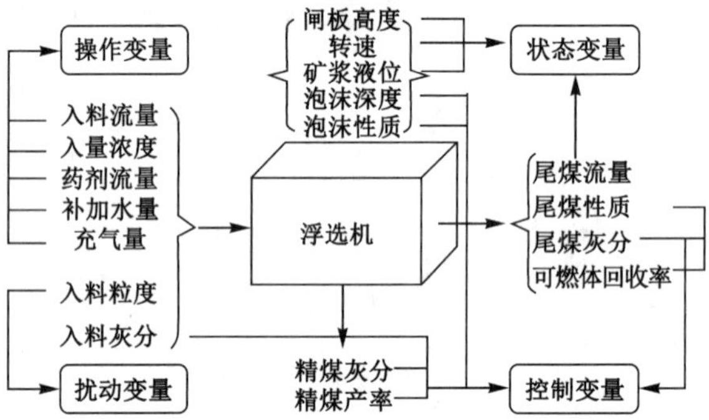

图 7-3 浮选过程变量分类

从另一角度，浮选过程变量又可以分为输入变量和输出变量，其中输入变量有入料流量、入料浓度、药剂流量、补加水量、充气量、入料粒度、入料灰分及矿物学特征、泡沫性质、矿浆电化学特征（pH 值、Eh 值和电导率）等；输出变量有矿浆液位、尾煤流量、尾煤性质、闸板高度、精煤灰分、精煤产率、可燃体回收率、尾煤灰分等。

入浮流量控制原理如图 7-4 所示。

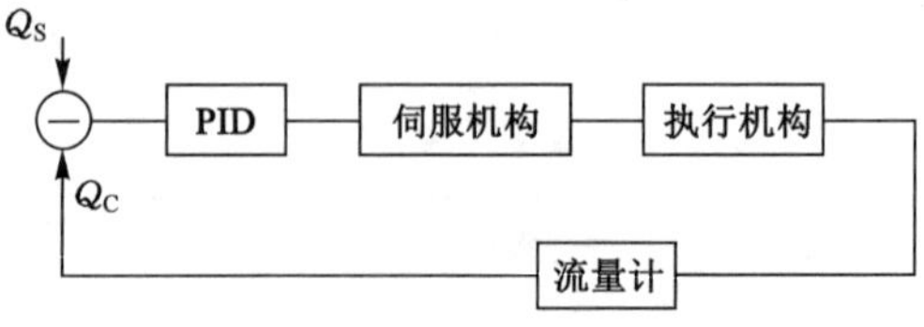

图 7-4 入浮流量控制原理图

图 7-4 中实际入浮流量 Q_C 和设定入浮流量 Q_S 的差值经 PID 运算，输出信号给伺服机构作为给定信号，控制执行机构动作(执行机构是拖动管道闸阀的电控液动执行器或电动执行器或底流泵的变频器)，改变流量使 Q_C 和 Q_S 的差值趋近于零，系统达到平衡。

入料浓度一般用固体含量(g/L)表示。直接浮选工艺的入浮浓度就是煤浆的浓度；浓缩浮选的入浮浓度是计算机根据总的入浮干煤泥量除以总的流量计算得到的，即入浮煤浆浓度。

$$q = T_Z / Q_Z \tag{7-1}$$

式中　T_Z——入浮干煤泥量，t/h；

Q_Z——进入浮选机的总流量，m^3/h。

q_0 是 PID 控制回路的设定值，q 作为测量值，此处 PID 是正作用，即当 $q > q_0$ 时，PID 输出增大稀释水阀门开度；当 $q < q_0$ 时，PID 输出减小稀释水阀门开度；使实际入浮煤浆浓度等于要求的入浮浓度。入料浓度控制原理如图 7-5 所示。

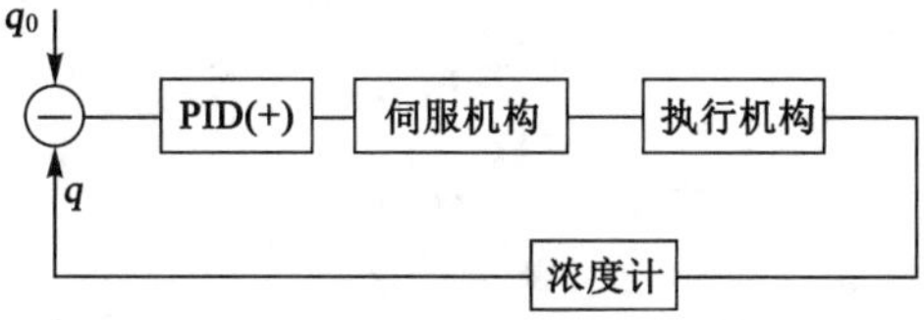

图 7-5　入料浓度控制原理图

以山西某选煤厂浮选系统为例，它监控了多个浮选过程参数，如图 7-6 所示。该浮选监控系统策略采用监测—反馈—修整机制：监测液位高度、矿浆浓度、矿浆流量、药剂添加量和尾矿灰分等过程变量，反馈调整尾矿、给矿和给药等参数，实现浮选过程自动精准控制。

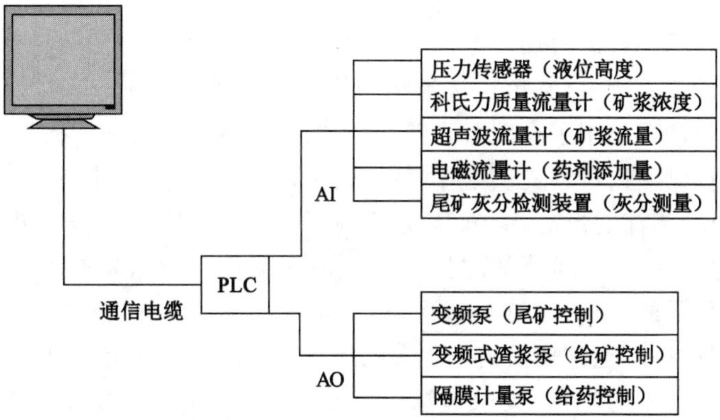

图 7-6　浮选智能控制系统的主要控制参数及硬件

7.2.2　浮选泡沫监控

在实际生产中，浮选泡沫的变化能及时反映过程控制量以及矿石性质的变化，可以把浮选泡沫的变化作为浮选作业最快捷的指标。泡沫图像分析仪是根据仿生学的原理，通过采用图像技术、网络技术、计算机技术、照明技术等模仿浮选岗位操作工的“眼睛”，观察浮选泡沫状况，并量化检测浮选泡沫的状态。浮选泡沫移动速度及方向是泡沫图像分析仪检测的关键参数之一，也是进行浮选产率优化控制的基础。通过连续实时处理视频，利用泡沫特征匹配及方向预测技术，可实时计算多个区域的泡沫位移及方向，从而得到泡沫整体移动速度。基于分布式机器视觉的泡沫图像分析仪是通过图像分析处理，得到浮选泡沫的颜色、大小、稳定性、移动速度，从而将浮选泡沫状态量化，使得操作工在远程即能直观地获取浮选工况信息。根据工艺设定泡沫参数的正常范围，当泡沫特征参数超出设定的阈值时，系统给出提示。

浮选过程成像环境恶劣，光照条件复杂多变，线路传输信号受多种现场电子设备干扰，所采集出的泡沫图像往往存在噪声大、色偏、像素畸变等图像失真问题。这些失真极大地加剧了泡沫视觉特征提取的难度，降低了视觉检测精度，可能导致浮选工况的误判，从而影响浮选生产的优化控制。因此，研究高质量的矿物浮选泡沫图像视觉信号采集方法，开发专用的高速图像采集与处理平台，以获取高质量的泡沫视觉图像尤为重要。图 7-7 显示了国外某选煤厂的浮选泡沫图像识别系统。

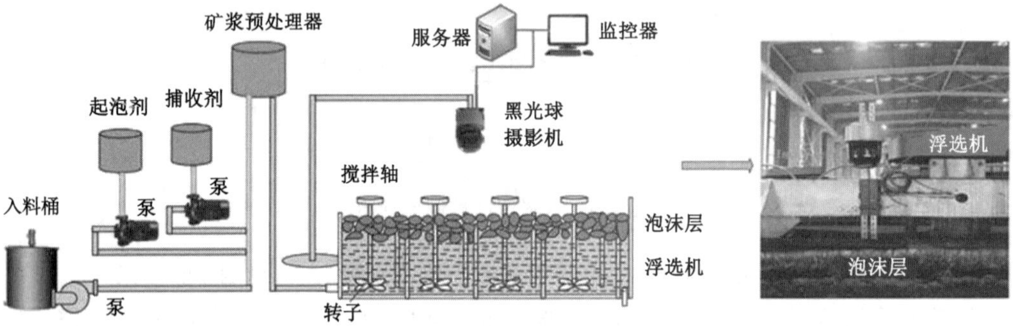

图 7-7　国外某选煤厂的浮选泡沫图像识别系统

浮选泡沫图像识别可以对煤炭浮选产品的灰分进行预测和检测。一个典型的泡沫浮选过程监控系统如图 7-8 所示，它由连接泡沫图像采集设备的工业计算机及其附属连接设备组成。泡沫图像监测系统用于自动监测浮选生产条件，通过分析泡沫视觉信息，为操作人员实时调整或直接控制浮选过程提供指导，使浮选生产指标稳定、优化。

在浮选过程中，泡沫的形态、颜色、质地等特征与煤的黏附效率密切相关，主要受药剂用量的影响。图 7-9 显示了不同药剂配比下浮选泡沫图像。当捕收剂和起泡剂的用量合适时，会形成图(a)所示的泡沫，在这种情况下，气泡大小是均匀的，颜色是灰色的，纹理更复杂；此外，浮选过程良好，泡沫表面携带更多的煤颗粒，煤的灰分含量适中。当捕收剂用量过多时，会形成图(b)所示的泡沫，其中泡沫层致密，气泡多呈长方形和黑色，结构非常复杂，精煤灰分较高。当捕收剂的用量较少时，会形成图(c)所示的泡沫，其中泡沫表面变得更光滑，气泡形态更大，灰色更浅，纹理也不太复杂，精煤的灰分含量较低。当泡沫过多时，会形成图(d)所示的泡沫，其中泡沫层较厚，许多泡沫像蜂窝一样重叠，形成的泡沫较小且形态不规则，泡沫之间的边缘不明显，颜色为黑色，纹理非常复杂，气泡高度稳定，溢流速度慢，灰分含量高。当起泡剂用量较少时，会形成图(e)所示的泡沫，其中泡沫层变薄，气泡大小不同，颜色为浅灰色，纹理不太复杂，气泡壁很薄，因此很容易破裂或合并，泡沫不稳定，精煤的灰分含量低。在上述五种泡沫中，只有图(a)所示的泡沫时，生产的精煤才是合格产品，其灰分才能满足选煤厂的生产要求。

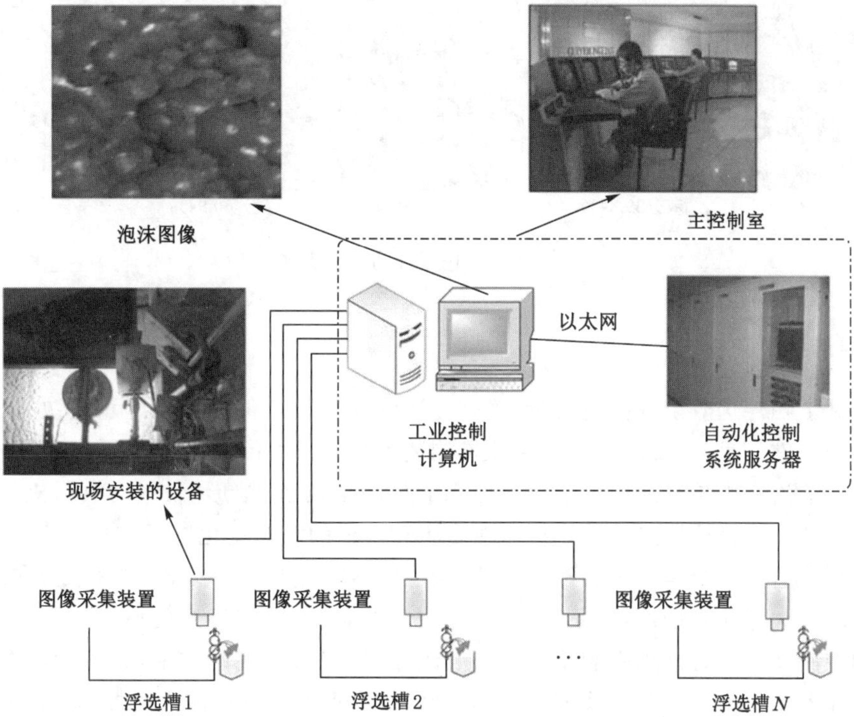

图 7-8　基于机器视觉的泡沫浮选过程监控系统

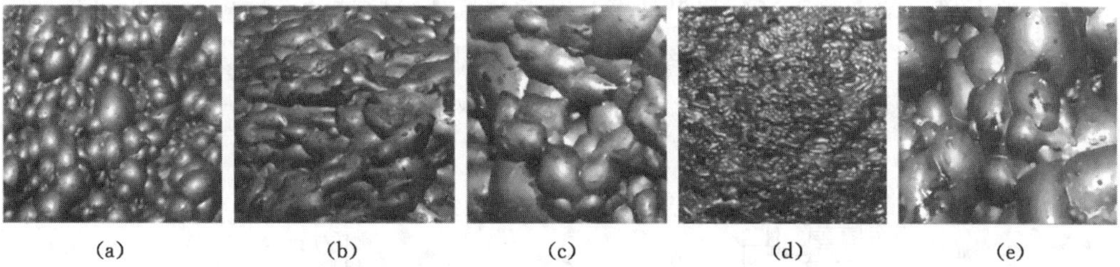

图 7-9　不同药剂配比下浮选泡沫图像

近年来，浮选产品图像测灰技术得到快速发展，尤其是煤浆图像测灰技术。煤浆图像测灰流程如下：打开煤泥泵抽出浮选尾煤，经调速阀降速稳流后送入样品预收集装置内，搅拌电机保证样品均匀，气泡在浮力作用下向上排出。均匀且无气泡的浮选尾煤从预收集装置下部进入成像黑箱内，形成稳定且不断更新的成像画面。浮选尾煤图像的拍摄在成像黑箱内完成，保证不受外界光照的影响。相机在计算机的控制下完成浮选尾煤图像的采集，并保存到指定路径中。经图像采集装置采集到的图像表面颜色均匀，无气泡、光斑、浮渣等干扰因素。浮选产品图像的灰度、采集 CCD 摄像机的 RGB 颜色模型以及 HIS 颜色模型均可应用在浮选产品图像的测灰过程中。以图像灰度为例，图像灰度表示图像的明亮程度，灰度范围 0～255，对应图像从黑到灰再到白的变化过程。将浮选尾煤彩色图像转化成灰度图像，计算所有像素点的灰度均值，绘制灰度均值随灰分变化的散点图并计算其相关系数，如图 7-10 所示。

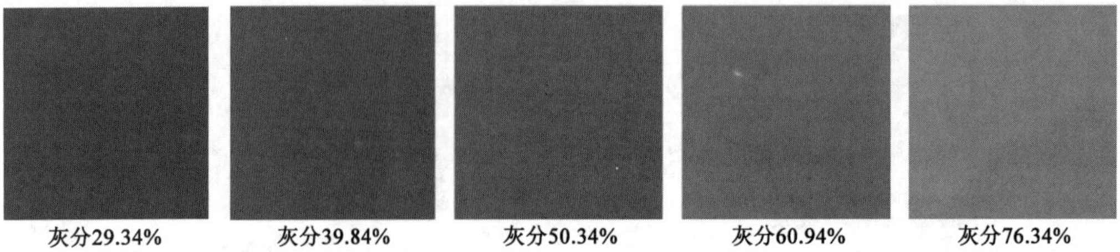

图 7-10　浮选尾煤的检测图像

7.2.3　浮选液位监控

液位是影响浮选效果的关键变量，确定合适的液位设定值并使其平稳是决定浮选指标的重要操作条件。目前，常用的矿浆液位检测装置有浮子液位计、超声波液位计和电容液位计。煤泥浮选过程中矿浆液位的监控由专用液位测量设备、锥形阀、气动执行机构、液位控制器、上位机等系列设备完成，并且可以对多个浮选槽的液位变化进行监控。

矿浆液位监测系统是一个大滞后系统，阀位的改变量要在一定时间后才会在液位数据上有所体现。大滞后系统的控制一直是工业控制的难题，系统存在的时滞性会导致当前给予系统的控制变量不会立刻引起系统状态的改变，所以时滞性越明显，系统的超调越大，控制也会更加困难。为了实现矿浆液位自动控制，减少浮选系统迟滞性对控制精确性的影响，控制系统需要根据液位的变化趋势判断当前的阀门开关决策，通过控制进入浮选槽和流出浮选槽的矿浆流量差来控制浮选液位的高低。

长沙矿山研究院有限责任公司设计了一种监测浮选矿浆液位的装置。监测装置采用平膜压力传感器，它是一种两线制的拉线位移传感器，即电源线和信号线。两线制电流信号拉线位移传感器接线简单易懂，使用方便，体积小，适合小空间安装。图 7-11 显示了平膜压力传感器接线图。

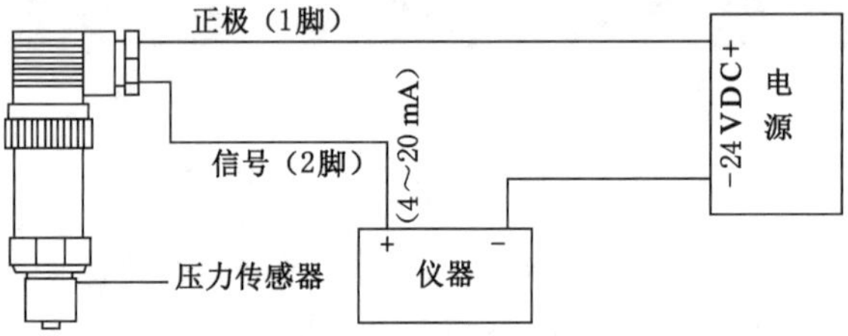

图 7-11　平膜压力传感器接线图

7.2.4　浮选药剂添加量监控

在浮选生产过程中，准确地计量和控制浮选药剂的添加量是十分必要的。通常，浮选药剂的添加量较小，有时一种浮选药剂的添加量小到每分钟只有几十克，一般的流量计不适用这种微小流量的测量。目前，添加药剂的主要设备为电磁阀自动加药机与计量泵式加药机，通过对加药机的控制实现药剂添加的远程控制。如图 7-12 所示，通过矿浆浓度检测仪与矿浆流量检测仪对矿浆浓度与流量进行监测，将数据传输到计算机中进行处理，计算出矿量，结合事先设定的药剂用量，将所需用量反馈回加药机，控制加药机添加量。加药执行机构

(电磁阀)打开或关闭,蓄能滤波器分别向外排液和液压源充液;其作用是当电磁阀以某一频率工作时,流出脉冲式间断液流,从而使流经节流孔的液流变为流量变化很小的连续流,使差压计输出连续直流信号,反映实际流量。浮选药剂添加量的控制由入浮流量和浓度及单位添加量来决定。在这种情况下,PID 工作起负作用,即当测量值大于给定值时,经 PID 运算,控制输出信号减小,使添加量减小;反之,PID 输出信号增大,使添加量增大,直到测量值追上并等于给定添加量,PID 输入偏差消失,输出信号稳定在一个值上,电磁阀加药频率稳定,使添加量控制在最佳值。

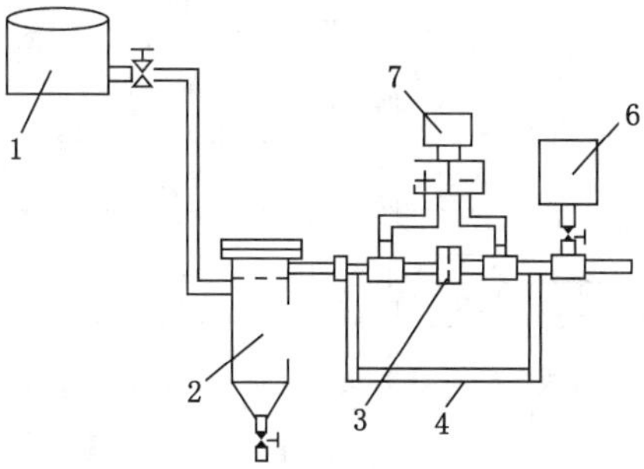

1—药剂储存罐;2—滤清器;3—节流孔;4—旁路管;5—电磁阀;6—蓄能滤波器;7—差压变送器。

图 7-12　浮选药剂添加量监控原理图

7.3　浮选智能控制系统

7.3.1　浮选智能控制系统架构

智能控制系统设计首先需要考虑传感器布置和数据采集,然后是数据记录,并将数据保存在数据寄存器中。利用 A/D 智能转换单元,智能控制技术可将浮选过程中的模拟量转换为数字量。在数据采集时,PLC 与控制系统间建立通信连接,浮选系统核心计算机对存储的数据进行读取,并将其传送给浮选过程预测模型和浮选过程控制模型进行处理,输出新的指标或过程变量;PLC 作为核心计算机的数据处理终端,发送浮选控制指令给执行器。已在工业现场应用的煤泥浮选过程智能控制系统分为监测模块、执行模块、工艺模块和人-机智能控制模块四个部分。煤泥浮选过程智能控制系统的一般架构如图 7-13 所示。煤泥浮选优化控制的基本原理如图 7-14 所示。

控制模型是实现浮选过程智能控制的基础。针对浮选过程,可将控制建模细分为加药量控制、液位控制、入料控制和充气量控制。浮选过程预测建模和浮选过程控制建模的一般流程为:准备浮选资料数据集、提取目标特征、选择神经网络模型、优化参数、训练模型、验证模型。这种方法能够代替人工经验,不仅能够提高浮选自动化水平,而且可以改善浮选性能。近年来,多种特征提取的方法和神经网络模型结构常被用来进行浮选过程建模。多层感知机模拟了浮选过程变量(充气量、药剂用量、矿浆浓度和 pH 值)与浮选泡沫尺寸之间的关系,结果表明,影响浮选泡沫尺寸的变量重要性顺序为:空气流量＞固体含量＞起泡剂＞pH 值＞捕收剂。基于浮选泡沫的表面结构特征,可以利用 BP 神经网络训练来建立煤泥浮

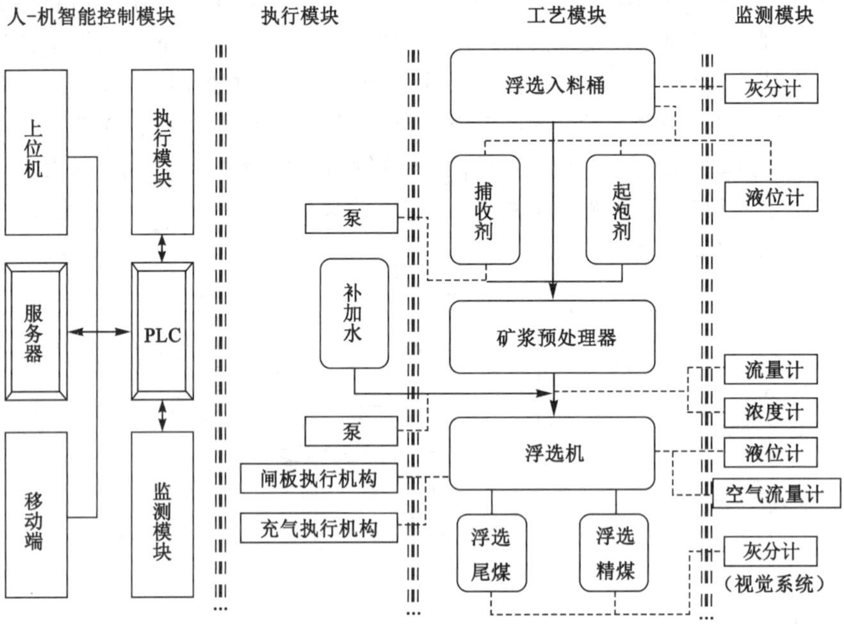

图 7-13　煤泥浮选过程智能控制系统一般架构

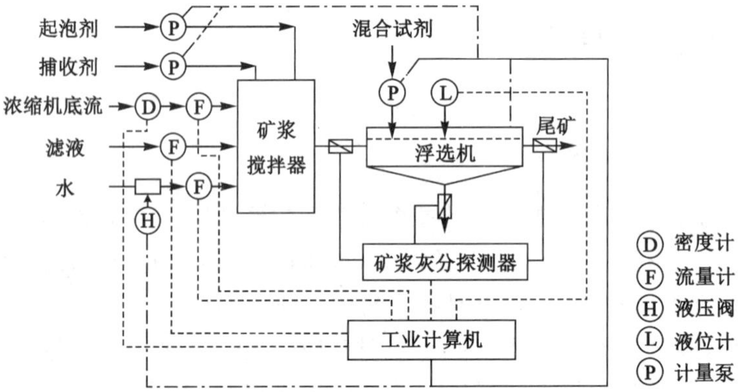

图 7-14　煤泥浮选优化控制的基本原理

选精煤灰分与浮选过程变量的关系模型。通过浮选泡沫的平均灰度、均质性、破裂率等特征，可以建立浮选泡沫特性与浮选精煤灰分之间的关系模型。同时利用泡沫特性（气泡大小、速度、颜色、纹理特征）与操作条件（空气流量、泡沫层厚度、浮选药剂用量）之间的关系，可以建立浮选精煤灰分和可燃体回收率与泡沫特征之间的关系。

浮选智能加药模型是浮选控制模块的核心，加药量的多少与浮选过程中的很多参数有关，受控因素的冗杂一直制约着浮选加药智能化技术的发展。而神经网络有类似于人脑的思维结构，具有强大的处理复杂问题的能力。利用神经网络算法，可以将入料浓度、入料灰分、矿浆液位、浮选精煤性能指标、药剂用量等过程变量与控制模块融合，通过大量的数据样本来拟合煤泥浮选加药过程。采用影响因子权重（MIV）分析方法可以筛选影响煤泥浮选加药量的关键因素，建立基于遗传算法优化 BP 神经网络（GA-BP）的煤泥加药量预测模型，以应对四种不同工况的泡沫图像来分类不同的浮选工况。图 7-15 和图 7-16 分别是国外某选煤厂的浮选药剂智能加药计算模式和新型浮选混合智能控制策略，图 7-17 给出了浮选药剂投加界面。

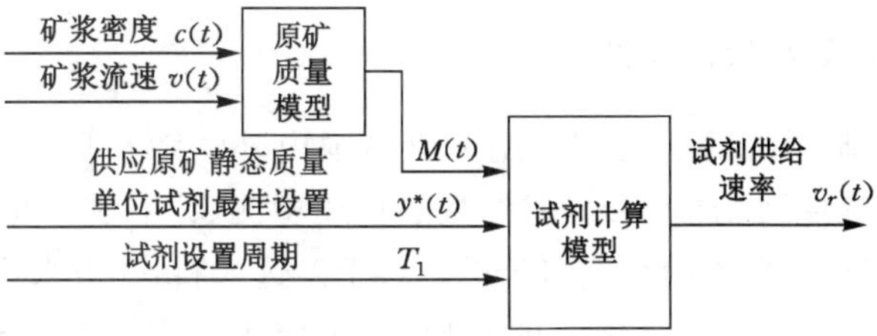

图 7-15　浮选药剂智能加药计算模式

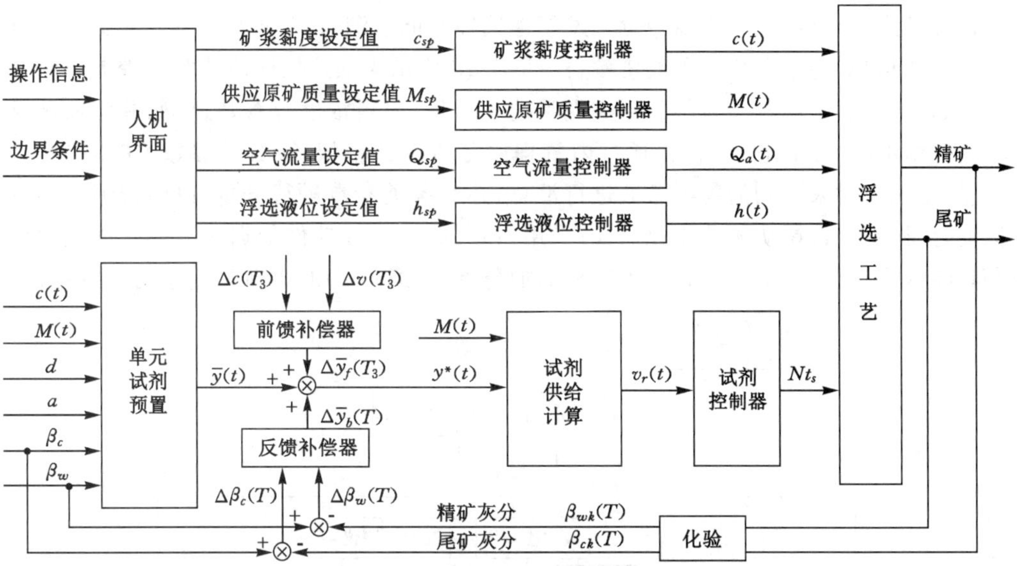

图 7-16　新型浮选混合智能控制策略

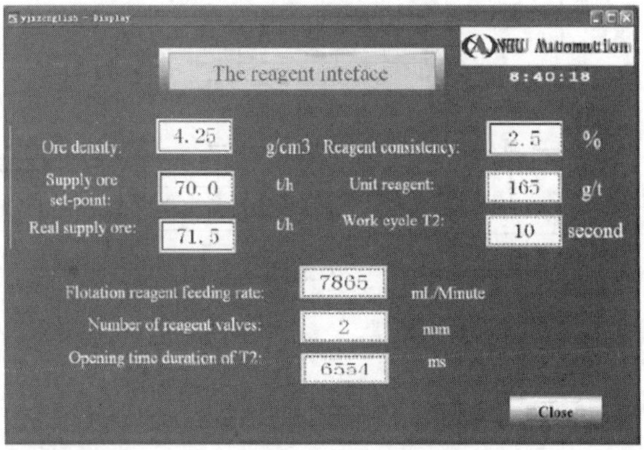

图 7-17　浮选药剂投加界面

总体而言，常用的智能控制方法有专家系统、模糊控制和神经网络等。最近，部分学者基于深度学习技术开发了神经网络，提升了浮选过程控制系统对泡沫检测的精度，实现了通过监测灰分来调整浮选药剂添加量的目的；同时，通过优化执行模块来提高控制效果，满足了现场生产需求，提高了企业的经济效益。

7.3.2 浮选智能控制系统应用实例

煤泥浮选智能控制系统的研发和应用一直是国内外学者和技术人员研究的焦点。通常，浮选智能控制系统主要功能有：工艺参数的在线检测、记录和分析，浮选药剂的自动添加，执行机构的自动调整，数据的存储与分析。对于浮选入料，一般采用反馈调节机制控制，通过建立泵、底流浓度和最佳浓度之间的模型，采用变频方式精准调节。一些选煤厂采用PID闭环控制方法对矿浆浓度进行建模，通过模型指导PLC调节补加水量，最终稳定了入料浓度。在太原选煤厂，技术人员基于神经网络模型和PLC控制器设计了浮选智能控制系统。国外某煤矿企业，基于机器视觉开发了浮选柱智能监测系统，提出的算法可以较好地拟合浮选性能指标，为企业增加了经济效益。图7-18所示为某选煤厂浮选智能控制系统的结构图，该系统通过采用各类型传感器实现浮选入料量、入料浓度等参数监测，并将监测结果实时传输给PLC、上位机，上位机通过内置程序分析浮选精煤、灰分等参数，初步确定浮选加药量；上位机对采集到的各类参数进行汇总，并对各类参数进行分析，以曲线形式表现各参数变化，得到浮选尾矿灰分变化曲线；采用内置的Matlab软件依据灰分变化曲线对浮选加药量参数进行校正，最终得到较为精准的加药量，并通过PLC对加药量进行精准控制。

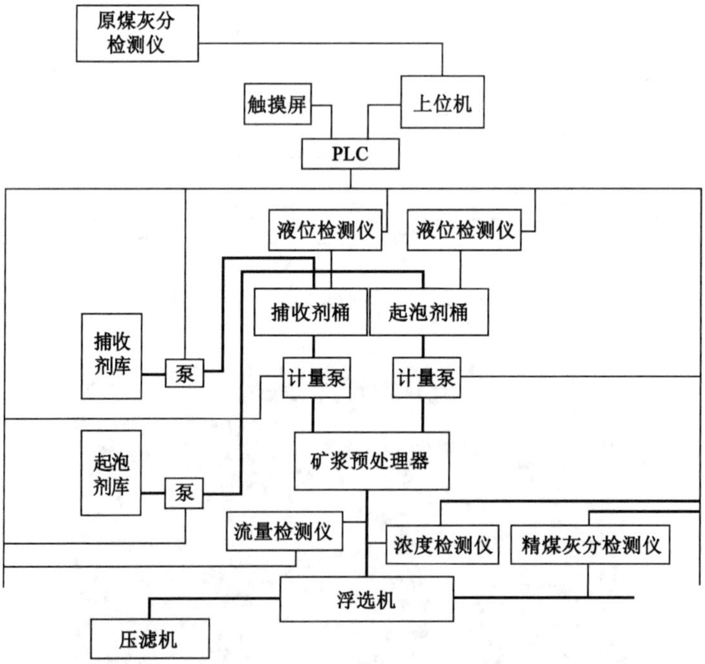

图7-18 浮选智能控制系统结构图

吕临能化有限公司选煤厂成功应用了一种智能浮选系统，如图7-19所示。该浮选智能系统包括：智能乳化加药站、矿浆灰分仪、智能浮选系统控制平台、流量计、浓度计等。作为主要检测单元的矿浆灰分仪，利用 AI 视觉与图像处理技术，在密闭空间、恒定光照环境下对精煤泡沫、尾矿浆进行检测，以获取灰分数据。浮选精煤检测单元架设于浮选机精煤泡沫层上方，实时采集分析精煤灰分，内置专用光源，风力强制除尘。尾矿取样来自浮选机下部尾矿浆管道，尾矿浆进入灰分仪内部，经过消泡、防沉淀、防污染处理后流经检测窗口，由专用工业相机实时采集，对尾矿浆产品灰分进行实时检测。该智能浮选系统可分为四层：第一层为数据采集层，主要包括浓度计、流量计、矿浆灰分仪等核心检测仪器，用于现场浮选系统生产数据的采集；第二层为数据层，将第一层采集到的数据进行存储、异常过滤和分析，记录设备操作、故障、生产等数据，计算系统反馈执行的参数；第三层为控制逻辑层，按照第二层的参数，实现设备运行控制、加药前馈控制、加药闭环修改控制、故障诊断、数据分析，确保系统按照最优逻辑运行；第四层人机界面层，能够完成生产监控、设备控制、报警管理、设备维护、报表管理等操作和交互。

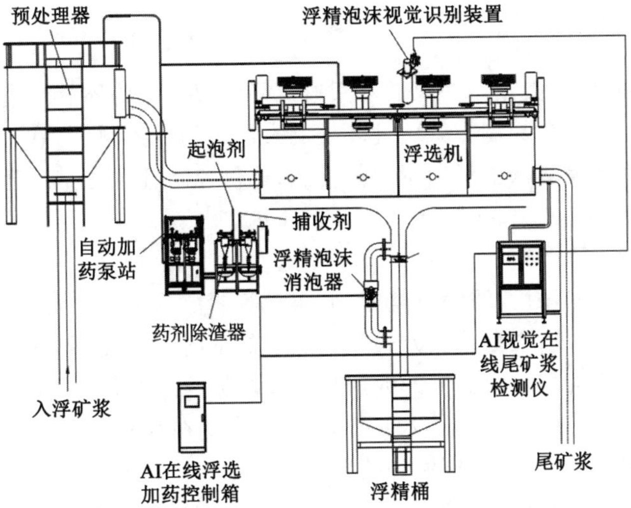

图 7-19　吕临能化有限公司选煤厂智能浮选系统

7.4　煤泥水处理智能化技术

7.4.1　煤泥水处理简介

煤泥水处理的目的在于实现选煤厂洗水闭路循环，而洗水闭路循环一直是选煤厂正常生产的前提，其处理质量的好坏对其他工艺环节生产效果有着很大影响。煤泥水处理的主要内容包括采用各种适应不同煤泥水特点的分级、浓缩、澄清、絮凝、分选和脱水等工艺、方法和设备，对不同特性（浓度、粒度、黏度、水质等）的煤泥水进行处理，完成资源回收、循环水净化和防止环境污染等一系列任务。由于原煤性质、对选煤产品要求和所采用的洗水水质不同，造成煤泥水体系性质不同，所采用的煤泥水处理方法也就不同，即煤泥水处理的内容不同，主要包括以下几个主要方面。

① 煤泥的分选、回收、脱水作业：煤泥的分选、回收、脱水是煤泥水处理中最主要的任务

和内容。煤泥的分选主要是指炼焦煤选煤厂为尽可能回收炼焦煤资源而从煤泥水中将煤泥中低灰分的颗粒分选出来，掺入炼焦精煤中的作业。

② 煤泥水的分级作业：煤泥是由各种粒度组成的混合粒群，其中的粗粒和细粒在许多性质上差别很大，常常需要将它们分开，分别用不同的工艺和设备进行分选、回收和脱水。

③ 煤泥水的浓缩作业：各种煤泥分选、回收和脱水设备不仅对入料的煤泥有一定的粒度要求，而且对浓度也有一定的要求，只有浓度适当才能取得满意的工艺效果。

④ 循环水的澄清作业：循环水作为分选和辅助用水，其质量主要表现为循环水的固体含量、固体粒度和灰分。当循环水中含有过多的煤泥颗粒，尤其是高灰、微细的颗粒时，会严重影响分选、回收、脱水等作业效果。使用这样的循环水，重选作业细颗粒沉降受到影响，分选下限将增大，细粒级分选效果严重恶化，浮选作业的选择性也变差，过滤脱水时将会影响过滤的透气性，当它们黏附在分选产品上时将会增加产品的灰分和水分。

7.4.2 浓缩过程智能控制

浓缩过程智能控制主要集中在煤泥水絮凝沉降的智能加药环节。我国从 20 世纪 90 年代开始研究自动加药装置，控制方式由开环控制发展到闭环控制，由单纯的前馈控制发展到前馈加反馈控制；在控制算法上经历了定值控制、比例控制、PID 控制、模糊控制到模糊自整定 PID 控制等阶段。

（1）智能加药系统案例

根据分选方式、入料浓度、浓缩机电流、原煤量等参数系统综合大数据分析，并建立模型自动调节最佳的配药浓度；根据分选方式和带煤量的不同，系统设定一个基准加药频率和加药时间，后根据污泥界面仪实时监测的数据与目标数据的差值和变化趋势，在原有泵频率和加药时间的基础上进行自动调节，以保证澄清层高度在最佳范围内的同时降低加药量（图 7-20）。这代替了人工向絮凝剂添加装置发出添加指令，同时对整个浓缩机相关参数进行自动监控，确保调整及时准确。这一过程实现了溢流煤泥水浓度稳定、沉淀层厚度稳定、底流浓度稳定、耙架运行状态稳定，从而避免了因澄清层变化导致加药量调节不及时而影响生产，减少了生产事故发生的可能性。

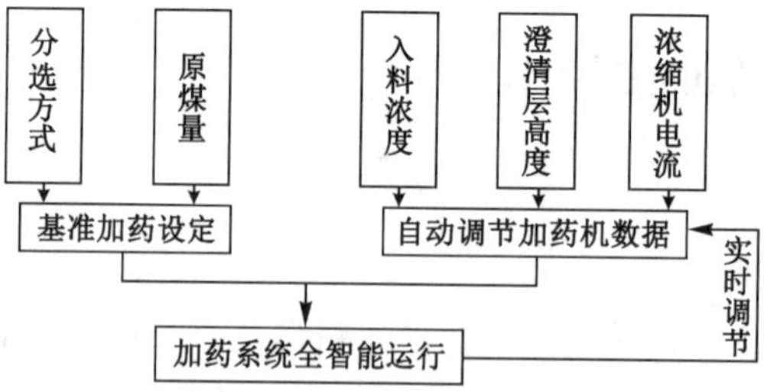

图 7-20 智能加药系统控制流程图

如图 7-21 所示，该智能加药系统主要的组成和功能包括以下几点。

① 主要检测仪器安装位置及作用

浓度计和流量计都安装在浓缩池入料管道上，检测入料浓度和流量，浊度计安装在澄清区下部，检测澄清区浊度，粒度检测仪安装在过渡区内，其返回型号均由 4～20 mA 电流信号给入 PLC 的模拟量输入模块。

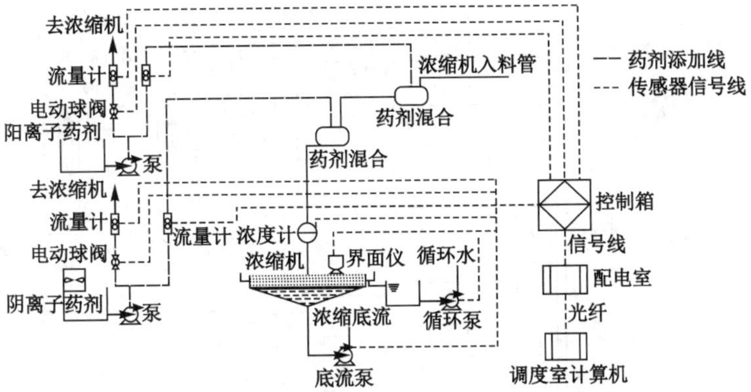

图 7-21　智能加药系统控制原理图

② 智能加药系统 PLC 处理器及作用

PLC 模块根据浓度和流量信号计算出干煤泥量，根据以往生产经验建立的数学模型，计算出阴阳离子加药量；PLC 处理器模块根据浊度信号考虑是否需要调整药剂用量。此外，PLC 处理器模块根据絮团粒度检测仪返回的信号用于控制两种药剂的添加量。通过内置专家系统进行逻辑推演，最后得到准确的适合当前煤泥水状况的阴阳离子药剂用量，并将用量转化为电信号输出到执行机构。

③ 智能化执行与反馈机制

由输出模块指导阴阳离子变频器的频率变化，从而调整阴阳离子计量泵的给料量，实现药剂添加量随入料性质变化而调节。药剂配比或添加量变化后，煤泥沉降情况、澄清水层面厚度、絮团粒度等相应会发生变化。探测仪器持续对变化后数据进行采集回传，PLC 依据变化大小再次进行添加配比及添加量优化，形成采集—分析—执行—反馈—采集的动态闭路循环机制。

④ 智能化药剂调节

由于浓缩池入料性质变化，药剂一次投加不到位时，差量阴阳离子经过电动球阀和流量计将调整药剂加入浓缩池稳流桶中，实现药剂调节。考虑到现场条件、仪器对安装环境的要求、传感器布置要求等因素，智能化加药系统的布置如图 7-22 所示。药剂混合装置、浓缩机入料浓度测量仪、沉积界面检测仪布置在浓缩机房内部，安装空间大，满足测量仪安装技术要求。药剂流量计与调节阀布置在主厂房内的约剂管道上。仪器测量信息送入药剂房的控制箱中，控制箱信号输送到主厂房配电室，由配电室传送到调度室。

(2) 浓缩过程智能控制系统案例

根据煤泥沉降浓缩过程的生产特点，以底流浓度和絮凝剂添加量为控制对象，以浓缩过程建模及软测量为手段，在煤泥沉降工作状态智能识别的基础上，可实现絮凝剂添加的智能控制。通过泥层界面测量系统对泥层厚度进行测量，实现与浓缩机底流泵自动联锁，控制泥层高度在设定区间，进而稳定控制底流浓度；由浓缩机入料测量模型计算出进入浓缩机的固体含量，从而实现絮凝剂自动添加。浓缩过程智能控制系统逻辑如图 7-23 所示。

根据溢流水的浑浊程度控制药剂添加，选用光敏三极管作为光电转换元件。让溢流水穿过测定管，分别测量出溢流水穿过前和穿过后光强度的变化。在此过程中，光束强度一

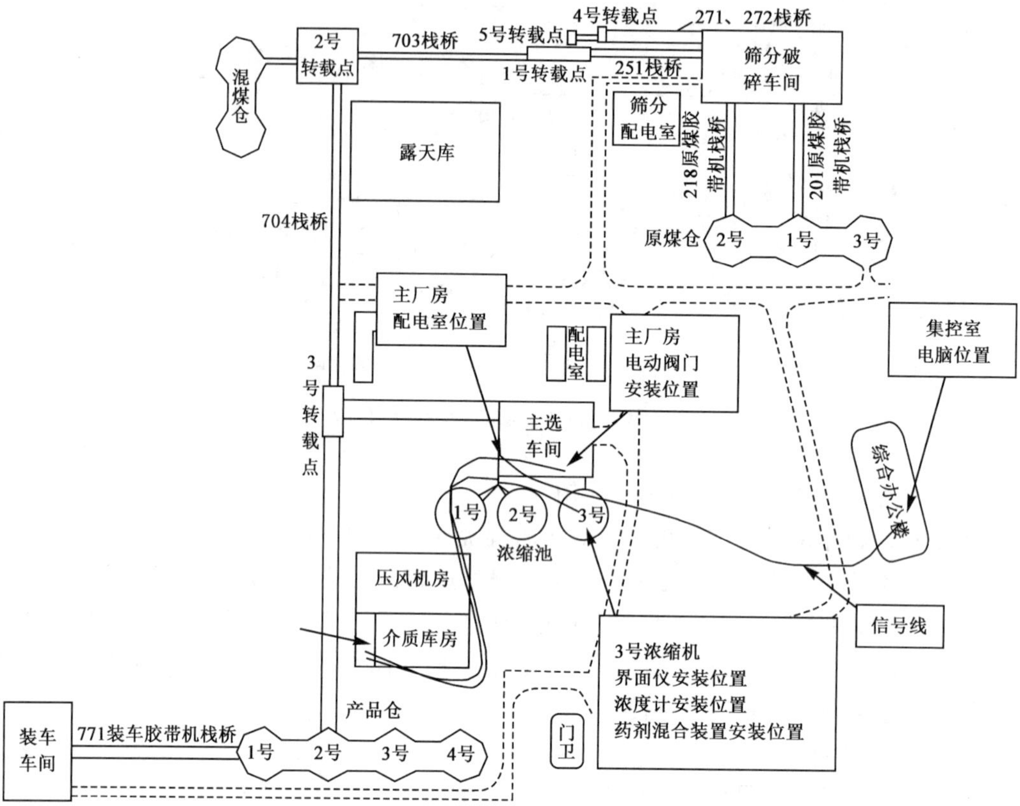

图 7-22　智能化加药系统布置

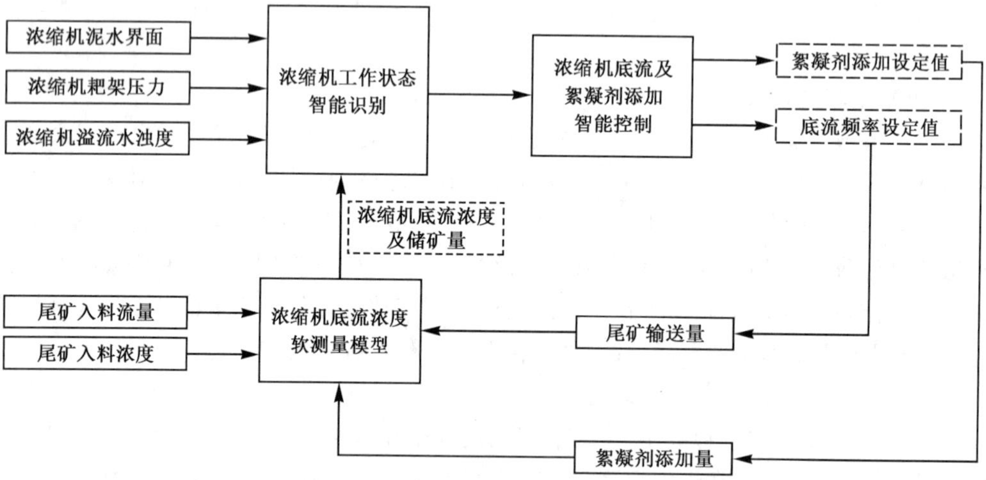

图 7-23　浓缩过程智能控制系统逻辑图

定，光源必须采用恒流供电。当浊度变化时，接收端的信号强度也会随之发生变化。最后通过信号滤波、放大等环节，输出不同的测量信号。

此种方法的优点是：当测量条件和浊度范围变化不大时，有较好的测量精度。缺点是：

① 无法测量浊度较高的情况；② 单独用浊度仪器测量，当溢流水浊度变化较大时，误差增加；③ 需要定期对仪表的上下限进行“标零”和“标满”；④ 在测定管内壁会有部分煤泥沉积，需要定期清洗测定管，否则影响测量精度。

根据进入浓缩机的煤泥水流量、浓度控制加药量。利用压差或放射源浓度计检测入料浓度，电磁流量计检测入料矿浆的流量，干煤泥量等于煤泥水的浓度乘以流量；由干煤泥量与药剂的对应关系来控制药剂的添加。该方法操作简单，实现方便。

以山西某选煤厂为例，通过安装浓缩机压力监测系统，建立浓缩过程模型，采用软测量技术对浓缩机的底流浓度、内部矿量、泥层高度等变量进行在线软测量，浓缩过程智能控制系统软件界面如图 7-24 所示。通过设置浓缩机变量软测量算法，可对浓缩机底流浓度、内部矿量、泥层高度等变量进行软测量计算，并显示变量变化趋势。实际应用结果表明，在线软测量底流浓度和离线检测底流浓度（浓度壶法）数据变化趋势一致，平均绝对误差为 2.6%，能够满足现场生产需求。

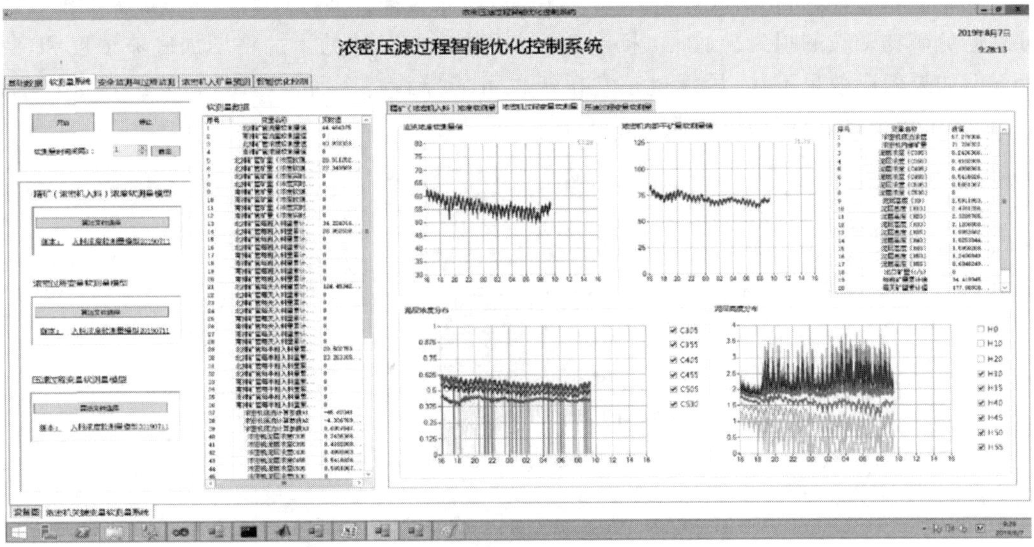

图 7-24　浓缩过程智能控制系统软件界面

（3）国外选煤厂浓缩机智能控制系统案例

国外某选煤厂通过对浓缩机运行参数（包括进料流量、泥床液位和底流浓度）的在线测量，提出了基于质量平衡模型和专家规则的浓缩机底流和絮凝剂添加智能控制策略。浓缩机建模和优化软件的应用表明，在稳定的底流浓度下，可以实现最佳控制操作。不同投加絮凝效果可从沉降速度和经济合理性两方面进行评价。絮凝剂的添加量通过控制输送泵的转速进行调节。对于絮凝剂注入，可以使用三种潜在的控制模式：① 手动控制模式。操作员通过变速驱动器设置泵速。② 自动控制模式。操作员设置流速，并自动调整泵速以保持规定流量。③ 前馈控制模式。絮凝剂注入由前馈控制回路控制，通过改变泵速调节絮凝剂流量，如图 7-25 所示。

浓缩机运行的稳定性受进料流量和上游工艺的影响很大。一方面，如果底流率太低，当泥浆床高度足够高时，可能会使浓缩机过载并导致矿物颗粒损失；另一方面，如果底流率过高，当泥浆床被泵出并且进料被直接排出时，浓缩机将“短路”。为了解决这些问题，提出了

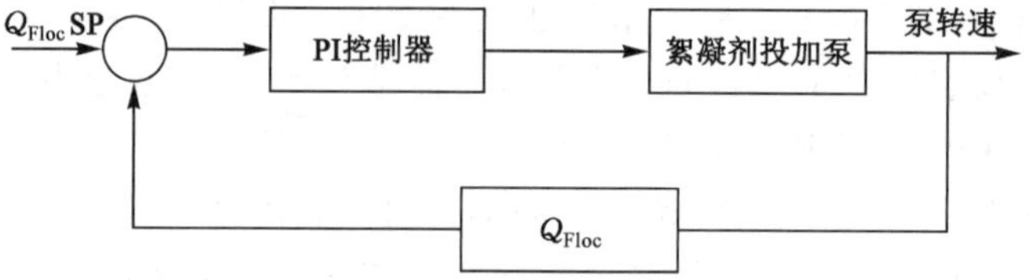

图 7-25 絮凝剂添加控制框图

包括状态反馈辨识器和专家系统在内的浓缩机最优控制策略。

首先,通过状态反馈识别器识别浓缩机的当前状态,包括耙扭矩、溢流浊度、泥浆床液位和底流固体质量分数。具体而言,通过叠加识别四个关键参数反馈浓缩机状态,如图 7-26 所示。测量的耙扭矩表示泥浆浓度和移动耙所需的力。当扭矩达到设定阈值时,需要改变操作以释放扭矩。如果扭矩持续达到安全极限,驱动器将关闭以保护机构。因此,在达到安全极限之前,应采取纠正措施,如提高下溢率,以防止过载。通过检测浓缩机溢流的浊度,还可以避免矿物颗粒的损失。通常,床层高度或固体停留时间的增加将增加底流浓度和耙扭矩。但如果絮凝效果不佳,尽管过正常扭矩也可能导致高床面。然而,如果进料被过度絮凝,尽管扭矩很高,但床层可能低于正常水平。

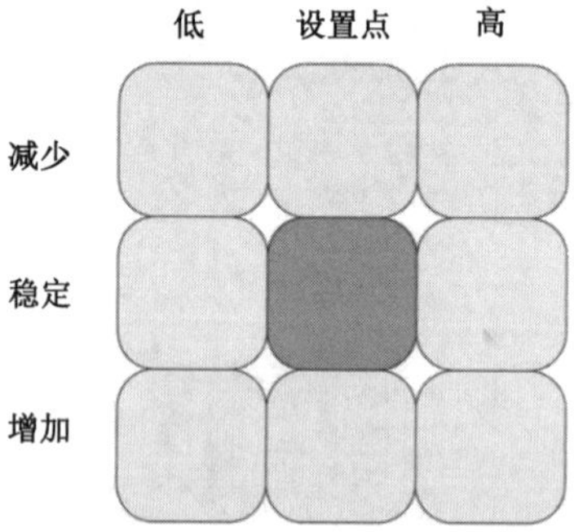

图 7-26 浓缩机状态反馈的标识符

其次,根据识别的状态,控制器搜索专家规则数据库提取专家经验,然后优化底流率和絮凝剂剂量的设定值。这该设定值以浓缩机质量平衡模型为粗调指南,同时以状态参数为微调指南,如图 7-27 所示。通过增加一台配备了先进的 C/S 结构浓缩机控制软件的计算机,可以实现浓缩机建模和优化功能。浓缩机的运行数据从可编程逻辑控制器(PLC)收集,然后传输到数据服务器。数据由预处理数据模块准备和过滤,然后保存到历史数据库。浓缩机模型由模型训练模块使用历史数据库中的数据创建,控制参数由 Optimized Module 计算并发送回控制系统。为了减少模块之间的耦合,设计了参数配置模块,将参数存储到数据库中。

图 7-28 是浓缩机智能控制系统软件界面。在软件界面上,可以通过选择浓缩机的数量来配置质量平衡模型参数,通过选择设备类型的数量来设置浓缩机的尺寸参数,并通过选择工艺参数的数量来确定工艺参数。此外,还可以调整溢流量的范围。根据实际情况,可以选择泥床液位和浓缩机底流固体质量分数等状态变量纳入控制策略,并在底部界面中配置状态变量的控制范围。曲线反映了底流流量的设定点和过程值之间的变化。

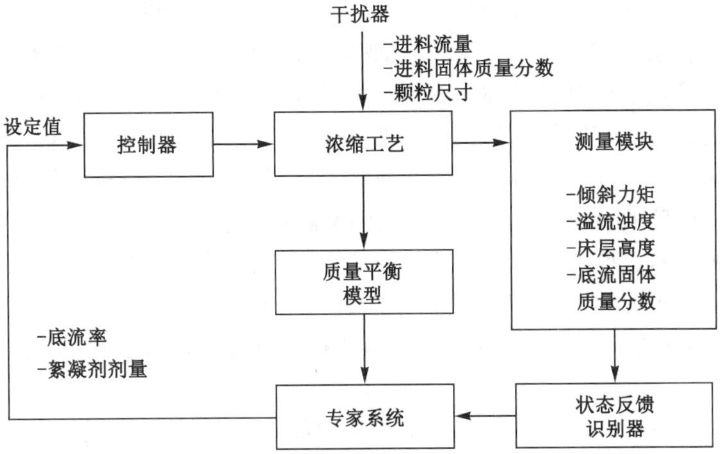

图 7-27　浓缩过程最佳控制框图

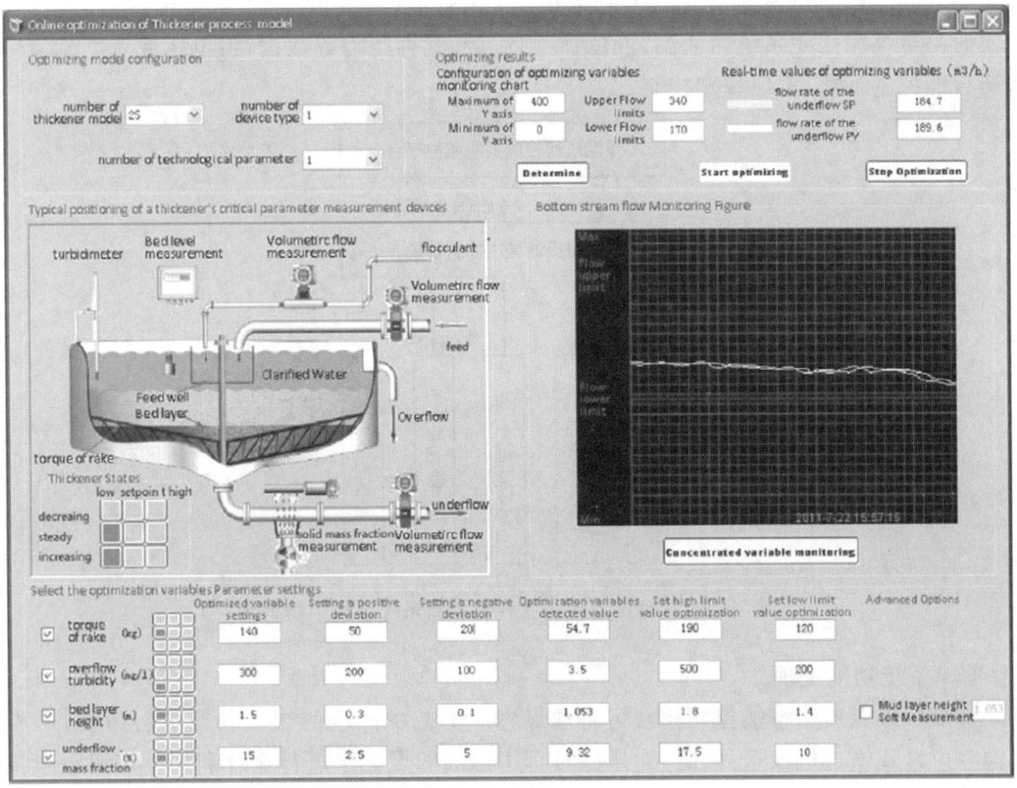

图 7-28　浓缩机智能控制系统软件界面

7.4.3　压滤过程智能控制

（1）压滤过程分析

选煤厂煤泥压滤控制系统的典型任务包括压紧、进料、压榨、吹风、卸荷、松开、取拉板。压紧任务是指控制系统通过控制油缸活塞杆、放气阀、压紧电磁阀、泵站溢流阀、泵站电机等使得滤板间的压力达到设定压力，实现压紧过程。进料任务是指压滤设备维持压紧状态后，控制系统控制进料泵、进料阀、旁通阀、放气阀的启停和开合，以完成料浆进料。压榨任务是指控制系统通过控制压榨泵、压榨阀、放气阀等经推板进气口输入压缩空气压榨滤饼，延时后转入自然吹风状态。吹风任务是将进料管中残留的泥浆使用高压气吹入煤泥水槽，控制系统需控制吹风泵、放气阀、进料阀以及旁通阀，且需控制放气阀与进料阀的互锁关系。卸荷任务是将滤板内腔的高压状态集中释放，使得滤板稳定松开，控制系统需控制卸荷阀、排空阀并启动刮板输送机准备卸荷。松开任务是将压紧板返回原位，控制系统需控制压紧电磁阀、放气阀、溢流阀等，卸荷任务完成后才能进行松开任务。取拉板任务是控制轨道小车进行往复运动将滤板拉开，使得压缩后的煤料依靠自身重力转送至刮板输送机。

（2）系统架构设计

选煤厂煤泥压滤智能控制系统总体结构框图如图 7-29 所示。煤泥压滤智能控制系统通过现场传感器数据的采集与处理，实现对入料泵、变频器、压滤机、压风机以及各种电磁阀的状态监测与智能控制，通过与监控平台的 CAN 总线通信，实现对煤泥压滤控制系统的状态监测和故障诊断。现场检测单元主要由压力传感器、流量传感器、浓度传感器等组成，用于实时测量煤泥压滤系统的油温、液位、管内流量、管内压力等数据，将电压或者电流信号传送至智能控制系统，实现智能控制。

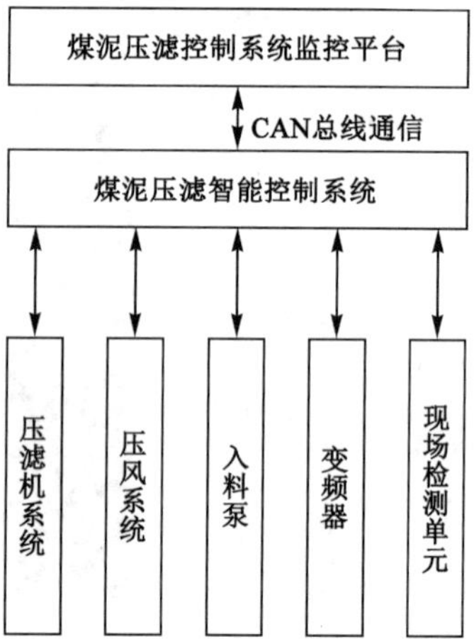

图 7-29　选煤厂煤泥压滤智能控制系统总体结构框图

（3）系统功能实现

选煤厂煤泥压滤智能控制系统可将选煤生产工艺中产生的煤泥料浆进行压榨，形成煤泥饼并由带式输送机输送；同时，对压滤过程中形成的煤泥水进行循环利用。煤泥压滤智能控制系统主要完成的功能有：

① 实现压滤系统智能闭环控制，根据煤泥料浆和压榨排水量，自动启动、停止、加载、卸载入料泵和压滤设备以及压风机，实现智能、安全联锁、安全闭锁控制；

② 支持手动、自动、联动、检修四种控制模式，按照运行条件和参数设置，满足不同工况控制需求；

③ 实现滤板、滑块、油缸、排气阀与带式输送机之间的联动闭锁控制，比如只有滑块下降到位后，油缸才能压紧；

④ 实现煤泥压滤过程入料环节、压榨环节的恒压控制，通过 PID 控制方案、模糊 PID 控制方案控制压力的稳定；

⑤ 实现参数动态设置功能以及监控平台可远程操作功能，即根据智能控制系统需求，可灵活设置压滤过程相关参数并实现远程监控。

选煤厂煤泥压滤系统结构如图 7-30 所示，主要由搅拌池、入料泵、压滤机、压风机、带式输送机以及 PLC 控制系统组成。搅拌池用于搅拌添加药剂后的煤泥料浆，并将搅拌后的煤泥料浆输送至入料泵并转送至压滤机进行压滤、脱水形成煤泥料饼，转入带式输送机进行输送；压风机通过风压方式对煤泥压滤流程实现智能控制，该控制由 PLC 控制系统管理。

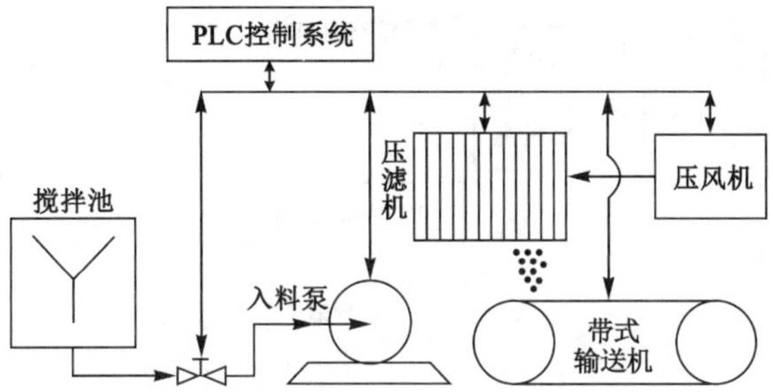

图 7-30　选煤厂煤泥压滤系统结构示意图

根据选煤厂煤泥压滤智能控制系统功能，其硬件设计框图如图 7-31 所示。控制器为西门子 S7-300PLC。PLC 控制系统以固定周期 T 采集系统运行方式、故障复位信号、设备运行信号等数字量，经延时/防抖处理后，由 PLC 控制器进行逻辑运算和判断；通过 PLC 控制器采集管网压力、滤液流量模拟量信号，经 A/D 转换后由 PLC 控制器进行逻辑处理；煤泥压滤系统中的压风机采用变频控制模式实现，PLC 控制器通过 Profibus 总线通信模式对变频器进行控制，进而控制压风机运转。参数设置以及远程监控功能由人机界面实现，PLC 控制器通过 TCP/IP 通信模式实现与人机界面指令、数据交互。

选煤厂煤泥压滤智能控制系统中的压力检测是关键环节，选用 SK-DBS208 电容型压力变送器，通过检测测量膜片的压力，经振荡、解调后转换为 4～20 mA 电流输出信号，检测精度为 0.25%，该压力传感器工作稳定，测量精度高，满足测量压风管网 0.6～0.8 MPa 压力以及入料管网 0.8～1.2 MPa 压力的要求。滤液流量传感器选用 LS-1010-1 型电磁流量计，利用液体流动时在管道壁产生的感应电势与液体流量呈线性关系的原理，测量滤液的实时流量。该电磁流量计不受液体温度、密度、导电率等因素的影响，测量信号稳定、测量精度高，可实时测量量程并在线修改。

选煤厂煤泥压滤控制过程具有惯性作用大、时间滞后的特点，为保障入料环节、压风环节的控制精度，提高工作效率，采用模糊 PID 控制模式实现恒压控制，原理如图 7-32 所示。以压力检测仪检测的压力与设定压力的误差以及误差变化率为 PID 控制和模糊控制器输入变量，调节比例系数 K_P、积分系数 K_I 以及微分系数 K_D，得到理想的期望压力输出值。

选煤厂煤泥压滤智能控制系统的软件设计基于西门子 S7-300PLC 控制器，采用模块化编程方法实现。模块化编程适合复杂的大型程序，根据实现的功能进行模块划分，在模块内实现定义的功能，并将各模块串联，协同完成系统功能，具有逻辑严密、结构清晰的特点。选

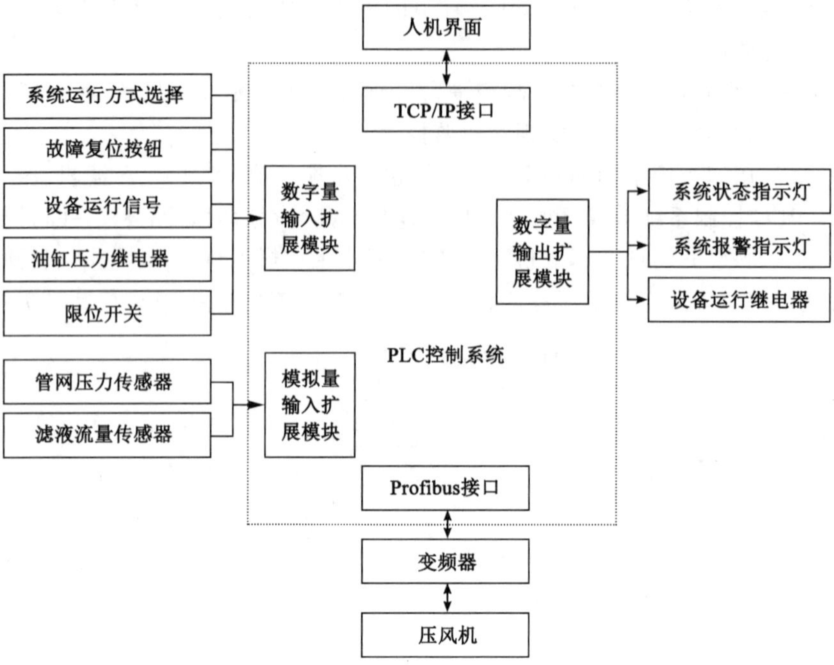

图 7-31　选煤厂煤泥压滤智能控制系统硬件设计

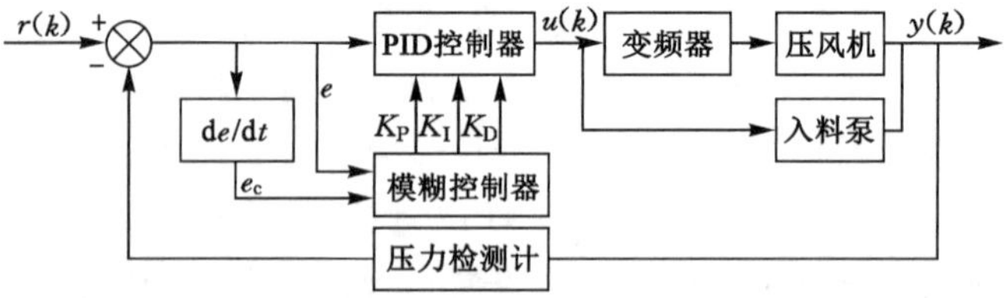

图 7-32　入料环节/压风环节模糊 PID 控制原理图

煤厂煤泥压滤智能控制系统 PLC 软件设计流程如图 7-33 所示。0B100 模块为 PLC 操作系统的初始化程序，用于完成系统初始化、参数设置、内存清零、变量赋初值等功能；OB1 为主程序模块，在主程序模块中依次调用定义的 FC 以及 FB 模块。0B100 以及 0B1 模块在 PLC 操作系统中完成，以固定时间周期 T 循环执行。

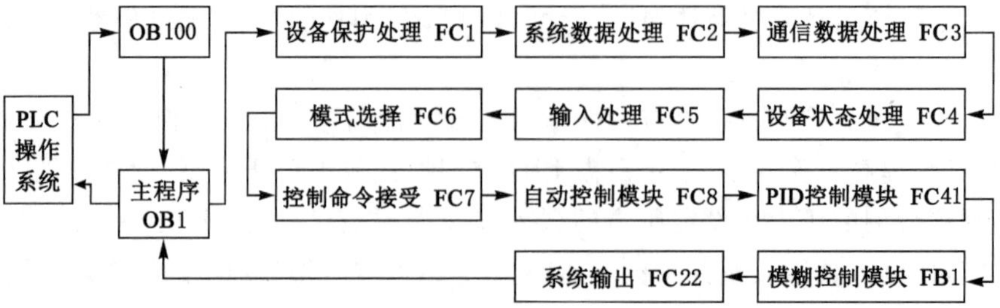

图 7-33　选煤厂煤泥压滤智能控制系统 PLC 软件设计流程

(4) 系统应用分析

煤泥压滤智能控制系统在山西某选煤厂投入使用，对运行 6 个月的数据进行统计和分析，发现该选煤厂煤泥料浆处理能力大大增强，煤泥质量大大提高，含水量降低近 9%，可将煤泥饼的含水率稳定控制在 20%左右。煤泥压滤过程单次循环时间由原来的 50 min 下降至 35 min，提升了生产效率，节约了生产时间和用电成本。煤泥压滤智能控制系统的使用还降低了劳动强度，达到减员增效的目的。在 6 个月的运行期内，未发生喷浆、管路堵塞、滤板破损等事故，提高了选煤厂生产安全系数。与此同时，煤泥压滤智能控制系统在陕西某选煤厂也进行了工业试验，系统运行半年的数据表明：实测浓度、理论煤泥量、煤烘干质量偏差都有明显降低，提升了煤泥压滤处理的质量和效率。

课后习题

1. 简述浮选基本原理和浮选作业流程。
2. 简述浮选过程监测的主要变量。
3. 简述浮选泡沫图像分析的原理和难点。
4. 简述浮选液位监控的重要性和特点。
5. 简述煤泥浮选智能控制系统的一般架构。
6. 煤泥水处理作业包括哪几个方面？
7. 简述浓缩过程智能控制系统的控制逻辑。
8. 简述压滤过程智能控制系统的功能。

第8章 生产管理系统智能化技术

8.1 设备智能监测和诊断

选煤厂是煤炭分选加工的重要场所，经过选煤厂处理后，可以提高煤炭利用率并去除原煤有害成分。但是传统选煤厂生产车间的智能化、信息化水平相对较低，难以对选煤过程、设备运行状态进行全方面监控，导致了故障率较高。生产管理系统在选煤厂整体集控和统筹中起着关键作用。生产管理系统包括数据采集、监控、集控等多个方面；生产管理系统的智能化可以极大加强对选煤流程的控制，提高生产运行效率。

8.1.1 设备智能监测

选煤厂占地面积较广、设备众多，选煤厂设备运行和产品质量检查通常依靠人力进行巡回检修，而对于设备的监测不能同时进行。现如今需要一种能同时监测运行设备的技术和手段。物联网技术作为一种新兴数字信息技术，其发展迅速，涉猎面广泛，已应用于部分行业当中。通过运用物联网技术构建生产监控平台，可以加强不同选煤设备之间的互通互联，实现对选煤过程实时监控，提高选煤效率，降低设备故障率，也为未来选煤厂生产管理的智能化变革提供了解决方案。

根据实际生产过程中的设备运行情况和数据采集要求，选煤厂智能监测设计需要注意以下几个方面。

(1) 设备数据采集

选煤设备的监控主要针对参与选煤过程中的一些大型机械设备，如辊式破碎机、带式输送机、重介质分选机等。通过 TCP 通信或者无线网络按照相应的网络协议上传到监控系统数据库中，实现对选煤机械的实时状态监测。

(2) 生产环境监测

环境因素涵盖了各类设备使用中的电气参数，包括电能消耗、电流、电压以及功率等信息，涉及的设备包括螺杆加压机、新仓刮板机、加介泵等。由于选煤厂的作业环境相对恶劣，往往会对采集信号上传的稳定性造成一定的影响，进而影响到整个选煤厂监控系统的性能，因此监控系统需要具备一定的抗干扰能力。同时，由于选煤过程工序较为繁杂，经常跨车间、多设备共同作业，传统有线通信不能满足实际需求，因此添加无线通信模块，通过有线与无线的结合，实现选煤过程信息的高效。

(3) 监测稳定性

设备监测常态化过程存在以下技术难点：① 监控设备的合理布置。由于选煤工序复杂，工作环境较差，为了实现监控全覆盖，需要在考虑实际工作环境的基础上，采用优化算法，对监控器的布置进行优化，保证实现监控设备利用最大化。② 监控设备适应性改进。常规监测设备通常只在传统的车间使用，但是由于选煤厂存在粉尘、剧烈振动以及其他非常规环境，会导致监控设备性能降低，因此需要针对不同的作业环境，对相应的设备进行改进。

根据以上设计要求，选煤厂设备监控系统结构如图 8-1 所示，该系统分为监控终端、服务器、工作车间三部分。选煤厂监控系统主要由底层数据采集端、服务器端以及选煤厂监控终端组成。底层数据采集端主要采集的是储煤仓、原煤车间和主选车间内的相关生产数据，如储煤仓内的可燃气体浓度监测、原煤车间的皮带转速监测和主选车间浮选机的运行状况监测，通过与机械设备的通信接口连接或者布置相关传感器实现生产数据的采集。对于各

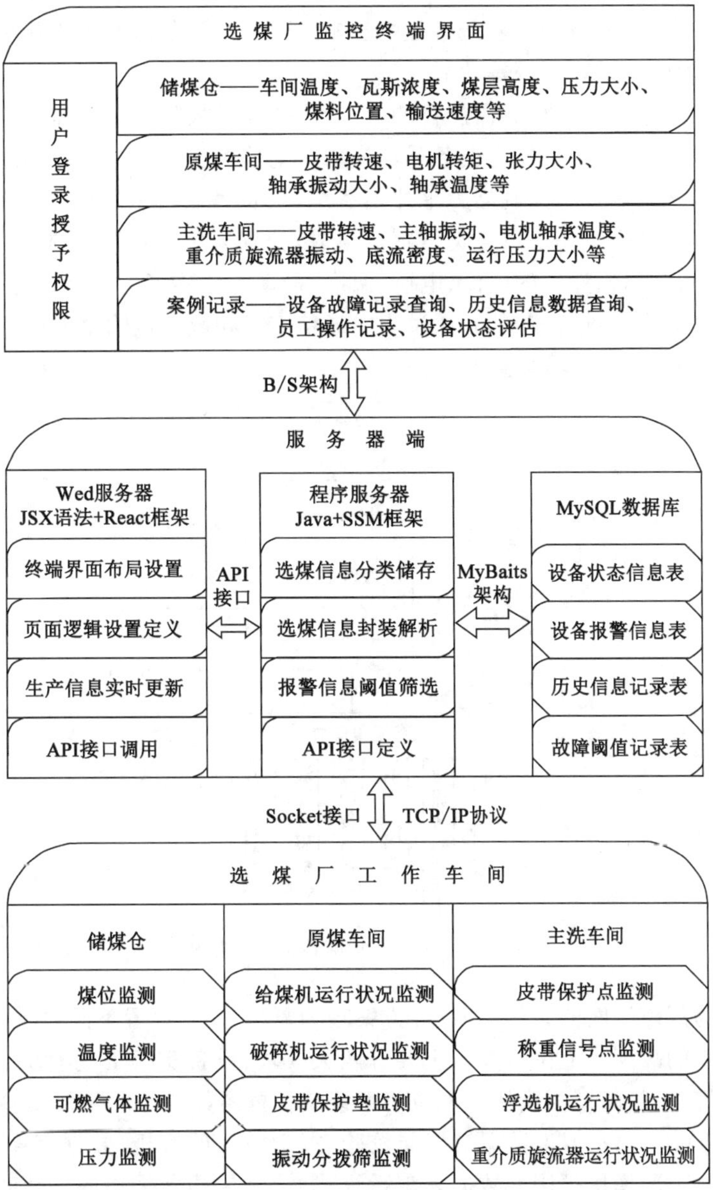

图 8-1　选煤厂设备监控系统结构

板块之间数据传输通过调用 socket 编程实现与服务器端与监控终端的 TCP 连接。Java 语言和 SSM 框架用于开发服务器端和监控终端界面,并将生产数据分类储存于建立的数据库中,方便随时取用分析。

8.1.2 设备智能诊断

选煤厂机械设备多样化,种类和原理不尽相同。对于这些设备的状态检修是选煤厂生产过程中不可或缺的一部分。若生产加工任一环节出现故障,将对于选煤厂的分选产能产生影响。目前,选煤厂机械设备检修可以结合智能传感器实时监测和在线数据对比分析故障。在智能化背景下,通过关键信号的收集、检测和处理,能自动诊断设备可能的故障,并及时反馈给集控人员,从而减少对生产过程的影响,提高生产效率。要实现设备的智能诊断,需要包括检测、诊断、反馈、预警等功能。

根据所需要采集设备信息和监测目的,设计出选煤厂故障诊断总体架构如图 8-2 所示,主要包括上位机监视层、控制器与设备采集模块。上位机安装于选煤厂调度室内,负责各机电设备的监视与统一调控。控制器为单片机系统,负责各设备采集信号的处理、故障分析、数据存储功能。设备采集模块由各类传感器组成,分别采集选煤厂分选设备、破碎设备、筛分设备、脱水设备与运输设备的电流、电压、温度、振动与位移等运行参数与故障信号。控制器对于各机电采集模块进行控制,并通过串口通信实时将数据传输至上位机内,利用以太网组网,实现系统的远程控制与数据共享。

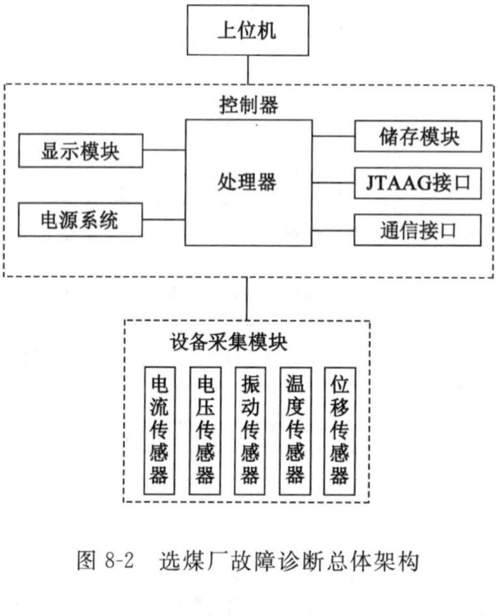

图 8-2 选煤厂故障诊断总体架构

上位机作为故障诊断的大脑,其设计方案较为复杂,需要设置不同模块和数据库以便应对不同设备产生的故障。上位机设计主要有四大模块:设备实时工况模块、故障诊断模块、设备信息管理模块、故障模拟模块。上位机系统结构框图如图 8-3 所示,设备实时工况模块的主要程序有 TCP 采集、温度数据解析与校验、振动数据的解析、数据存储与显示、异常报警等。设备实时工况模块是用于数据采集系统建立,将传感器采集的一线生产数据传输至上位机,上位机进行可视化分析并记录数据,从而用于故障分析。故障诊断模块的主要作用是对所监控的选煤设备出现的故障信息进行记录储存，在实际生产中将测得数据与产生故障时的数据集进行拟合对比，从而判断故障点。设备信息管理模块的主要功能是实现对选煤厂大型设备的基本信息与故障信息进行规范化、信息化管理。相对应的数据库内容是设备档案信息和维护管理记录。故障模拟模块综合故障诊断和投影寻踪技术对某些设备的典型故障进行故障模拟和诊断，有助于将通常情况下选煤厂每周定时维修和出故障后的事后维修转换成视情维修。

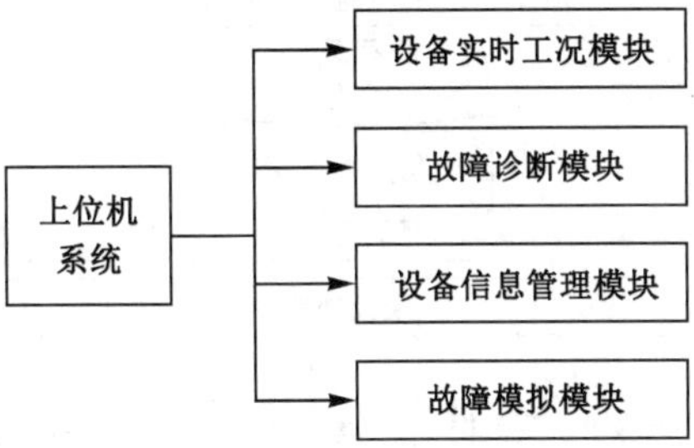

图 8-3　上位机系统结构框图

由于选煤厂环境恶劣，设备众多，对于不同设备关键数据的采集也不同，如何设计稳定的设备采集模块对后续故障分析有着重要影响。基于以上要求，选煤厂设备采集模块硬件设计框图如图 8-4 所示。现场监测站即采集安装在设备上的各传感器信息以及数据采集卡信息；核心传感器有加速度传感器、温度传感器、振动传感器等，可用于监测不同的机电设备，如振动筛、浮选机、压滤机等重要选煤设备。

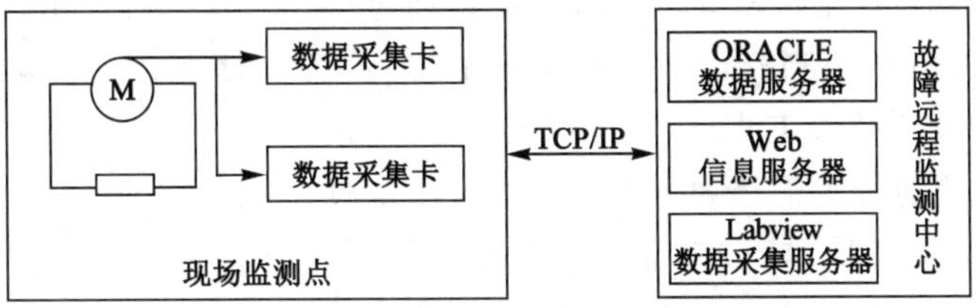

图 8-4　设备采集模块硬件设计框图

(1) 煤炭输送设备智能诊断系统

选煤厂煤炭输送设备故障智能预警系统(图 8-5)是针对机电设备生产运行过程中可能出现的各种故障或潜在的危险因素建立的一种提前预报机制。该系统主要由数据采集层、模型分析层及用户应用层组成，其中数据采集层是开展煤炭输送设备异常状态智能预警的基础条件，只有获取大量的、多维的数据信息，才能准确、科学地分析设备及其部件的运行状态，故将设备实时监测数据库、设备属性数据库及基体属性参数等数据作为数据层，并将这些数据存在历史数据库中。模型分析层是实现设备异常状态预警的关键环节，在特征提取的基础上完成阈值获取和关联判断：利用大量历史数据进行统计分析，实时获取特征参量阈值，并将其作为判断分析的基础数据。

(2) 破碎机智能诊断系统

破碎机主要是对较大的原煤进行破碎处理，由于其负载很不均匀，工况不稳定，设备在运行过程中容易发生故障，导致破碎质量下降或影响选煤过程。破碎机智能诊断系统主要

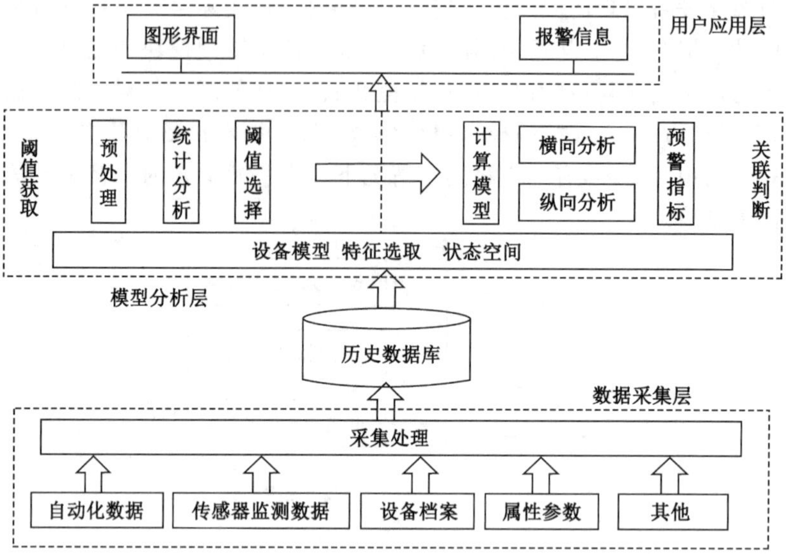

图 8-5 选煤厂煤炭输送设备故障智能预警系统

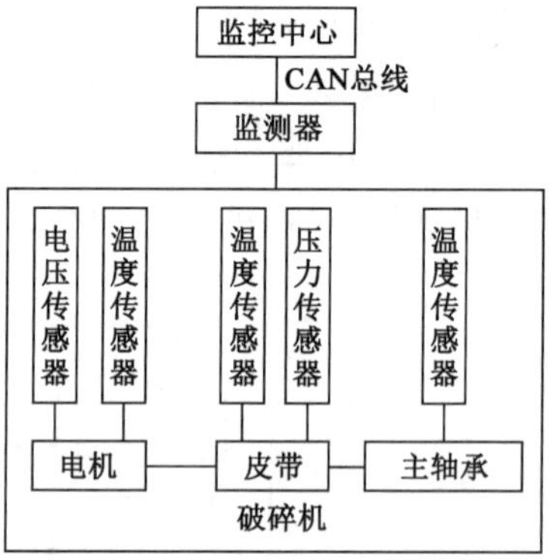

图 8-6 破碎机故障监控系统

由监控中心、监测器和数据采集单元组成。数据采集单元负责采集皮带的温度信号与压力信号，经过监测器处理分析判断故障类型并将数据与结果通过 CAN 总线的方式传输到监控中心，由工作人员统一调度指挥。破碎机故障监控系统如图 8-6 所示。系统通过采集机箱温度和电机电压来判断电机是否出现故障。皮带故障的主要原因是设备工作时由于工况恶劣，使皮带与轴承在高速转动的情况下磨损严重，与各零部件之间的摩擦产生大量热量，导致皮带自身性能下降，传动时皮带可能发生断裂，因此，通过采集皮带的温度信号与压力信号判断皮带是否出现故障。主轴承损坏将直接导致其在工作时温度异常升高，所以本系统通过采集其温度信号判断主轴承是否损坏。

(3) 振动筛智能诊断系统

振动筛是煤矿选煤厂的主要筛分设备，它主要由电机、箱式激振器和振动筛筛体等组成。在振动筛的运行过程中，除了零件本身在制造过程中可能存在的误差会导致故障外，大部分振动筛的故障是由外部因素引起的，这可能导致严重的生产事故发生。振动筛主要故障类型有：振动筛激振梁由于频繁振动可能导致应力集中，从而引起疲劳磨损并最终导致断裂；振动筛弹簧容易发生变形，其主要原因是质量较差以及负载较大。

振动筛智能诊断系统主要通过各类布置的传感器监测振动筛各部件的运行状态，以判定振动筛是否存在故障。具体涉及的硬件结构包括传感器（温度、加速度、压力传感器等）、CPU 控制中心、CAN 通信模块、数据存储模块以及人机交互界面等。利用振动筛各类传感器所提供的监控检测数据，根据系统监测获取 24 个特性指标，通过这些特征性指标数据与系统数据库故障参数分析对比，得到振动筛发生故障的具体位置及类别。振动筛故障诊断流程如图 8-7 所示。

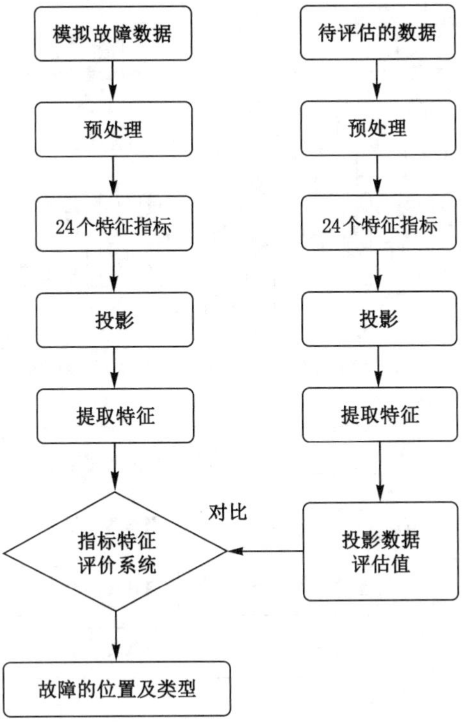

图 8-7　振动筛故障诊断流程

故障诊断软件系统工作采用多线程方式，具体包括的功能模块有故障诊断、数据管理、数据采集、自学习、离线分析以及信号特征提取，软件系统结构框图如图 8-8 所示。在软件系统中，通过预先设定报警阈值，实时处理分析监测获取到的振动、温度、电量等信息，从而完成对振动筛运行时的故障判定。当预测有故障时，自动激活软件系统内嵌的控制单元，及时提醒相关人员对异常问题进行处理，确保振动筛平稳运行。

(4) 智能巡检系统

目前国内大多数选煤厂采用的是流水线作业，每一个环节通过中间转运设备彼此连接，实现了从原煤产出到最终分选出不同类型精煤产品。分选过程中的关键设备非常容易发生故障，当其中的某台设备发生故障时将会导致整个生产系统出现故障，必须进行停工维修。传统的人工巡检方式存在工人劳动强度大、巡检效率低等问题。

工业机器人智能巡检系统可针对生产厂房设备布局，在最大范围内巡检生产现场重点关键设备，实时监测生产环境状况和设备运行状况，如监测设备运行温度、环境起火或烟雾、筛板翘头或破裂漏料、溜槽拥堵、胶带跑偏、胶带撕裂、托辊卡死等生产事故。在生产调度指挥中心及关键控制岗位呈现图像及数据，可实时预警。利用工业机器人技术、视频监测分析、可见光视频监控、在线红外热成像，设计实现能够 24 h 不间断对设备运行状态和生产物料状态进行图像、温度的实时监测及故障报警，对监测数据进行分析，并向生产自控系统提供数据支持。主要硬件系统如图 8-9 所示。智能巡检机器人系统如图 8-10 所示。

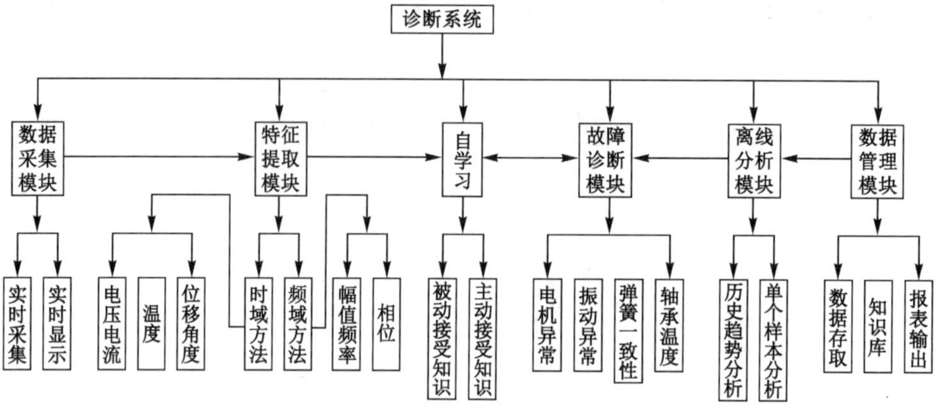

图 8-8 振动筛故障诊断软件系统结构框图

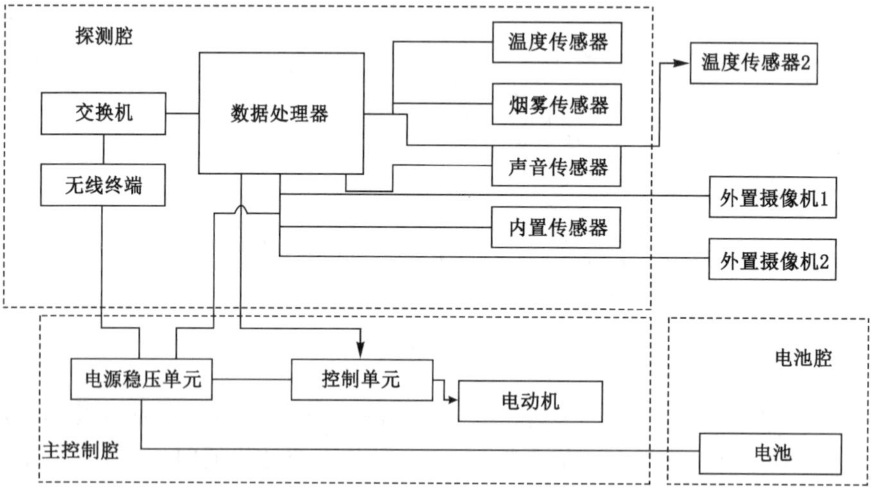

图 8-9 智能巡检机器人硬件图

图 8-10 智能巡检机器人系统

8.2　选煤厂数据信息平台

8.2.1　平台架构组成

随着大数据、人工智能在各行业的强势崛起，选煤行业的智能化建设也开始逐步推进，主要体现在三个方面：① 网络环境的完善，包括装车等偏远系统的网络接入、生产车间的 Wi-Fi 网络建设以及选煤厂 5G 网络的全覆盖；② 集控系统的升级，将原独立的控制系统信号整合到集控系统中，如泵房，并增加计量计质相关的检测仪表，同时对原手动控制环节进行升级替换；③ 信息化系统的建设，已先后建立了多个管理信息系统，如人力资源管理系统、生产成本控制系统、设备管理信息系统等。

但随着选煤行业智能化建设的发展，以下问题日益突出：① 生产集控系统建设之初，只实现了数据的显示功能，过程数据未得到有效保存，在传统选煤厂生产管理模式中，生产数据以纸质记录为主，生产调度通信主要是广播和电话通信；② 生产系统的升级过程中，采购了不同厂家的设备与检测仪表，这些厂家的系统相对独立，形成了一座座数据孤岛；③ 已有信息系统的数据，未设置通用的数据开放接口，这大大增加了后续选煤信息化建设的工作量，选煤厂设备管理系统虽然具有信息统计和录入功能，但由于功能不完善、信息录入麻烦等原因，导致信息不全，功能有待完善。

为了解决以上问题并提升选煤厂信息化、智能化水平，帮助智能化选煤厂实现更为便捷、有效的运营管理，提升企业的竞争力，将物联网技术应用于选煤厂生产管理系统监测，结合智慧矿业的管理理念和云计算技术，立足选煤厂的实际需求，实现全厂工业生产历史数据的自动采集和长期存储，可解决企业不同应用系统之间的信息孤岛问题，实现数据的集成与应用的统一。大数据系统的目标是全面的数据融合与集成，其战略意义不在于掌握庞大的数据信息，而在于对这些含有意义的数据进行专业化处理。选煤厂数据信息平台的建立正是对以上所述内容的实质体现。结合物联网、5G 等技术，开发智能选煤厂数据信息平台，其结构如图 8-11 所示，该信息平台主要由基础设施层、数据源层、基础平台、应用层和业务展示层组成。按照数据实际处理过程划分，该信息平台可以分为数据采集层、数据交换层、数据读写层。

(1) 数据采集层

数据采集层主要对选煤生产设备进行监控并采集运行数据。对选煤厂内满足监测条件的生产设备的运行状态进行实时监测，以便管理人员能够实时、准确地掌握设备运转情况，及时进行故障预判，确保设备安全、平稳运转。选煤厂需要监控的主要设备见图 8-12。主要功能包括运行参数监测、关键参数超限报警、趋势分析、启停状态跟踪、连续运行时间统计等。采集数据主要包括各设备的开关量、原煤量、产品量、在线灰分、旋流器压力、循环介质密度等。

(2) 数据交换层

将选煤厂的基础信息按设备和检测仪表进行分类后，归类采集端采集来的数据，即形成了标准的数据仓储平台。建立了数据仓储平台后，具有不同需求的应用需求方还需通过统一的、通用的接口协议，获取服务器中的选煤基础信息。Web Service 是一种通用的跨编程

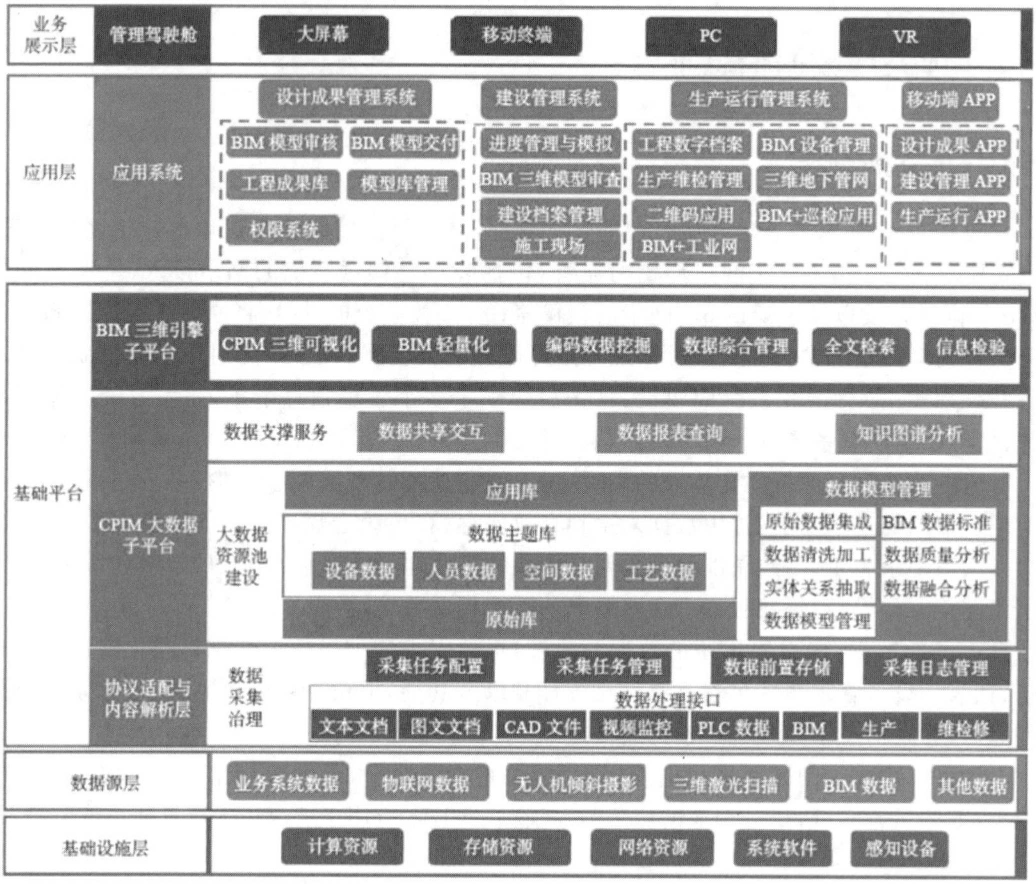

图 8-11　数据信息平台结构

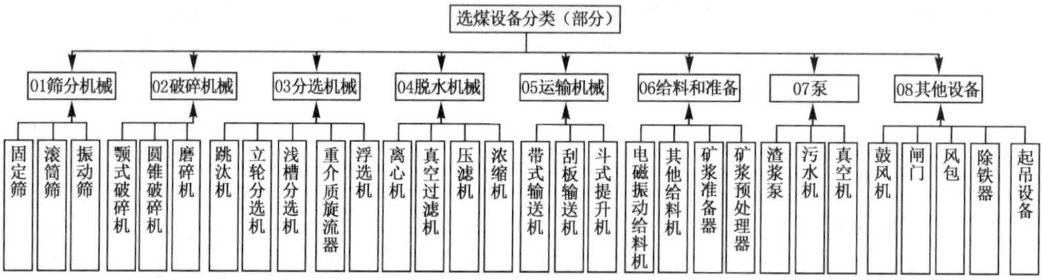

图 8-12　选煤厂需要监控的主要设备

语言、跨操作系统、无须借助第三方软件或硬件的远程调用技术。Web Service 技术解决了选煤厂信息采集交换中心与选煤厂其他应用系统不同平台、不同架构的数据通信问题。选煤厂信息采集交换中心需根据不同应用系统的功能需求，即所需数据的不同，提供不同权限的访问用户和密钥。传入数据标签及数据时间范围，通过 Web Service 服务返回指定数据集。选煤厂数据交换平台如图 8-13 所示。

（3）数据读写层

数据读写层即为终端界面，其主要画面如图 8-14 所示。终端可以读取的数据主要包括

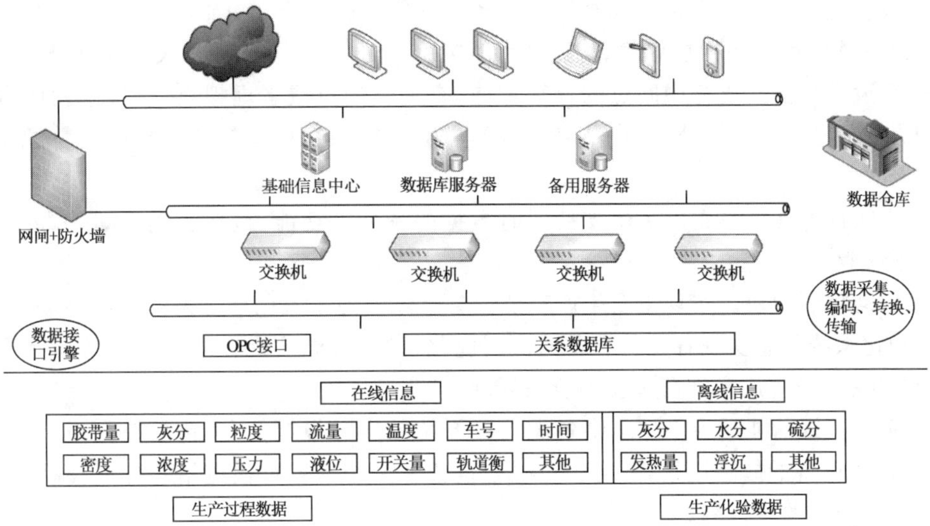

图 8-13　选煤厂数据交换平台

生产工艺参数、主要生产装置和设备、关键部件状态、装置启停跟踪。系统可实现设备、数据和关键点动态曲线等信息的显示，通过对不同装置和操作单元的工艺流程监视，进而实现全方位的选煤厂生产过程集中监视。主要实现以下功能：

① 集中控制功能。负责现场主要设备的运转，集控员可以通过系统的人机界面选择设备的控制方式，包括单点控制、模式控制、程序控制、时间表控制和系统联动控制，实际选煤厂终端控制系统如图 8-14 和图 8-15 所示。

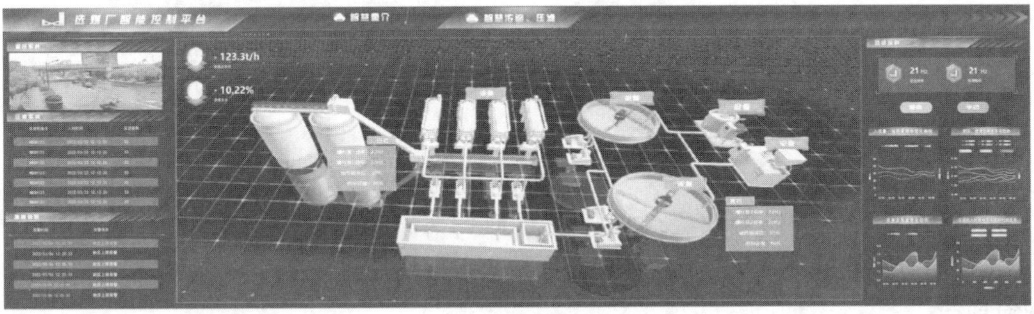

图 8-14　浓缩压滤控制系统

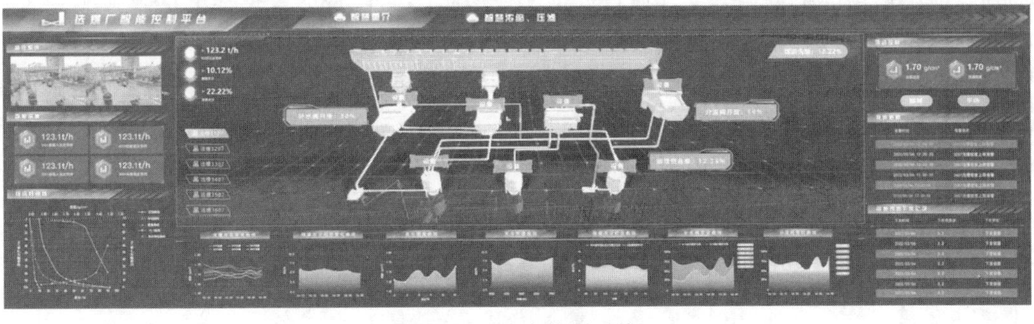

图 8-15　重介控制系统

② 设备挂牌功能。实现在线对一个或多个设备的控制禁止功能，以确保远程控制的安全性。设备挂牌种类包括检修牌、禁止牌和故障牌等，可采用不同图元表示挂牌类型。

③ 软逻辑功能。支持中间点的计算功能，查询新的点或者虚拟点；支持常用的数学运算符和界面组态配置计算表达式；支持JS脚本实现高级运算；支持通过规则引擎配置实现联动控制。

④ 边缘计算功能。在网关层支持实时数据的预处理功能，包括各类中间计算、线性变换和本地缓存等。

⑤ 联动控制模块。实现主要生产环节设备启停前的人、机、环境条件评估与联动；利用综合自动化系统信息实现各环节设备的协调优化运行联动；实现在异常或事故状态下的应急联动救援指挥；完成异常情况视频监控联动。

⑥ 实时报警功能。为用户提供各类监测系统的实时报警信息，包括超限报警、开关报警、系统在接设备的故障记录，并可设定组合报警。报警内容可通过语音方式播报，也可以发布到各级领导的手机端。

⑦ 统一报表功能。支持多种报表系统(实时数据展示、历史报表、报警报表、产量报表等)，可根据需求自定义报表并打印。主要功能如图8-16所示。

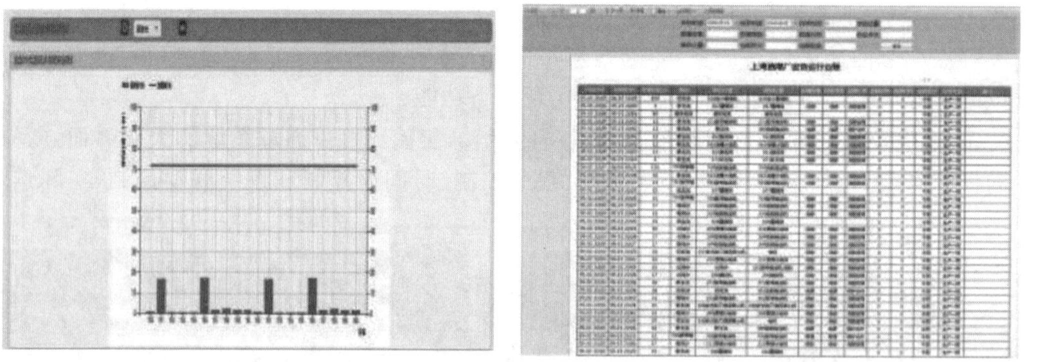

图8-16 选煤厂数据平台报表主要功能

数据读写层还可以对收集到的停机数据按照设备维度进行日月年的周期统计(图8-17)，直观获取影响各系统生产的主要停机位置以及故障频率高、故障处理时间长的设备部件。

该信息平台可以对生产系统进行实时监控，并将各种业务数据关联，将生产过程中的数据进行建库处理，完成数据共享。通过数据交换层将不同设备的数据提取读写显示至上位机控制平台中，形成整个选煤厂的信息集中调度管理体系。通过电脑系统可进行数据查询，还可以将移动终端与外部硬件配合，实现选煤厂生产数据的实时显示和远程传输，包括设备基本信息、状态监测、故障报警等的查询与显示。通过移动终端可以查看原煤、精煤、矸石等计量秤的瞬时量、累计量等实时、历史数据，如图8-18和图8-19所示。

8.2.2 平台应用案例

(1) 潘集选煤厂信息化平台

在潘集选煤厂智能化建设中，利用大数据、物联网、云计算、人工智能等新一代信息技

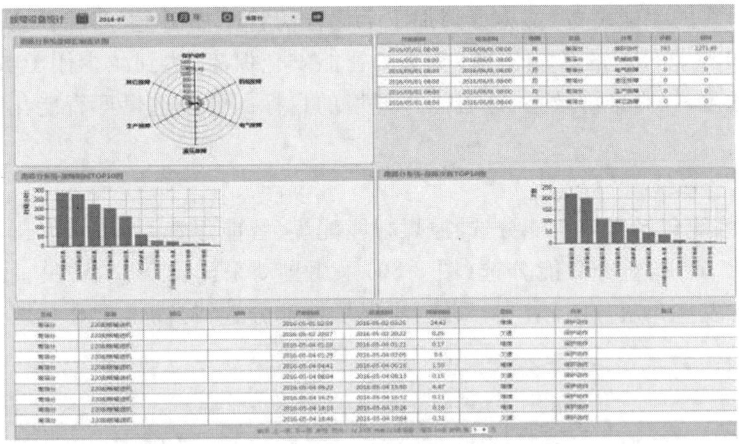

图 8-17　设备故障统计平台

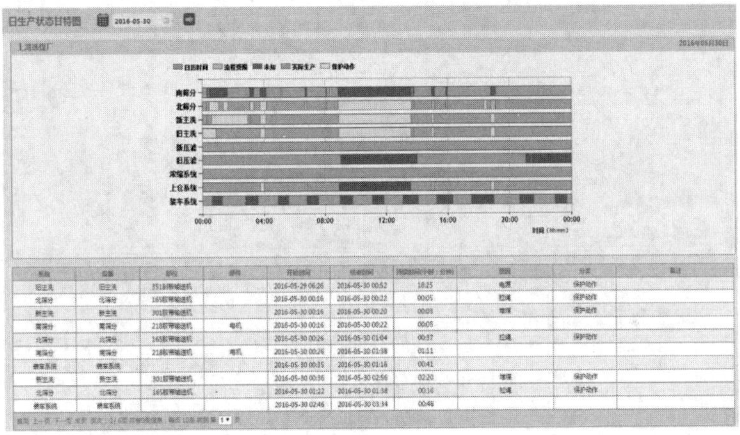

图 8-18　选煤厂数据信息平台生产状态

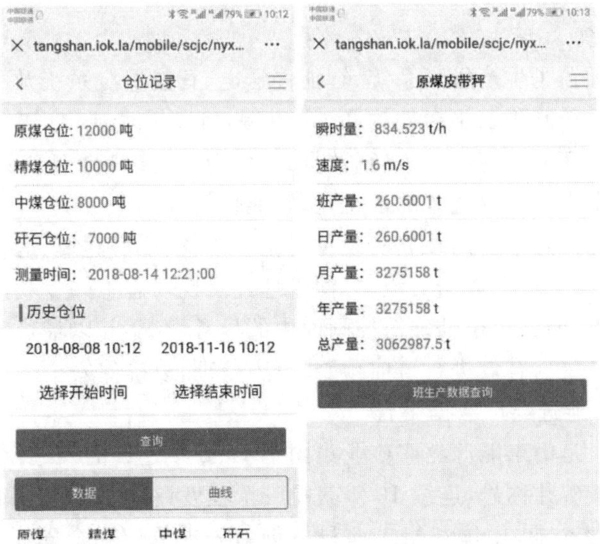

图 8-19　移动终端数据查询界面

术，依靠性能可靠的智能装备，实施分选加工全流程的智能控制、生产经营全过程的智能管理和决策、人员作业行为的智能识别、全员的智能安全保障，达到减少用工数量、本质安全化、降低劳动强度、提高经济效益、改善工作环境的目标。潘集选煤厂智能化建设主要包括以下两个方面。

① 智能生产系统

智能生产系统包括重介智能分选、原煤智能配煤、智能浮选系统、智能机器人采样和智能机器人巡检。其中，重介智能分选（图 8-20）采用自动采样测灰仪，解决了人工操作滞后和波动问题，开发重介灰分闭环控制系统，实现了精准分选，提高了重介精煤产率和产品合格率。

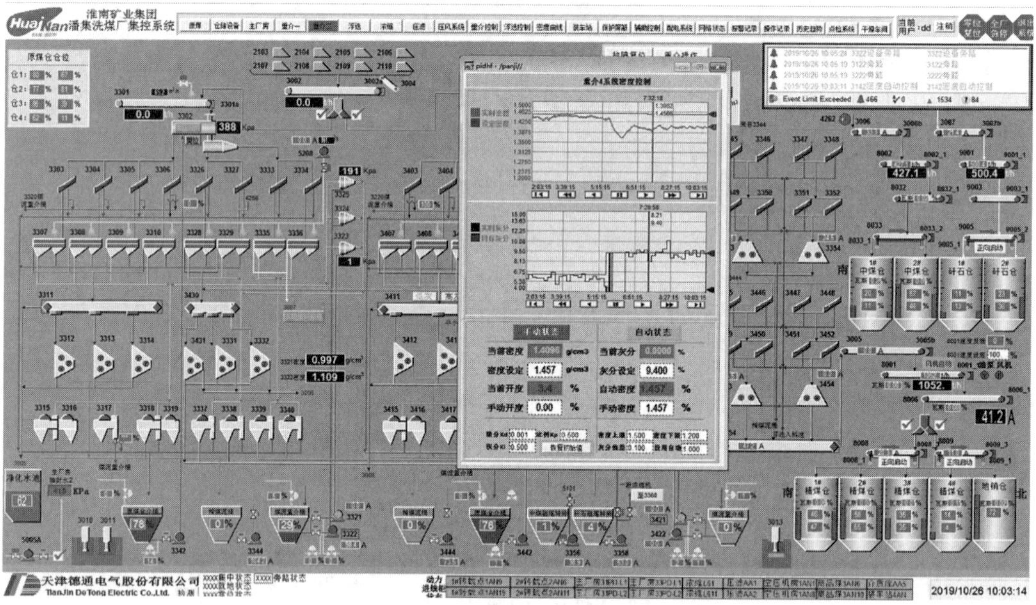

图 8-20　重介选煤数据平台系统

② 智能管理系统

智能管理系统涵盖了生产管理系统、智能停送电、智能安全系统及智能监控系统的智能化建设。生产管理系统基于云平台架构和 5G 专网，研发了可视化、智能化的综合信息化管控平台和三维可视化智能指挥中心，进行数据统计、分析，实现业务推送、执行、反馈的闭环式管理以及选煤安全生产主要过程的信息化、智能化管理。

潘集选煤厂智能信息平台的建立实现了对生产设备、厂房建筑、运行数据等多个系统的集中控制，通过深度融合进行数据交流，方便管理并实现动态感知。利用智能安全监控装备和机器视觉捕捉技术，能够快速准确监控画面中的异常情况，并以最快和最佳的方式发出警报，必要时联锁设备停机，有效进行事前预警、事中处理，以确保安全。

(2) 付村煤业智能选煤厂数据平台

付村煤业选煤厂是山东能源枣庄矿业集团于 1998 年建设的。近年来，付村煤业先后荣获山东煤炭行业十佳矿井称号，连续 10 年获得安全程度评估 A 级矿井的称号。被评为“质量、经营、服务”3A 级企业、中国煤炭工业科技创新先进单位和全国煤炭工业先进集体，是全国煤炭行业高产高效矿井之一。自 2019 年起，付村煤业选煤厂先后投资资金 1 200 万元，从生产调度系统升级、生产过程智能化、质量岗位远程控制、供配电系统智能化、生产管理信息化建设等 5 个方面入手，通过自动化和信息化手段解决生产监控盲区，降低职工劳动强度，实现去岗位化，提高安全管理水平。

在付村煤业选煤厂的智能化改造过程中，该选煤厂建立了 3D 可视化数据采集与监控系统。主要功能是对厂区进行建模，结合虚拟显示技术对生产过程数据进行采集并分析故障。通过将选煤厂 CMES 平台与煤质处建立的选煤智能决策平台进行信息交互，实现选煤工艺效果评定、选煤质量控制与市场销售联动、生产经营分析等功能。选煤厂的可视化数据采集系统如图 8-21 所示。该选煤厂通过对设备安装监测传感器和保护装置，进行数据采集，并将数据传输至终端进行分析，有效地解决了设备故障难发现、发现慢等问题，并基于此设计了故障诊断及预警保护系统，如图 8-22 所示。

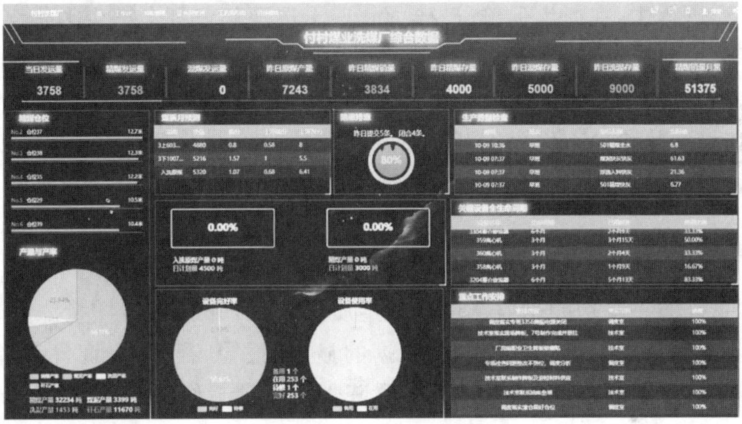

图 8-21　付村煤业选煤厂的可视化数据采集系统

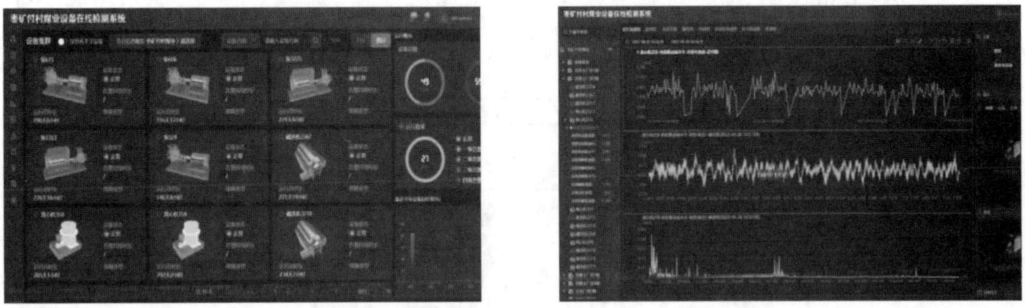

图 8-22　付村煤业选煤厂设备故障诊断及预警保护系统

课后习题

1. 简述选煤厂设备智能检测和诊断的重要性。
2. 简述选煤厂设备故障诊断系统的总体架构。
3. 选煤厂数据信息平台主要由哪几部分组成？
4. 选煤厂数据信息平台建设中，数据读写层的主要功能有哪些？
5. 选煤厂数据平台建设可以从哪方面进行完善？

第9章　辅助作业智能化技术

9.1　智能除尘

选煤厂生产过程中，在原煤运输、破碎、筛分、干选等环节都会产生大量煤尘。弥散在空气中的粉尘不但造成环境污染，还会影响选煤厂工人的健康。随着选煤厂现代管理和环保要求的逐渐提高，选煤厂粉尘的防治技术是选煤厂亟待解决的重要课题。在智能化发展的背景下，部分选煤厂的除尘工作也逐渐应用智能化技术。粉尘监测与粉尘治理是解决粉尘污染问题的两个有效且密不可分的手段。

9.1.1　粉尘监测系统

粉尘监测系统的主要功能是监测现场粉尘质量浓度，并将粉尘质量浓度信息远程传输到监控室，在监控室主机上进行现场监测数据的显示、报警、存储、查询等，并能够对现场喷雾设备进行自动或手动启停，实现远距离喷雾降尘。正常工作时，粉尘质量浓度传感器将测得的现场粉尘质量浓度值上传给控制箱，控制箱首先判断质量浓度值是否超过预设值，如果比预设值小，不执行任何操作；如果超过预设值，将给继电器一个高电平信号，使常开型继电器闭合，从而打开电磁阀，使水路与气路畅通，开始喷雾。随着喷雾的进行，粉尘质量浓度不断降低，当粉尘质量浓度降低至预先设定的停喷点时，输出低电平信号，使继电器恢复常开状态，从而关闭电磁阀，停止喷雾。粉尘监测系统原理图如图9-1所示。

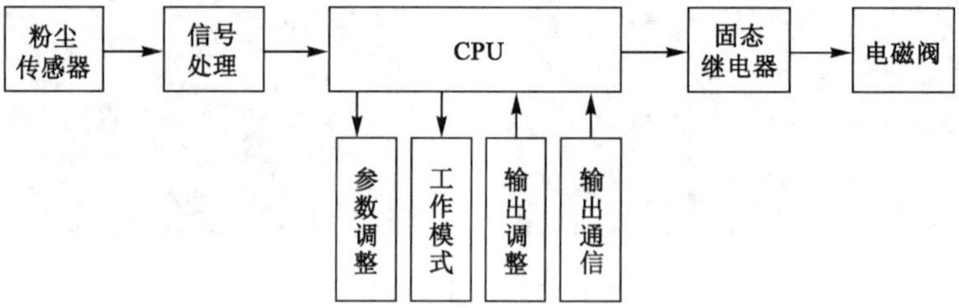

图9-1　粉尘监测系统原理图

9.1.2　粉尘治理

根据选煤厂粉尘产生原因、位置和降尘原理的不同，选煤厂常见的除尘设备可以分为过滤除尘、喷雾降尘、密闭除尘、水浴除尘、离心除尘、电除尘几类。选煤厂对粉尘控制的基本方法可以总结为：

① 减少原煤中能被尘化的微细粒含量或直接防止尘化作用的发生。这是一种经济而

有效的方法。如采取工艺措施减少原煤中微细粒含量；采用洒水或适当添加润湿剂的方法使原煤中微细粒黏附成团，防止尘化；降低溜槽和转载点落差，减少诱导气量和物料撞击剪切作用；利用静电作用抑制粉尘扬起。

② 对已产生的一次尘化含尘气流进行控制和净化，防止扩散。这是目前最广泛采用的一种方法，即局部通风除尘方法。它利用各类集气罩捕收尘源处含尘气流，送至除尘器净化后排空。

③ 对已产生的一次尘化含尘气流直接喷雾降尘和净化。这也是一种广泛采用的粉尘控制方法。与局部通风除尘工艺比较，该方法能源消耗低，系统简单，但对细尘捕集效果稍差，现场卫生条件受到影响。

④ 消除地面积尘和实行个人防护。这是两项必要的措施，尤其是处理大量粉状物料的岗位。

目前选煤厂的除尘设备主要是除尘器(图 9-2)。适用于选煤厂的除尘器主要有湿式除尘器、电除尘器、袋式除尘器和滤筒除尘器。

湿式除尘器是通过高压离心风机来实现灰尘和水汽的结合，进而实现对粉尘的去除。湿式除尘器根据结构类型不同，可以分为储水式、加压水喷淋、强制旋转喷淋等。湿式除尘器的成本低，效率也相对较高，但是湿式除尘器在使用中因为水分和灰尘结合会产生泥浆，这就会堵塞管道和设备，并且还会产生二次污染。

电除尘器是通过给烟尘加载正电荷，然后再将加载电荷后的烟尘通过阴极板除尘器，以此来实现对烟尘的吸附。电除尘器的除尘效率极高，并且处理量大，即便在高温条件下也可以正常使用，同时还能够完成自动化改造。但是该类除尘器的投入相对较大，并且对于粉尘的比电阻、温度、湿度等都有着一定的条件限制，同时运维难度也相对较大。

袋式除尘器属于干式过滤。由于袋式除尘器所用的滤袋是由纤维织物制作而成的，所以粉尘在进入除尘器后就会因为其自身的质量和颗粒大小沉降到滤袋内，然后再通过灰斗排出。袋式除尘器的除尘效率能够达到 90%，并且安装和运维成本都非常低，因此在当前工业生产中得到了普遍应用。但是袋式除尘器并不适用于粉尘含水量较高或者温度较高的情况，含水量较高，则会导致粉尘堆积在过滤袋内，而温度过高，则会损害袋体。

滤筒除尘器是通过脉冲喷吹或者高压气流反吹将粉尘吹入滤筒之中进而实现对粉尘的过滤分离。该类除尘器的过滤面积非常大，并且体积小，使用周期长，除尘效率最高能达到 99%以上。

选煤厂除尘的主要位置包括：① 带式输送机除尘。在胶带机机头下采用方滚筒设置清扫器，减少带煤现象，同时在机头下方走廊设置喷水。② 转载点除尘。采用喷水降尘或湿式负压诱导除尘器。③ 煤仓除尘。采用密闭除尘方式，机头配煤采用刮板输送机，利用刮板输送机的箱体密封仓口，同时在刮板输送机上部设置除尘风机，进行卸压，防止粉尘从缝隙里面喷出。④ 装车仓除尘。与煤仓除尘的方式基本一致，但由于卸煤、进煤速度快，需要密封胶密封缝隙。⑤ 产尘设备除尘。包括破碎、筛分、干选设备等，基本使用配套的除尘设备进行除尘。

当前除尘设备控制以 PLC 自动控制为主。如新疆某选煤厂应用了一种基于 PLC 的超声负压雾化除尘技术，基本实现了原煤仓、混煤仓、原煤分级车间(包括矸石仓)、块煤仓、栈桥及返煤地道内设备除尘的自动化控制。超声负压雾化共振头工作时向气源和水源提供一定气压和水压，水流与气流的反复碰撞即压缩与膨胀，水流被激化成细微的颗粒，向外高速

图 9-2　常见的除尘设备

喷出形成水雾去捕捉煤尘。除尘系统采用分层结构，共分成 3 层，分别是管理层、控制层和设备层，如图 9-3 所示。其中管理层处于集中控制室，在该层能检测除尘设备的工作模式和

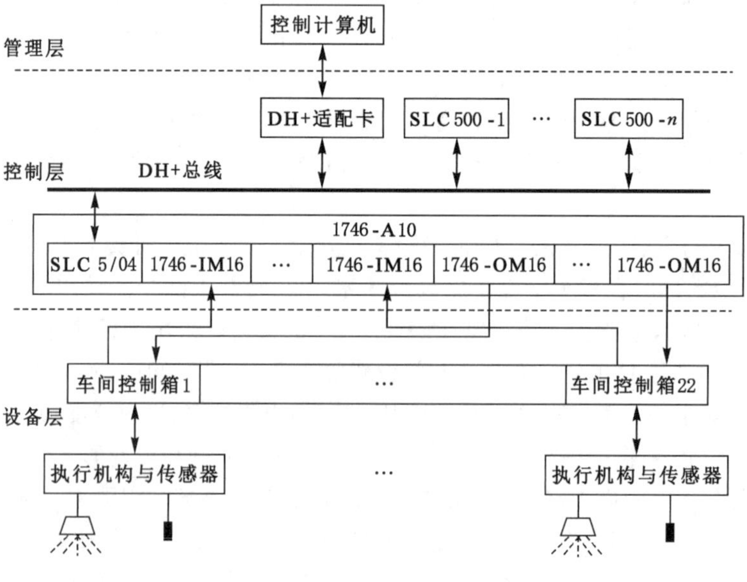

图 9-3　新疆某选煤厂的 PLC 自动除尘系统结构

运行状态，还可以通过 DH＋网络远程控制各个除尘点设备的开启；控制层位于其中的一个车间，主要是 PLC，负责根据工作模式和传感器信号控制各个除尘点除尘设备运行，并且将模式选择情况和除尘点设备运行情况通过 DH＋网络发送给管理层；设备层在各个除尘点，在该层可以实现除尘设备工作模式的选择和启停控制。

西山煤电集团某选煤厂开发并应用了一种基于 PLC 的除尘系统，并结合了 STM32 微控制器、主控制箱、喷雾控制箱、粉尘浓度传感器、水压压力传感器、温度传感器、煤流传感器、矿用设备传感器等多种信号检测设备，实现了除尘过程的自动控制。该选煤厂的除尘系统设计框图如图 9-4 所示。

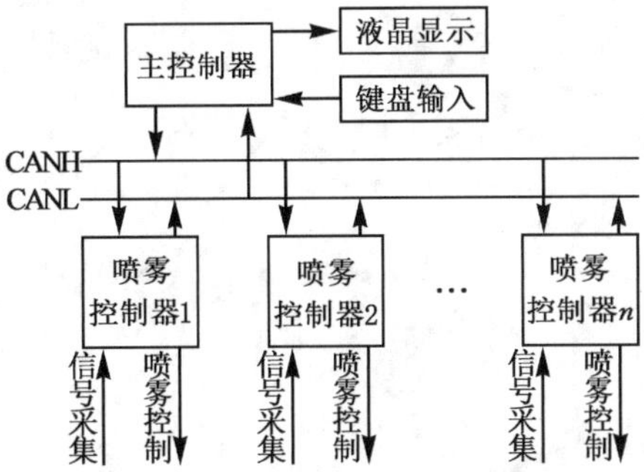

图 9-4　西山煤电集团某选煤厂除尘系统设计框图

9.2　智能配电系统

选煤厂传统配电系统存在以下缺点：独立运行、信息孤立；监测数据不全面，无法实时监控；日常巡检维护需要投入大量人力物力；事前无预警，事后查找问题及检修处理速度慢等。选煤厂中传统低压配电柜形式较多，但当前我国选煤厂配电柜的智能化程度低，信息分析能力较为落后，维护人员责任较重。因此，采用新的配电保护技术，对传统配电柜技术进行改进，对于提高配电网的安全可靠性，建立一个具有智能化、自动化、信息化的综合系统，保障配电系统和选煤生产的正常安全运行具有重要意义。

9.2.1　系统基本框架

(1) 现场设备层

现场设备层的作用在于向上一层次提供实时的监测数据。现场设备层主要包括直流屏、智能网电机保护器、电容柜、综合保护装置以及智能抽屉柜仪表等。现阶段，高低压配电柜大多采用的结构都是抽屉柜结构。也就是说，各个功率单元都是独立、互不干扰的，所有保护器以及仪表等都可以通过通信接口接入到传输网络层，然后完成对设备的维护、数据的监测和控制等。

高压柜微机保护装置配置 I/O 扩展模块。该 I/O 模块为选配件，可以使用该模块控制开关柜内的断路器手车、接地刀闸的远程电动操作，同时统一后台管理系统，简化管理后台系统的维护。对于低压配电智能化，建议单独设置电动操作机构供电电源。无储能功能的电动操作机构可以设置不间断电源 UPS。当出现突发停电事故时，可以及时分闸断路器，提高供电安全性和可靠程度。配电室增加智能化一体机，连接后台监控系统，读取实时智能电机保护器运行状态，在画面中显示设备故障信息及运行状态，辅助现场维修人员工作，提高工作效率。对一些大电流、重要设备回路可以设置测温装置，观察设备用电状况，提高设备运行的可靠性。对于选煤厂部分重要设备，可以使用具有通信功能的智能塑壳断路器，用户可实现对断路器远距离的遥控、遥信、遥调、遥测功能，可以实现对用电设备回路用电质量的预警功能及维修助理功能，提高选煤厂配电系统的智能化水平。现场配电设备如图 9-5 所示。

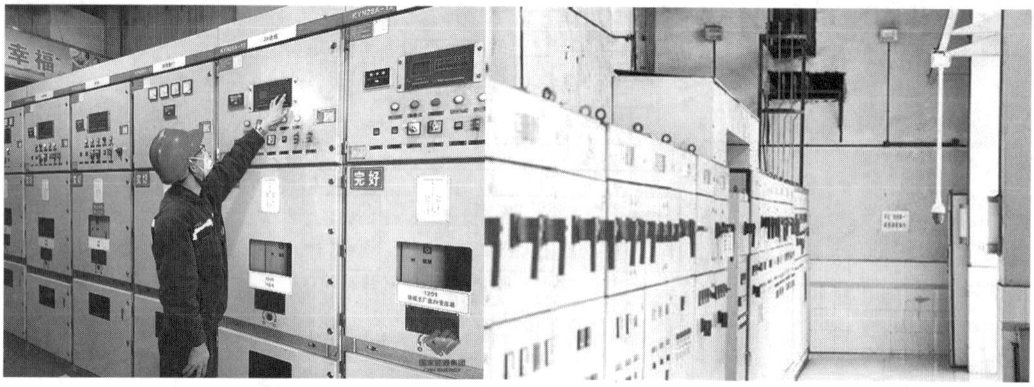

图 9-5　现场配电设备

(2) 传输网络层

传输网络层则主要包括交换机、网络通信控制器以及通信线缆等。在传输网络层，各个配电室都会配置相应的管理机，且管理机与配电室内部的所有保护器以及仪表都是联网的。在通信网络层，实现数据的长传、远程控制以及信息资源共享等。

选煤厂配电系统是选煤厂正常生产的保障，可靠性要求高。智能化改造中，智能电机保护器、多功能仪表、安防高清摄像头、巡检机器人等设备开始大量投入使用，由于原设计网络的限制，已无法发挥智能化配电系统的优越性，原有的监控通信网络大多无法满足使用要求。建议单独建立用于配电管理的千兆级专用网络，与生产控制系统、安防监控系统网络分离，实现专网专用，提高配电系统网络的可靠性，特别针对使用智能电机保护器的项目，配电网络的可靠性至关重要。

在配电智能化保护装置通信网络建构中，以 Modbus RTU 作为通信协议。为提升使用和配置的便利性，在这一协议中设置了 RS242/385 接口，以便于实现和现场总线的连接，如图 9-6 所示。Modbus 主从通信传输模式选择的是 RTU(remote terminal unit)型，一旦接收到主站 faculty 的通信指令，即可以依照信息帧地址实现所有从站主设备选择各自合理的从设备。在通信物理接口中，RS242/385 接口的应用优势在于能够实现远距离通信、高传输效率以及低损耗，这有助于构建分布式系统等。低压配电智能化保护系统可设置 RS242/385 物理接口，能够迅速完成现场设备网络的构建，各个配电室在接线口的应用下可以构建单元设备网络层。同时基于以太环网设置通信节点，在高速大量应用优势下则可以实现对信息损耗的显著降低。在整体通信网络构建中，基于 TCP/IP 协议、以太环网，能够迅速实现对终端和现场设备层网络连接的控制。

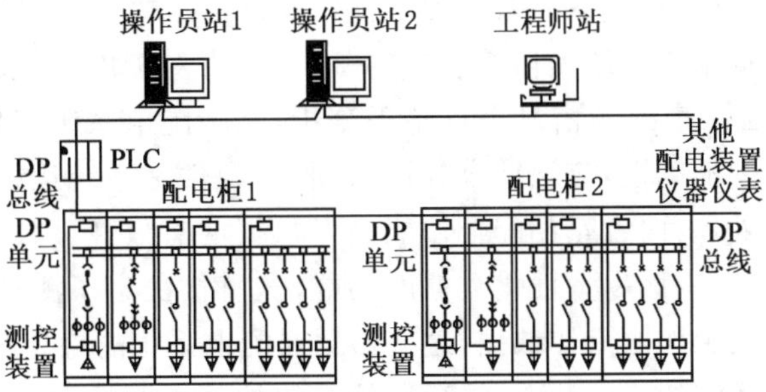

图 9-6　现场总线系统结构

(3) 控制管理层

控制管理层，即监控管理平台，主要包括视音系统、工控机、打印机以及服务器等。在控制管理层中，主要分为两部分：人机界面和视频监控。人机界面通常采用专业组态监控软件，能够对配电系统的相关设备进行动态监测，同时还能够准确记录、管理以及负荷控制。除此之外，控制管理层还能够进行电能质量分析、故障报警提示以及统计报表生成等。视频监控部分主要包括视频监控和音频监控两部分。

监控系统总体结构如图 9-7 所示，系统包括通信设备、通信接口和监控软件三个部分，不同通信设备之间利用现场总线技术连接。通信设备层包括监控装置、保护装置等，利用传感器对供电系统的电路信息进行测量和控制，具体测量参数有电压、电流、功率、功率因数、有功功率、无功功率等，对信号进行处理分析可以判断配电系统是否出现短路、超压、谐波失真等问题。监控装置对配电系统的保护主要通过切断电源实现，用户利用现场总线采集到的信号，对故障类型和故障信息进行分析，并控制断路器工作，实现保护功能。也可以根据用户需求选择保护类型：如漏电保护、接地故障保护等，断路器的工作情况也会及时反馈给监控中心。

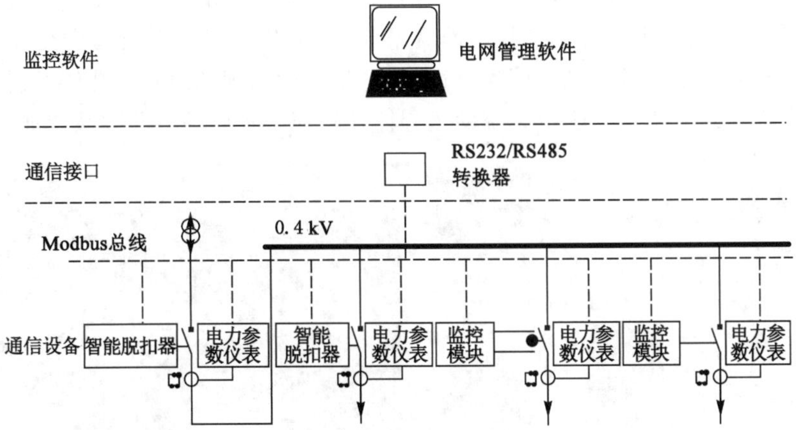

图 9-7　监控系统总体结构

通信接口的主要功能是完成监控软件与传感器设备之间的有效连接，并进行网络协议转换。由于目前计算机接口主要是 RS232 型接口，无法与监控装置中的通信设备连接，因此需要进行协议转换，确保信号的有效传递。监控软件包括数据采集系统，数据库系统和监控界面三个部分。数据采集系统是监控装置的基础，负责对配电系统输出状态参数进行采集和传输，监控中心对采集到的信号进行整理分析，判断配电系统工作情况并输出控制指令。为提高采集数据的准确性，应该综合利用软硬件，硬件是系统运行的基础，软件负责对数据进行采集和初步处理，两者互相配合才能确保数据的有效性。数据库系统是测控装置重要的组成部分，设计时应该尽量强化数据库功能，这直接决定了测控装置指令的准确性。数据库中包括配电系统工作的具体数据，这些数据对配电系统的检查和维护有指导意义，可以通过历史数据判断系统的工作状态，提高监控系统故障诊断的效率。监控界面需要有良好的人机交互特征，能够将配电系统的参数直观地表达在界面上，一些重要操作也要设置在明显位置，界面完成后要进行适当美化处理，监控系统参数显示界面如图 9-8 所示。

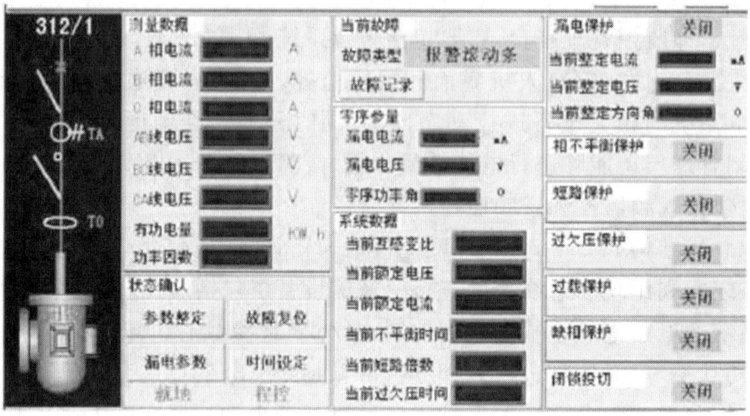

图 9-8　监控系统参数显示界面

视频监控系统和音频监控系统是对信息监控功能的一种完善和补充。视频监控系统和音频监控系统主要是通过安装摄像头、监听器以及对讲系统等实现监控的。这些系统的安装和完善可以有效地将配电柜与监控画面联系起来，为相关工作人员提供更加直观的环境信息，以便进行及时有效的控制。同时，对于配电系统中出现的故障也能够及时锁定故障出现的位置，进而实现无人值守配电系统的远程监控功能。视频综合监控系统如图 9-9 所示。

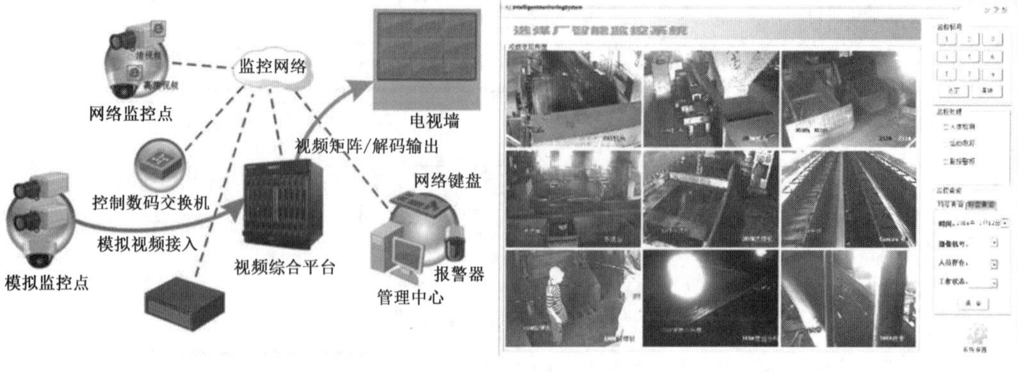

图 9-9　视频综合监控系统

9.2.2　智能配电案例

(1) 官地选煤厂配电系统

西山煤电(集团)有限责任公司官地选煤厂在原配电系统的基础上,设计了智能配电系统,如图 9-10 所示。智能化改造后的选煤厂配电系统设计中,设备层增加了设备接入端口,可根据实际生产需求灵活调整设备数量和种类。传输层的数据通信模块更换为 TCP/IP 通信模块、CAN 总线通信模块以及网关。其中,TCP/IP 通信与原 Modbus RTU 以及 Profibus dp 通信相比,在数据传输率以及数据大小方面都有显著提升,能够满足选煤厂配电方案数据通信的实时性要求;CAN 总线通信协议采用自定义模式,可根据生产实际要求,自定义设备与 PLC 控制之间的数据通信格式,方便灵活;增加的网关设备既保障了数据通信质量,又可实现传输层通信模块的扩展。控制层增加并完善了选煤厂设备的保护装置,包括增加变压器测控保护、温控保护装置、电量/非电量测控保护装置以及线路纵差/线路测控保护装置等,同时预留了保护装置接入端口,可随时增加新的保护装置。在智能化配电设计框架中增加了监控层,用于对选煤厂配电设备进行远程监控,并备份设备运行数据,由智能远程监控平台、数据服务器组成。优化配电方案控制指令和运行数据在监控层、控制层、传输层以及设备层之间通过 CAN、TCP/IP 通信模式传输。

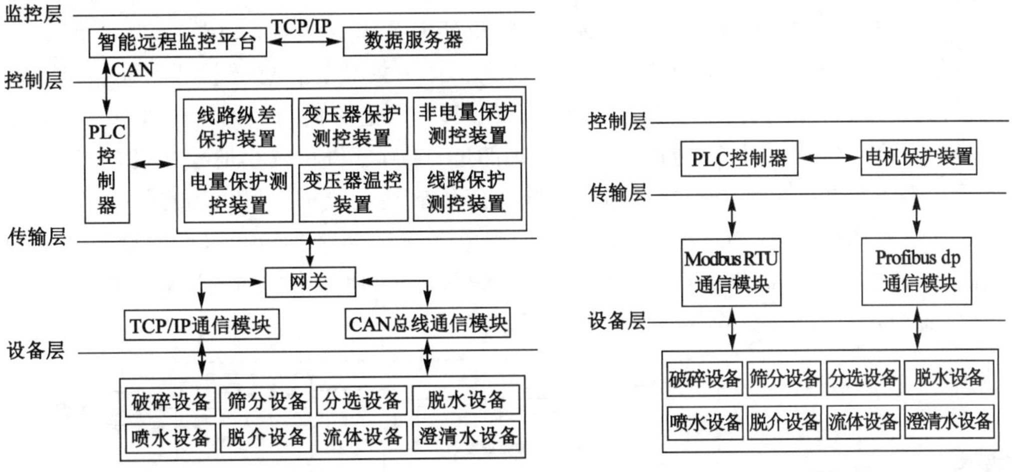

图 9-10　官地选煤厂配电系统智能化设计

(2) 东欢坨选煤厂配电系统

以东欢坨选煤厂配电系统为例,其智能化配电系统结合了基于通信、互联网的相关服务,融入了计算、网络、存储等各种软件和硬件技术的云服务应用,对配电过程数据进行采集、传输及可视化监测;采集的温度、压力、振动以及巡检等信号,通过传输到云端服务器,并对数据进行分析、处理和存储,可以将设备运行参数的历史数据在手机端用曲线图形的方式直观显示,如图 9-11 所示。一旦现场设备运行参数值超出设定的阈值,系统立即通过微信推送到相关人员,提示预警。以挖金湾选煤厂为例,图 9-12 给出了配电系统智能监控的基本架构。

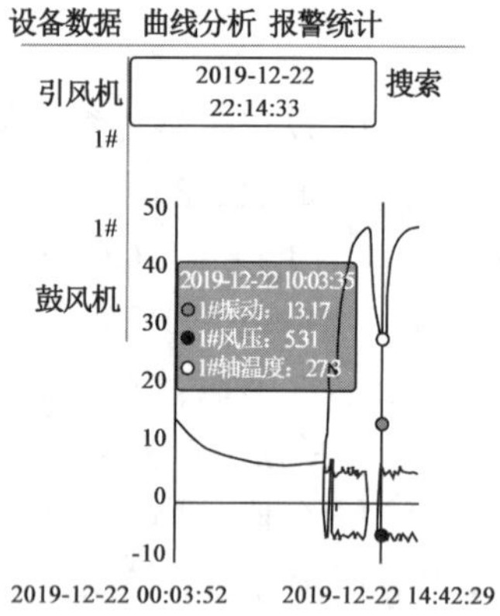

图 9-11　配电监测可视化数据

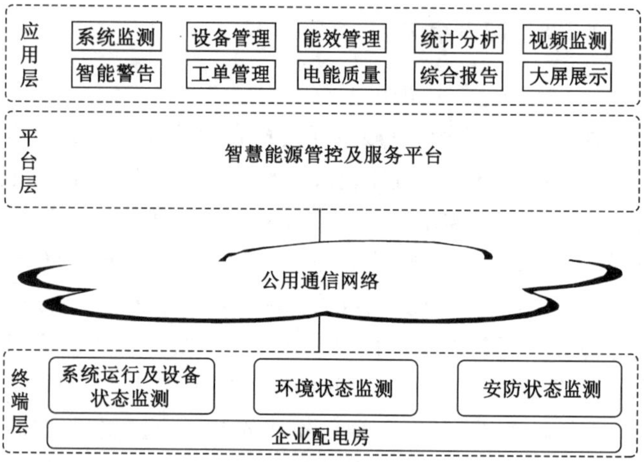

图 9-12　挖金湾选煤厂配电系统智能监控基本架构

（3）配电室智能巡检机器人

晋能控股煤业集团有限公司煤炭洗选分公司应用了一种配电室智能巡检机器人，如图 9-13 所示。配电室巡检可以及时有效地发现或确定设备缺陷和隐患，是确保选煤厂正常生产工作不可或缺的一项重要环节。智能巡检机器人系统主要由基础平台、巡检机器人、巡检监测数据、可视化等子系统组成。巡检机器人本体上搭载有传感器检测模块、供能模块、高清摄像头模块、伸缩机构模块和远红外热成像模块等，通过使用伸缩机构可以自动调整高清摄像头的高度位置，可以对地面以及设备底部进行细致巡检，减小巡检盲区，通过机器人本体采集选煤厂配电室环境参数并通过无线通信传输到上位机，可以实现远距离监控。对选煤厂配电室巡检的主要目的是检查选煤厂配电室内是否存在某些有可能导致事故的因素，保证所有电气设备的供电正常、附加设备的正常运转，比如常见的变压器温度、配电柜箱体温度、轴流风机、内部空调及插线板等是否正常。

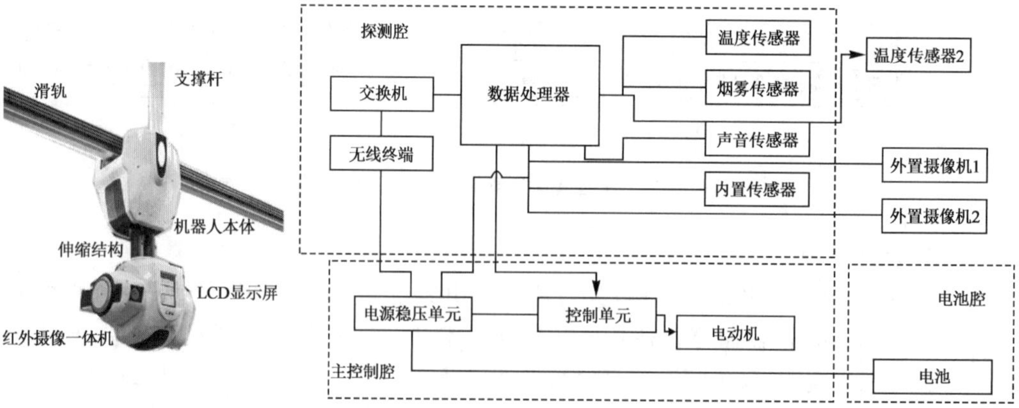

图 9-13　一种智能巡检机器人及其硬件系统组成

（4）上湾选煤厂配电系统

选煤行业生产、检修环节的停送电基本以传统的停送电模式为主，基本为申请人员、调度人员、电工人员通过对讲机进行交流反馈，进行停送电过程，设备状态以调度员、操作电工眼观为判断依据，停送电记录以调度员、操作电工手写纸质记录形式留存；这类停送电环节存在停送电信息传输慢、信息在传输过程中容易出错、停送电效率低、人为错误频繁等缺点。

以上湾选煤厂为例，该选煤厂开发了智能化的数字配电系统。该系统由门禁系统、多媒体终端、个人手持终端、数字配电服务器、PLC 控制系统等组成。该系统由 OPC 服务通过和 PLC 接口通信，读取 PLC 系统的供配电状态点，进行相应逻辑条件判断，实现终端停送电操作。如图 9-14 所示，系统主要分为存储层、业务层、访问层 3 个层级；存储层的主要功能是为系统提供物理设施及底层数据，如配电元器件、PLC 数字量/模拟量模块等；业务层的主要功能是对设备层的数据、信息、状态等进行收集、整合、分析、传递，如交换机、服务器、程序语言等；访问层主要功能是作为用户使用系统的接口，如个人手持终端、多媒体终端，用于操作数字配电系统。该系统实现智能停送电的原理是根据配电断路器型号规格，选择匹配的电动操作机构并安装，依据控制设计原理进行配线，最终实现智能停送电。在数字配电系统中，数字配电系统服务器实时与 PLC 数据通信。数字配电系统实时读取设备运行状态点、配电柜位置状态点、配电柜送电状态点等，在后台进行逻辑判断，据此来执行智能停送电，智能停送电控制设计严谨，安全性能高，可大幅提升作业效率。

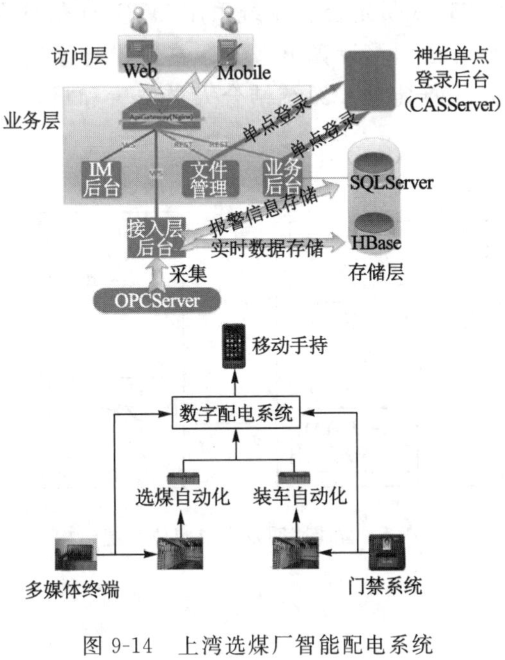

图 9-14　上湾选煤厂智能配电系统

9.3　智能照明和人员管理

9.3.1　智能照明

选煤厂照明范围广，光源多样。传统的选煤厂照明控制系统采用专人根据现场工况去人工手动开停，照明系统灯具的开关管理需要专人负责，而在生产系统自动化程度越来越高、管理智慧化和资源配置更加精细化的趋势下，照明系统仍然依赖人工控制明显滞后于现代化选煤厂的发展。这种做法不仅增加了人员费用，而且开关操作不及时，导致能源浪费，与选煤厂减员增效、国家提倡的节能政策不相符。所以选煤厂智能照明系统的研究与应用，符合选煤厂向智慧化绿色矿山发展的趋势。

选煤厂照明控制系统综合了智能检测与网络信息传输技术，很好地解决了选煤厂照明系统的智能化控制与生产照明系统信息化孤岛问题，满足了自动照明控制系统在生产场合的应用要求，减少了生产照明系统电量浪费、维护量大及操作人员管理困难等一系列问题。

以某选煤厂智能照明系统为例，通过对选煤厂区域通信网络进行重新搭建，构建智能照明一体化综合管理平台，进行灯光的智能管控，确保照明系统稳定运行，并根据基本亮度要求对灯光进行亮度调节，实现了电能的节约。该智能照明及人员定位系统搭配无线通信基站实现人员定位功能。每盏灯搭载控制器，用于对灯进行启停控制。系统还包括机房配套的照明及定位服务器、交换机，并由调度室进行统一监测。智能照明及人员定位系统结构如图 9-15 所示。智能照明及人员定位系统工作原理的核心在于通信及精准人员定位。在整套智能照明及人员定位系统中，会在选煤厂作业区域布置无线通信基站，工作人员持标识卡以实现人员定位。系统采用 UWB 通信技术，利用发送和接收窄脉冲来传输数据。基于定位算法引擎计算出来的标签位置与标签真实位置之间的偏差，实现人员在 0.3 m 范围内的精准定位。系统结合人员位置和设定场景，自动控制灯具的开关、调光等操作。

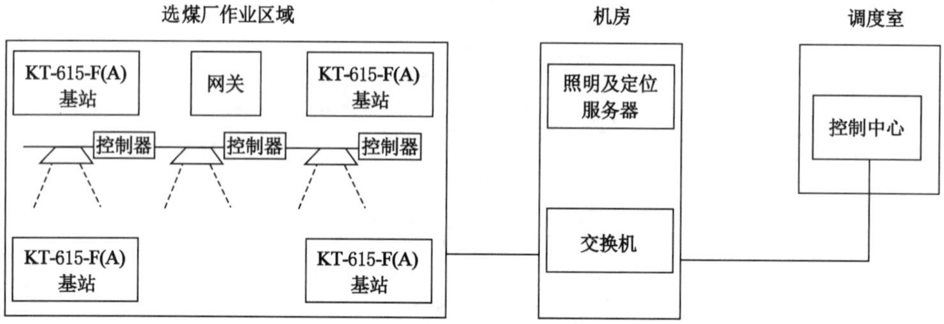

图 9-15　智能照明及人员定位系统结构

9.3.2　智能人员管理

智能人员管理是选煤厂智能化管理的重要组成部分，其中智能人员定位是选煤厂管理实现安全高效的一种有效方法。目前，选煤厂普遍配置较多数量的摄像头，依据厂型大小，一般能够达到 100 只以上，遍布各个设备、栈桥旁。每个摄像头拍摄的区域有限且固定，因此采用查表定位方案，能够基本满足选煤厂定位精度要求。考虑到摄像头的重叠区域，在数据处理时需要对图片重叠抖动问题做出合适判断，设立重叠定位区域；对于摄像头之间的盲区，按照空间路径逻辑进行判断；综合摄像头的拍摄区域、重叠区域和盲区，整个系统可提供超过摄像头数量的定位空间区域。对于关键出入口，需要考虑双向摄像，防止出现背对摄像头无法识别的情况。系统软件主要功能包括：人员在全局工业广场的分布情况，人员在车间不同平面的分布情况，对人员的实时查找功能。选煤厂厂区人员定位原理如图9-16所示。

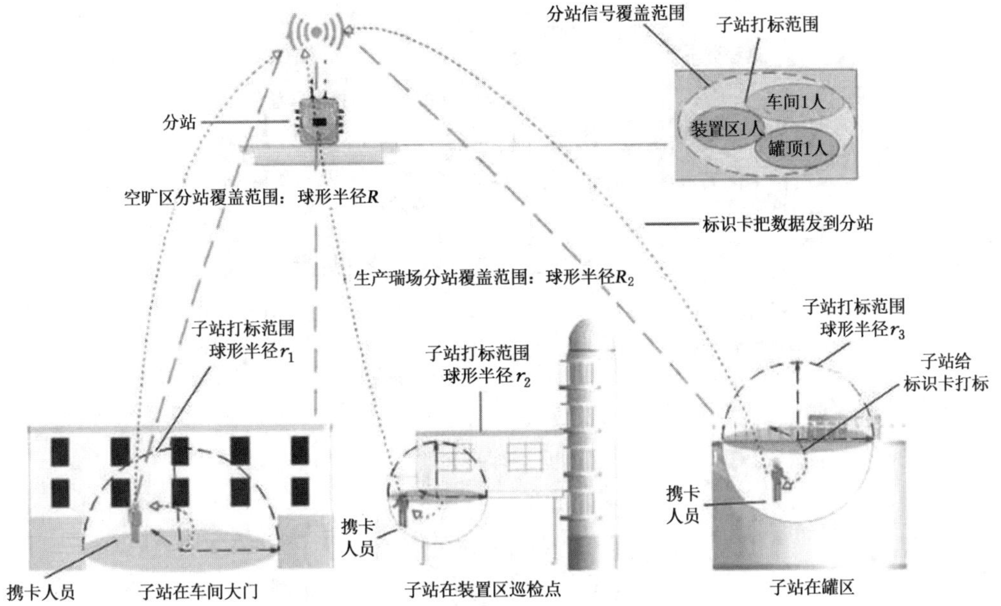

图9-16　选煤厂厂区人员定位原理

在选煤厂的人员监控管理中，除了实现人员位置的智能管理外，还要求对现场技术人员及工人的动态进行监控。传统的闭路监控系统可以对现场进行动态实时录像，并能够实现网络传输和远程控制，以便及时发现并处理现场不正常工作状况，尽快地消除故障隐患。但是，这种视频监控只是简单的远程录像，还需要专门的人员守在工业电视机旁监视工作现场的状况，根据经验和现场画面对现场状况进行人为判定，长时间枯燥的监视工作很容易造成疏忽，从而导致事故的发生。因此，需要一种能够自动判别工作现场状况的智能监控系统。

以贵州省动能煤炭技术发展服务有限公司研发的一种智能监控系统为例，该选煤厂人员智能视频监控系统总体架构如图9-17所示。该视频监控系统主要包含4个部分：① 监控系统界面，包括登录界面、监控主界面和各监控车间子界面；② 监控视频处理，是监控系统的核心功能部分，包含监控视频的获取、视频预处理、运动跟踪模块、人脸识别模块、记录监控日志及监控异常处理；③ 数据管理，负责管理涉及的数据库，如人脸识别所涉及的人脸信息数据库、监控报警所依据的运行规则数据库以及记录监控日志所对应的监控记录数据库；④ 系统管理，主要用于软件系统的运行设置，包括用户账户管理、网络连接管理和其他系统设置。在视频处理过程中(图9-18)，程序首先读取视频帧，对视频图像进行预处理，然后开始运动人体检测，并初始化人体运动跟踪模型，对人体进行跟踪，检测运动区域内是否存在人脸，如有则进行人脸识别。人体跟踪是贯穿整个处理流程的，若跟踪成功，则可以省去运动人体检测和人脸识别的步骤。另外，每一帧图像在启动视频监控功能时，都对其监控结果进行处理，根据选煤厂运行规则判断当前监控是否有异常情况发生，如有，则启动警报提醒。

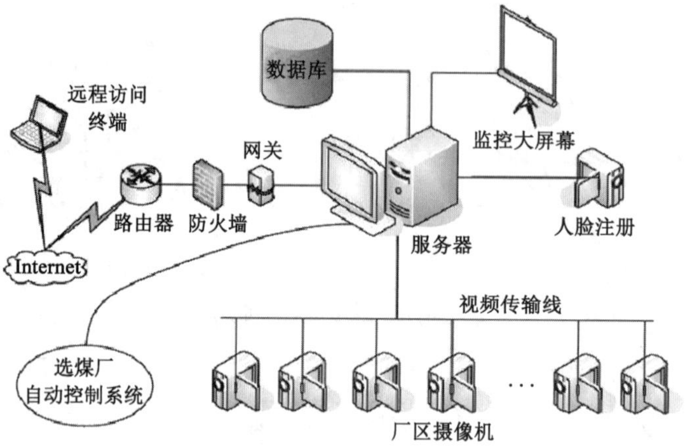

图 9-17　选煤厂人员智能视频监控系统总体架构

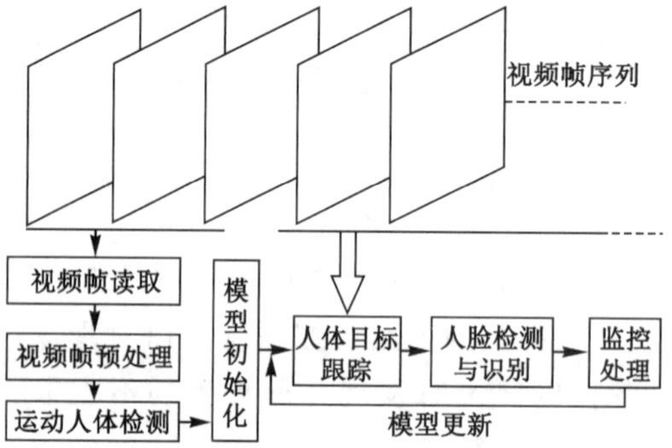

图 9-18　智能监控系统视频处理流程

9.3.3　智能安全管理

选煤厂监控系统最主要的功能之一就是对选煤厂的安全管理。选煤厂现场工作环境复杂多变，在煤炭运输、仓储、装车等环节存在诸多安全隐患。以国能宝日希勒能源有限公司选煤厂为例，目前该厂通过搭建 AI 安全视频监控系统，能够及时监测环境的变化情况，在生产安全作业过程中发挥重要作用。系统主要通过分析和处理传感器采集的环境信息，并将分析结果和预警信息传送到生产调度监控指挥中心，辅助管理人员进行决策分析，即通过对摄像头采集的图像信息进行自动处理和分析，实现对工人作业动态场景中的特定目标进行识别、分类、定位以及行为分析，为选煤厂安全管理提供决策和预警支持。系统主要包括感知层、网络层和应用层 3 个部分，如图 9-19 所示。主要处理流程如下：该监控系统采用计算机视觉组(visual geometry group，VGG)作为基础网络，利用多分支卷积结构提取不同尺度大小的特征图，从而实现对现场人员穿戴、人员位置、安全防护装置状态、烟火等特殊情况的监控和识别。

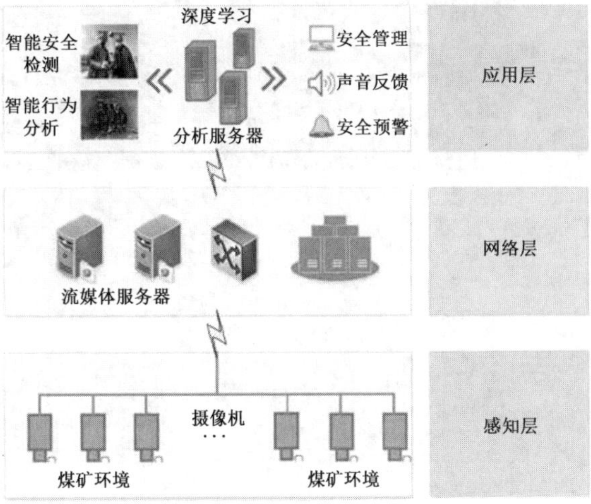

图 9-19　国能宝日希勒能源有限公司选煤厂的智能安全监控系统

智能监控技术同样可以应用在设备的故障排查和预警上。以上湾选煤厂为例，上湾选煤厂的智能化改造过程中，通过安装部署高清防爆或高清摄像机，建立无人巡检平台底层基础视频采集资源；搭建部署选煤厂智能无人巡检平台，将无人巡检监控资源进行统一接入和集中管理；借助 AI 技术，通过视频检测分析的技术手段，完成选煤厂远程巡检业务操作及分选中心无人巡检。其监控系统的架构如图 9-20 所示：

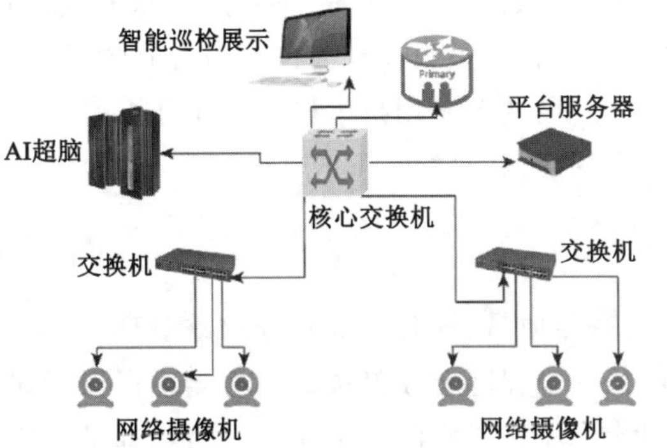

图 9-20　上湾选煤厂智能监控系统架构

该智能监控系统利用网络摄像机、超脑 NVR、平台服务器可实现视频事件监控和报警功能。视频事件包括普通事件、Smart 事件、AI 技术应用等。普通事件主要包括移动侦测、遮挡报警、视频丢失等 6 类；Smart 事件主要包括音频异常侦测、虚焦侦测、区域入侵侦测、越界侦测等 13 类。图 9-21 为该监控系统对胶带运行过程中的监控图像。

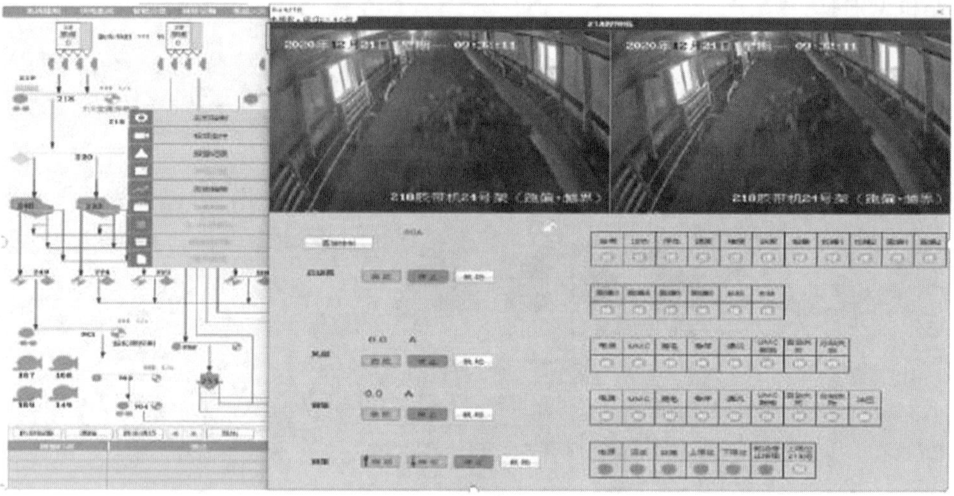

图 9-21　上湾选煤厂智能监控系统对胶带运行过程中的监控图像

9.4　智能采制样

对于智能化选煤厂，煤质数据和产品指标信息需要通过精准、快速的方式实时反馈。传统的煤质分析过程主要包括采样、制样和化验 3 个步骤，完成这个过程费时费工，人为干扰影响检测精度，无法满足智能化控制系统的实时高质量调控要求。采样环节是煤质检验的第一步，从特定的煤中取出一定数量具有代表性的样品，从而代表煤的评价指标，采样环节对检测结果精度影响很大。考虑到煤炭物料固体颗粒存在差异性和随机性，导致采样过程受到众多因素的影响。因此，需要对采用技术进行全面分析，为选煤过程精准采样提供合理化建议，助力智能化选煤厂的建设与发展。

9.4.1　采制样技术现状

煤质检测是控制煤炭产品质量、提升经济效益的重要环节，将先进的、可靠的煤质检测技术应用到选煤厂中，可在一定程度上改善选煤厂检测手段滞后影响生产质量的局面。目前，选煤厂加快了智能化建设，但多数智能化环节的实现都是基于煤质指标的及时准确反馈。检测过程中采样至关重要，整个煤质化验环节，采样误差占 80%，制样误差占 16%，化验误差占 4%。采样不具备代表性，依据煤质指标反馈进行的后续智能化环节都将失去意义。

在分选生产过程中涉及采制样技术的主要环节包括精煤、洗混煤的制样、分析以及快速浮沉试验等。长期以来，我国煤炭样品的采制备工作通常是采用人工操作或者联合制样机辅助人工的方式进行，主要包括破碎、筛分、混合和缩分等过程，但是所使用的制样设备需要一定的周期且由于需要人员操作及制样工序的转接，存在采制样周期长、工人劳动强度大、工作环境恶劣、制样效率低等实际操作问题，还包括随之带来的制样精度难以保证、偏差过大以及人为误差和二次污染等问题。这不仅给企业的管理工作带来了极大的困难，同时还容易在煤炭贸易发展过程中产生供需双方的质量纠纷，难以满足行业质量控制和质量提升工作的要求。

9.4.2　智能采制样技术

相对于传统的采样系统，自动采样所需人工少，人为误差干扰小，极大地提高了采样的科学性、准确性和随机性。同时，结合 PLC 等控制系统使自动采样系统运行更稳定，采样操作的工作效率更高，具有明显的技术优势。在自动采样技术领域，已经积累了丰富的技术经验和成熟的技术方案。目前，一种较为成熟的采制样技术是基于选煤厂原有采样机技术改造而成的，具有初步智能化的采样装置，其采样机械装置和采制样系统结构分别如图 9-22 和图 9-23 所示。

图 9-22　采样机械装置

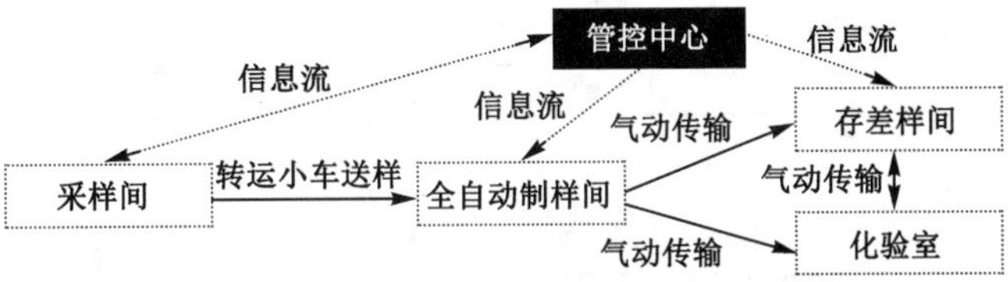

图 9-23　初步智能化采制样系统结构

以准能集团黑岱沟选煤厂为例，跳汰机中煤、矸石自动采样系统如图 9-24 所示。该自动采样系统分别在主、副溜槽上安装了用于控制物料流的电动插板。副溜槽底部安装了梳理槽，便于颗粒分散均匀。可以采用无源灰分仪，针对中煤、矸石不同物料时，将计算数学模型实时切换，实现不同物料的在线检测。采样系统的工作流程如图 9-25 所示。正常工作过程中，电动主插板打开，副插板关闭，中煤或矸石物料流可以顺利通过主溜槽。通过雷达物位计对斗提机内物料量实时检测，读取物料量的数值，以确定插板调节的范围。特别是出现压斗现象时，插板打开幅度应该被严格控制。当需要采样时，通过 PLC 控制系统发出指令，控制主、副电动插板协调动作，缓慢打开电动副插板，再关闭主插板，但主插板关闭的极限位置，只能够控制主溜槽流通截面的 3/4，确保副溜槽不产生过载情况，保障采样过程的安全。部分中煤或矸石物料流入副溜槽后，在槽内分布均匀，落入带式输送机，被输送到在线灰分仪,能够准确、及时地获得中煤或矸石的灰分数值。再将弃样用下级刮板输送机进行收集,从而完成了整个采制化过程。

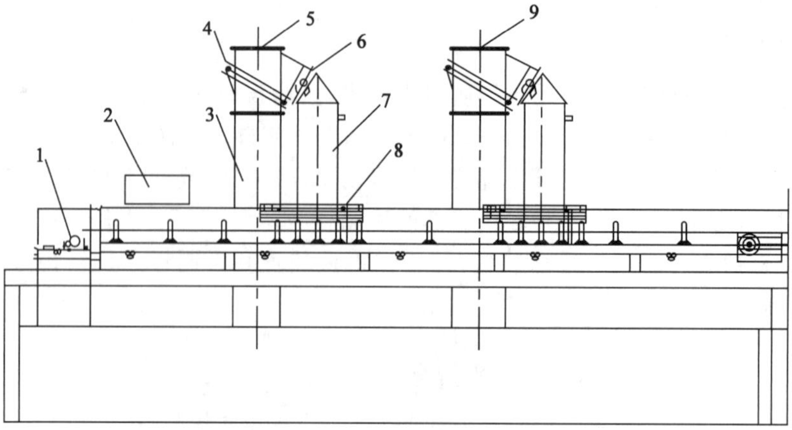

1—电机;2—在线灰分仪;3—主溜槽;4—电动主插板;5—中煤溜槽入口;
6—电动副插板;7—副溜槽;8—梳理槽;9—矸石溜槽入口。

图 9-24　跳汰机中煤、矸石自动采样系统

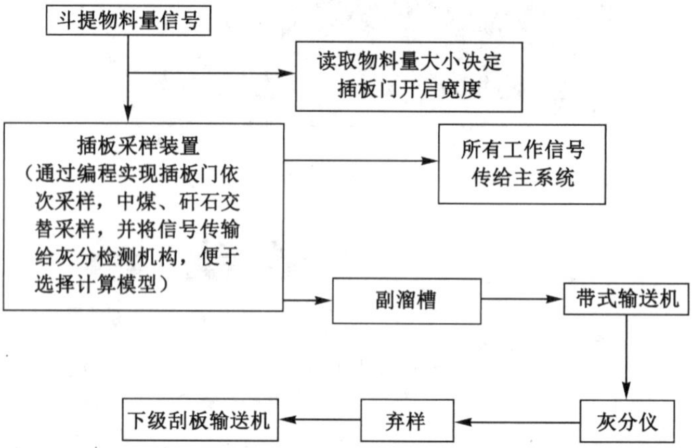

图 9-25　采样系统的工作流程

近年来,国内外各单位开始对煤炭自动制样系统进行研发,逐步研制出了集破碎、缩分、干燥、制粉、称重、包装、除尘等功能于一体的全自动煤炭制样系统。例如,力鸿智信(北京)科技有限公司设计、研发和生产制造了煤炭智能制样系统,该系统集煤炭破碎、缩分、干燥、制粉、称重、包装、除尘等功能于一体,可实现自感知、自判断、自适应、自执行、自学习,是一套可实现完全无人值守的智能制样系统。它不仅有效避免了因人工操作而带来的人为误差和二次污染等问题,同时也降低了人工劳动强度、改善了制样车间环境,为实现智能化、信息化在煤炭行业的应用奠定了基础。该主要系统由制样前置处理单元、大样处理单元自动对接系统、人工加料系统、入料系统、出料系统、机器人制样单元和控制系统等系统单元组成,其中机器人制样单元还包括破碎单元、研磨单元、缩分单元、烘干单元、恒温恒湿单元以及智能灌装单元,其结构如图 9-26 所示。煤炭机器人智能制样系统的工作流程如图 9-27 所示。

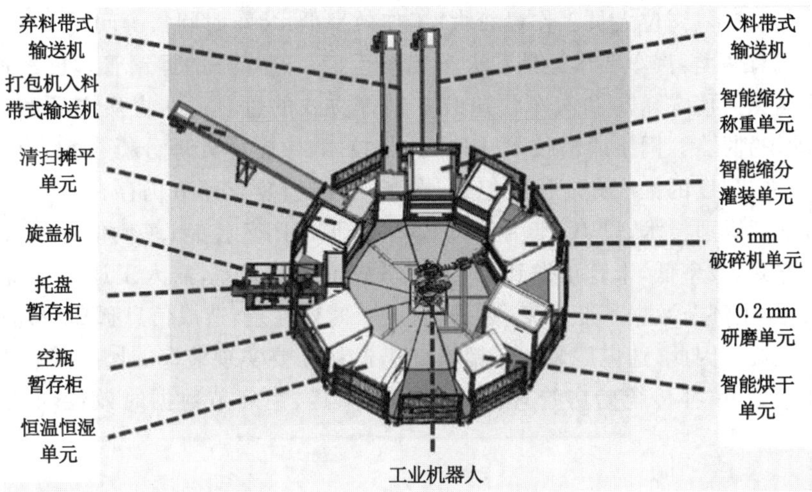

图 9-26　机器人智能制样系统结构示意图

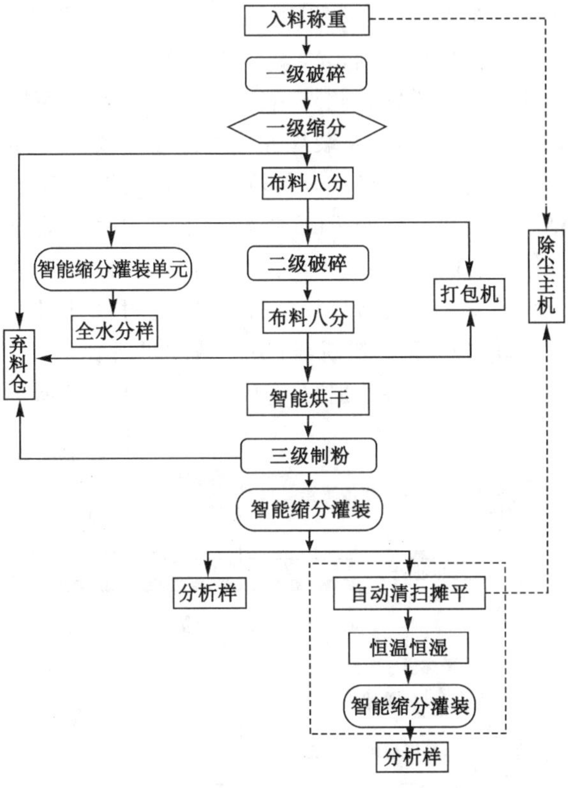

图 9-27　煤炭机器人智能制样系统的工作流程

9.5　智能装车

目前选煤厂装车系统大多采用自动化装车系统，但有些选煤厂的装车系统自动化水平较低，存在用人较多、岗位人员工作量较大、工作效率低、装车时间长等问题。国内常见的选煤厂运销方式有两类：汽车装车运销和火车装车运销。选煤厂的运销管理已经逐步实现了从人工方式向无人值守磅房和汽车快速装车站等方式的过渡。在煤炭产品的运销技术方面，车辆自动识别技术、网络通信技术、PLC 控制技术、数据库处理分析技术、视频监控技术等也得到了一定程度的推广和应用。但是，在车辆计量、装车环节仍存在一些问题，例如基于 RFID 的车辆识别技术，以 IC 卡为信息载体，未形成闭环控制；车辆信息录入、票据打印等采用人工方式，效率低，未真正做到无人化；态势感知能力差，需人工巡检设备，处理故障周期长；产、运、销环节数据不能共享，数据准确性、时效性差，造成信息孤岛，不能高效传递，影响管理层决策。因此，选煤厂装车运销系统仍迫切需要实现装车、计量全流程智能化，提高运销管理水平，填补传统磅房管理漏洞，提高产、运、销环节数据时效性和准确性，减员增效。

9.5.1 公路运输智能装车

(1) 车辆信息识别

通过智能化软件进行装车编号的自动识别处理可以准确地识别车号，从而减少人工识别车号时可能出现的错误。在自动识别车辆编号的模式下，选煤运输车辆的车型信息和车牌编号信息都能被准确地记录和辨别。此外，装车自动化系统在溜槽装煤过程中扮演着重要角色，能够起到全面控制作用。溜槽是装煤操作的必经区域，自动化系统需要准确判断光电开关的状态。产品煤在溜槽内需平稳安全传输，以确保运煤车辆能够始终保持整体平衡，避免任何倾斜导致失稳。装载自动化的 PLC 控制模块可自动检测车辆装载产品煤的总重量，从而判断是否可以继续装载。车辆进入厂区后，在计量环节，车牌识别系统可识别车牌号码，验证车辆身份；合规的车辆将被引导至磅秤区域，通过红外对射栅栏和计量系统来确认车辆上磅情况。系统自动进行重量判断，与历史数据进行比对，若重量误差在合理范围内，系统将确认车辆空重无异常，并将数据写入数据库，如图 9-28 所示。

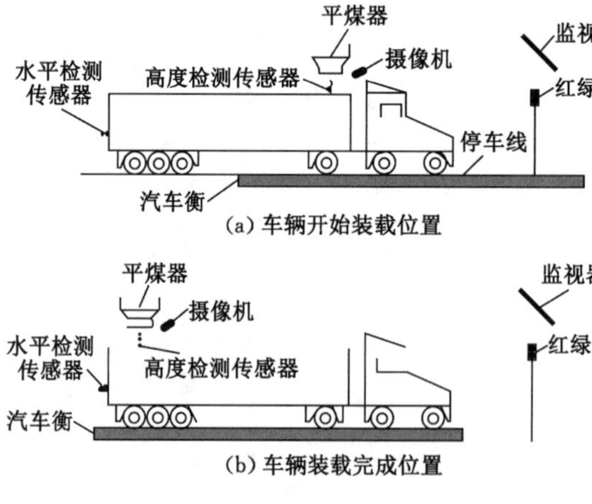

图 9-28 车辆信息智能识别系统

(2) 快速定量装车

当前我国选煤厂的运销系统中，大多都包含了定量快速装车系统。定量快速装车系统自动化程度较高，装车时间短，用人较少，工作量也比较小，而且系统稳定可靠，装车效率较高。在智能化背景下容易进行智能化改造。以金鸡滩选煤厂为例，其快速装车系统经智能化改造后，实现了现场无人操作、有人巡检、精准装车，其智能快速定量装车系统连接结构如图 9-29 所示。

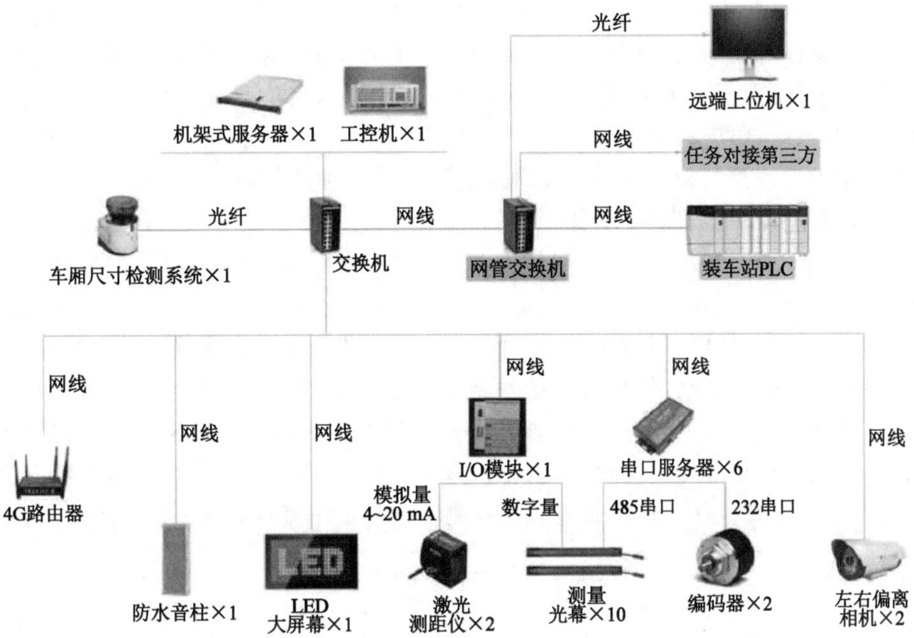

图 9-29　金鸡滩选煤厂智能快速定量装车系统连接结构

智能快速定量装车系统主要包括：① 溜槽控制。溜槽在装车时降落，装完后升起，不同的车厢规格、载重质量，其溜槽高度均不同。为此，溜槽控制与车厢规格、位置、载重信息直接相关，通过建立溜槽动作模型，使每种车厢规格分别对应 1 个模型；通过雷达对车辆的规格尺寸进行检测，进而从模型库中调用正确的模型，并执行装车控制。② 闸板控制。司机刷卡后，智能汽车快速定量装车系统自动启动，闸板自动开启。根据不同的堆料高度，闸板开度可自动进行相应的调整；在装车起始阶段，闸板开度较大以便快速装车，临近目标质量时则关小闸板以确保精度，若装车期间出现中途异常报警等现象，系统将自动关闭闸板，实现安全高质量装车。③ 给煤机、输送带控制。改造前的给煤机、输送带控制由装车岗位的工作人员来控制，改造后的系统自动控制，可根据缓冲仓料位实现设备自动启停、调节和逻辑闭锁。④ 装车过程检测。装车过程主要的检测传感器包括激光雷达、激光测距仪、测量光幕、防水音柱、编码器、左右偏离相机等硬件，其中左右偏离相机、激光雷达、测量光幕主要用于对车厢进行定位、建模及料堆的监测，激光测距仪、编码器主要用于在溜槽伸缩位置对装车过程进行监测，从而实现车辆的精准定位以及溜槽的自动控制。

9.5.2　铁路运输智能装车

铁路运输是当前我国选煤厂采用的最主要的运输方式。在铁路装车运输中，装车的基本流程可以总结为火车驶入、车厢到位、带式输送机启动、出料口打开、车厢前进、开始平煤、喷洒、标识，各节车厢循环进行。目前我国选煤厂的铁路运销主要有两种装车方式：一种是轨道衡装车系统；另一种是定量快速装车系统。轨道衡装车系统中称重过程复杂、操作烦琐、工作量较大，需要设立的岗位人员较多；定量快速装车系统能够快速地将固体物料连续装载到行进中的火车车厢中，适合大型采矿企业产品的装车外运。

选煤厂装车站装车工艺复杂，重复操作性多，各设备间存在密切联系，在煤炭装车外运过程中，必须遵循既定的动作程序，以保证装车过程的安全高效。当前常用铁路装车智能系统的基本框架包括但不限于由以下几部分构成：智能识别定位系统、通信指挥系统、自动装车控制和检测系统、防冻和抑尘检测和喷洒系统等。智能装车系统应该能够完成车厢定位检测、溜槽闸板自动控制、车号识别、超载偏载检测等多种功能，同时提供装车数据统计、历史资料分析、客户端智能管理等功能。

当前我国铁路智能装车系统大部分为 PLC 控制。整个装车控制系统的控制流程为：首先对火车进行车辆识别，将识别到的信息传递并反馈给 PLC 控制器中，在 PLC 控制器中对火车的入场顺序进行排序；而装车时，控制铁牛牵引电机带动火车缓慢移动。当检测到火车信号时，簸箕和皮带机启动，将精煤输送并通过簸箕流入火车车厢中，实现精煤的自动装车。其中，装煤的流量则通过 PLC 控制柜进行控制，皮带机的传输速度则通过变频器控制；经过计算后，在完成精煤重量称重及对比判断后，停止装煤，火车移动，并对数据进行保存，循环开始下一个火车装煤操作。铁路智能装车控制系统的工作流程如图 9-30 所示。

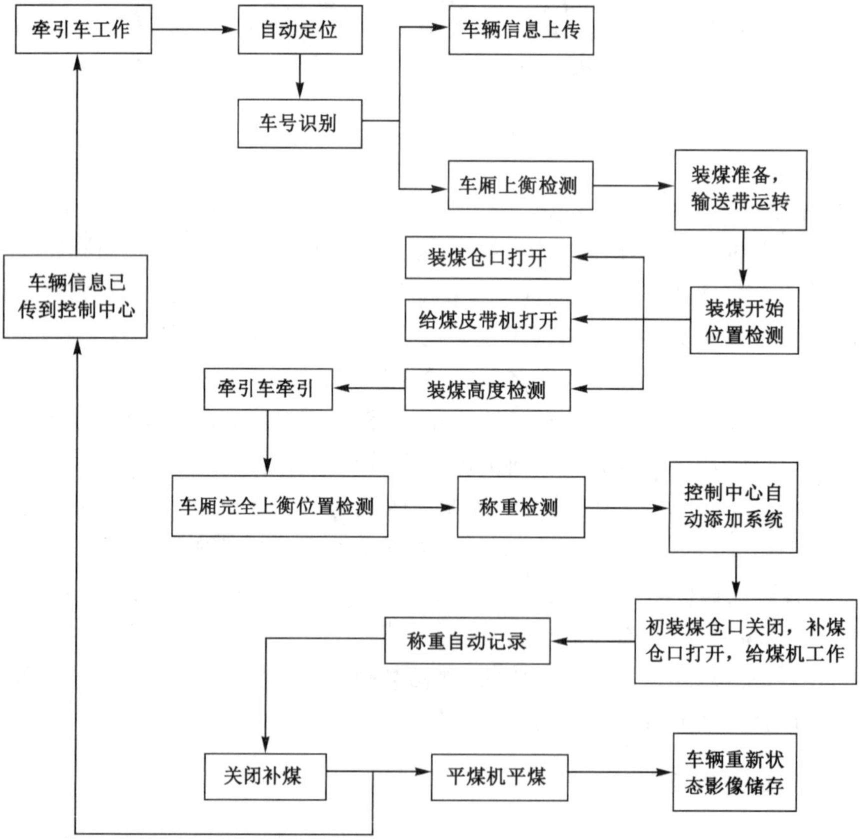

图 9-30　铁路智能装车控制系统的工作流程

以平顶山某选煤厂为例，其在原有的铁路装车系统上进行了智能化改造，建成了铁路装车智能集控系统，如图 9-31 所示。该铁路装车智能集控系统的功能包括以下几个方面：① 智能视频监控网络。该视频监控网络通过在装车仓下的摄像机自动记录列车的通过情况、每节车厢的车号及皮重位置；在铁道两侧安装高清摄像机，严格保障人员安全通行；在胶带走廊或机头、产品仓下、缓冲仓、卸料口、轨道两侧等重点区域，通过视频设备监控运行情况；当装车系统设备出现故障报警时，集控上位机发出语音报警的同时，视频监控系统会自动切换到该设备的视频画面；当集控系统启车时，会根据启车设备的顺序将相关设备的视频切换到大屏幕。② 智能车辆管理。以视频监控为基础，进行电子车号识别，能够自动识别铁路货车的车型、车号、车种，同时记录车次、车辆数、到达时间、车辆通过时间；为铁路运输管理系统提供车次、车号等实时的基础信息；通过在车辆开始装煤位置的轨道两侧安装一对红外检测柱，可以检测车厢开始装煤的位置。③ 智能定量装车。将产品仓下的闸板、给煤机及运输胶带集成到 PLC 控制系统；将红外位置检测装置、列车牵引装置集成到称重系统的 PLC 控制系统，实现闭锁关系和自动装车；两个 PLC 控制系统通过网络通信的方式互通，实现系统间的闭锁和相应的自动控制；待装列车到达装车站后，装车系统按照远程读卡系统获取的列车信息，确定需要开启的带式输送机、给煤机台数以及给煤量。

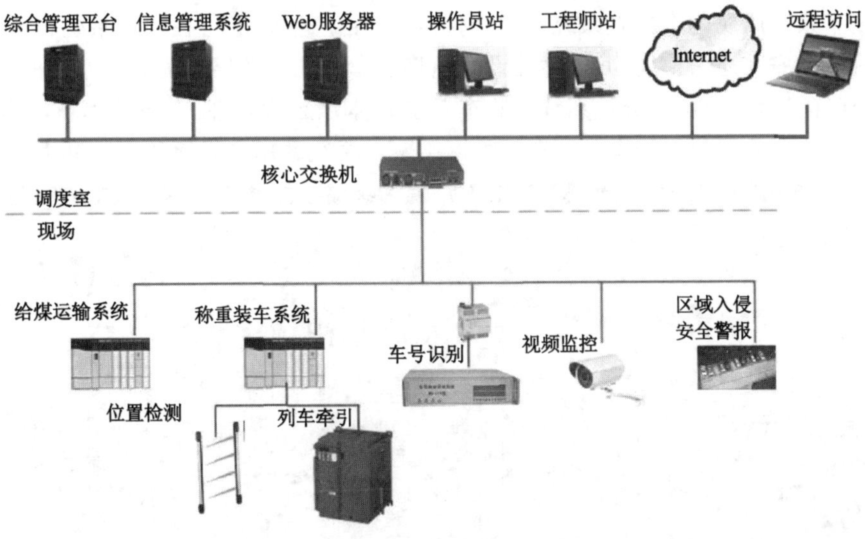

图 9-31　平顶山某选煤厂铁路装车智能集控系统

在煤炭装入车厢后，还需要进行平煤流程工作。平煤流程是通过机械方法将车厢内自由堆积成锥面的煤面压挤成平面。装车流程属于连续工作流程，各个设备间需要紧密配合，按照确定的工作指标运行。平煤流程作为装车的最后工序，能够保证煤炭运输的稳定性和物料指标的准确计量。平煤过程的自动化和智能化确保了装车平煤质量和其他指标的稳定，设备自动化控制使各设备间的运作更加紧密，使装车过程变得更加有序。基于 PLC 的自动平煤系统控制流程如图 9-32 所示。在装车过程中，运煤车厢到来，操作工控柜界面定量仓料斗进行放煤，运煤车厢头部经过传感器，感测信号被触发，PLC 控制防爆电机正转由钢丝放下平煤板，平煤板沿着左右支撑立柱的滑槽进行下滑，触发下到位传感器，此时支撑轮对不同高度车厢起缓冲作用，平煤板到达工作位置开始平煤，同时车厢向前运行；车厢尾部经过传感器时，PLC 控制防爆电机反转由钢丝绳拉动平煤板，平煤板机构开始提升，到达上到位传感器停止。车厢停止运行或向后运行为特殊操作，需先将自动平煤改为手动，将平煤板停放于上到位传感器或以上位置，再操作车厢运作。调整好后需要继续平煤时再切入自动平煤状态。

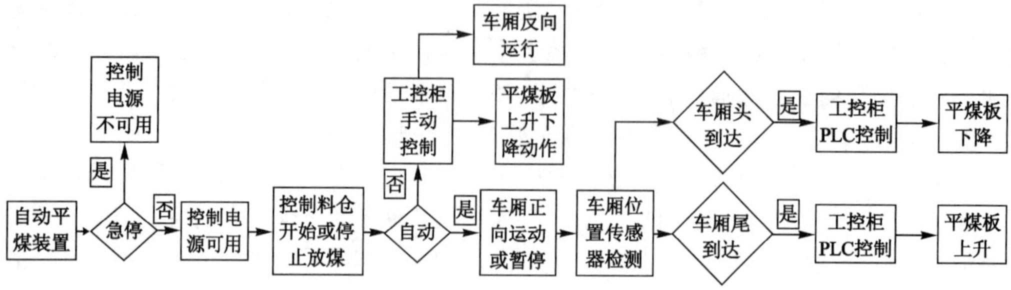

图 9-32　自动平煤系统控制流程图

神东煤炭集团洗选中心融合了分选系统与装车系统工控网络。选煤与装车生产系统工控网络主要以 Control-Net 为主，分选系统和装车系统工控系统均为 PLC 控制系统。分选系统与装车系统原属两个独立系统，工控网络各自独立运行；通过在装车系统和选煤系统的以太网机架上安装通信模块，并通过铺设光缆将装车系统和选煤系统的以太网机架连通，实现了系统间的通信。现在，分选系统与装车系统一体化运营管理，有效统筹核心资源，发挥了产运销一体化的优势。选煤与装车工控网络融合系统的用户界面如图 9-33 所示。

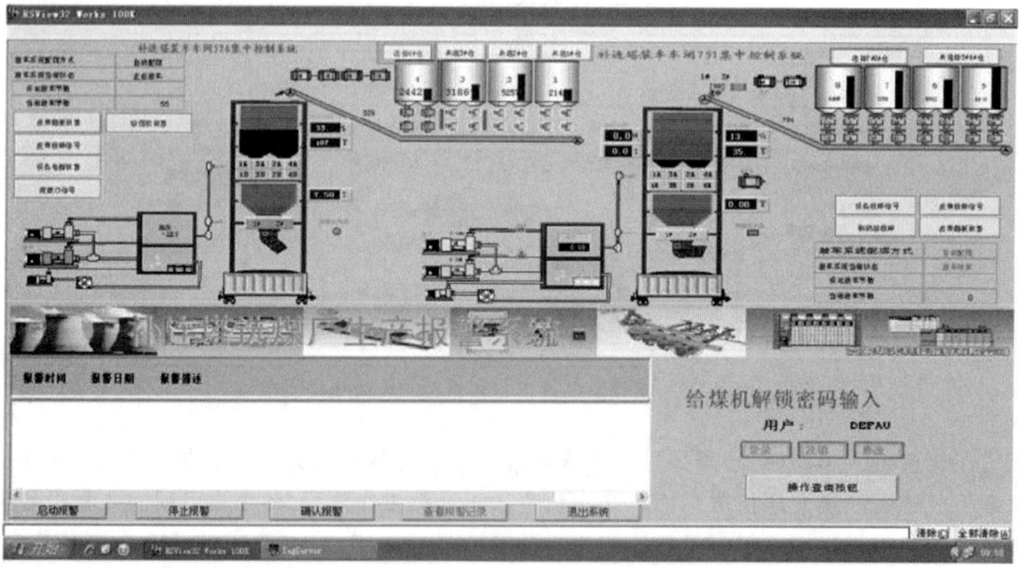

图 9-33　选煤与装车工控网络融合系统的用户界面

课后习题

1. 选煤厂对煤尘控制的基本方法有哪些？
2. 智能配电系统由哪些部分组成？

3. 举例分析智能配电系统与传统配电系统的对比。

4. 分析选煤厂传统照明存在的问题，并简述发展智能照明的必要性。

5. 简述智能采制样技术的优点。

6. 举例说明智能安全管理系统的组成和处理流程。

7. 简述各类智能装车系统的工作流程及特点。

8. 展望未来辅助作业智能化技术的发展趋势。

非煤矿物分选篇

第 10 章　选矿智能化的规范和标准

10.1　智能选矿背景

矿产资源是国民经济的基础。我国矿产资源品种丰富，储量巨大。截至 2023 年，全国已发现矿产资源 173 种，其中能源矿产 13 种，金属矿产 59 种，非金属矿产 95 种，水气矿产 6 种。我国 2023 年煤炭探明储量约 2 078.85 亿 t，铁矿矿石探明储量约 161.24 亿 t，锰矿矿石探明储量约 28 168.78 万 t，铝土矿矿石探明储量 71 113.71 万 t，铜、铅、锌矿探明储量分别为 3 794.79 万 t、2 040.81 万 t、4 422.90 万 t。我国选矿生产主要存在以下特点和难点：选矿生产原矿性质复杂、多变和不可控；选矿生产具有流程、离散和间歇作业混合特征；选矿过程机理复杂，具有多变量、非线性、大滞后和强耦合等特性；选矿厂的原矿、工艺流程和装备、企业管理水平、装备可靠性、生产运维人力资源状况参差不齐。选矿工业作为产业链的中游亟待提升和发展。《“十四五”规划》指出要全面提高矿产资源的利用效率，这又为选矿工业提高矿产的分选效率、加快传统选矿技术的提升和改革提出了新的要求。

全面推进实施制造强国战略，加快大数据、云计算、物联网应用，以新技术、新业态、新模式推动传统行业生产、管理和营销模式变革，这是我国选矿工业的首要任务。选矿过程作为典型的流程工业，对全流程的自感知、自预测、自决策等能力要求较高，必须通过新一代人工智能技术中数据驱动的全面深度学习与人机混合增强智能才有可能解决生产难以数字化、工序难以协同等问题，使生产模式从依赖人工经验驱动的粗放型变为依赖知识和数据驱动的精细化型。

近年来，随着大数据、人工智能、物联网、云计算技术的迅猛发展，以矿物加工设备、流程理论模型及经验模型为基础，结合专业的流程优化控制算法，推动了矿物加工流程建模仿真和优化控制技术的不断完善。整个选矿行业生产流程已迅速向数字化、智能化方向发展，生产管理已全面进入“数据驱动”阶段，从产量数据到运营数据，选矿大数据逐步展露出强大的生产力。

10.2　智能选矿基本原则

中华人民共和国自然资源部于 2021 年发布了《智能矿山建设规范》(DZ/T 0376—2021)，确立了适用于金属矿、非金属矿、煤矿的智能矿山建设的一般原则，规定了在地质与测量、矿产资源储量、矿产资源开采、选矿、资源节约与综合利用、生态环境保护，协同管控方面实现智能化的基本要求。对智能矿山建设规定了以下总原则：

① 智能矿山建设以实现矿产资源“安全、绿色、高效”开发利用为核心目标。

② 智能矿山应包括地质与测量、矿产资源储量、矿产资源开采、选矿、资源节约与综合利用、生态环境保护、生产经营管理等内容。

③ 智能矿山应充分体现大数据、工业互联网、人工智能等新技术与矿业交叉融合的行业特点，充分满足数字化、智能化技术和装备不断深入应用于生产和管理过程的条件。

④ 智能矿山应建立广泛分布、高度易用的决策支持体系。

⑤ 智能矿山应有健全的智能化应用技术规范与标准体系，应有专业化人才队伍，保障智能矿山持续运行。

⑥ 根据智能化技术和产品在矿山企业中的应用深度及广度，按照单项应用、集成协同应用、整体应用将智能矿山分为三个智能等级(表 10-1)。

⑦ 智能矿山建设应遵循因地制宜、统筹规划原则，矿山企业可根据自身实际情况选择合适的智能等级制定建设方案。

表 10-1　矿山等级

等级	登记阶段	建设水平的描述
一级	单项应用	(1) 基础自动化控制系统、信息化管理系统得到普遍应用 (2) 建设了一个或多个单独应用的智能化系统，系统彼此独立，没有与基础自动化系统或者信息化系统进行集成和融合
二级	集成协同应用	(1) 智能化系统与基础信息化系统实现集成，成为信息化集成体系中的组成部分 (2) 相关联的多个智能化系统能够通过自主协作实现互动操作和联动运行，达到局部融合的效果
三级	整体应用	(1) 在生产过程中普遍采用智能化技术，所有智能化系统实现联网协作 (2) 生产经营数据实现广泛采集，数据通过智能决策系统得到充分利用

在智能矿山建设中，选矿方面的一般规定如下：

① 选矿生产应采用工艺模型、数据分析、专家决策、机器学习等技术在线或离线归纳总结工艺规律，形成控制策略，实现选矿生产全流程自适应、自决策的智能控制。

② 选矿厂应根据智能化程度设置适宜的岗位和人员数量。

③ 入选原料应具备配矿措施并实现配矿优化控制，稳定原矿品位和性质(煤质)。

④ 选矿厂应建立回收组分平衡分析系统，实现回收组分平衡的动态管理，具备在线监测和流程诊断功能，实现预报预警，提高资源利用率。

10.3　选矿厂智能化基础

选矿厂智能化建设主要从以下几个层面和步骤进行。

(1) 数据中心

数据是智能化的基础，通过从生产、基础自动化、巡检、化验、能源、安全环保、销售等系统中收集和获取数据，并将其统一存储于数据中心。

(2) 智能操作

智能操作的核心是利用数据辅助生产，从而优化生产操作，稳定生产指标。针对选矿厂工艺流程特点，应用专家系统实现全流程智能控制，其设计关键在于如何实现整个工艺过程的智能控制与优化平衡。一般将整个系统分解为几个闭环子系统，如球磨分级闭环子系统，浮选闭环子系统。系统在实施控制时，保证每个子系统的正常运行，把好每个子系统工艺参数关（控制参数和指标参数），整个大系统平衡就会在此基础上建立起来。此外，对生产设备进行预测性维护，保证生产稳定，杜绝非正常停机，对选矿厂生产进行远程运维，减少人工劳动强度，增加生产监控严密性，有利于及时解决发现的问题。

（3）智能生产

根据选矿厂原矿性质，实现对选矿工艺流程、工艺指标、生产操作等流程及指标参数的智能设定，建立选矿生产智能大闭环，通过数据引导生产，实现全流程工艺智能化、指标最优化。

如图 10-1 所示，选矿厂智能生产架构主要分为四个层次。首先是数据层，建立矿山数据中心，收集各类相关数据，包括矿产资源、采选生产、能源、安全、环保、水资源等，形成丰富的选矿生产数据库，为智能生产奠定数据基础。第二层是监控层，通过实现设备的智能运维和生产的智能操作，减少人员参与，提高劳动效率，同时提升数据质量和完整性，为数据挖掘打下基础。第三层是生产层，融合新一代人工智能技术，实现破碎、磨矿、浮选、浓缩脱水等过程及选矿生产全流程的智能控制，优化选矿生产技术指标。第四层是决策层，通过采选协同及优化配矿的智能决策过程，优化选矿生产经济指标。

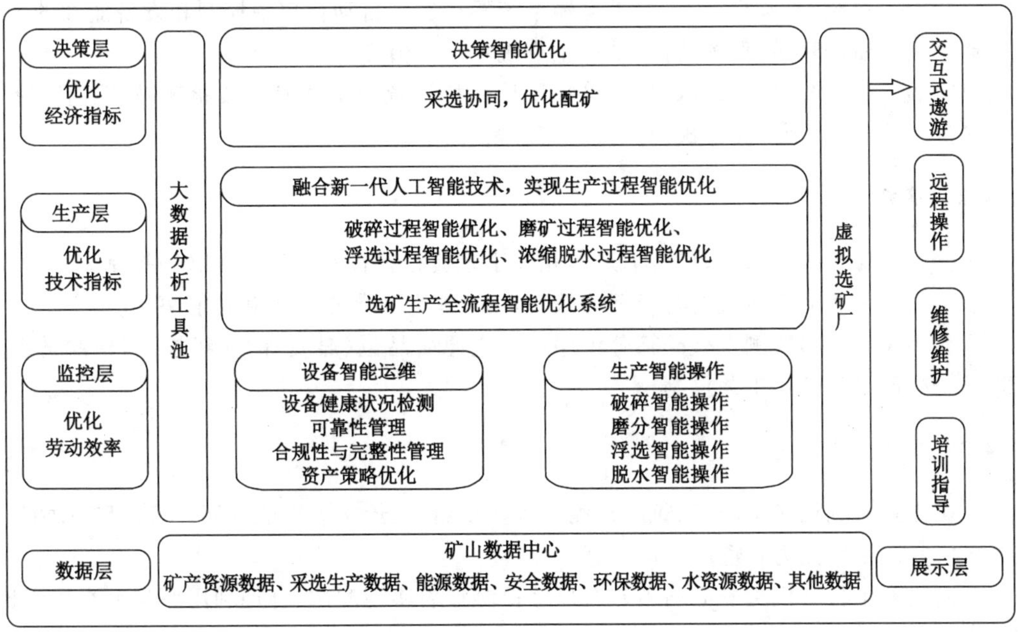

图 10-1　选矿厂智能生产架构图

“数据中心”是“智能选矿厂”建设和运行的关键基础，建设“数据中心”、实现矿山业务数据的高效集成和管控是“智能选矿厂”建设的前提。在此基础上，第一步以提高作业效率、“无人化”和“少人化”为目标，实施选矿生产过程智能操作与智能运维，减少过程人为因素干扰，提升选矿生产大数据质量；第二步以提升“作业品质”为目标，实施选矿生产过程智能优化，改善生产技术指标，获得技术红利；第三步以提升企业综合经济效益为目标，实施采选智能协同，提高企业科学决策能力。

“虚拟选矿厂”是创造企业柔性效益的平台，不仅是实体选矿厂的数字复制品，更是引导实体选矿厂生产优化的大脑，是实体选矿厂再生产的基因。通过交互式遨游、远程操作、维修维护、培训指导等方式，进一步增强选矿生产管控和风险防控能力，形成人才、技术和创新的孵化能力与实践能力。

(4) 智慧经营

通过将选矿厂的智慧经营提升至集团层面，实现集团内数据共享，实施移动操控、远程监控、远程诊断与服务、智能决策，增强一级调度和一级控制，延展集团对矿企统一集中管理的广度和深度。具体措施包括：① 建立集团级的综合管理信息化系统，实现对各矿山采矿、选矿、安全、环保、设备维修等生产管理的信息化管理；② 建立集团级的智能化系统，对各矿山的数据进行大数据分析等，实现集团级的经营管理和决策分析。

10.4 生产过程智能化规定

10.4.1 破碎

破碎给矿系统、破碎机、碎矿胶带运输系统等应实现自动化集中控制和设备能效的智能化控制，并具备设备自主保护功能，推进生产现场无人值守。

具有破碎粒径自动调节的破碎机可采用计算机视觉识别技术在线检测破碎粒度，实时调节破碎机排矿口大小，保证破碎产品粒度合格，减少能耗。

10.4.2 筛分

筛分系统应与破碎系统、矿流输送等相关工艺流程设备实现自动化联锁控制。

多级筛分工艺应在线检测各级筛分效率，用于工艺大数据分析和智能决策。

原矿品位(煤质)检测在破碎筛分工序应实现原矿品位(煤质)的在线检测，检测数据用于指导采矿配矿和选矿工艺控制。

10.4.3 磨矿分级

磨矿作业应利用矿浆浓度、粒度检测仪表实现给矿、给水等智能控制，提高磨矿效率，多级磨矿应实现工序能力自适应平衡控制。

自磨机和半自磨机给矿应利用矿石尺寸检测仪表实现配矿，合理利用原矿大小块配比，优化作业条件。

分级作业应实现设备启停、供矿、给水等智能控制，自动判别其工作状态；并通过智能化调节提高分级效率，保持分级设备稳定、连续工作。

磨矿分级工序应实现多设备的综合监控、联锁控制和流程稳定性控制；并通过磨机、分级设备等关键工艺设备的智能控制，实现产品粒度实时优化调整。

磨矿分级工序应实现矿浆品位的在线检测，结合磨矿分级生产过程参数智能分析矿石性质，为采矿和选矿智能控制提供信息。

磨矿分级工序的介质储存及添加应采用自动添加系统，对介质添加量及添加种类进行自动统计，宜实现介质添加智能调节。

10.4.4　选别加工

选别工序应实现智能化控制，控制系统应根据工艺状态和原料特性自主选定控制策略、自动调节选别工艺控制参数，提高选别效率和回收率，降低工序消耗。

工艺流程中的各工艺段成品矿及尾矿（矸石）应实现计量和品位（煤质）在线检测，为智能控制参数优化提供数据支持。

药剂制备应实现自动化控制，并与选别生产工序自动化联动，满足选别工序对药剂的供给要求。药剂的储存和添加应实现精确计量和智能添加，有毒、有害药剂应实现泄漏分析和预警。

循环药剂或介质应实现循环平衡在线监控和分析，并实现自动平衡控制。

宜利用视觉识别技术实现重选矿物分界面、浮选泡沫等视频图像分析，实现选别过程智能化监测。

矿产品水洗、干燥、整形、级配、粉碎、膨化等加工过程应实现生产过程自动化控制。

宜利用计算机视觉识别技术在线监测粒型、级配等工艺参数，实现精细化控制。

10.4.5　精矿处理

精矿脱水、干燥、筛分、成型等处理过程应实现生产过程自动化控制。精矿产量（煤量）、品位（煤质）及有害杂质含量应利用在线仪表实现自动检测，为管控精矿产率和质量提供依据。

精矿库应建立自动化库存管理系统，根据出入库计量系统自动更新库存，对出入库精矿量（煤量）和精矿品位（煤质）、含水率实现信息化管理。

精矿打包入库的企业，应利用自动识别技术对产品包装进行自动识别和管理。对于精矿出库具有配矿需求的企业，应配备配矿方案优化计算软件并实现配矿过程优化控制。

10.4.6　生产辅助

选矿厂应建立供电计量、供热计量监控系统以及生产新水、生产回水等供水计量监控系统，并接入集成监控平台。

关键设备应实现在线智能化监测，自动采集设备健康状态数据，实现异常预警和故障类型识别。

胶带运输系统应与选矿自动化系统实现集成控制，系统应安装安全智能保护装置，超过60 m胶带沿线巡检宜采用巡检机器人作业。

原矿仓、粉矿仓、料场等贮矿设施应实现物位、体积或质量的在线测量。

10.5　资源节约与综合利用

（1）一般规定

应建立资源节约与综合利用信息化、智能化管理系统，提高共伴生矿产资源与废弃物资源化的评估、开发和转化能力。

资源综合利用加工流程应与生产加工主流程实现集成，通过自动化综合控制、信息化统一管理、智能化科学匹配降低综合利用成本。

（2）跟踪评价

应建立数据统计、跟踪系统，实时提供企业资源节约与综合利用指标。

（3）共伴生矿产资源回收

应建立共伴生矿产资源回收、利用监控系统，实现共伴生矿产资源开采、存放、加工和利用过程的在线管理。应建立共伴生矿产资源及废弃物利用和管理数据库，提供产率、利用率等数据统计和分析功能，评估回收利用结果。

宜将智能决策分析、智能控制技术应用于资源可用价值评估过程，建立智能化分析和评价系统，从价值链、供应链和产业链分析评价共伴生矿产资源及废弃物再利用价值，促进矿产资源的节约与综合利用。

按《矿产资源综合勘查评价规范》(GB/T 25283—2023)的规定，对共伴生矿产资源可利用性进行动态、信息化管理，优化矿产资源回收利用方案和资源开发战略。

（4）废弃物利用

企业应将废水、废气、尾矿、废石等废弃物排放控制与生产过程控制系统相结合，通过生产控制策略减少废弃物排放。

废弃物应实现在线监测和信息化管理，在线跟踪其存放、回收和利用过程。

10.6 生态环境保护

（1）一般规定

环境监测应建立信息化管理平台，集中管理环境在线监测数据与检验、化验数据，并提供数据动态分析与预警功能。

应按照预防为主、生产与治理并重的原则，实现集中一体化在线监控和管理。

恢复治理应通过数字化管理实现可衡量、可追溯，通过地理信息系统实现图形化展现与空间管理。

（2）矿石堆场管理

应利用视频监控系统实现矿石堆场作业人员、设备、作业环境和作业过程的实时监控。

应实现矿石出入堆场以及堆存量的数字化、三维可视化管理，建立矿石堆场模型，动态监控矿石堆场运行状态。

采用堆取料机的预均化，堆场宜实现堆取料机自动行走和胶带运输的无人值守控制，胶带运输系统与堆取料机、破碎系统应实现联锁控制。

（3）排土场与废石场管理

应对废石产生量、堆存地点、堆存量等进行数字化管理。

宜建立排土场生产运行、水土保持、复垦绿化一体化管理平台，并利用地理信息系统技术展示环保计划和措施落实情况，模拟显示复垦绿化进度及效果。

应针对煤矿矸石堆场的特点对烟雾、一氧化碳、二氧化碳、二氧化硫、内部及表面温度等进行实时在线监测和预警。

（4）矿区生态恢复治理

应建立以定点监控图像数据与监测数据为核心的生态数据库，管理生态修复数据。

宜建立分区生态环境治理地理信息系统平台，展现生态环境恢复治理工作成效，实现历史追溯。

10.7　智能协同管控

（1）一般规定

基于数据集成、流转、查询、统计、分析、预测等数字应用技术，对矿山生产和工艺实现全域、全要素、全过程的信息化管控。

利用在线数据集成和信息融合技术实现生产集中管控和在线智能分析，利用矿山大数据和智能决策技术实现经营管理协同化和智能化。

（2）基础设施

应综合规划建设办公网、监控网、控制网、工业物联网以及其他高速工业网络，支持数据采集、信息管理、视频监控、安全监测等信息化应用，保障数据安全可靠传输。

应建立与矿山规模及智能化水平相适应的安全、开放、数据易于获取与高效处理的企业数据中心，为智能矿山应用提供基础环境支持。数据中心建设标准不低于《数据中心设计规范》(GB 50174—2017)中 C 级标准。

应建设调度控制中心，提供网络、视频、通信、监测、控制、远程操作、大屏幕展示等基础设施，为信息集中展现、设备集中操控、生产统一指挥提供环境及硬件支持。宜将自动化系统、集中监控平台、自动驾驶系统的操作终端在调度控制中心进行集中部署。

（3）数据采集与数据服务

应实现生产运营基础数据的在线、自动采集。采集范围应包括环境、资源、生产、设备、能源、质量、安全、运营管理等领域。数据应具备编码、时间、空间、关联、隶属等统一规范，便于数据共享与信息融合。

应统一建立数据服务系统，支持实时数据、关系数据以及非结构化数据的集中管理和存取服务，并实现容灾备份功能。

（4）监控调度与协同管理

应建设集成监控平台，实现采矿和选矿生产过程信息在调度控制中心的集中管理、集中监控。实现采矿和选矿核心设备运行状态、故障维修、供电及供水、环境和安全等生产辅助信息的全面、实时监控。集成监控平台应具备数据在线智能分析和实时预警功能，可以自动定位和发现异常，可以实现应急联动处置。

应建设采矿、选矿调度指挥系统，统一调度、指挥、监控人员及设备；并根据应用需要配置计划和调度优化功能，实现高效生产和协同作业。

应建设矿山采矿、选矿生产执行管理系统，实现生产、设备、质量、技术、安全等生产相关过程的信息化综合管理，实现矿山大数据在线采集、自动统计、图形化展现和实时分析。

应建设矿山经营管理系统，实现供应链、财务、人力资源等企业经营方面的协同管理。系统应具有数据统计分析、综合查询、异常预警功能。

宜建立远程服务支持平台，为采矿、选矿、设备等专家远程会诊、业务指导以及远程监控提供支持。

集成监控平台、调度指挥系统、生产执行系统、经营管理系统及其他相关信息化系统在数据录入、修改、查询、导出、统计、分析及预警等功能方面宜建立统一操作标准和展现标准，应利用企业数据中心和数据服务系统实现数据和功能融合。

(5) 决策分析

决策分析系统应具有高度开放性、兼容性、扩展性，并具有大数据综合集成能力，实现与生产调度、管理系统嵌入式集成和融合。

系统应具有大数据统计和分析功能，可用于矿产资源、生产、设备、质量、能源、安全、环境保护、节能减排、财务、物资、人力等生产经营数据的统计分析。

系统应具有数据建模、机器学习、数据挖掘分析、决策判断等智能化功能。可用于计划优化、采矿和选矿生产决策、生产工艺调控、设备运维、安全风险预警、经营管理等方面，为矿山生产经营活动提供智能分析和决策支持。

(6) 信息发布

系统应具备发布环境监测数据、调度指令、资源管理数据、生产及安全数据、经营指标信息、通报通知、学习知识、预警和应急导引信息等功能，应具备信息发布流程审批功能。

系统应支持数据、文字、报表、图形、声音、多媒体视频等多种信息形式，并满足上级管理部门对特定报表格式的要求。

系统应与智能矿山管控系统实现信息集成，从管控系统自动提取信息，实现管控信息的在线发布。

信息发布系统应能支持数据接口、电子文件、生产看板、室内外公共信息显示屏、广播、声光报警器、手机等各类信息类型。

(7) 系统安全

网络系统应满足《信息安全技术 网络安全等级保护基本要求》(GB/T 22239—2019)相应等级保护技术要求。

智能化系统信息安全应满足《信息安全技术 工业控制系统安全管理基本要求》(GB/T 36323—2018)中第一级安全等级的要求。智能化系统应充分预见各类特殊情况下的安全隐患，制定相应的对策和设置自主安全保护功能，并具备人工随时干预或者停止其运行的机制和能力。涉及操作和控制的智能化系统，其自主学习功能应设置安全性控制规则，防止产生不可预见的安全问题及可靠性问题。

课后习题

1. 智能矿山的建设有哪些原则？
2. 实现选矿厂智能化建设主要从哪几个方面着手？
3. 选矿过程智能生产架构主要分为哪几个层次？
4. 选矿过程中包含了哪些作业环节？各个作业环节之间有什么联系？
5. 简述智能矿山建设对资源节约与综合利用的规定。
6. 简述智能矿山建设对生态环境保护的规定。
7. 简述智能矿山建设对智能协同管控的要求。

第 11 章　破碎筛分作业智能化技术

11.1　破碎和筛分作业简介

破碎作业的准确性和质量直接影响到矿石分选的最终效果。在矿业技术研究的目标规划中，对破碎选矿领域的工艺倡导“多碎少磨”，在前期生产的各个环节尽可能地对矿石进行破碎处理，从而提高后续磨机的处理能力，来进一步减少能量的消耗，以此来降低选矿过程的成本。筛分作业经常与破碎或磨矿作业一同作为联合工艺处理选矿厂原料；筛分技术的水平直接影响破碎环节的生产效率、磨矿给料的粒度以及企业的经济效益。某选矿厂破碎筛分车间工艺流程如图 11-1 所示。

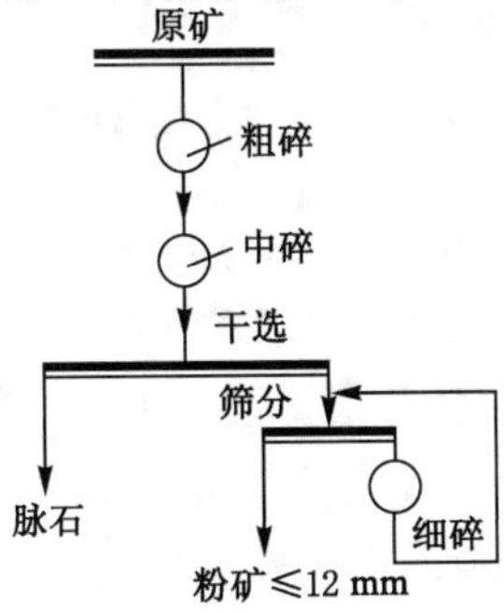

图 11-1　某选矿厂破碎筛分车间工艺流程

11.2　破碎筛分智能化技术

11.2.1　破碎筛分设备智能监控和诊断

我国矿山破碎设备和振动筛分设备具有大型化、运行环境复杂等特点。目前仍然采用以传统人工监控为主的监控方式，需要以人力辅助监控机械设备的运行状态并估算预计产量等。这种人工监控方式不利于生产效率的提高，同时设备在破碎筛分工艺流程中分布比较分散，对生产管理要求较高，不利于管理，因此在作业和监控过程中容易出现各类风险隐患问题，也无法及时获得破碎筛分设备的运行数据。此外，在矿石进行破碎筛分作业时，往往需要各类设备进行协同作业。因此，对破碎筛分设备实施远程智能监控有重要意义和价值，能够保障破碎筛分设备的有效运行，解决以往信息化、智能化水平较低的问题，同时可以对大型破碎筛分设备运行数据实现精准有效监控，避免在故障来临时耗费大量的检修时间。

在矿石破碎筛分系统中,破碎筛分设备在运行过程中会产生许多物理变量,如振动、温度、污染等。通过传感器感知这些变量,并将其按一定规律转换成电信号或其他形式的信号输出。例如,破碎机的主要物理变量为温度、振动、转速、电流及油液污染颗粒,其中监测振动能提前感知温度、转速和电流的变化,从而预先获知可能发生故障的原因。在产品智能化中,一个重要且基础的问题是数据采集,在不改变整体结构的条件下,传感器的安装位置应尽量接近保证机器正常运行的部件,以便采集某部件或零件运行过程中的物理量变化。通过大数据和诊断分析,可以确定设备在运行过程中出现了哪些故障。

如某类型破碎机主要运行部件水平轴上的轴承,可以通过振动传感器检测并采集信息。通过诊断分析和计算,可以生成轴心轨迹的不规则图像,以便检测轴承是否存在不对中等故障,接着根据频谱图的表现进行分析计算,可以确定故障的类型和导致故障的原因(图 11-2)。

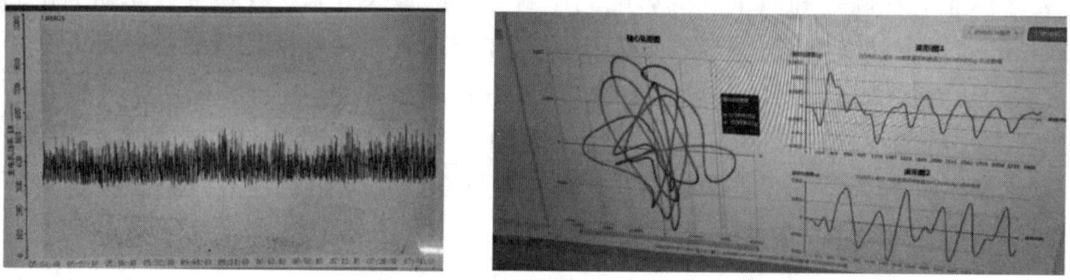

图 11-2　破碎机振动信号频谱图和轴心轨迹图

传感器采集到的数据需要通过网关、PLC、工业以太网传到上位机或 DCS 系统,因此需要确定各硬件的通信协议:PPP、TCP/IP/UDP、OBEX、WAE/WAP 等。目前大多数矿山破碎设备采用西门子 PLC 获得数据,并根据设备需求进行控制。当设备运行中的物理变化量达到某个阈值时,相当于触发一个开关量。在这种情况下,需要通过报警或者停机等方式对设备进行控制,以避免可能的故障或损坏发生。

目前数据的传输方式为无线与有线两种。无线传输的基本原理是传感器将输出信号发送至采集站的通信模块,然后传递给网关。网关通过无线或有线方式将信号传入上位机。常用无线通信技术有 Wi-Fi、ZigBee、Bluetooth 和 Lora 等,根据不同情况选择不同通信技术。有线传输目前绝大部分应用的是工业以太网。传感器输出的信号有开关量、数字信号、模拟量信号,但智能化诊断分析计算则依靠的是数字信号,因此传感器选型和输出的信号也非常重要。传感器采集到各项数据后,通过工控或云平台根据分析计算软件处理这些信息。以振动为例,得到振动频谱后,对其进行傅立叶变换来获知其振幅、时域、频域等方面的信息,通过这些信息可以自主决策判断设备出现故障的类型以及具体出现的位置。对这些数据做机器学习进行深度挖掘,最终形成一个特殊算法后,再经过大数据分析预测可能出现的故障(图 11-3)。

如图 11-4 所示,大型破碎筛分作业远程智能监控系统的架构组成主要有三个层次,分别为感知与传输层、分析层和展示层。大型破碎筛分设备的远程智能监控系统需要在作业现场设置传感器、数据采集仪以及控制机柜,以进一步实现对矿山作业现场各类设备运行状况以及周边环境信息的及时采集,随后通过智能嵌入式设备将各类数据进行转码并传送给远程智能监控工控机或云平台,其间需要应用 5G 或工业以太通信网络进行传输,实现数据的及时输送和统一处理。

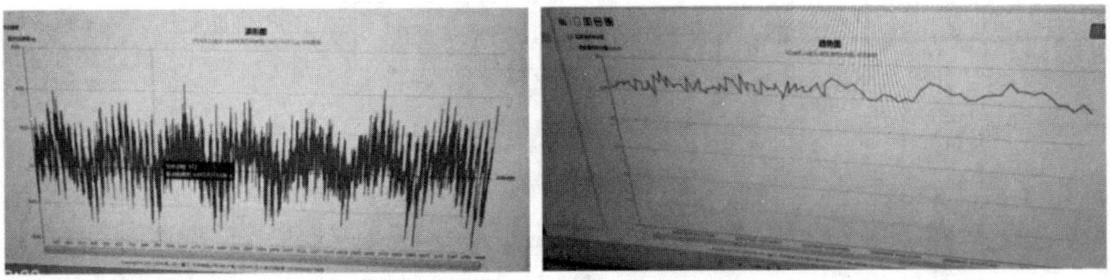

图 11-3　振动频谱图与振动趋势图

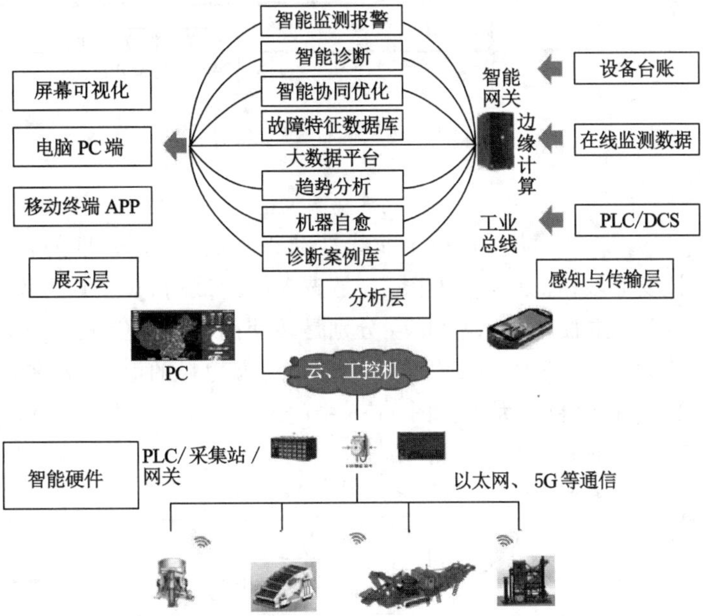

图 11-4　破碎筛分作业远程智能监控架构图

11.2.2　破碎筛分智能控制策略

传统矿石破碎过程控制方式是操作员根据工艺指标设定碎石粒度的上下限、边界条件等。所有工艺指标的上下限均是通过离线检测确定的。操作员根据工作经验以及生产实际条件逐步测试并最终给出边界条件(图 11-5)。这种方式有很大弊端。由于是离线的人工检测,不能达到快速测量,凭借工人的经验进行调试往往会带来一些误差。

对此,有些学者提出了矿石破碎智能控制方法,其控制策略流程如图 11-6 所示。碎石破碎过程是将大块物料破碎成小块的过程,实际生产过程中,主要是通过载荷 y_1 和主轴转速 y_2 来控制给料量和偏心度,进而使得破碎率满足工艺要求的目标值范围。可以表示为:

$$\min[\gamma^* - y(t)] \tag{11-1}$$

$$y(t) = f(y_1, y_2, B_1, \cdots, B_5) \tag{11-2}$$

$$y_L \leqslant y(t) \leqslant y_H \tag{11-3}$$

$$y_{1L} \leqslant y_1 \leqslant y_{1H} \tag{11-4}$$

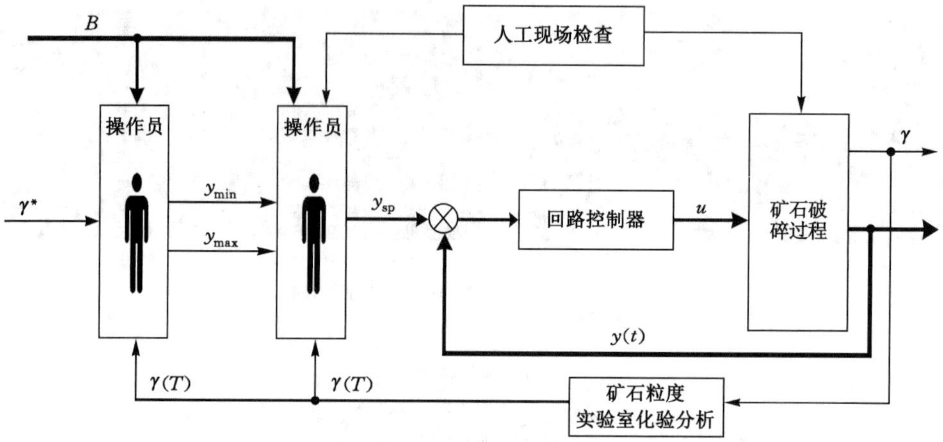

图 11-5　传统矿石破碎过程操作

$$y_{2L} \leqslant y_2 \leqslant y_{2H} \tag{11-5}$$

式中，$y(t)=f(y_1,y_2,B_1,\cdots,B_5)$是一个非线性动态函数；$\gamma^*$是粒度的目标值且满足$y_L \leqslant y(t) \leqslant y_H$；$y_L$是粒度下限；$y_H$是粒度上限；$y_1$是破碎机的载荷；$y_{1L}$和$y_{1H}$分别是载荷的下限和上限；$y_2$是破碎机的主轴转速；$y_{2L}$和$y_{2H}$分别是转速的下限和上限。$f()$是非线性函数且随$B=(B_1,B_2,B_3,B_4,B_5)$变化而变化，$B_1 \sim B_5$分别为物料的湿度、物料的硬度、物料的压缩比、物料的密度、进口物料的大小。图 11-6 中的过程变量$y=\{y_1,y_2\}$，y_1是破碎机载荷，y_2是转速，操作变量u_1是进料口的大小，u_2是给料速度。

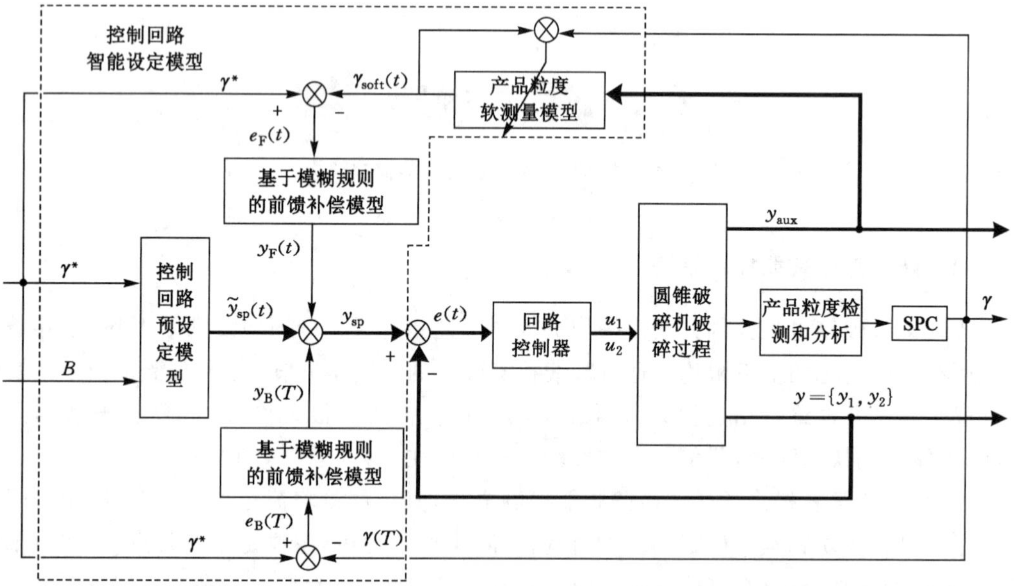

图 11-6　矿石破碎智能控制策略

其中控制回路的预设定模型根据物料粒度目标值γ^*和边界条件B得出预设定点$\tilde{y}_{sp}(t)$，它包含破碎机载荷预设定点$\tilde{y}_{1sp}(t)$和破碎机主轴转速预设定点$\tilde{y}_{2sp}(t)$。$\gamma_{soft}(t)$是通过软测量模型最小二乘支持向量机得到的粒度。基于模糊规则的前馈补偿模型的工作过程为:根据误差 $e_F(t)(e_F(t)=\gamma^*-\gamma_{soft}(t))$ 和误差变化率 $\Delta e_F(t)$,计算预设定点 $\tilde{y}_{1sp}(t)$ 的补偿值 $y_F(t)$;同时根据误差 $e_B(T)$ $(e_B(T)=\gamma^*-\gamma(T))$ 和误差变化率 $\Delta e_B(T)$ 计算反馈补偿值 $y_B(T)$。图中变量注释如表 11-1 所示。

$$y_{sp}=\tilde{y}_{sp}(t)+y_F(t)+y_B(T) \tag{11-6}$$

表 11-1　图中变量注释

变量	含义	变量	含义
B	粒度边界条件	γ^*	碎矿粒度目标值
T	化验周期	$\gamma_{soft}(t)$	碎矿粒度软测量值
$\tilde{y}_{sp}(t)$	控制回路预定值	y_{sp}	控制回路设定值
γ	碎矿粒度实际检查值	y_{aux}	辅助变量集
$y_F(t)$	前馈补偿值	$y_B(T)$	反馈补偿值

11.2.3　破碎筛分智能化应用案例

某选矿厂在碎矿作业应用 5G+信息化智能控制技术构建了智能破碎系统。该系统主要由基础自动化与智能边缘系统、智能协同控制系统与碎矿智能生产管理平台组成,其中碎矿智能生产管理平台建立了破碎生产管理数据库,实现了生产分析管理、设备在线点检管理、安全监控信息管理、能源分析管理和破碎三维虚拟系统等功能。5G+智能碎矿系统功能架构如图 11-7 所示。

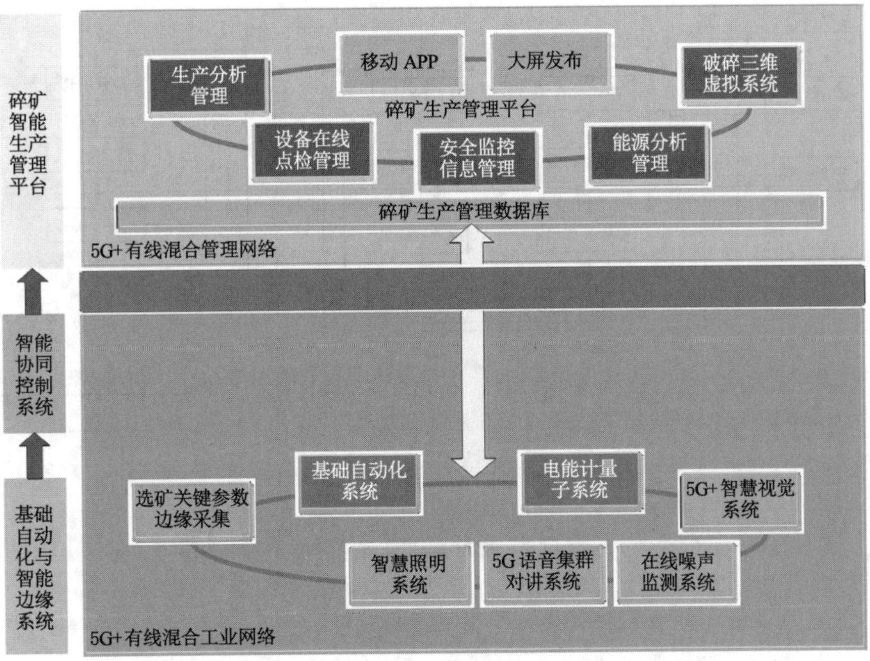

图 11-7　5G+智能碎矿系统功能架构

该智能控制系统功能如下：

(1) 破碎机给料控制

在破碎作业安装功率变送器，集成至 PLC，获取设备功率数据，作为实现破碎机恒功率控制的基础。在 PLC 程序中增加 PID 控制模块，给料机作为执行器，圆锥破碎机为控制对象，功率变送器为反馈单元，由此组成 PID 控制单元，实现破碎机的稳定给料（图 11-8）。

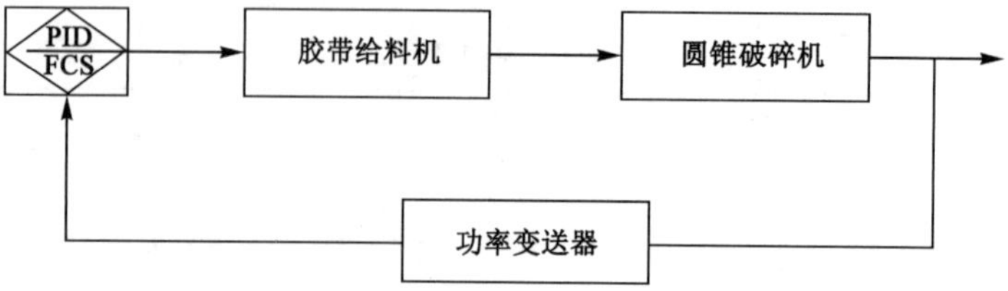

图 11-8　破碎机给料控制

(2) 破碎、筛分流程自动控制

破碎、筛分作业要实现自动控制给料平衡，主要通过各料仓料位检测、分析，控制各破碎机的给矿，保证各段流程的负荷平衡。筛分的给矿控制目标是保证筛分和细碎缓冲料仓的料位在合适的区间，同时要保证足够的处理能力，通过振动筛开启个数进行粗调、给矿机频率进行微调来实现。

(3) 智能一键启停

根据破碎作业流程特点，分成原矿段、破碎段和筛分段进行联锁保护，在此基础上各分段按照逆序开车、顺序停车原则实现全局的联锁启停（图 11-9）。

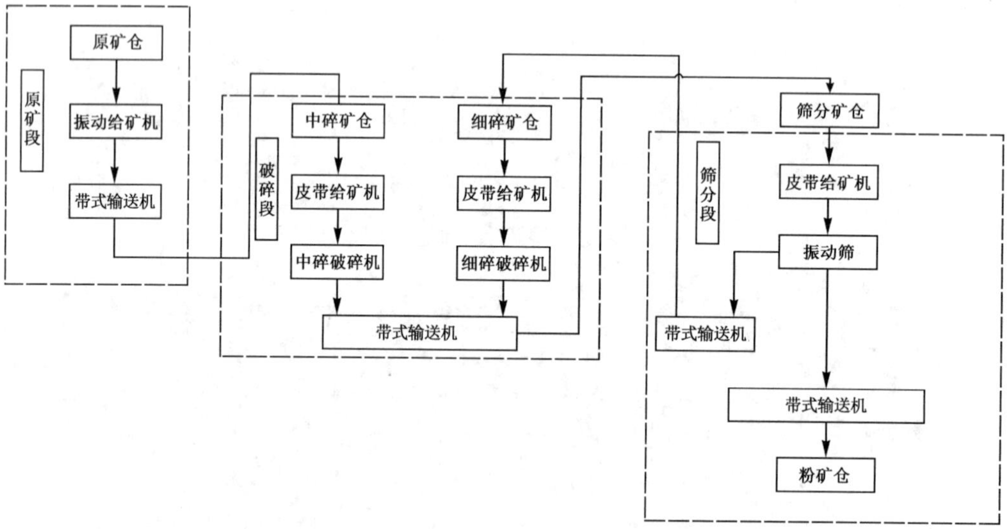

图 11-9　破碎筛分作业联锁逻辑

课后习题

1. 简述破碎筛分作业在选矿过程中的重要作用。
2. 简述破碎筛分设备实施远程智能监控的意义。

3. 简述破碎筛分设备远程智能监控系统的架构组成。

4. 论述矿石破碎智能控制策略的工作流程。

5. 简述 5G+智能破碎系统的架构和功能。

第12章　磨矿分级作业智能化技术

12.1　磨矿分级作业简介

根据矿石处理流程，选矿过程通常可分为破碎筛分、磨矿分级、分选和浓缩脱水等作业。其中，磨矿分级作业是一个关键工序，确保有用矿物和脉石充分解离是选矿能够进行的必要条件。磨矿作业在选矿厂的成本投入中所占的比重最大。从统计数字看，选矿厂破磨作业的生产费用大约占选矿厂全部费用的40%，破磨过程的设备投资占选矿厂总投资的60%左右。作为磨矿作业的主要设备，磨机的电耗占全厂电耗的30%～70%。随着低品质矿产资源的大规模开发利用，磨矿过程的能耗和钢耗将越来越大。因此磨矿作业的设计和控制质量直接影响着选矿厂的整体运行效率和经济技术指标。典型磨矿分级作业流程如图12-1所示。

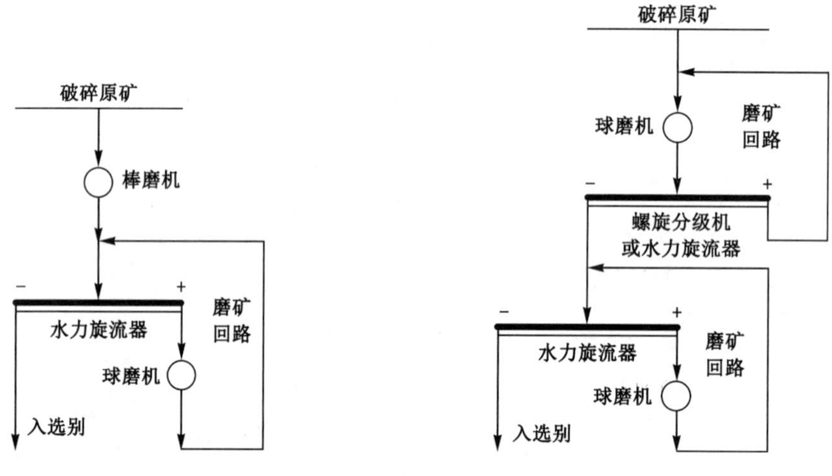

图12-1　典型磨矿分级作业流程

磨矿分级运行控制的主要任务是将复杂的磨矿生产与各个磨矿分级设备紧密联系在一起，采用分层反馈控制结构，在保证系统稳定与安全运行的前提下，不仅要使局部单元的各磨矿分级装置尽可能准确地跟踪期望设定值，而且要控制整个生产过程的运行。上层运行控制系统根据运行工况自动调整底层基础控制回路设定值，使反映磨矿分级整体运行性能的磨矿粒度、磨矿生产率以及能耗等运行指标控制在目标范围内，并尽可能提高产品质量与生产效率指标，降低能耗指标，最终提高磨矿分级生产的经济效益。

随着智能控制技术引入选矿厂的磨矿分级作业，磨矿产品质量能够得到保障，从而提高了选矿厂的生产效率以及选矿指标。这些智能控制技术不仅优化了磨矿分级的生产过程，保障了系统安全有效的运行，还可以提高企业的经济效益。近年来，智能化技术得到了快速发展，传统的磨矿分级工艺过程也在进行着智能化的转型升级，从原来的经验化手动操作逐步向智能化控制的方向迈进。磨矿分级的控制参数主要有：磨机给矿量、磨机负荷量、磨矿浓度、磨矿介质、磨矿细度、球磨机的加球量、补加水量、分级溢流浓度、旋流器给矿浓度、旋流器给矿压力等。

近年来，通过模糊控制、专家控制和神经网络控制等智能控制策略与自适应控制和模型预测控制（MPC）系统相结合，应用于磨矿分级的智能化控制过程中，在一定程度上实现了磨矿分级过程参数的优化控制，显著提高了磨矿效率，为后续的选矿作业提供了合格产品。同时，也推动了磨矿分级向智能控制的升级转型。

12.2　磨矿分级模糊控制系统

12.2.1　模糊 PID 控制

矿石硬度、矿石粒度、温度、电网电压和给矿量等均对磨矿分级作业产生影响，这些因素具有时变性和非线性的特点，传统的 PID 控制难以准确地描述磨矿系统的数学模型。在磨矿过程中，磨矿的多种运行参数的变化导致磨矿过程易受外部干扰信号变化的影响，需要控制系统及时抑制干扰产生的影响；同时磨机内部衬板和钢球等的磨损导致磨机有功功率发生变化，需要控制系统及时跟踪预设值的变化。整个磨矿过程受非线性和时变性因素的影响，使得磨机需要及时改变控制策略和控制规则以实现最佳的磨矿效果，所以适用于非线性和时变性的模糊控制算法在磨矿过程有很好的应用。在磨矿控制系统中，结合模糊控制和 PID 控制，构成模糊 PID 控制器，从而在有干扰的环境中较精确地监控系统控制参数。

模糊控制原理的核心部分是模糊控制器，模糊控制器有四个主要组成部分：模糊化、模糊推理、知识库和解模糊。一般模糊控制的流程如下：首先用传感器检测被控量的精确值，与给定值比较得到偏差 e 作为模糊控制器的一个输入量，把偏差变化率 $ec=\mathrm{d}e/\mathrm{d}t$ 作为控制器的第二个输入量，然后把 e 和 ec 的精确量经模糊化后变成模糊量，可以分别得到它们相应的模糊集合，进而建立模糊控制规则 R，最后用推理合成规则进行模糊决策，最终得到模糊控制量集合 U。模糊 PID 控制是在常规 PID 控制基础上引入模糊控制的思想，它把偏差 e 和偏差变化率 ec 作为控制器的输入量，对输入量模糊化处理后修改 PID 参数值，其控制原理如图 12-2 所示。

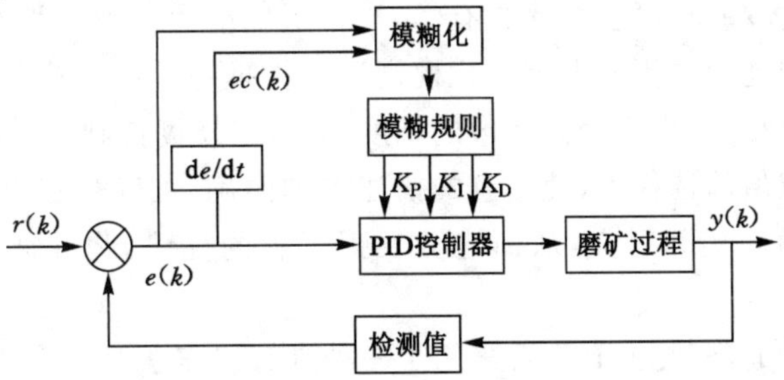

图 12-2　模糊 PID 算法原理

采用位置式数字 PID 控制算法，控制参数定值为 r，测量控制参数值为 $y(k)$，得到：

$$\begin{cases} e(k) = r - y(k) \\ ec(k) = e(k) - e(k-1) \\ y(k) = K_{P}e(k) + K_{I}\sum_{j=1}^{k}e(j) + K_{D}[e(k) - e(k-1)] \end{cases} \tag{12-1}$$

式中，k 为采样次数；$e(k)$和 $e(k-1)$分别为第 k 次和第$(k-1)$次采样时刻的偏差值；$y(k)$为第 k 次采样时刻的输出值；$ec(k)$为第 k 次采样时刻的偏差变化率值；K_P为比例系数；K_I为积分系数；K_D为微分系数。建立 PID 三个参数和偏差与偏差变化率之间的模糊关系，连续检测得到系统运行过程中不同的偏差与偏差变化率，进而在线调整 PID 的三个参数值，实现 PID 参数的自整定。把偏差、偏差变化率、控制量集合 U 分成 7 个模糊子集，即 PB（正大）、PM（正中）、PS（正小）、ZO（零）、NS（负小）、NM（负中）、NB（负大）。

某选矿厂磨机给矿量模糊控制系统如图 12-3 所示。根据检测到的磨机电流值判断磨矿状态，进而判断钢球和物料的状况，在钢球量一定的情况下可以判断出物料负荷状况。根据物料状况调节给矿量速度，由变频器调节给料圆盘的转速，实现对给矿量的控制，给矿量检测由电子皮带秤完成。控制系统的工作过程是首先用电流变送器检测磨机的装载量，然后用模糊算法计算出当前给矿量设定值，最后把该设定值作为变频器频率调节给料圆盘的转速。

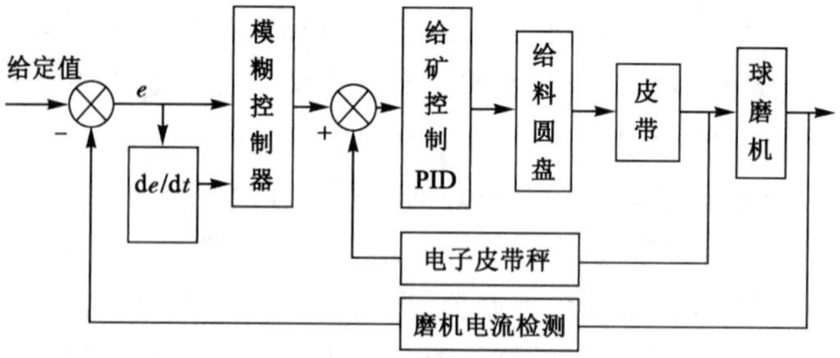

图 12-3　磨机给矿量模糊控制系统

12.2.2　补偿模糊神经网络控制

模糊神经网络是模糊控制与神经网络有机结合的产物，兼具模糊控制对模糊信息的处理能力和进行判断与决策的能力，以及神经网络强大的学习能力。这种结合产生了一种新型控制结构，既具有模糊思维能力，又具有学习、自适应能力。模糊神经网络的主要特点是利用神经网络的学习能力去不断调整优化模糊逻辑推理系统的隶属度函数和模糊规则，对已有的知识规则进行拓展，提高控制参数的精度，并且将模糊控制中专家的控制经验融入神经网络初始结构和权值的选择上，使信息的描述更加明确，推理过程更加清晰，赋予初始网络结构与权值更明确的实际意义，从而充分发挥二者的优势，弥补彼此的不足，提高控制效果。

在模糊神经网络的基础上，有学者采用了一种具有快速学习算法、能够进行补偿模糊推理的补偿模糊神经网络（adaptive fuzzy neural network，AFNN）。补偿模糊神经网络综合了补偿模糊逻辑和神经网络的优点，由面向控制与面向决策的模糊神经元组成。这些模糊神经元被定义为执行模糊化运算、模糊推理、补偿模糊运算和反模糊化运算。补偿模糊神经元的引入使得网络不管对初始正确定义的模糊规则还是初始错误定义的模糊规则均能够进行训练，从而使网络具有更高的容错性，系统更稳定。

补偿模糊神经网络主要由面向控制与面向决策的模糊神经元组成，根据所起作用的不同又可分为模糊化神经元、模糊推理神经元、补偿模糊神经元、反模糊化神经元。如图 12-4 所示，补偿模糊神经网络结构一般有五层：输入层、模糊化层、模糊推理层、补偿运算层以及反模糊化层，层与层之间依据模糊逻辑系统的语言变量、模糊 if-then 规则、最坏-最好运算、补偿模糊推理方法以及反模糊函数所构建。

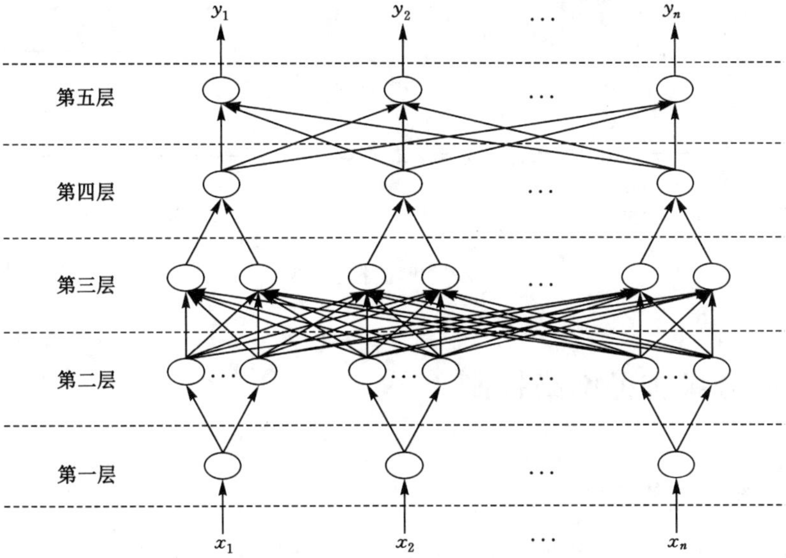

图 12-4　补偿模糊神经网络结构图

基于补偿模糊神经网络的磨矿分级作业控制流程如图 12-5 所示，它以磨矿粒度作为最终的控制指标，将相邻单位时间的粒度差与粒度差变化率作为补偿模糊神经网络控制器的输入变量。通过对磨矿分级生产流程相关控制规律的总结，将给矿量、一段球磨机入口加水量、螺旋分级机加水量以及旋给流量作为补偿模糊神经网络控制器的输出变量。

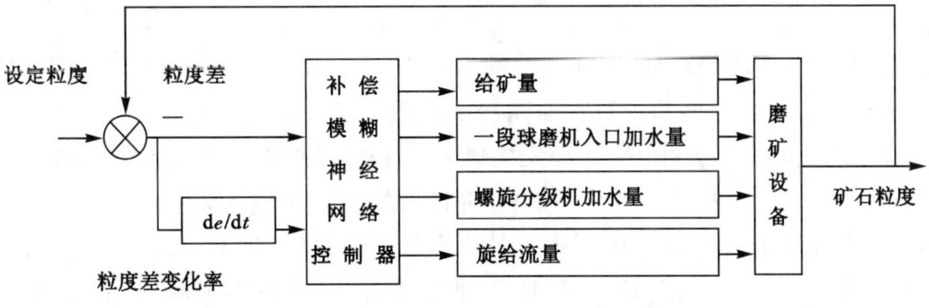

图 12-5　AFNN 磨矿控制原理结构图

通过模糊神经网络控制器对给矿量、一段球磨机入口加水量、螺旋分级机加水量以及旋给流量进行控制，并将控制结果应用于经过磨矿模型辨识的神经网络上，仿真结果如

图 12-6(a)所示;而通过对模糊神经网络加入补偿模糊神经元,采用补偿模糊神经网络对系统进行控制,仿真结果如图 12-6(b)所示。由此可以看出,补偿模糊神经网络对磨矿粒度的控制效果明显优于模糊神经网络。

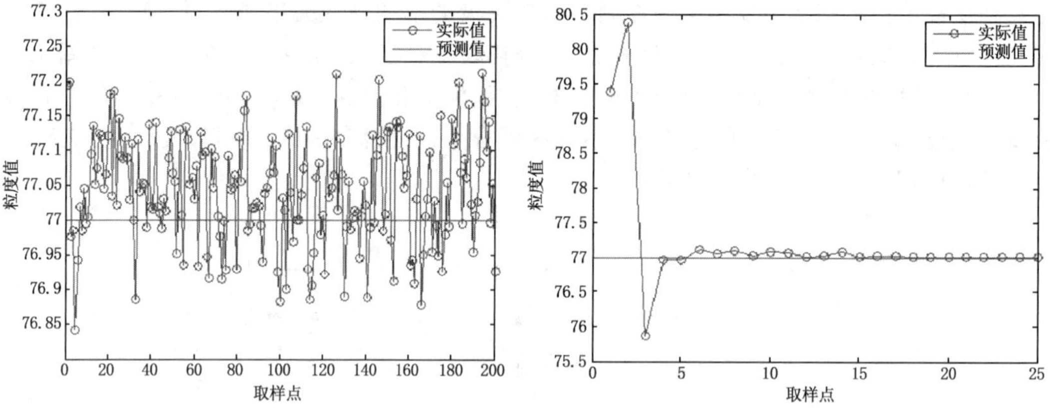

(a) 模糊控制　　(b) 补偿模糊神经网络控制

图 12-6　磨矿粒度趋势

12.3　磨矿分级神经网络控制

12.3.1　BP 神经网络-PID 控制

由于磨矿作业的复杂性,常规的 PID 控制很难达到实际需求,所以磨机负荷的控制都是由工作人员通过人耳收集到的磨音等信息,然后根据人为的经验来控制磨机的状态,这样的调节方式不但具有较大的滞后性,而且往往并不能令磨机在最佳状态运行。因此为了提高磨矿的质量,利用现代智能算法对磨矿系统的 PID 控制参数进行调节是磨矿智能化的研究重点。

BP 神经网络(BPNN)能够利用其良好的非线性映射能力逼近任意的非线性函数,且结构简单易理解。因此 BPNN 能够通过自身学习之后,利用其特性映射出最优控制关系下的 PID 参数。

如图 12-7 所示,BPNN-PID 控制系统的误差为 e_i,$i=1,2,\cdots,m$。系统会实时反馈被控对象的输出 $y_1,y_2,\cdots,y_m$,然后计算控制系统的误差。隐层的 $3m$ 个功能单元由 m 个 K_P 神经元、m 个 K_I 神经元以及 m 个 K_D 神经元构成。K_P 神经元能够将系统的输入放大后转换为基于电流误差的控制,K_I 神经元首先累积当前状态的下一次输入,然后计算之前的控制误差的和,K_D 神经元则通过实时记忆自身之前的状态并减去其电流输入值来计算出控制误差的差异。每个输入层神经元对应 3 个 PID 神经元,两者之间的连接权重分别为 w_{3m-2},w_{3m-1},w_{3m}。控制器分为两部分:① 经典的 PID 控制器。通过在线实时整定 K_P、K_I、K_D 参数实现闭环控制。② BPNN。以实现性能指标的最优化作为最终目标,实时分析系统的运行状况进而调节 PID 参数,并将 K_P、K_I、K_D 参数与 BPNN 的输出相对应,通过 BPNN 的自学习来改变权值,最后映射出稳定时最优控制关系的 PID 参数。

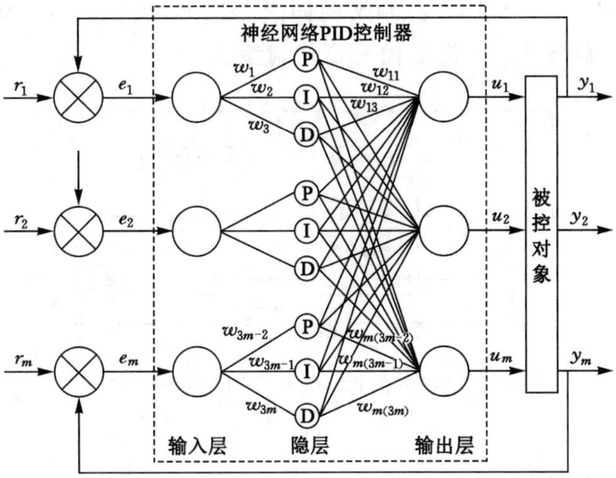

图 12-7　BPNN-PID 控制系统结构

典型增量式 PID 的控制算式为：

$$u(k)=u(k-1)+K_P[e(k)-e(k-1)]+K_I[e(k)-2e(k-1)+e(k-2)] \quad (12\text{-}2)$$

式中，K_P，K_I，K_D分别为比例系数、积分系数和微分系数。当由系统状态调节系数 K_P，K_I，K_D时，可得：

$$u(k)=f[u(k-1),K_P,K_I,e(k),e(k-1),e(k-2)] \quad (12\text{-}3)$$

式中，$f(\cdot)$表示非线性函数。

BPNN 为 3 层结构，输入变量为磨矿系统运行状态量，输出变量为 K_P，K_I，K_D。

BPNN 输入层节点的输出为：

$$\left.\begin{aligned}&O_j^{(1)}=x_{k-j}=e(k-j),j=0,1,\cdots,m-1\\&O_m^{(1)}\equiv 1\end{aligned}\right\} \quad (12\text{-}4)$$

式中，m 为输入层节点的个数。

网络的隐层输入和输出为：

$$\left.\begin{aligned}&net_i^{(2)}(k)=\sum_{j=0}^{m}w_{ij}^{(2)}O_j^{(1)}(k)\\&O_i^{(2)}(k)=f[net_i^{(2)}(k)],i=0,1,\cdots,Q-1\\&O_Q^{(2)}(k)\equiv 1\end{aligned}\right\} \quad (12\text{-}5)$$

式中，$w_{ij}^{(2)}$为隐层权重系数；$w_{im}^{(2)}(k)$为阈值；$f[\cdot]$为激发函数，$f[\cdot]=\tanh(x)$。

最后，网络输出层的输入和输出为：

$$\left.\begin{aligned}&net_i^{(3)}(k)=\sum_{i=0}^{Q}w_{ij}^{(3)}O_i^{(2)}(k)\\&O_i^{(3)}(k)=g[net_l^{(3)}(k)],l=0,1,2\\&O_0^{(3)}(k)=K_P\\&O_1^{(3)}(k)=K_I\\&O_2^{(3)}(k)=K_D\end{aligned}\right\} \quad (12\text{-}6)$$

以给矿控制为例，BPNN-PID 控制结构如图 12-8 所示。将 BPNN-PID 控制算法应用于磨矿系统控制中，最终产生一组最优 PID 控制参数。

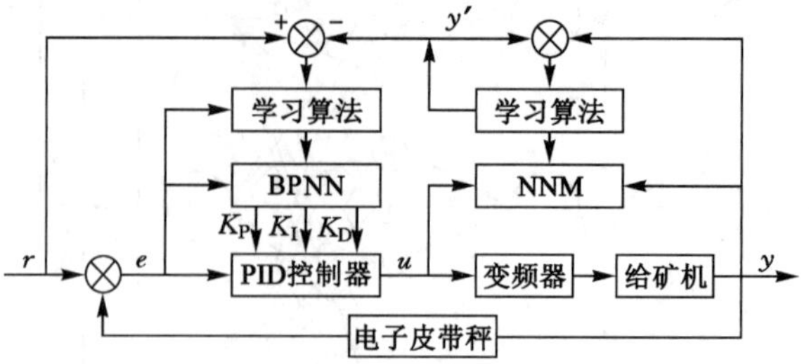

图 12-8 磨矿流程的给矿环节 BPNN-PID 控制结构

12.3.2 RBF 神经网络控制

在磨矿控制中，应用较多的网络是 BP 网络，但 BP 网络存在局部最优问题，并且训练速度慢，效率低。RBF 神经网络(radial basis function neural network)在一定程度上克服了这些问题，因此近年来，它也逐渐被应用在磨矿粒度或浓度的预测和控制中。RBF 神经网络是前馈式高效率的神经网络，具有最佳逼近和全局最优特性，训练方法快速简单、不会出现局部最优问题是其最显著的优点。

RBF 网络是由 3 层结构构成的前向网络，其输入过程到输出过程是一种非线性的映射过程，而隐含层空间到输出层空间是线性映射，这样在很大程度上加快了网络的学习速率，克服了局部极小的缺点。网络的结构如图 12-9 所示。

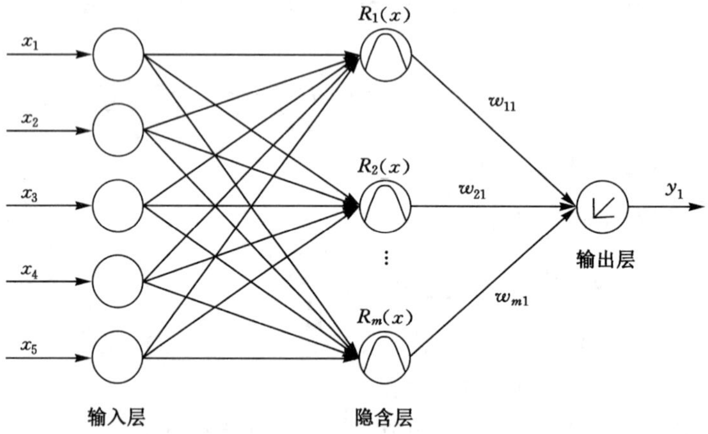

图 12-9 RBF 神经网络结构图

RBF 神经网络共有 5 个输入，x_1 为磨机的给矿量，x_2 为原矿水分，x_3 为后补加水量，x_4 为磨音，x_5 为磨机功率，以它们构成输入层，高斯函数为隐含层基函数，输出层 y_1 为 −200 网目矿浆粒度 M_{-200}，构成网络。其中：

$$R_i(x)=\exp\left(-\frac{\| x-c_i \|^2}{2\sigma_i^2}\right) \tag{12-7}$$

式中，$i=1,2,\cdots,m$，m 是感知神经元的个数；x 在本文中是 5 维输入向量；c_i 是第 i 个基函数的中心，与 x 具有相同维数；σ_i 是第 i 个 RBF 的标准差，决定了该基函数到中心的宽度。输出层到隐含层实现从 $x \to R_i(x)$ 的非线性映射，隐含层到输出层实现 $R_i(x) \to y_1$ 的线性映射，即

$$y_1 = \sum_{i=1}^{m} w_{i1} R_i(x) \tag{12-8}$$

式中，y_1 是磨矿粒度或浓度的输出；w_{i1} 是第 i 个隐含层单元到 y_1 输出层的权重值。

根据磨矿分级过程中磨机的运行特性和控制要求，某选矿厂采用串级控制方式对磨机的运行过程进行控制。基于 RBF 神经网络的磨矿控制策略如图 12-10 所示。通过自寻优控制方式利用精矿品位、回收率和精矿产量等参数不断寻找磨机负荷的最佳值。最佳负荷的设定通过 RBF 神经网络优化控制得到合适的料给定设定值和水给定设定值。物料和水通过 PID 闭环进行控制。通过磨音和磨机功率来检测磨机当前的负荷大小，并将结果反馈回去构成负荷的闭环控制。将磨机磨音、磨机功率以及磨矿浓度值反馈回去通过自寻优控制来调整磨机的最佳负荷量。利用这样的串级控制方式可以确保磨机运行在负荷的最佳状态，从而维持磨机的稳定运行，提高磨机的工作效率。

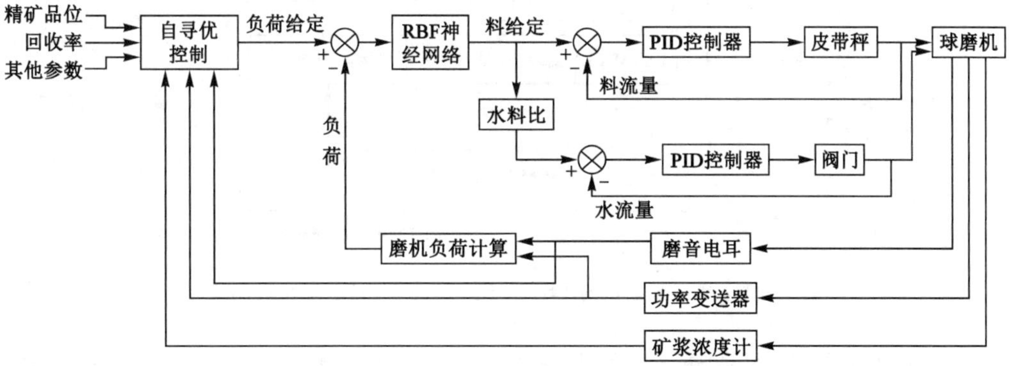

图 12-10　基于 RBF 神经网络的磨矿控制策略

12.4　磨矿分级模型预测控制

模型预测控制(model predictive control，MPC)在工业过程控制领域具有极为广泛的应用。它具有模型预测、滚动优化和在线校正等特点，有效地克服了模型不确定性或外界干扰的影响。在此基础上，模型预测控制还能直接处理大滞后对象和各类型约束，具有良好的跟踪性能。它通过某一性能指标的最优来确定未来的控制作用，这一性能指标涉及系统未来的行为，通常可采取如下几种形式：① 最小化与参考值的偏差；② 最大化生产效率；③ 最大化利润；④ 最大化产率；⑤ 最小化生产成本。

MPC 的优化问题与传统最优控制有所不同，它是一种有限时域的滚动优化方法。在每一个采样时刻，优化性能指标只涉及从该时刻到未来有限时域的情况，而到下一个采样时刻，这一优化时段同时向前推移。在磨矿过程中，常规基于 MPC 运行反馈控制的方法对于干扰抑制性能存在不足，因此经常引入神经网络(ANN)、模糊控制、扰动观测器(DOB)等控制技术与 MPC 控制形成集成智能控制系统。

12.4.1 基于深度学习的模型预测控制

结合深度学习和模型预测控制（MPC），形成了一种基于云平台的 LSTM-ELMs 的 MPC 的优化控制策略（图 12-11），一方面深度学习的网络架构满足了全场景的变化，解决了由于新工况带来的次优化问题，另一方面采用长短期记忆循环神经网络-极限学习机（long short-term memory-extreme learning machine，LSTM-ELMs）的迁移学习模型，利用云平台的计算资源来降低现场工控机的学习成本，最后通过 MPC 的滚动优化策略，有效地防止由于生产环境与模型产生偏移或者实际环境干扰引起控制性能下降。

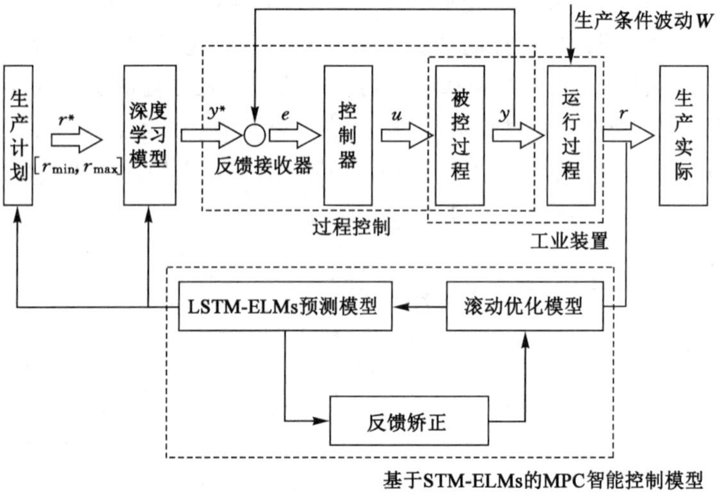

图 12-11 基于云平台的 LSTM-ELMs 的 MPC 的优化控制策略

为了更好地实现 LSTM-ELMs 预测模型的建立，需要将时序信息输入到 ELMs 网络中参与预测任务。反馈差分的 ELMs 网络在原有结构的输入层和输出层之间引入了一个反馈层来保存变量的时序信息。具体来说，对于待预测的输出变量，其对应的输入变量为变量依赖图中与输出变量存在直接影响关系的节点变量，同时输入变量应早于输出变量若干个单位时间。反馈差分 ELMs 的网络结构如图 12-12 所示，其中网络的输出 y_{i+1} 表示的是网络当前的输出值，同时也等价于待预测变量下一个时刻的值；反馈值 y_i 表示的是上一个时刻网络的输出值，通过反馈值，网络上一个时刻的输出值被记录下来，同时被传输到网络的输入层，和下一时刻网络的输入一起影响输出；$x_m(i-\tau'_m)(m=1,2,3)$ 为网络的输入变量，τ'_m 表示该变量的延迟时间。当前周期的输入为基于迁移学习获得的特征元参数和上一周期预测结果，而输出特征为各阶段的控制目标函数或者各阶段主要预测变量，其中优化目标为最小损失函数：

$$Minimize\left(\alpha\sum(f(x_i,y_i)-\tilde{y}_{i+1})\right) \tag{12-9}$$

式中，$f()$ 为溢流细度预测结果；$\tilde{y}_{i+1}$ 为真实值。

12.4.2 基于扰动观测器的模型预测控制

矿石磨矿分级过程存在强扰动，可分为外部扰动和内部扰动两部分。外部扰动包括矿

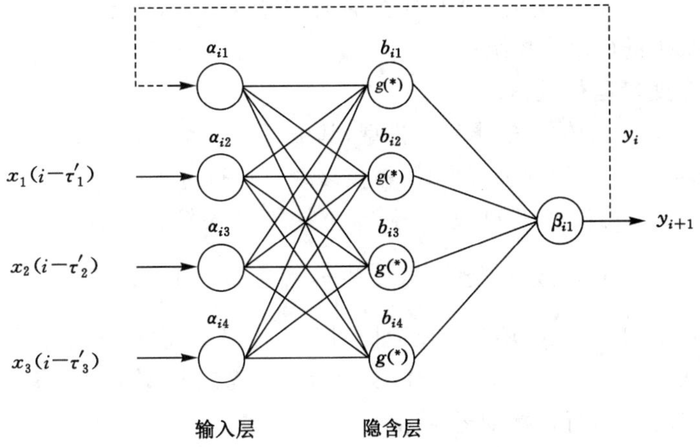

图 12-12　反馈差分 ELMs 的网络结构

石的硬度、原矿粒度的变化；内部扰动主要是由未建模动态、模型失配和变量之间的耦合造成的。这些扰动使系统控制性能变差，甚至造成系统不稳定。包括 MPC 在内的先进控制算法在处理磨矿分级的强扰动时，因其在控制器中没有针对性的抗扰动设计，系统的动态特性仍存在不足，影响粒度控制效果。由于磨矿分级的扰动（如矿石的硬度变化）不可在线测量，传统的基于前馈补偿的方法效果不理想。在这种情况下，扰动观测器（DOB）将是种可行的解决方法。基于 DOB 和 MPC 的运行反馈控制策略如图 12-13 所示。

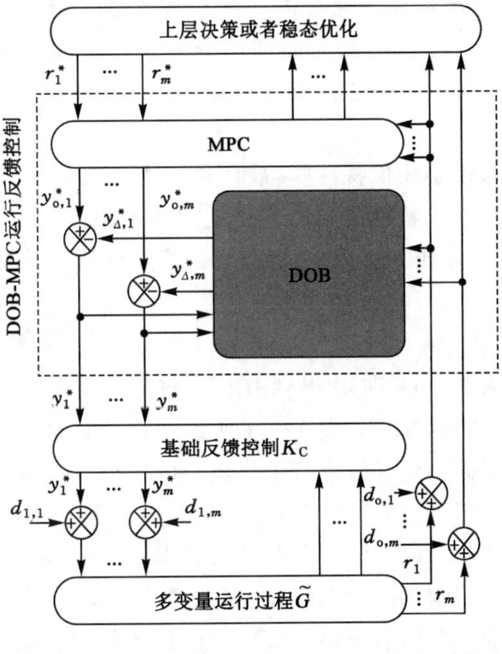

图 12-13　基于 DOB 和 MPC 的运行反馈控制策略

具体参数如下：

① $R=[r_i]_{m\times l}$　被控过程的运行指标，如产品质量、生产效率等；

② $Y=[y_i]_{m\times l}$　与 $R=[r_i]_{m\times l}$ 密切相关的关键过程变量，如流量、压力等，由底层基础反馈控制(BFC)系统进行回路控制；

③ $\widetilde{G}$　被控多变量运行过程；

④ $G=[g_{ij}]_{m\times m}$　$\widetilde{G}$ 的输入输出稳定模型，其中每一个元素 $g_{ij}=g_{0,ij}e^{-s\tau_{ij}}$ 都是稳定正则的，$g_{0,ij}$ 为关于频域算子"s"的标量多项式；被控多变量运行过程；

⑤ $G_Y=\mathrm{diag}\{g_{Y,ij}\}_{m\times m}$　基础反馈控制对象的输入输出稳定模型，其中各个元素 $g_{Y,ij}(s)=\left(\dfrac{g_{Yn,ij}}{g_{Yd,ij}}\right)e^{-s\tau_{eij}}$ 都是稳定正则的，$g_{Yn,ij}$ 和 $g_{Yd,ij}$ 都是关于频域算子"s"的标量多项式；

⑥ $K_C=\mathrm{diag}\{k_{C,ij}\}_{m\times m}$　闭环基础反馈控制系统传递函数矩阵模型；

⑦ $D_1=[d_{1,i}]_{m\times l}, D_o=[d_{o,i}]_{m\times l}$　分别表示运行过程输入、输出干扰；

⑧ $R^*=[r_i^*]_{m\times l}$　运行指标期望目标值；

⑨ $Y^*=[y_i^*]_{m\times l}, Y_o^*=[y_{o,i}^*]_{m\times l}$　分别表示基础反馈控制回路的设定值和预设定值；

⑩ $Y_\Delta^*=[y_{\Delta,i}^*]_{m\times l}$　基础反馈控制系统设定值 $Y^*=[y_i^*]_{m\times l}$ 补偿增量。

扰动观测器(DOB)在工业领域获得了良好的应用效果。其核心思想是：将被控对象的实际输出与名义模型的输出间的差异作为等效干扰，并将其补偿到控制输入端，从而消除外界干扰对系统控制性能的影响。在实际控制系统中，由于模型不确定性、参数摄动、外界干扰等因素的影响，往往需要设计的控制器具有一定的鲁棒性。而基于扰动观测器的控制框架能够有效消除上述因素所带来的干扰，并且整体控制结构可分为内环和外环，方便设计实现。其中，扰动观测器作为内环可以提高系统鲁棒性，而外环控制器可以灵活设计以实现理想控制性能。通过内环扰动观测器对等效干扰的补偿，被控对象能够尽可能呈现名义模型的特点，从而为外环控制的设计提供便利。鉴于以上特点，扰动观测器作为一种有效抑制外界干扰的控制策略，在机电系统各领域中得到了广泛的应用，并且具有优越的效果。

磨矿过程系统存在非最小相位特性(其最直观的物理表现是系统在阶跃信号激励下的逆响应特性)，国内学者根据该特性采用最小相位时滞系统改进 DOB 系统，采用 IMC 理论中的 H2 最优性能规范，设计如下稳态增益为"1"的广义低通滤波器形式：

$$q(s)=e^{-r(g)s}\times\prod_{k=1}^{n_z(g)}\left(\frac{\bar{z}_k-s}{z_k+s}\right)\times\frac{1}{(\alpha s+1)^{\deg(g)+1}} \tag{12-10}$$

基于最小相位时滞系统改进 DOB 得到 IDOB，将其应用于磨矿过程开发了基于 IDOB-MPC 的磨矿运行反馈控制新方法，如图 12-14 所示。在仿真试验中，上层基于最大化经济利润的稳态优化计算的磨矿最优经济运行工作点是($r_1^*=77\%, r_2^*=210$ t/h)。为了模拟原矿石粒度和硬度波动等外部干扰对磨矿运行的影响，将几路不同类型的干扰在不同时刻引入运行磨矿系统中。从图 12-15 运行曲线中可以看出，IDOB-MPC 集成方法控制下的磨矿系统能够对干扰进行有效抑制，并且整体运行效果要明显好于传统基于单 MPC 控制的运行反馈方式。国际通用的一段棒磨开路、二段球磨-水力旋流器闭路的可建模两段磨矿过程的设计实例以及仿真实验均表明提出的方法要优于基于单个 MPC 的运行反馈控制方法。

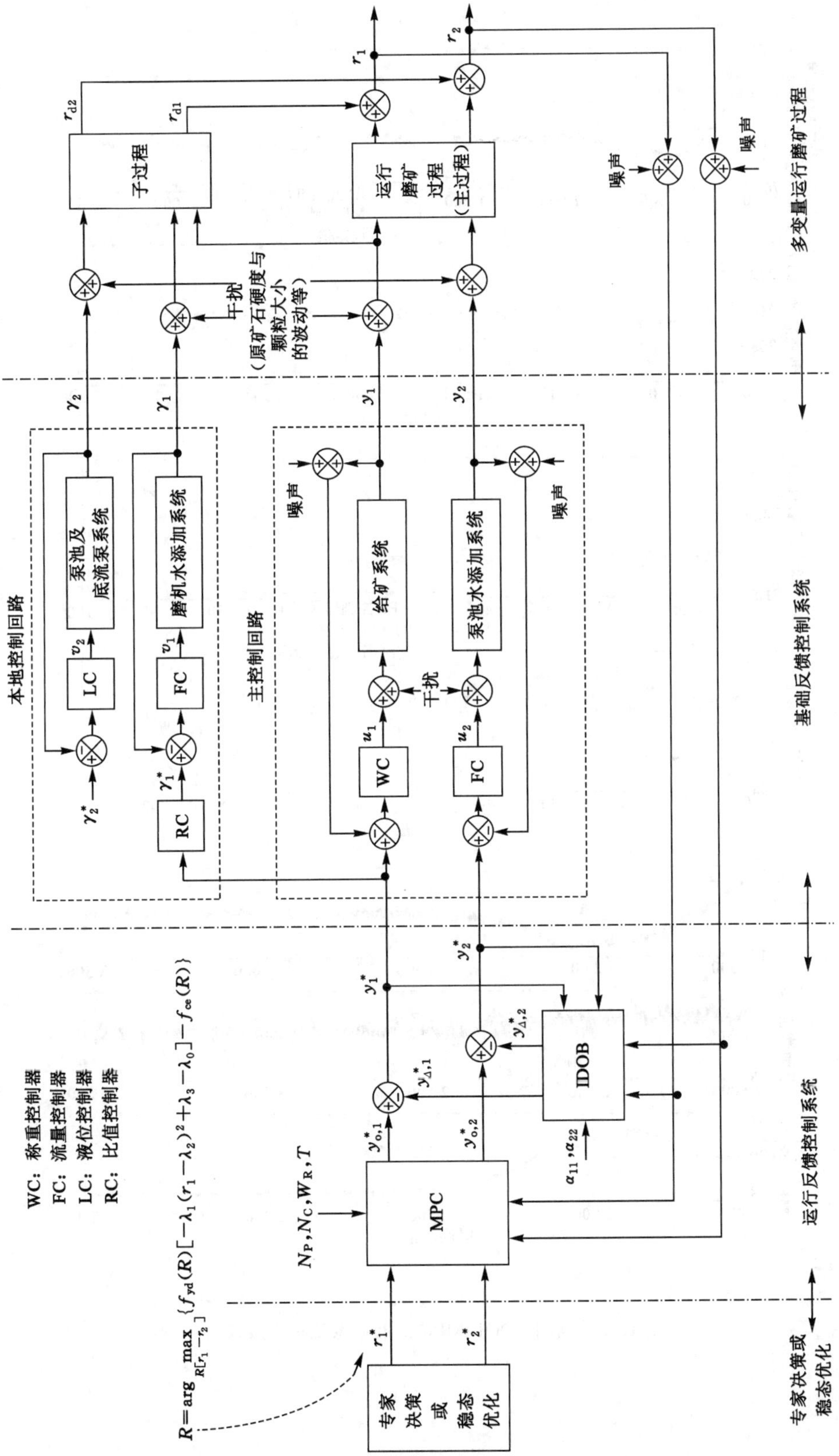

图 12-14　基于 IDOB-MPC 的磨矿运行反馈控制

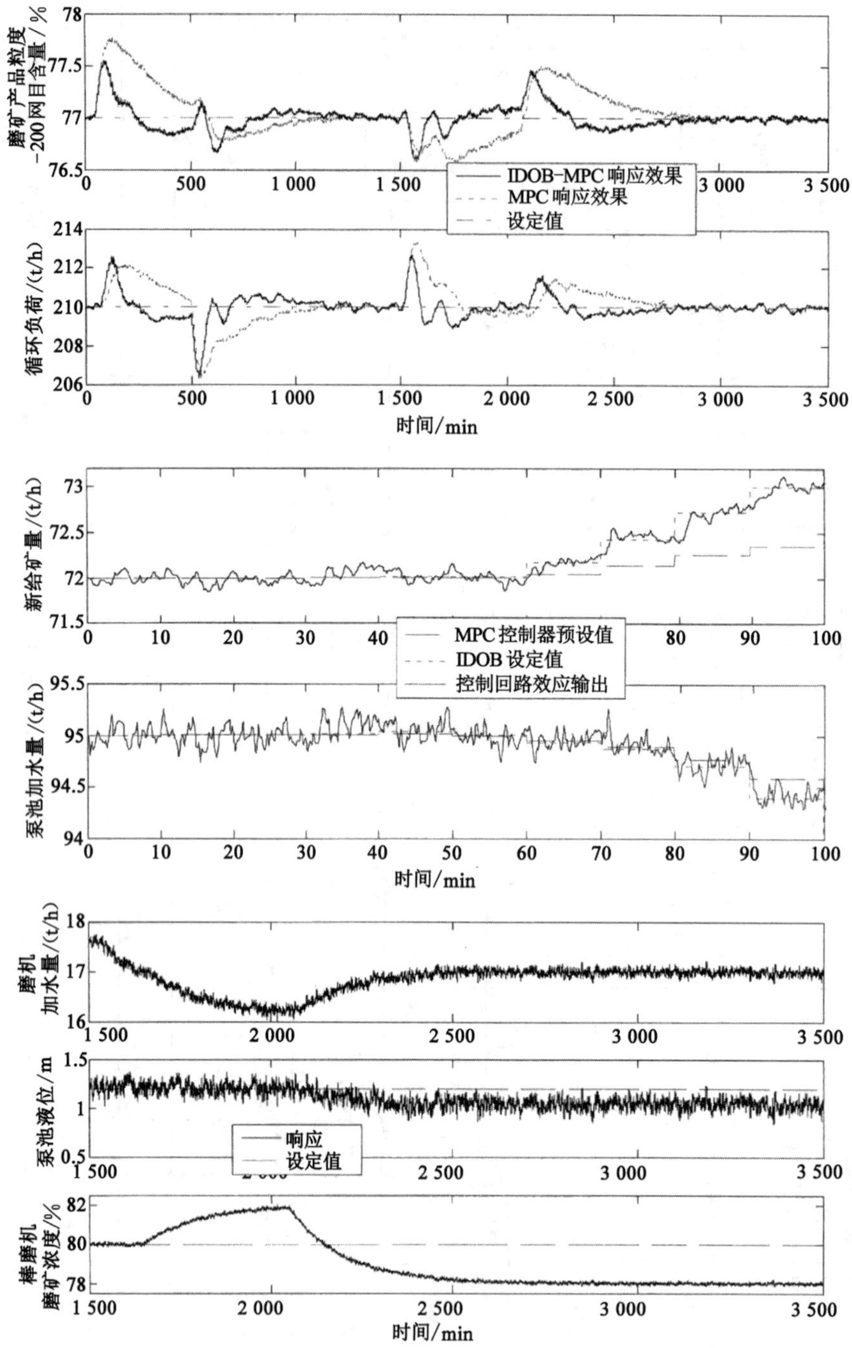

图 12-15　基于 IDOB-MPC 的磨矿系统运行效果

12.5　磨矿分级案例推理控制

12.5.1　案例推理概述

案例推理技术(CBR)是近年来人工智能领域中兴起的一项重要的问题求解和学习推理技术,它利用过去经验中的特定知识即具体案例来解决新问题。基于案例的推理是以自然界的两大原则为理论前提的,一个原则是世界是规则的,即相似的问题有相似的求解方法和过程;另一个原则是事物总是会重复出现的,即遇到的相似问题总是会重复出现的。案例推理技术无须相似的领域知识模型,克服了基于规则推理方法的“知识获取瓶颈”问题,能够从新的案例中获得知识。案例推理的实质是利用以往成功或失败的经验案例经过推理得到当前问题的解。案例推理算法示意如图 12-16 所示。

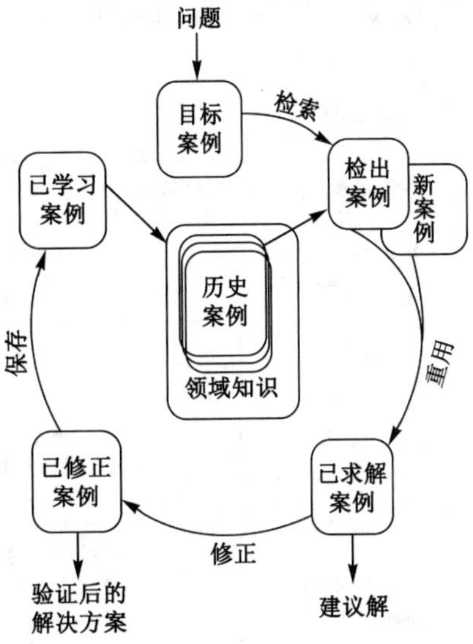

图 12-16　案例推理算法示意图

案例推理过程中的经验知识一般是以结构化的方式表示的,是对应用领域的结构化描述。许多实际案例推理应用中,案例通常表示为问题描述和问题的解。在熟悉被控对象以及整个工艺流程的基础上,明确各工艺参数的范围和工况边界条件,结合现场工艺人员对工业过程的介绍和分析,确定哪些可控变量可以影响到工艺指标,如产品产量和产品质量;哪些工艺参数可以反映工业流程的运行状况或设备的运行状况;哪些工艺参数无法测量但可以通过其他办法得到,并对生产也有很大的影响;并以此为依据,选择哪些影响工艺参数的可控变量作为主导变量,同时也作为案例推理模型的解;选择哪些关键工艺指标、工艺参数、边界条件、反映设备运行状况和工业流程状况的变量作为辅助变量。

12.5.2　案例推理的基本架构

(1) 构造案例

根据工业生产过程的优化要求,结合现场经验数据,选择合适的工况条件及工艺指标作为案例的属性,将对应工况下的控制器经验设定值作为案例的解,构造案例进行存储。

(2) 属性约简及规则挖掘

这里需要挖掘的规则指的是案例修正的规则,以往基于规则修正的案例修正方法存在相关知识规则获取困难的情况,或者相关的规则是由一些有经验的人员制定的,有一定的主观性。将基于粗糙集的规则挖掘方法应用到案例修正的修正规则获取上,使得规则的获取更加自主化、智能化且规则的制定更加客观。在利用粗糙集进行规则挖掘的过程中,需要对案例的属性进行约简,这有利于减少案例库的存储量,实现案例自身的精简,提高案例推理过程运行的效率。

(3) 案例库组织

案例推理的高效运行离不开案例库本身良好的组织结构,利用聚类技术完成案例库的组织,将案例库分为二层结构,为分级检索做铺垫。同时,常用的聚类技术需要使用者自己来设定总共的类数,有一定的主观性。

12.5.3 案例推理的过程

在线应用过程中,案例推理主要包括以下 3 个过程(图 12-17)。

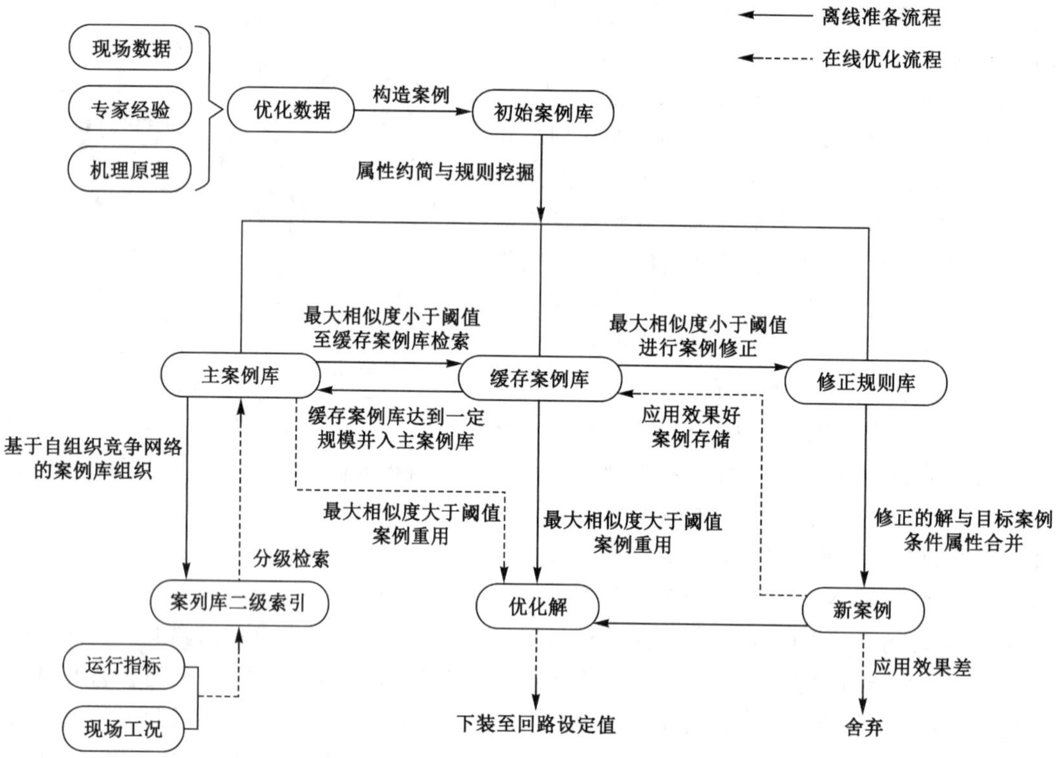

图 12-17 案例推理过程示意图

(1) 案例检索重用

为了提高检索效率,在经过自组织竞争网络组织的案例库中进行分级检索,这里需要注意的是,除了在主案例库进行检索外,还要在缓存案例库进行检索,综合两个库的检索结果,得出与目标案例最相似的源案例,若相似度符合要求,则重用该源案例的解,否则进行案例在线修正。

(2) 案例在线修正

当检索出来的源案例相似度不符合要求时,则认为应用该源案例的解不会取得良好的效果,故进行案例在线修正。此时只需根据离线准备阶段挖掘出来的规则求解即可,并将该解应用到生产过程中。

(3) 案例存储

若经过在线修正的案例应用效果良好,则将其存储到缓存案例库中,否则,将其舍弃。

缓存案例库达到一定规模后，将缓存案例库与主案例库合并，并重新进行案例库组织。

12.5.4　案例推理的应用实例

如图 12-18 所示，智能预设定模块根据磨矿产品粒度期望值 P_E、磨矿粒度允许的波动范围、人工判断的矿石性质边界条件 B、当前基础控制回路被控变量的检测值(W_M，K，D_F，D_H)、一段球磨机电流 I_{M1}、二段球磨机电流 I_{M2}、分级机电流 I_C，总结人工操作经验，将磨矿过程的输入输出数据建成案例库，利用 CBR 算法对过去成功的经验和知识进行推理，给出当前工况条件下满足磨矿粒度指标要求。

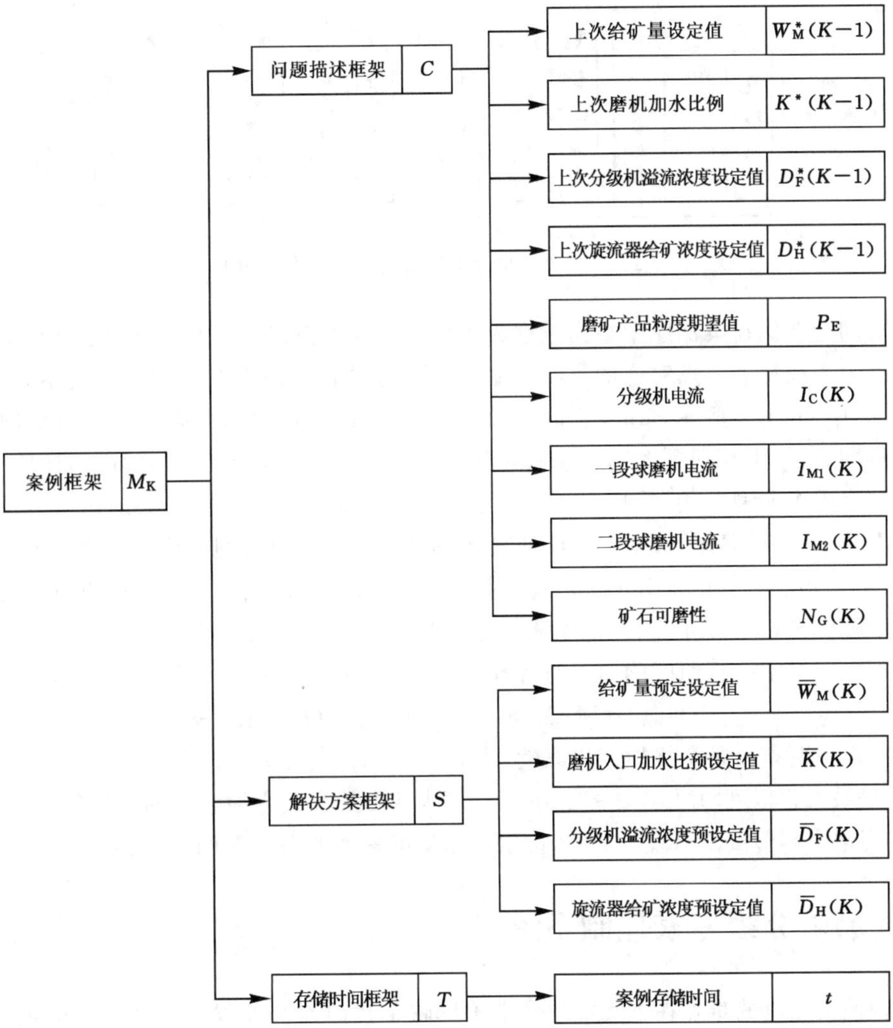

图 12-18　智能运行设定模型案例的框架结构

将案例库中的案例组织分成三层结构：第一层为枚举分类层，按照矿石可磨性“好”“中”“差”分为三个节点；第二层为典型案例层，根据磨矿过程运行和操作经验建立具有代表性工况条件下的典型案例；第三层为普通案例层，即案例推理系统在运行过程中学习得到的案例，存入相应的典型案例的下一层。整个案例库层次结构如图 12-19 所示。

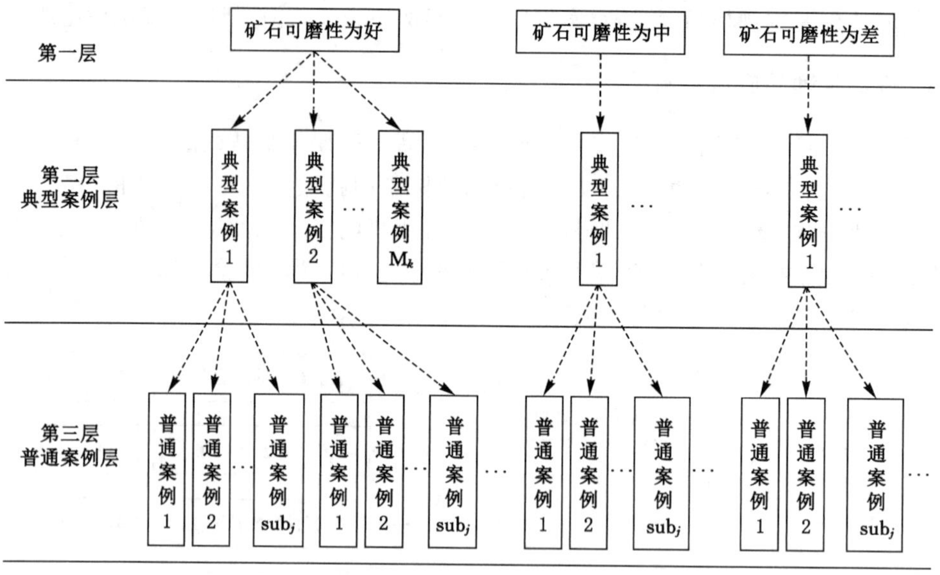

图 12-19 智能预设定模型案例库层次结构图

针对问题案例在案例库中检索过程为：第一步，首先根据新问题案例的矿石可磨性在第一层节点上查找相应节点对应的子案例库。如该问题案例 M 的矿石可磨性为中，找到矿石可磨性为“中”的子案例库 Sub_1，准备进行进一步检索。第二步，在第二层典型案例层中找出子案例库 Sub_1 中与问题案例最相似的典型案例节点 v。假设第二层对应案例库 Sub_2 的节点上共有 k 个典型案例，采用最近邻算法(nearest-neighbour algorithm，NNA)计算当前新问题案例 M 与子案例 Sub_j 中的典型案例 $M_k(k=1,2,\cdots)$的相似度 $SIM(M,M_k)$。第三步，从典型案例层的节点 v 出发，再一次利用最近邻算法让新问题案例与相应典型案例节点 v 下子案例库 Sub_3 中所有普通案例逐个进行比较，最终检索出问题案例 M 与普通案例库中相似度大于给定的相似度阈值 ξ 的所有相似案例。最大相似度 SIM_{MAX}定义为：

$$SIM_{MAX}=MAX(SIM(M,M_k)) \quad (k=1,2,\cdots) \tag{12-11}$$

采用以下两条原则最终检索出案例：

① 当最大相似度$SIM_{MAX}\geqslant\xi$时，取相似度大于 ξ 的案例为检索出的案例；

② 当最大相似度$SIM_{MAX}<\xi$时，检索出相似度最大的一条案例，修正后使用。

12.6 磨矿分级专家控制系统

模型预测控制的难点在于无法得到准确反映干扰因素和非线性时变特性的模型，模糊控制的规则制定缺乏足够的依据，目前还未得到有效推广，这类控制方式存在一定的局限性。相比之下，专家控制系统依据专家经验直接确定控制规则，具有较强的适应性和有效性，在工业现场也有比较多的应用。因此在前人研究基础上，研究磨矿分级控制规则制定的方法和原则，进一步提高专家规则控制系统的应用效果。其基本思路是，基于物料平衡建立系统的输入输出模型，并结合操作经验提取系统稳定运行的规则，再通过分级产品的质量判断和寻找最优平衡点。根据流程大波动等特殊工况，对控制规则进行修正或特殊化，以增加系统的适用性。采用通用及专用规则的结合，有效解决专家规则控制的稳定性及适应性两大问题。

山东黄金集团有限公司某选矿厂应用了基于物料平衡和智能工况识别的磨矿分级专家系统。该专家系统首先基于物料平衡的经验规则，建立磨矿分级入料与出料平衡。在如图 12-20 所示的典型磨矿分级一段闭路流程中，扫选精矿返回至砂泵池中重新进入磨矿与分级过程。以砂泵池液位为考察对象，扫选精矿量增加使得泵池液位超过阈值的速度和概率增加，而泵速提高又会引起入选矿浆量增加，进而导致扫选精矿量增加、泵池液位继续上升。由于分级与浮选流程之间存在强耦合关系而形成一个正反馈系统。

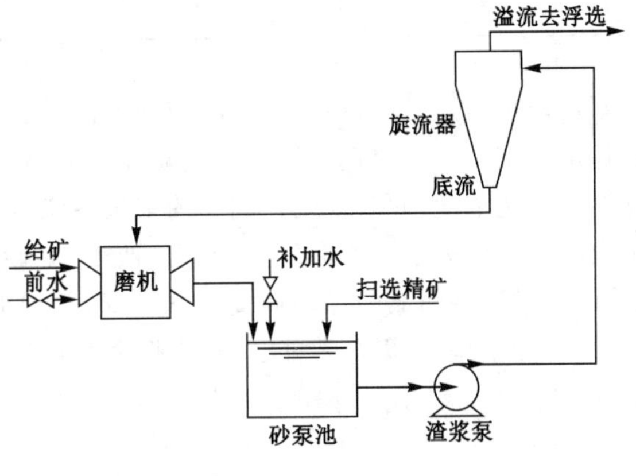

图 12-20　典型磨矿分级一段闭路流程

为了实现系统耦合条件下的平衡控制，研究了基于物料平衡的磨矿分级智能控制技术，以过程物料平衡为基础，提炼工人的操作经验，根据操作变量对磨矿质量和循环负荷的影响对系统的平衡点进行微调，实现系统工作点的寻优，保证磨矿质量。基于物料平衡的优化，首先根据系统工艺流程，得到系统平衡的物料关系：

$$\left.\begin{aligned} &W_{fd}+W_{fv}+W_{bw}+W_{fl}=W_{of} \\ &W_{fd}+W_{fl}\times C_{fl}=W_{of}\times C_{of} \\ &W_{fw}+W_{bw}+W_{fl}\times(1-C_{fl})=W_{of}\times(1-C_{of}) \end{aligned}\right\} \tag{12-12}$$

式中，W_{fd}为球磨给矿质量；W_{fw}为磨机前给水质量；W_{bw}为泵池补加水质量；W_{fl}为浮选返回质量；W_{of}为旋流器溢流质量；C_{fl}为浮选返回质量浓度；C_{of}为旋流器溢流质量浓度。

式中，第一项为进入和流出磨矿分级系统的总质量平衡，第二项为进出的干矿量平衡，第三项为进出的水量平衡。当系统出现扰动时，砂泵池液位将会失去平衡，根据式中各量的相对大小可得到系统扰动点，从而进行针对性调整，保证系统的大平衡。在调整过程中，尽量将溢流粒度控制在合适的区间内，通过产品质量的区间控制实现最佳平衡点寻优。以磨机处理量为基准，根据各变量实际值与该处理量下平衡点之间的相对大小，可得到该变量的变量区间。根据变量区间与系统平衡关系式及工人操作经验，可得到各种变量区间组合下的操作规则，规则控制表格样式见表 12-1。

此外，专家基本控制规则能够保证磨矿分级自动控制在基本工况及正常扰动的情况下的稳定及优化控制。但在实际生产过程中，经常会出现诸如设备切换、部分设备异常等特殊工况，此时系统控制的原则和目标可能会发生变化，常规的控制规则将无法适应。如渣浆泵

表 12-1 专家控制系统的规则控制

变量区间			动作
溢流量	砂泵池液位	返回量	
↑	↓	→	降低渣浆泵速
↓	→	↓	增加补加水
↓	→	→	不动作
↑	→	↓	减少补加水
→	↑	↑	增加渣浆泵速

备用泵切换过程中，将不可避免地造成系统扰动，此时应在保证系统安全性的前提下尽快完成切换，再对系统进行稳定调整。再如浮选排尾部分出现异常情况时，为保证尾矿输送管道的安全运行，需要降低浮选入选浓度，此时规则控制的约束条件就需要发生改变。出现特殊工况时，系统中各变量之间的相对关系一般会发生明显的改变，如砂泵池液位急剧上升、磨机功率变化趋势反向等。通过这些明显的异动捕捉特殊工况，并根据新的控制目标对控制规则进行修正或特殊化。基于物料平衡及智能工况识别的磨矿分级专家系统如图 12-21 所示。

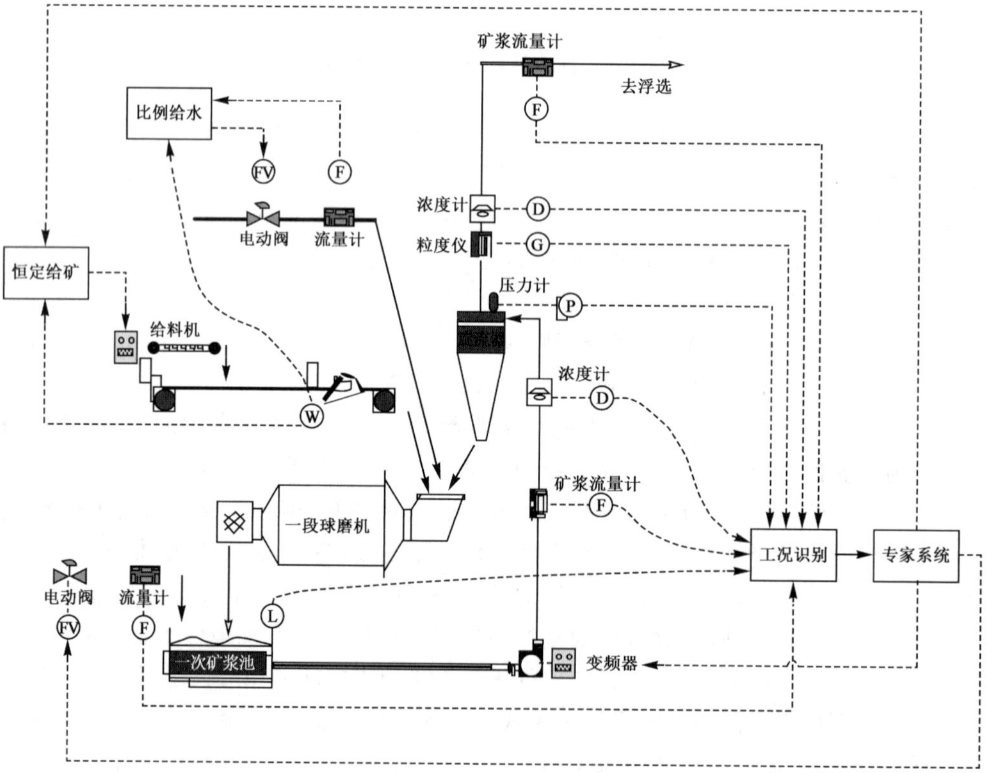

图 12-21 基于物料平衡及智能工况识别的磨矿分级专家系统

12.7　磨矿分级集散控制系统

12.7.1　概述

集散控制系统/分布式控制系统(DCS)采用分散控制、集中管理、本地自治的基本设计理念,是传统工业自动化的主要形式。其最大优点是可以本地自治闭环调节,不受外界干扰。尽管 DCS 技术具有悠久的发展历史,属于传统的自动控制技术,但在我国选矿厂磨矿流程控制及整体控制上仍然广泛应用,也是当前选矿厂智能化改造的基础系统之一。随着 DCS 在选矿过程的普遍应用,磨矿生产过程基本实现了自动化,如主要设备的启停控制、设备保护、安全联锁等。选矿厂 DCS 包含的主要功能有:关键工艺参数的在线检测和控制;生产设备的状态检测、远程控制、联锁启停和故障保护等;棒磨机、球磨机及过滤机等第三方设备的系统集成;实时数据、历史数据和报警信息的记录;生产流程画面的动态展示和 Web 发布。

在一般的 DCS 结构中,第一层是现场设备层。现场设备层主要面向仪表、传感器、执行器、分析仪、机电一体化大型设备等,主要作用是采集现场工艺过程数据、读取设备运行状态和执行控制器命令。第二层是过程控制层。过程控制层中 DCS 中央控制器对现场过程数据、设备状态进行逻辑、回路运算,根据运算结果驱动执行机构实现控制功能。第三层是监控管理层。监控管理层将现场过程数据、设备状态进行可视化,通过人机界面反馈给操作人员,操作人员将相应控制信息发送到现场控制层。

12.7.2　应用实例

某选矿厂 DCS 结构如图 12-22 所示。根据选矿厂设备数量和分布,设置了 2 个 DCS 中央控制站,分别置于磨矿重选车间和综合回收车间,破碎车间现场仪表和设备信号接入磨矿重选控制站。为保证控制系统的可靠性,2 个中央控制站均配置为冗余结构。在调度中心和选矿厂共设置了 4 个控制室,每个控制室均有 1 台操作员站对现场生产情况进行监视和控制,工程师站设在磨矿重选控制室。系统布置有 2 台冗余的数据采集与应用服务器、1 台历史数据服务器、1 台网络发布服务器和 2 台冗余配置的报表服务器,分别为操作员站提供实时过程数据、归档历史数据、Web 发布数据和 MES 报表数据等信息。中央控制站、服务器、操作员站和工程师站之间通过工业以太网进行连接。由于选矿厂设备数量多,分布范围比较广,除中央控制站外,在车间不同位置设计了多个 ET200 分布式 IO 从站,用于就近集成车间内各处现场仪表、电气设备和第三方设备。中央控制站与 IO 从站、从站与从站之间采用两条独立的 Profibus dp 总线进行连接。Profibus dp 是西门子等公司为工业现场设计、用于自动化技术的现场总线标准,具有传输速率高、响应时间短等特点,确保了站与站之间实时、可靠的信息传输。针对大部分选矿厂位于山区、厂房布局分散的特点,这种控制结构可以降低实施的难度,增强系统的可靠性。同时,工业以太网、CPU 和 Profibus dp 总线的冗余配置实现了整个 DCS 系统在硬件上的冗余,降低了因硬件故障导致停机的可能性,增加了控制系统的稳定性。

选矿厂 DCS 主要通过两点对磨矿流程进行控制。

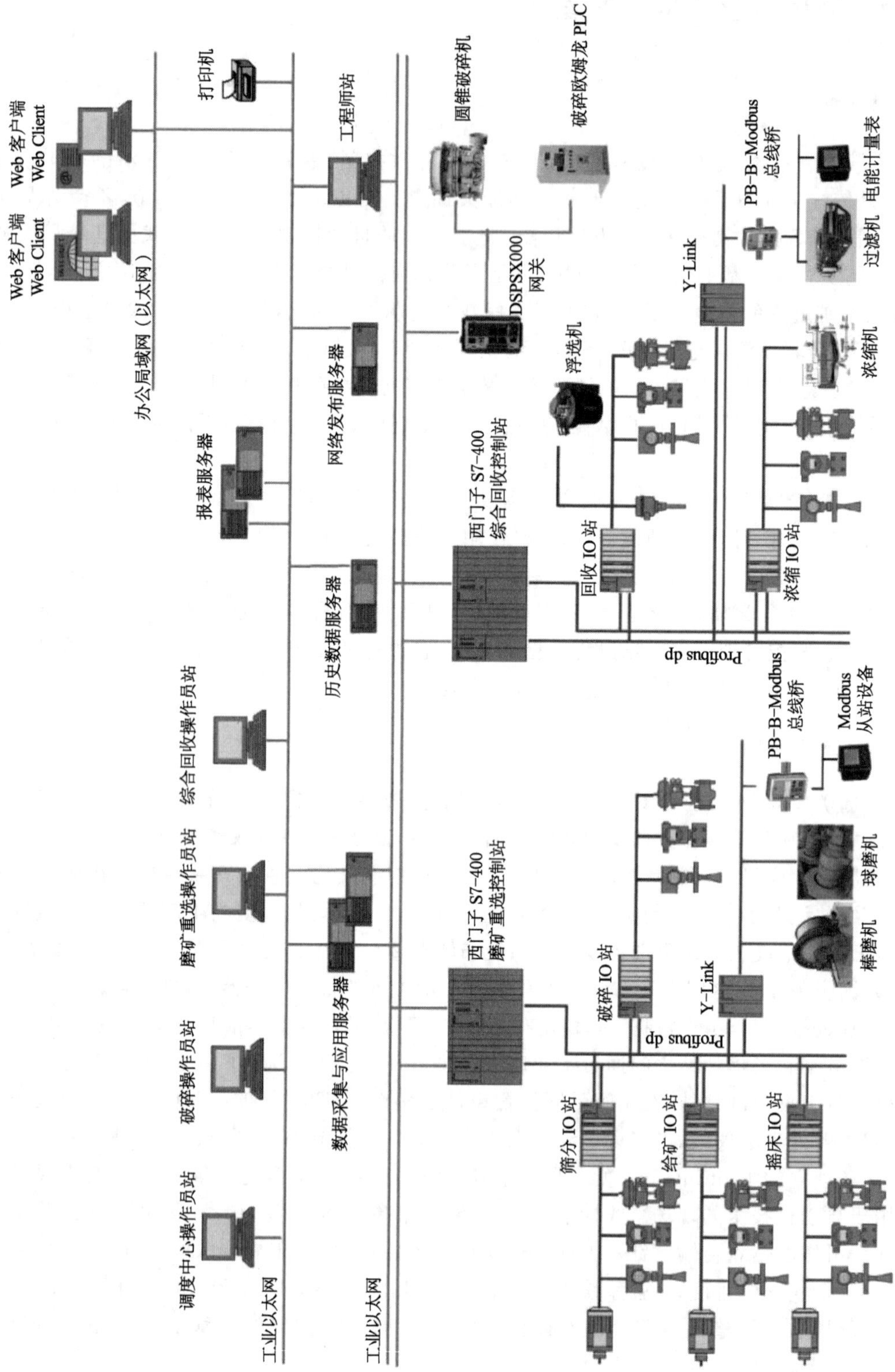

图 12-22　某选矿厂 DCS 结构图

(1) 球磨机恒定给矿控制

给矿量稳定合理是保证球磨机正常运行最为重要的因素，也是实现球磨机优化给矿控制的基础。通过将给矿皮带秤测量到的瞬时矿量与设定给矿量组成一个闭环，可以实现给矿机频率自动调节，实现矿量对设定值的跟随。下料口数量多、距离皮带秤远等情况是在恒定给矿控制中的干扰因素，因此对控制算法的细节处理要求比较高，综合下料口位置、皮带速度、变频器频率升降速度等影响出料的参数，为每个下料口控制的参数进行单独设置，在给矿设备工作正常的前提下，可以提高给矿控制精度。

(2) 球磨机比例给水控制

合理的磨矿浓度是提高球磨机磨矿效率的关键条件，根据球磨机给矿量进行比例给水是一种有效的控制方法。为达到球磨机正常工作时的浓度范围，给水量必须与给矿量成比例，因此给水量的设定值受给矿量的控制。球磨机入口给水量控制通过电磁流量计、控制系统的 PID 回路、电动调节阀构成一个给水量自动调节的闭环控制系统。

课后习题

1. 简述磨矿分级作业在选矿过程中的重要作用。
2. 简述磨矿分级作业控制的特点。
3. 简述磨矿分级集散控制系统的组成和功能。
4. 简述几种磨矿模型预测控制策略的特点。
5. 简述案例推理的基本架构和主要步骤。
6. 简述磨矿分级神经网络控制的类型及特点。
7. 简述磨矿分级模糊 PID 控制器的组成及原理。
8. 简述 AFNN 磨矿控制的工作原理。
9. 举例说明磨矿分级专家控制系统的工程过程。

第13章 矿物浮选智能化技术

13.1 矿物浮选技术简介

浮选是细粒矿物分选中最常用的一种分选方法。该方法利用矿物颗粒在矿浆中的表面物理和化学性质差异,使有用固体矿物颗粒浮出,以实现选矿过程。浮选广泛应用于有色金属、硫化矿、氧化矿、硅酸盐矿物领域。当前微细粒矿物浮选方法主要包括:絮凝浮选、浮选柱浮选、双液浮选、离子浮选以及加减压浮选、电浮选、综合力场浮选等。我国选矿厂主要采用泡沫浮选方法,在矿浆中加入浮选药剂,产生携带矿粒的稳定气泡,通过收集含矿物颗粒的泡沫来提高被加工矿物的品位。

浮选作为选矿生产流程中的重要生产工序,直接影响最终矿物产品的质量。浮选生产流程机理复杂,影响因素众多,一直是选矿生产流程的控制难点。图13-1为某矿山的铜浮选工艺,由铜硫汇合粗扫选、一次分选、两次精扫选和两次铜精选组成,产出铜精矿进入铜精矿浓缩脱水流程。该矿区矿物达70种以上,矿石性质复杂、变化范围较宽,因此选矿生产操作难度大,生产稳定性差。

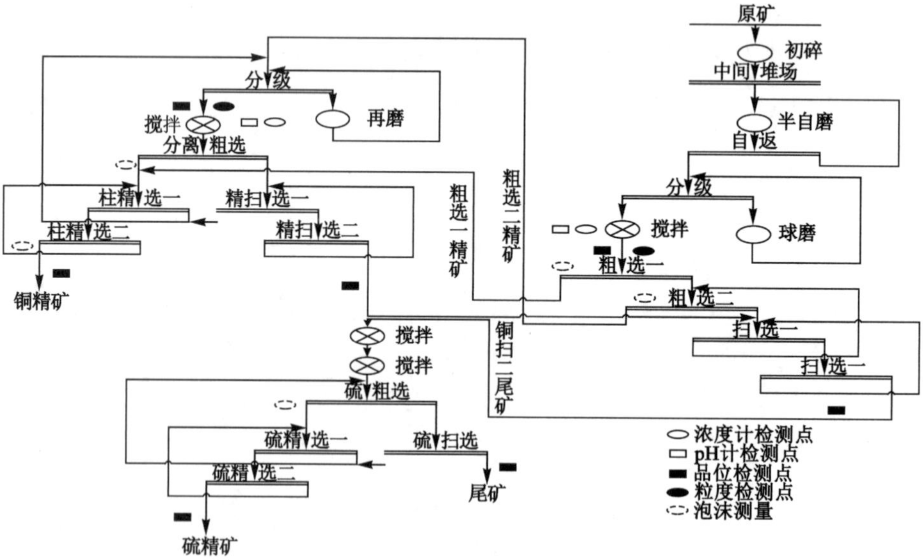

图13-1 某矿山铜浮选工艺

浮选过程是一个复杂的动态过程,其复杂性主要表现为:① 控制上开环特征。由于工艺条件限制,精矿品位和精矿产率不能或没有条件在线实时检测,浮选过程命中率(输出精矿品位达到工艺指定目标值)完全取决于浮选开始时依据可检测条件给出的经验设定值。尽管目前有对浮选过程各种各样的定性分析,但由于实验条件限制和处理过程复杂性,还没有确定的统一算法作为定量判断依据,只能在控制设计中通过对浮选结果处理所获得的知识积累与学习来解决这种开环特征所带来的问题,以提高浮选过程命中率。② 边界条件不确定性。浮选过程边界条件中存在着很多不确定因素:可测边界条件不确定性表现在人工参与所造成的检测误差。矿浆搅拌均匀程度偏差;不可测边界条件不确定性来自浮选药剂成分波动。③ 反应过程不确定性。在入料矿石中,除了一种或几种主导矿物外,还有其他金属、非金属矿物的存在,浮选过程受到其他矿物元素影响,所以整个反应过程无法用精确数学模型来描述。④ 控制指标多样性。满足浮选过程生产目标意味着要实现多个优化指标。

浮选过程主要影响因素有以下几方面:① 矿石性质的稳定性。例如入选原矿品位、粒度、含泥量、有用矿物组成、脉石矿物组成、硫化矿的氧化率、矿物溶解性、采矿充填料对浮选过程均有显著影响。② 矿浆特性。包括矿浆流量、浓度、温度、黏性、矿物颗粒粒度分布和细度、矿浆 pH 值、可溶性无机离子中有机物含量。③ 工艺特性。包括浮选工艺制定、流程结构、浮选回路和设备配置、矿物分选顺序、药剂制度等。④ 矿浆流体动力学特性。主要指浮选设备和调浆槽的选择,如槽内不同区域湍流强度、充气速率、气泡、矿粒及泡沫层空间分布、混合特性和死区等。

目前,我国矿物浮选工业在生产装置与工艺技术等方面与世界先进水平相比,正处于从大到强的关键时期,迫切需要通过生产全流程的智能化实现绿色高效生产。人工智能技术与浮选的深度融合,可为矿业转型升级提供强有力的支撑,助力我国建成具有技术引领能力的有色金属工业强国,同时也可促进人工智能技术的进一步发展,实现工业文明与生态文明的协同发展。

13.2　基于机器视觉的浮选泡沫识别

由于泡沫浮选工艺流程长、矿源组分频繁波动、工况多变、关键质量指标无法在线检测等因素,浮选生产过程主要依赖操作人员根据自身经验对多工序多槽泡沫的视觉特征(大小分布、颜色、虚实等)进行综合关联分析,以判断浮选和工况状态,完成多槽药剂添加量、液位、流量、鼓风量等的协调操作。然而,由于人的主观性强、分析判断误差大、工作效率低等,很难及时应对原料的变化,造成工况不稳定、生产指标频繁波动和精矿产品质量不稳定,从而导致药剂消耗大、资源回收率低、环境污染严重等问题。

机器视觉作为人工智能的一个重要分支,已被广泛用于国民经济的各个行业。工业机器视觉系统通过图像视频摄取装置,将目标转换成图像视频信号,经过图像视频处理系统,抽取目标的特征,通过特征识别来指导和控制生产过程。因此,机器视觉具有能够用机器代替人进行感知和认知的潜能,其具有处理速度快和精度高的特点,可以极大地提高生产的灵活性和自动化程度。并且,在高危和大批量重复性生产过程中,机器视觉具有比人工视觉更强的感知能力和更精确的识别能力。为了解决人工操作在浮选过程中的缺陷,通过引入机器视觉技术,利用分布式机器视觉提取泡沫图像敏感特征,达到浮选生产过程金属品位实时预测、工况识别以及药剂添加量协调优化控制的目的,从而能够有效应对矿石条件的频繁变化，提高资源回收率，降低药剂消耗和污染物排放，为实现浮选过程智能化提供关键技术支持。图 13-2 给出了基于分布式机器视觉的浮选过程工况智能识别与协调优化控制流程图。

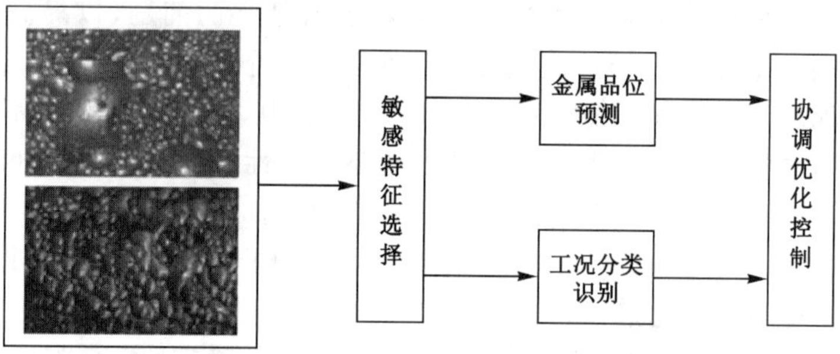

图 13-2　基于分布式机器视觉的浮选过程工况智能识别与协调优化控制流程图

浮选生产过程大量的矿化气泡往往表现出典型的随机分布状态，而这些分布状态与浮选性能指标有密切关系，因此，可利用统计直方图、均值、方差等数学描述手段对泡沫的统计分布进行描述，进而评估矿物浮选效果。通过大量研究发现，泡沫的尺寸特征和纹理特征是能很好地反映泡沫统计分布规律的两个关键特征。有学者据此提出了一种基于聚类与形态学的泡沫图像分割方法，利用分水岭算法得到分水线实现浮选泡沫的分割，并利用泡沫尺寸平均值、标准差、偏斜度及陡峭度来定义泡沫尺寸特征，从而为浮选控制提供依据(图 13-3)。

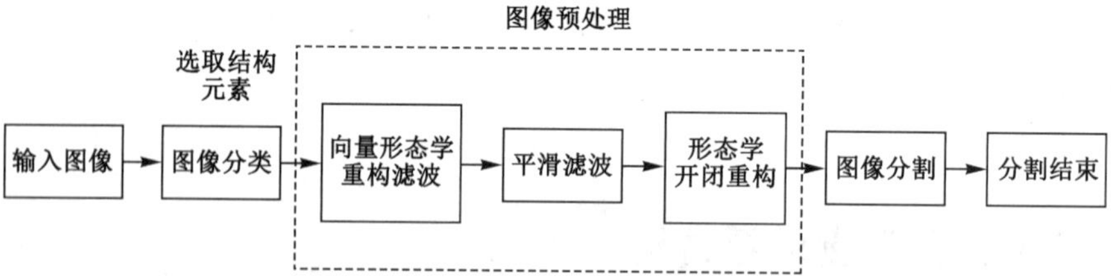

图 13-3　基于分类与形态学的泡沫图像分割方法处理步骤

对于泡沫纹理，有学者提出利用 GLCM(灰度共生矩阵，grey-level co-occurrence matrix)来提取图像的全局纹理特征，其中空间 GLCM 建立在估计图像的二阶组合条件概率密度函数的基础上，通过计算图像中有一定距离和一定方向的两个像素之间的灰度相关性，对图像的所有像素进行统计，反映图像在方向、相邻间隔、变化幅度及快慢上的综合信息。结合泡沫的视觉纹理特征，通过分析各视觉特征参数的物理意义，指出各泡沫特征参数与泡沫纹理的相关特性。泡沫图像纹理特征提取的流程如图 13-4 所示，通过分析 GLCM 得到图像的纹理特征，而图像的能量(粗细度)、惯性矩、参数熵可用来量化纹理特性。

浮选泡沫的流动速度特征是泡沫浮选生产效率的直接指示器，间接反映了浮选产量、尾矿指标等主要生产指标。实际生产过程中，经验丰富的浮选操作工可以通过观察泡沫层表面气泡流动速度判断浮选效果，但主观性强、无法定量描述泡沫图像速度。针对浮选泡沫流动畸变(坍塌严重、破碎率高、旧泡兼并伴随着新泡上浮)的泡沫图像序列，传统图像处理算法难以对泡沫进行识别和跟踪，无法实现泡沫动态特征的准确测量。

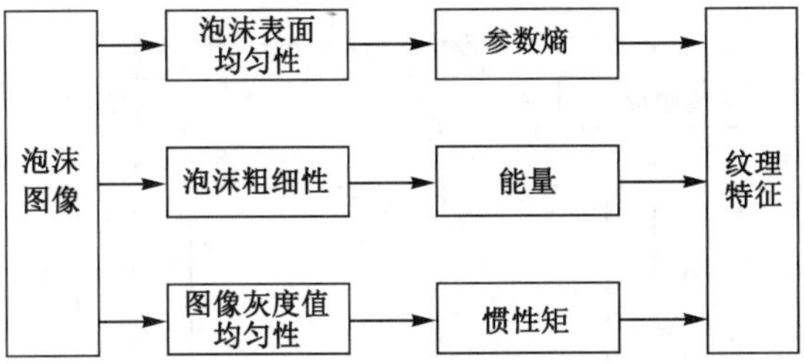

图 13-4　GLCM 法提取泡沫图像纹理特征流程图

有学者针对泡沫流速特征提取进行研究，从泡沫图像处理算法着手，考虑浮选生产环境的影响，提出了浮选泡沫图像序列的流动速度特征获取方法。如图 13-5 所示，一种抗尺度快速变化和具有旋转不变性的模板匹配算法，可有效地分析泡沫的速度特征与浮选性能间的关系，利用宏块跟踪技术对浮选泡沫图像序列的泡沫速度特征进行估计，获得像素级的泡沫运动速度参量，可在工业现场在线实时测量泡沫流速，并实现空气回收率的估计，为浮选生产提供指导，保证矿物优化稳定运行，提高了浮选生产效率。

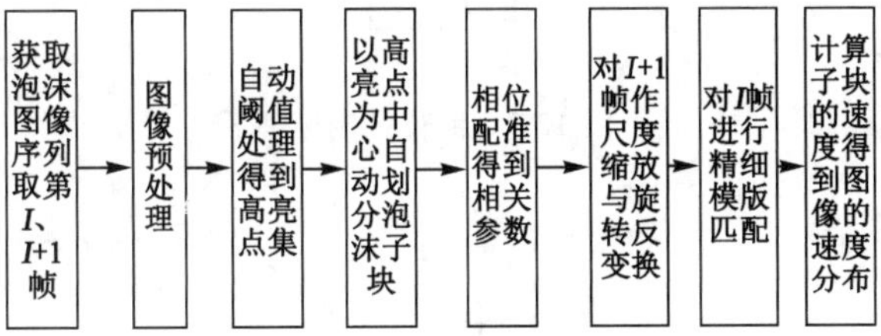

图 13-5　泡沫速度特征提取流程图

13.3　矿浆液位控制

在有色金属选矿厂浮选流程中，浮选机矿浆液位的高度对精矿品位和回收率有重要的影响，因此液位控制技术尤为重要。然而在浮选作业中，由于多金属矿石性质不稳定，浮选泡沫层厚，操作人员无法准确检测矿浆液位高度，传统液位控制主要依赖人工观察和个人经验进行判断，已经无法满足精细化工业生产的需求。现阶段的浮选液位控制需要实现对全流程作业回路的快速、自动、精确控制，以实现对浮选过程的全面监测以及精细化指标管理。

浮选机矿浆液位自动控制系统由矿浆液位测量装置、液位控制器、气动执行机构组成。液位控制器测量装置传入的液位值以操作人员的设定值为依据，对液位气动执行机构进行控制，从而实现液位的自动调节。系统构成和控制原理如图 13-6 和图 13-7 所示。

浮选液位专用控制器的工业网络化节点功能能够保证设备融入现代化工业网络中，实现远程液位值显示、参数设置、报警记录查询、历史记录查询和远程自诊断功能，同时可通过远程通信实现远程就地控制切换，达到灵活运用，既能够集中管理，又能够分散控制。液位控制系统总线节点构成如图 13-8 所示。

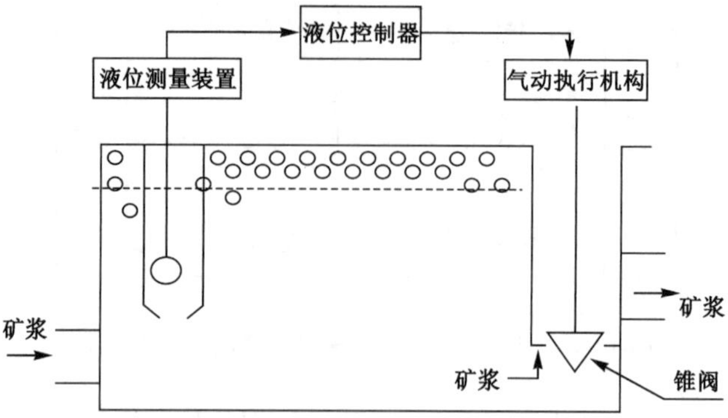

图 13-6　液位控制系统基本构成

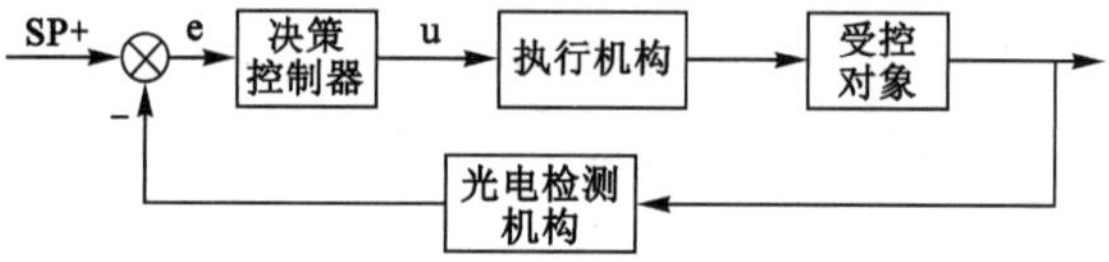

图 13-7　液位控制原理

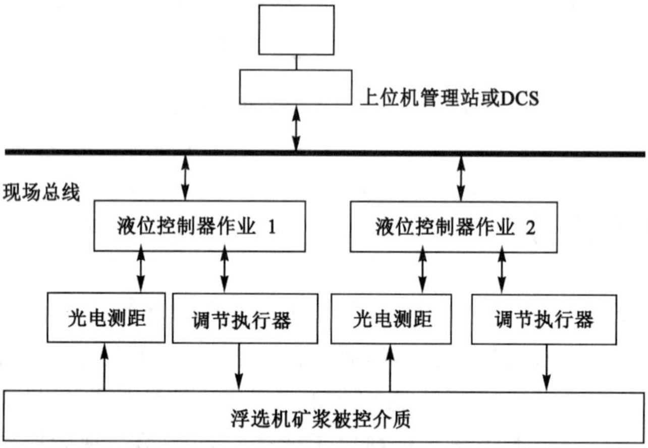

图 13-8　液位控制系统总线节点构成

我国某大型铅锌硫矿选矿厂设计并应用了一种浮选液位自动控制系统，如图 13-9 所示。通过浮选机液位检测传感器及底流排矿手阀的电控，实现浮选液位的稳定自动控制。浮选液位控制系统硬件设备主要由矿浆液位测量装置、气动执行机构、控制柜三个部分组成。该浮选液位控制是一个单回路，矿浆液位测量装置将测量的浮选槽的液位值实时传递到液位控制器，控制器将液位值与操作员预先设定的液位目标值进行比较，通过定制的算法做出分析和判断，并将结果以电信号方式传递给气动执行机构，气动执行机构接收到信号后带动锥阀开或关，浮选槽的矿浆液位值随锥阀开和关动态变化。在这个回路的动态调整过程中,系统实现了对液位的自动控制。

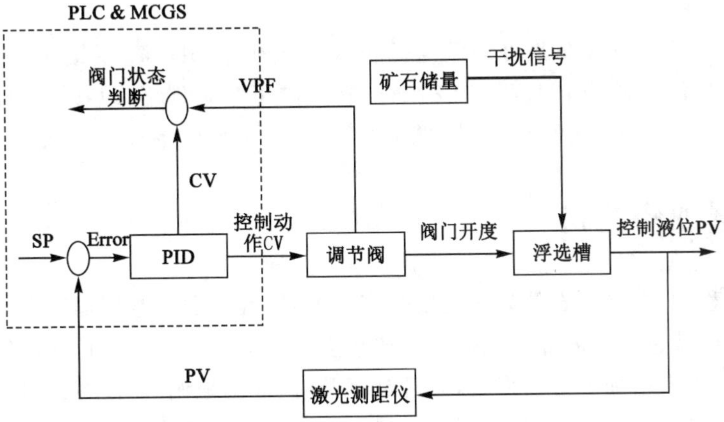

图 13-9　浮选过程控制系统示意图

13.4　矿浆 pH 值控制

矿浆 pH 值控制是矿物浮选作业十分重要的环节。对于有色金属硫化矿的浮选而言,加入石灰浆精准调节浮选矿浆 pH 值,是实现共生多金属有效分离、有价金属得到最大程度回收的先决条件。选矿行业的特殊性决定了大多数情况下矿石性质是复杂多变的,这也导致在生产过程中需要不断调整石灰投加量,以维持浮选矿浆 pH 值的相对稳定。

江西铜业集团公司城门山铜矿选矿厂与矿冶科技集团有限公司联合共同设计开发了一类矿浆 pH 值智能调节系统。系统使用了 BOTA 型酸度在线滴定分析仪代替人工检测,通过对矿浆过滤得到澄清溶液,采用微量泵进行准确滴定,从而实现矿浆 pH 值在线检测。BOTA 型酸度在线滴定分析仪设备布置联系图如图 13-10 所示。

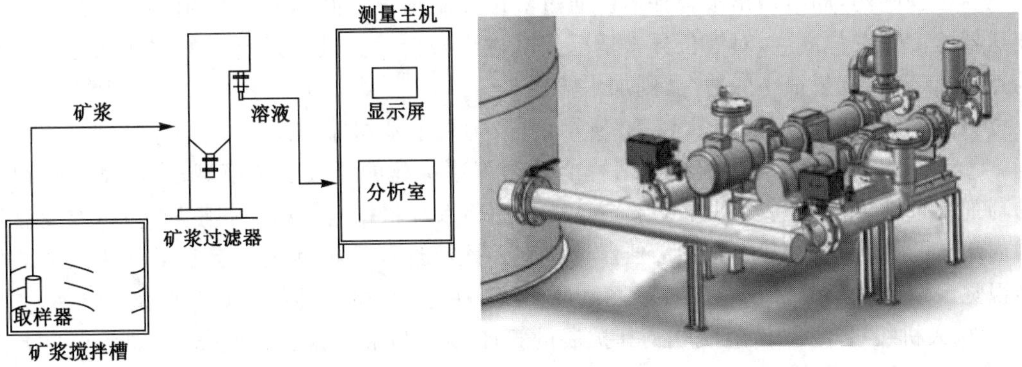

(a) BOTA 型酸度在线滴定分析仪　　(b) 螺杆泵

图 13-10　BOTA 型酸度在线滴定分析仪设备布置联系图

该系统采用螺杆泵作为石灰浆输送设备,达到了良好的效果。如图 13-10(b)所示,当采用螺杆泵进行压力输送时,显著减小输送管径,同时管材选择范围也更广,这些都使得后期安装和维护量大大降低。螺杆泵装置由螺杆泵、撬装支架及管道阀门组成。一台储浆桶可以同时撬装多台螺杆泵，实现多点石灰投加。在设计时同时设计液位、温度等联锁控制，维护简单，安全性高。

该系统通过 BOTA 型酸度在线滴定分析仪检测矿浆 pH 值，反馈于螺杆泵转速调节，能快速智能调整浮选矿浆 pH 值。在精确控制选矿工艺条件下，以矿浆 pH＝11.7～12.2 为核心指标范围，该系统使石灰单耗降低了 0.4 kg/t，铜回收率提高了 0.2%以上。

13.5 浮选加药控制

在选矿过程中，浮选矿石的矿物性质是多变的，因此需要经常根据矿石性质的变化调节加药量。矿物浮选过程中的加药点一般都比较多，若是仅仅依靠人工完成多个加药点的药剂量调节，不仅大大增加了劳动强度，而且难以及时、准确地调节，极容易造成加药量欠缺或加药量过剩的情况。此外，药液中往往会夹带杂质，在采用传统手阀加药的情况下很容易出现阀门阻塞，从而导致加药量短缺，甚至出现断药的状况。而且，在一些药剂混合配置过程中会产生大量的有毒气体，容易对工人的健康造成危害。智能浮选加药控制系统旨在提高配药和加药的准确性、可靠性和合理性，从而减轻岗位工人的劳动强度，减少岗位人员，降低药耗，为工厂、企业带来显著的经济效益和社会效益。

基于 PLC 的配药与加药控制系统是当前最主要的控制方法之一。如图 13-11 所示，PLC 作为主控制机，触摸屏、计算机作为上位机进行操作监控，构成分散控制集中管理的集散控制系统。系统设备工作前只需将一段时间内生产需要的固体药剂放入指定的缓存箱内，自动根据储药箱的药液物位大小启动或停止配药设备，确保浮选生产具有足够的药液储量。对药液储药箱进行液位检测，提供液位数据显示、模拟图形显示和液位超限报警等功能。以设定加药量为依据进行实际加药量的控制，通过周期性控制各加药阀的开、关时间，从而控制各个加药点的加药量，实现各个加药点加药量的精确控制。在各个加药点安装的故障检测装置，将检测信号输入到 PLC 进行分析，可以根据一段时间内信号的变化情况判断是否出现断药，同时做出报警提示。通过液位控制阀稳定恒压缓存箱的液位，并通过压力变送器检测其液位高度，对液位异常情况及时做出报警。药液通过自流的方式输送到各加药点，对于药剂流量很小的情况，则加水输送。

整个系统的硬件模型如图 13-12 所示，可分为几个基本部分：

① 药剂用量模型，是主控机根据智能控制算法构建的浮选加药模型，将模型计算得出的药剂用量结果传输至 PLC 自动加药系统。加药系统根据这一结果调整加药量，改变浮选槽内泡沫的性状，确保其稳定在最佳浮选状态。该浮选加药模型主要有基于泡沫图像的机器视觉识别处理模型、基于 BP 神经网络或 RBF 神经网络的智能控制算法模型。

② 人机接口单元，由触摸屏及其扩展的打印接口和报警输出组成，对各加药点进行监控，修改、设定参数，实时调整加药量。

③ 主控单元，由 PLC 实时监控各加药点和辅助单元，并和人机接口通信，处理各种数据。

④ 驱动及执行单元，接收来自主控单元的控制信号，并进行信号放大驱动电磁阀，完成准确、定量加药。

⑤ 加药箱，储备所加药剂，并安装液位控制阀稳定液位。

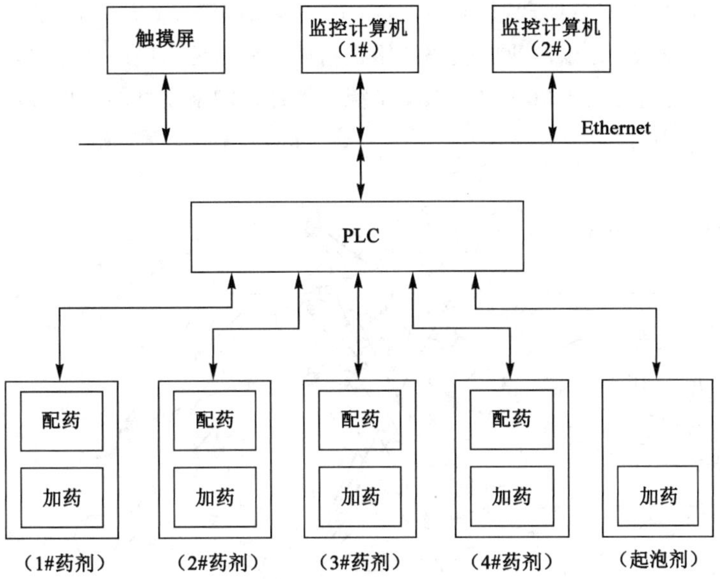

图 13-11　基于 PLC 的浮选智能加药系统

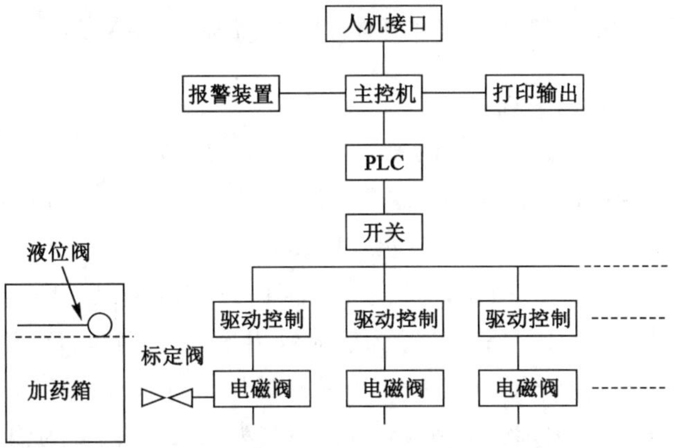

图 13-12　浮选智能加药系统硬件模型

13.6　浮选指标智能预测

浮选过程控制的重要任务是确定目标函数。最常用的目标函数分成三个层次，即稳定浮选过程、在确保精矿等级的条件下追求最大回收率和追求最佳经济效益。其中稳定浮选过程是最基本的要求，只有在浮选过程基本稳定的条件下才有可能以追求最大分选效率为控制目标，以追求最佳经济效益为控制目标必须综合考虑市场需求、产品的价格、原料价格及其他生产成本。在计算机网络广泛应用的今天，综合考虑上述因素，实现生产技术指标动态调整已经成为可能。进行浮选过程技术指标在线预测是实现生产技术指标动态调整的前提。近年来，人工神经网络技术和计算机技术的发展为浮选建模提供了一条新途径。RBF 神经网络也常被用于建立浮选过程技术指标与矿浆性质、药剂用量之间的关系模型。

某铅锌矿选矿厂以原矿处理量，矿浆浓度，pH值，原矿铅锌品位，硫酸锌、混合药和松醇油用量为神经元网络的输入，以作业回收率和铅粗精矿铅锌品位为网络的输出，建立神经元网络模型，并开发了浮选过程技术指标智能预测系统。神经元网络模型的结构如图13-13所示。

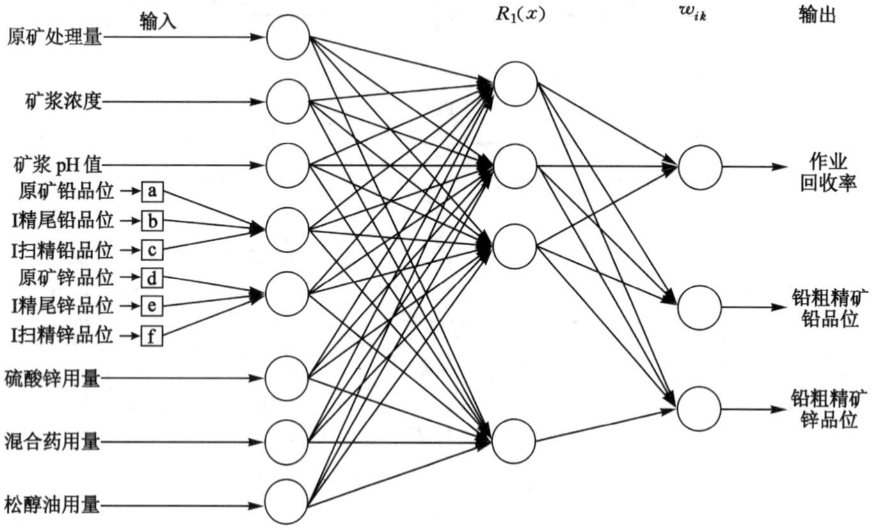

图13-13　某铅锌矿浮选过程技术指标预测模型结构

神经元网络的训练使用下列函数：

$$[c,w,nr]=\text{zjwnnc}(P,T,r) \tag{13-1}$$

$$P=[\text{Density};\text{pH};\text{AlphaPb};\text{AlphaZn};\text{ZnSO}_4;\text{Dithio};\text{Xanthate};\text{Oil}] \tag{13-2}$$

$$T=[\text{BetaPb};\text{Recovery}] \tag{13-3}$$

式中，Density为矿浆浓度(%)向量；pH为pH值向量；AlphaPb为原矿铅品位(%)向量；AlphaZn为原矿锌品位(%)向量；$ZnSO_4$为硫酸锌用量(g/t)向量；Dithio为黑药用量(g/t)向量；Xanthate为黄药用量(g/t)向量；Oil为松醇油用量(g/t)向量；BetaPb为粗精矿铅品位(%)向量；Recovery为铅作业回收率(%)向量；P为输入矩阵；T为输出矩阵；r为径向基函数的宽度；c为径向基函数的中心向量组成的矩阵；w为网络的权矩阵；nr为隐含层神经元的数量。

根据最近邻聚类学习算法建立的RBF网络输出为：

$$f(x^k)=\frac{\sum_{i=1}^{M} w_i \exp\left(-\frac{(x^k-c_i)^2}{r^2}\right)}{\sum_{i=1}^{M} \exp\left(-\frac{(x^k-c_i)^2}{r^2}\right)} \tag{13-4}$$

用MATLAB语言将上式编制成标准仿真函数ZJWSIMNNC。函数的调用格式如下：

$$[\text{Y}]=\text{ZJWSIMNNC}(\text{P},\text{c},\text{w},\text{r}) \tag{13-5}$$

式中　P——由N个输入向量组成的矩阵(R×N)；

c——由M个径向基函数的中心向量组成的矩阵(R×M)；

w——网络的权矩阵(S×M)；

r——径向基函数的宽度，缺省值为1.0；

Y——N 个输出向量组成的矩阵(S×N)；

R——输入向量的维数；

S——输出向量的维数；

N——样本数据的大小；

M——径向基函数中心的数量。

仿真结果如图 13-14 所示。

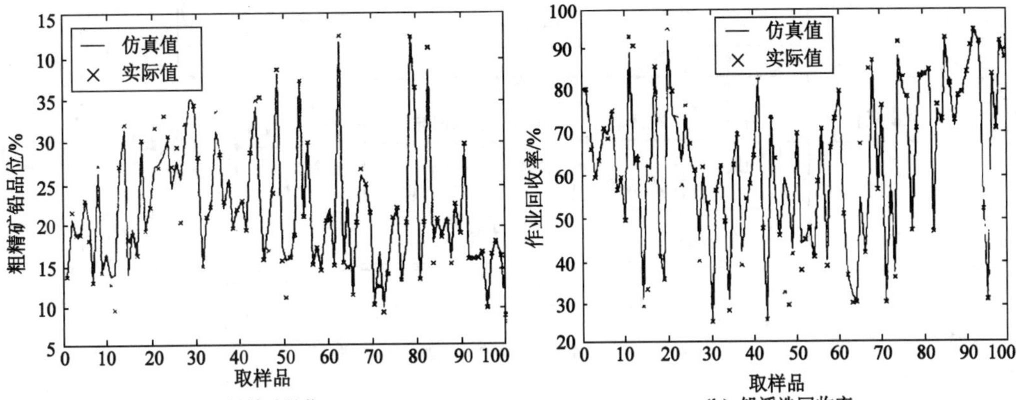

(a) 铅精矿品位　　(b) 铅浮选回收率

图 13-14　模型仿真结果

13.7　浮选智能控制应用案例

浮选智能控制的一个主要方向是结合机器视觉和分析测量结果进行多模块协同控制。智能协调优化是基于不同工序泡沫图像特征的分析和工况智能识别，确定每道工序最佳的泡沫图像特征，并通过加药量、风量等操作量的自动控制，确保工况稳定运行在最佳状态，从而改变人工观察泡沫、手动调节的工作方式。图 13-15 给出了基于泡沫图像敏感特征的浮选全流程智能协调优化控制方案。此类方案被广泛应用于多家矿物浮选企业。

以某铜矿浮选流程智能控制系统为例，其控制原理框图如图 13-16 所示。该浮选流程智能控制系统以分析仪测量结果为依据，实现对浮选流程的稳定控制和智能设定，从而提升精矿品位和回收率指标的稳定性，在精矿品位达标的前提下，最大化回收率。该系统控制方案以基于泡沫图像的产率控制模块为核心，结合协同控制及 pH 值控制等策略，形成针对流程产率自动调整的专家控制规则库。

该系统控制功能包含以下几个部分：

(1) 基于泡沫图像分析仪的浮选机产率稳定控制

在关键节点上使用泡沫图像分析仪对泡沫流速进行精细控制可使浮选机产率保持稳定，有助于对精矿品位的控制，还可积极主动地避免冒槽或沉槽现象发生。产率稳定控制器通过对浮选机溢流泡沫流速大小、变化趋势等数据状态进行分析判断，进而对浮选机液位设定值进行自动调整。

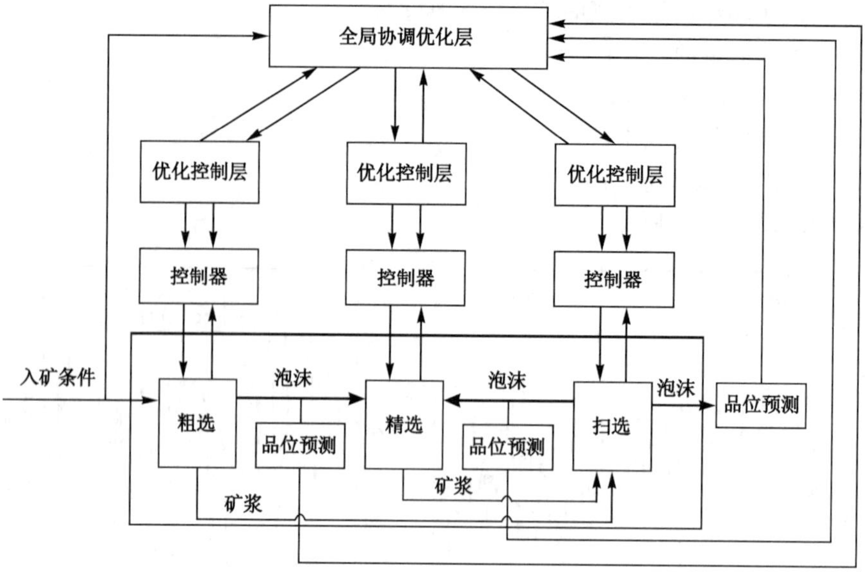

图 13-15 浮选全流程智能协调优化控制方案

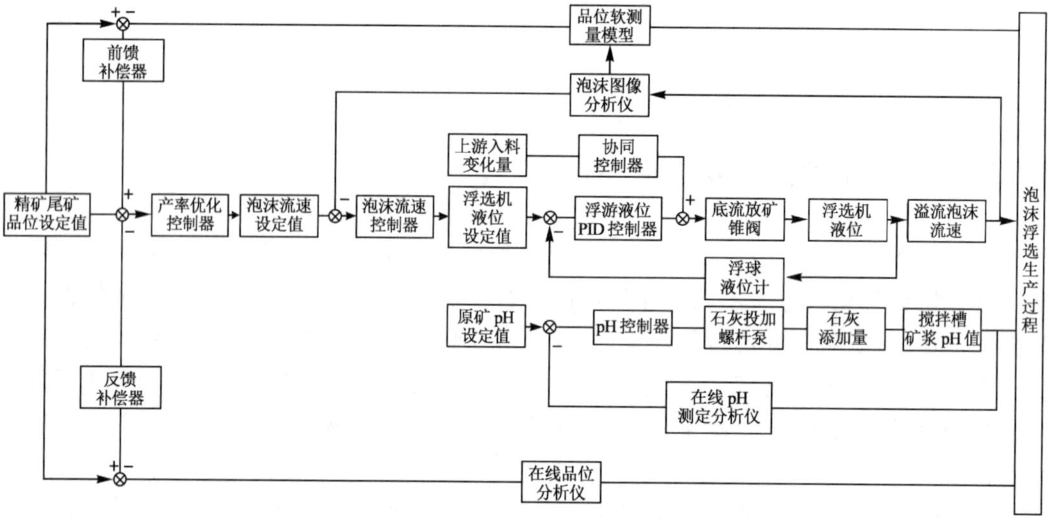

图 13-16 某铜矿浮选流程智能控制系统原理方案

(2) 基于在线品位分析仪的浮选流程产率优化控制

控制器首先根据在线品位分析测量值与工艺设定值的偏差，通过反馈补偿器对不同作业的浮选槽产率设定值进行整体调整，以适应不同矿石性质。铜精矿品位偏低时，通过自动降低产率设定值，以保证精矿产品合格率；铜精矿品位偏高时，通过自动提高产率设定值来提高回收率。考虑到多流道在线品位分析仪单点测量周期可能达到 20 多分钟，故系统通过提取泡沫特征、浮选流程的液位及充气量等生产过程变量信息，建立了铜精矿品位在线软测量模型。该模型可以预测生产过程状态改变后铜精矿对品位的影响。智能控制系统利用该预测结果通过前馈补偿器可以提前调整产率，有效缩短控制周期，降低精矿品位波动率；同时利用在线品位分析仪测量结果，可以对该品位软测量模型进行实时校正，保证模型精度。

(3) 串级浮选协同控制

浮选槽多级串联时，浮选槽之间相互影响，控制系统采用一种比例积分结合常系数前馈的控制策略，降低浮选槽之间的互相影响。当采用协同控制策略时，上游浮选机调整时同时将该信息发送给协同控制模块，协同控制器根据上游调整变化量，对下游系统输出预先做出调整，使上游波动平稳地通过。

(4) 基于 pH 滴定分析仪的石灰添加自动控制

除了基于泡沫视觉的智能控制方法，有学者提出了一种基于数据驱动与知识相融合的智能运行反馈控制方法。包括基于案例推理的预设定模块、基于最小二乘支持向量机的运行指标软测量以及基于规则推理的动态调节器。该智能控制方法已经在国内某大型选矿厂赤铁矿混合选别过程得到应用，其运行控制策略如图 13-17 所示。

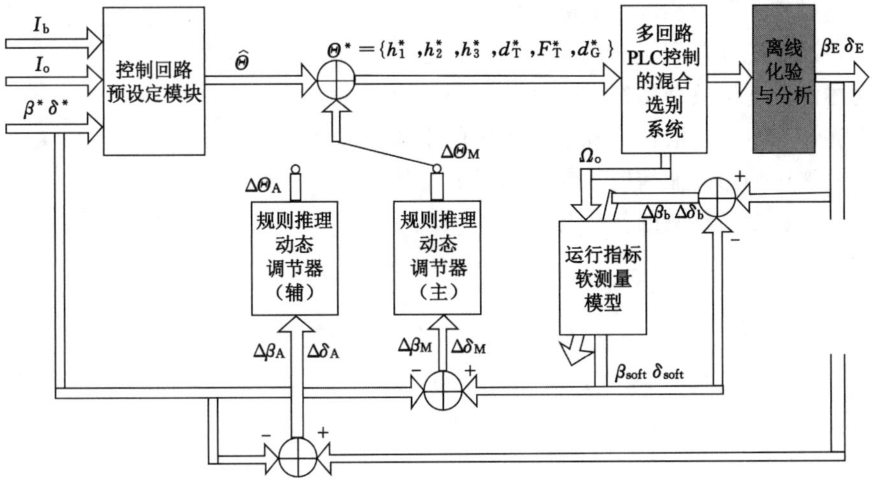

图 13-17　基于数据驱动与知识相融合的智能运行控制策略

该赤铁矿混合分选过程运行指标为精矿品位 β 和尾矿品位 δ。在该智能控制系统中，回路预设定模块采用数据驱动且具有较强自学习能力的案例推理(CBR)技术对过去大量有效的实际运行过程数据和知识进行推理。根据混合选别过程期望运行指标、矿石性质条件和运行工况条件计算出底层控制回路的预设定值：

$$\hat{\Theta}=\{\hat{h}_1,\hat{h}_2,\hat{h}_3,\hat{d}_T,\hat{F}_T,\hat{d}_G\} \tag{13-6}$$

运行指标软测量模型采用基于最小二乘支持向量机软测量技术给出运行指标软测量值 β_{soft} 和 δ_{soft}，从而克服运行指标难以在线连续测量的难题。多变量规则推理动态调节器，根据选矿工艺原理和操作知识，采用规则推理技术，用于实时计算出底层控制回路设定值：

$$\Theta^*=\{h_1^*,h_2^*,h_3^*,d_T^*,F_T^*,d_G^*\} \tag{13-7}$$

调节增量 $\Delta\Theta=\{\Delta\Theta_M,\Delta\Theta_A\}$，从而补偿因运行工况变化对运行指标的影响。

其中，主动态调节器用于响应运行指标精矿品位和尾矿品位软测量值与期望值的实时偏差 $\Delta\beta_M=\beta_{soft}-\beta^*$ 和 $\Delta\delta_M=\delta_{soft}-\delta^*$，通过多变量规则推理算法产生 Θ^* 和 $\Delta\Theta_M$；辅动态调节器用于响应运行指标精矿品位和尾矿品位化验值与期望设定值的偏差 $\Delta\beta_A=\beta_E-\beta^*$ 和 $\Delta\delta_A=\delta_E-\delta^*$，通过多变量规则推理算法产生 Θ^* 的补偿值 $\Delta\Theta_A$。

赤铁矿混合选别过程控制系统在运行之初或边界条件发生变化时，回路预设定模块根据表征混合选别过程运行工况的过程变量，例如运行指标期望值 β^* 和 δ^*、工况信息 I_o及边界条件信息 I_b，对案例库中的相似案例进行检索并找到与当前特征描述相似度最高的案例，该相似度最高案例的解特征即为当前案例推理的解，即回路控制器的预设定值。运行指标软测量模型周期性进行软测量计算，给出运行指标软测量值，若某个时刻 β_{soft}或 δ_{soft}超出期望值规定的范围，则主动态调节器进行操作，根据软测量值与期望设定值的偏差 $\Delta\beta_M$和 $\Delta\delta_M$，采用已有的规则计算出补偿增量 $\Delta\Theta_M$。另外，离线化验机构定期间歇式给出运行指标化验值，辅动态调节器根据运行指标化验值与期望设定值的偏差给出 $\Delta\Theta_A$，进行辅助调节。

课后习题

1. 浮选过程复杂性主要表现在哪些方面?
2. 浮选过程主要影响因素有哪些?
3. 反映泡沫统计分布规律的两个关键特征是什么?
4. 简述浮选泡沫纹理特征和流速特征提取流程。
5. 简述浮选机矿浆液位自控控制系统的组成和原理。
6. 简述浮选加药智能控制系统的组成和工作过程。
7. 简述浮选指标预测的作用与方法。

第 14 章　浓缩脱水作业智能化技术

14.1　浓缩脱水作业简介

浓缩和脱水技术是矿物分选的后续加工作业，其目的是满足应用领域对产品水分含量的要求、便于储存和运输并回收分选过程所使用的水。选矿产品浓缩、脱水干燥技术的发展趋势是提高效率、降低能耗、减少污染和恢复原级粒度或提高粉体粒度还原率（降低团聚率）。矿物脱水是选矿作业后的关键环节之一，对保证精矿质量起着十分重要的作用。

矿物脱水方法和设备很多，主要分为以下几种：① 重力脱水，是指依靠重力而实现的脱水，主要应用于粗颗粒矿物的脱水。主要设备包括自然重力脱水（脱水斗子和脱水仓）和重力浓缩脱水（浓缩机和沉淀池）。② 机械力脱水，是指靠机械力而实现的水和物料的分离。主要设备包括筛分脱水（振动筛）、离心脱水（过滤式离心脱水机和沉降式离心脱水机）和过滤脱水（真空脱水机、板框压滤机和加压过滤机）。③ 热能干燥，是指利用热能使矿物中的水汽化而蒸发的脱水。主要方法包括热力干燥和日光曝晒。

选矿厂精矿一般通过湿法分选获得，有较高的水分。脱水作业是保证精矿产品质量、减少运输成本、提高后续冶炼效率的必要工序。选矿厂尾矿是我国目前产出量最大、综合利用率最低的大宗固体废弃物，含有很高的水分，使得尾矿浓缩脱水成为选矿厂生产的重要作业。选矿厂浓缩脱水作业常用浓缩机、过滤机或压滤机系统，如图 14-1 所示。

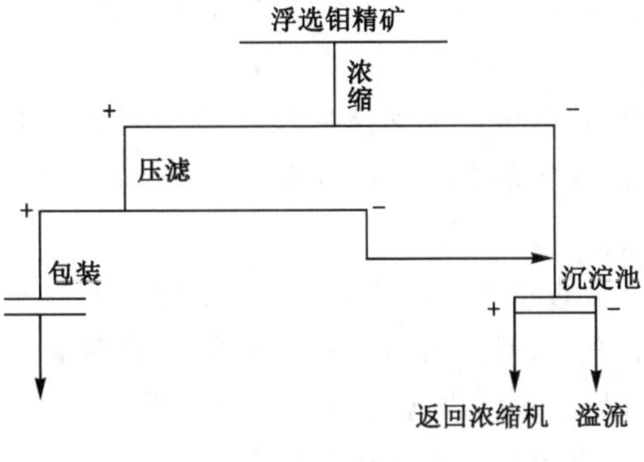

图 14-1　某钼精矿浓缩-压滤脱水工艺

14.2　脱水设备智能化技术

在选矿工艺中，采用浮选选出的金属矿精矿一般为细粒精矿，细粒精矿的脱水工艺一般由浓缩、过滤两段脱水作业构成。通过浓缩可以去除大部分重力水分，浓缩底流含水为

40%～60%，再经过滤去掉剩余的重力水分及部分毛细水分。常用过滤脱水设备分为两类：真空过滤设备和压滤设备。真空过滤设备包括带式/盘式真空过滤机、陶瓷真空过滤机等；压滤设备包括自动压滤机等。

陶瓷真空过滤机主要基于陶瓷片微孔的毛细作用，利用微孔瓷板的独特通水不透气的特性，通过真空泵抽取陶瓷板内腔空气，使其内腔与外部产生负压差，矿浆颗粒在负压的作用下吸附在陶瓷板上，滤液则通过陶瓷板微孔经吸水阀进入真空桶外排，从而达到固液分离的目的。陶瓷真空过滤机结构如图 14-2 所示。

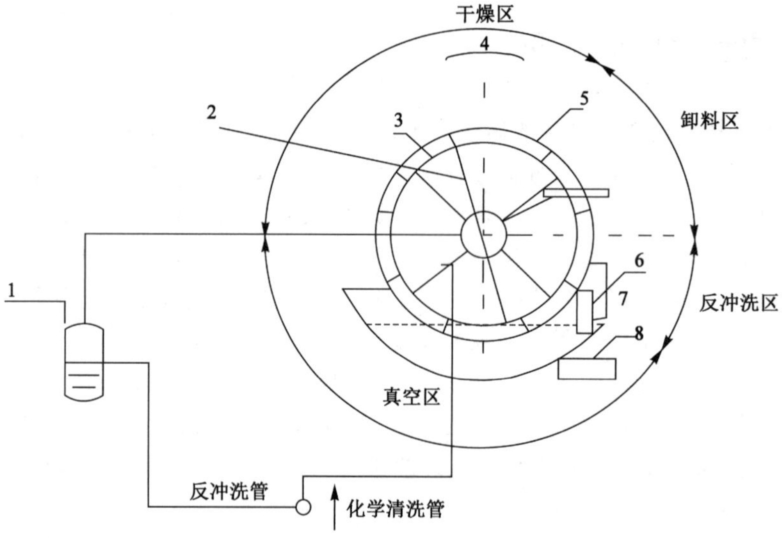

1—真空泵；2—转子；3—滤室；4—陶瓷板；5—滤饼；6—料浆槽；7—超声装置；8—带式输送机。

图 14-2　陶瓷真空过滤机结构图

陶瓷真空过滤机运行成本低，过滤效果好，在微细矿物脱水工段得到了广泛的应用。当前，其智能控制以 PLC 控制系统为主。图 14-3 给出了某选矿厂铜精矿陶瓷真空过滤机的自动过滤脱水控制策略。

另一种在选矿工艺中应用较为广泛且智能化技术有所发展的设备是自动压滤机，如图 14-4 所示。自动压滤机一个完整的工作过程包括：滤板合拢、入料压滤、机械压榨、风干、滤板拉开、卸饼、滤布清洗等。

对脱水指标起决定作用的是入料压滤、机械压榨和风干这三个脱水过程。对于一个固定的精矿压滤脱水系统来说，入料压力与入料泵相关且相对固定。由于精矿料浆的粒度相对固定，黏度直接与浓度相关，所以压滤过程控制只考虑入料浓度、压榨压力这两个条件因素，而入料时间、压榨时间、风干时间则是压滤过程的主要控制参数。目前压滤脱水过程的控制参数设定和修正主要由操作人员根据自身的经验和知识进行。由于不同操作人员经验不同，容易导致压滤脱水作业指标和效率的波动。因此，确定压滤脱水过程的关键控制参数的最优值对于保证脱水作业高效运行至关重要。

针对河南某金矿的浮选金精矿过滤系统，有学者采用支持向量机（support vector machine，SVM）仿真模型和“循序寻优”方法，对自动压滤机的工作过程进行了优化。该过滤系统如图 14-5 所示。支持向量机方法建立在统计学理论的 VC 维理论和结构风险最小

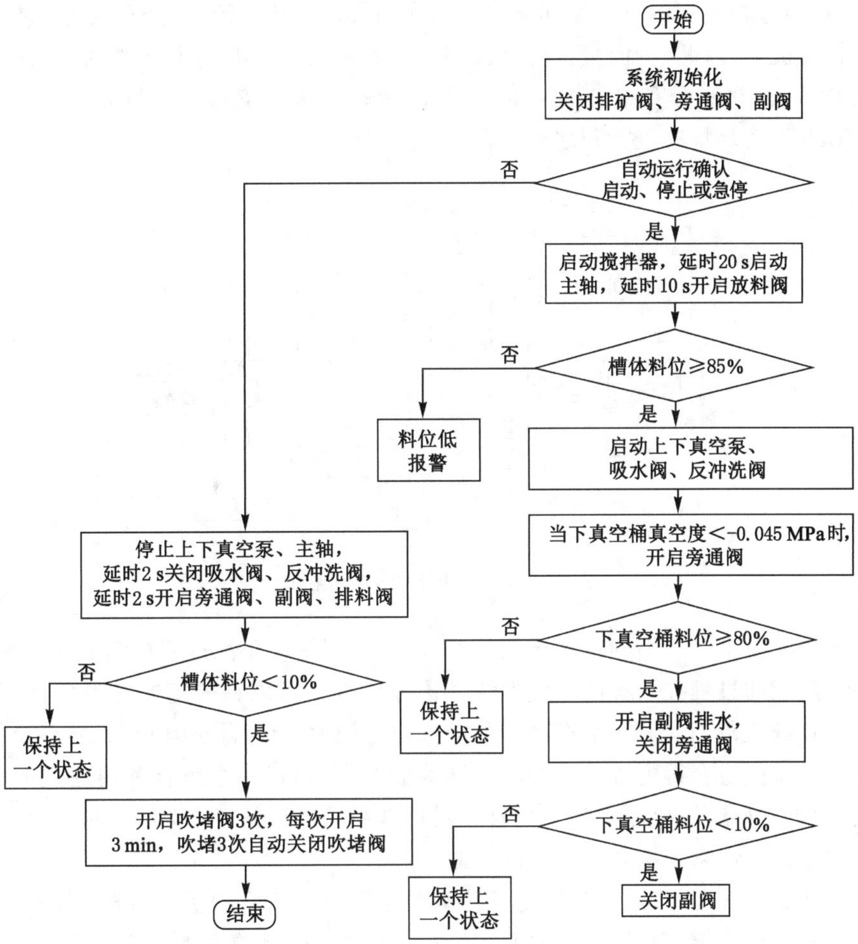

图 14-3　某选矿厂铜精矿陶瓷真空过滤机的自动过滤脱水控制策略

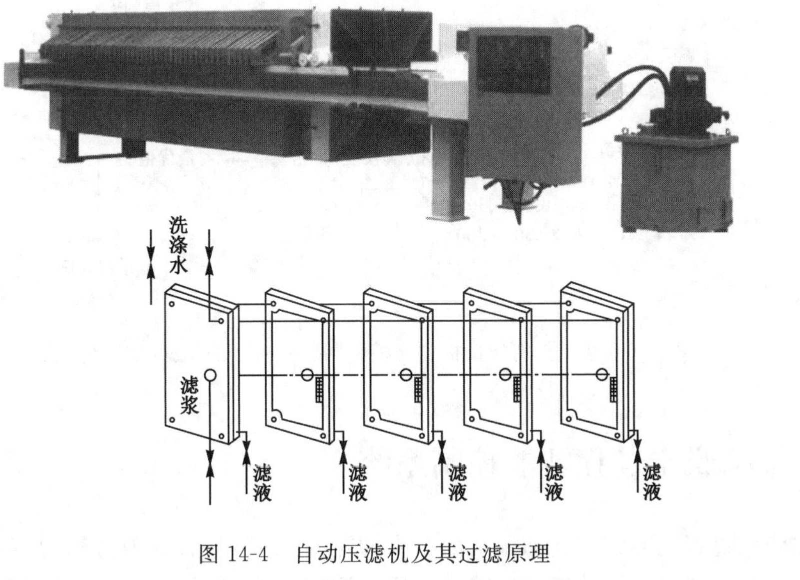

图 14-4　自动压滤机及其过滤原理

原理基础上，通过在模型的复杂性和学习能力之间寻求最佳平衡，根据有限的样本信息来获得最好的推广能力。该支持向量机仿真模型将入料浓度、入料时间、压榨时间、风干时间作为模型的输入，滤饼水分和单位面积处理量作为输出，采用支持向量机方法进行建模和仿真，在 Matlab 语言环境中进行程序设计。

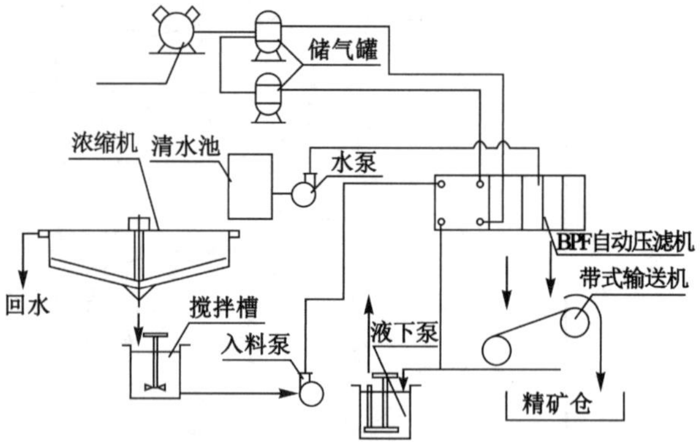

图 14-5　某金精矿自动压滤系统

在获得压滤脱水过程精确仿真模型的基础上，根据精矿压滤过程控制的特殊性，提出了一种“循序寻优”的过程控制参数寻优方法。该寻优方法可以在一定的外界条件下，在各控制参数的合理取值范围内对每个控制参数依次由小到大、小间隔循环取值，将各个控制参数取得的值进行排列组合得到各种条件的控制参数组合，对每一个组合利用建立的仿真模型进行仿真，根据不同的优化原则和优化目标对仿真结果进行循序比对找到最优结果，基于最优结果所对应的控制参数组合得到最优控制参数。

通过工业试验表明，采用支持向量机仿真模型“循序寻优”的优化方法（图 14-6）可以保证滤饼水分指标的稳定，而且可以缩短压滤作业周期至原来的 85%以下，减少压滤系统单班运行时间，节约生产能耗及成本，提高压滤作业效率。

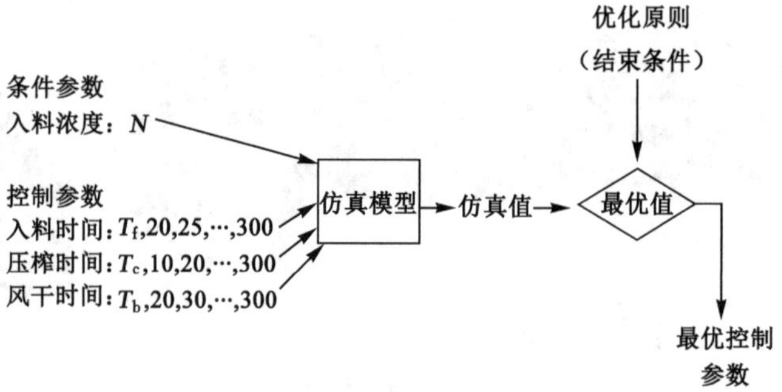

图 14-6　基于支持向量机仿真模型“循序寻优”的压滤机控制方法

14.3　浓缩脱水过程智能控制系统

浓缩脱水过程是矿物分选和湿法冶金中的重要工序，具有固液分离、提高矿浆浓度、调节上游工序生产扰动对下游工序影响的作用。浓缩脱水过程的核心设备为浓缩机，浓缩机的底流浓度是脱水过程的关键生产指标，影响着能耗经济指标和压滤机效率。通常来说，底流浓度越大，则底流泵运行时间、压滤泵运行时间越短，脱水过程能耗越小。浓缩机底流浓度受初始存矿量的影响越大，底流浓度越大。浓缩机存矿量受计划入料量、压滤机数、放矿时间等因素的影响。生产中一般要求压滤矿量总和等于浓缩机计划入料量，维持浓缩机内存矿量稳定，从而保证脱水过程稳定。

国内某选矿厂浓缩脱水过程智能控制系统功能框架如图 14-7 所示。该脱水过程主要包括浓缩机、压滤机、搅拌槽、底流泵和压滤泵等设备。该厂结合选矿生产具体需求，开发了浓缩脱水过程智能控制系统。该系统架构于基础自动化系统之上，具有浓缩脱水过程变量软测量、入料信息预测、安全监测、入料监测、底流监测、浓缩脱水过程的智能优化控制等模块。

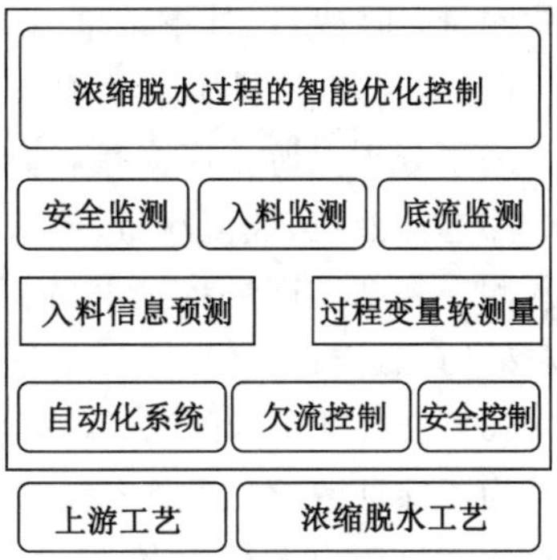

图 14-7　浓缩脱水过程智能控制系统功能框架

入料信息预测模块采用上游工艺生产数据对入料矿量数据进行预测，为入料信息监测和智能优化控制功能提供数据信息。过程变量软测量模块采用对浓缩脱水过程难以在线检测的底流浓度、泥层高度、内部矿量等变量进行软测量，为安全监测、底流矿量监测、智能优化控制等模块提供数据信息。安全监测模块对浓缩耙架液压、内部矿量等影响浓缩机运行安全的数据进行监测，入料监测模块监测入料数据，及时报警上游工序异常。底流监测模块监测底流堵塞、流量异常等情况。智能优化控制模块对浓缩脱水过程进行优化控制，优化计算浓缩机的放矿时间安排，自动控制浓缩机的底流放矿，实现浓缩脱水过程的协调高效运行。浓缩脱水过程智能优化控制系统界面如图 14-8 所示。

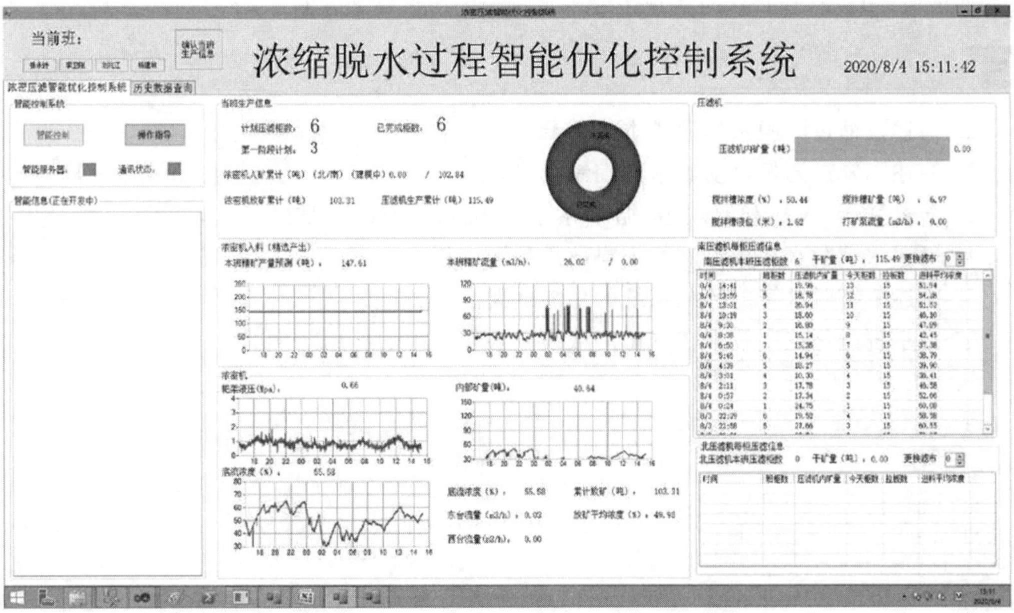

图 14-8　浓缩脱水过程智能优化控制系统界面

浓缩脱水过程智能优化控制系统功能具体包括以下四个方面。

(1) 浓缩脱水过程变量软测量

浓缩脱水过程变量数据是实现浓缩脱水智能优化控制的基础。但是由于现场生产条件限制,一些关键的变量信息难以在线检测,需要采用在线软测量进行计算。过程变量软测量功能包括对浓缩机入料浓度及流量的软测量,浓缩机底流浓度、内部矿量、泥层高度等变量的软测量,压滤机搅拌槽浓度、矿量、压滤机内矿量的软测量。

(2) 浓缩机入料矿量预测

采集分析上游工序变量,如磨矿过程的球磨机处理量,旋流器出口流量、浓度,浮选过程各个浮选柱液位、底流流量、溢流泡沫速度等数据,对浓缩机入料矿量(精矿产量)进行预测,当预测未来精矿产量将发生显著变化时,及时调整浓缩机优化控制策略,保证浓缩脱水过程的高效协调运行。

(3) 浓缩机安全监测、入料监测、底流监测

为了保证浓缩机的运行安全,需要对浓缩机的耙架液压、内部矿量进行安全监测。通过分析浓缩机历史运行数据,结合浓缩机设备参数,确定浓缩机耙架液压和内部矿量的安全上限。对浓缩机耙架液压、内部矿量的安全监测上限分别进行设定,超过安全监测上限时进行报警,并结合下游生产情况,紧急自动打开底流泵排出矿浆,保证浓缩机运行安全。对浓缩机入料矿量进行监测,当出现入料矿量过大或者过小情况时,给出警报提示信息。对浓缩机底流流量进行监测,当出现底流堵塞情况时,给出警报提示信息。

(4) 浓缩脱水过程智能优化控制

由于缺乏自动控制条件、生产过程数据不足、工人操作经验受限等因素的影响,实际生产中,浓缩脱水过程存在生产效率低、能耗高、设备损耗大、工人劳动强度大等问题。在解决了自动控制和过程变量软测量等难题后,通过优化算法对浓缩脱水过程进行优化,实现浓缩机的底流放矿自动控制,从而实现浓缩脱水过程的协调高效运行。

课后习题

1. 简述浓缩过滤脱水作业基本流程。
2. 简述陶瓷过滤机自动脱水的控制策略。
3. 简述基于 SVM 仿真模型“循序寻优”的压滤机控制原理。
4. 简述浓缩脱水智能控制的入料信息预测流程。
5. 简述浓缩脱水智能控制系统的功能框架。
6. 列举智能化控制技术在选矿厂浓缩脱水作业中的应用实例。

第 15 章　选矿厂生产管理智能化技术

选矿厂管理涉及技术、经济、人员、物料等多种生产要素的协调、调度和资源配置。要实现管理智能化，一方面要依靠生产过程信息化技术，通过对生产数据的处理和运用获得管理需要的信息，作为管理决策的依据；另一方面要依靠网络技术和通信技术提高信息的传递效率、传输质量，在保证各个管理层级获得准确、有效信息的同时，解决各个层级间的信息不对称、信息不同步现象，提高整体决策水平。

15.1　选矿厂生产经营智能化技术

选矿生产运作管理的主要任务是对生产输入、过程、输出环节信息流的有效处理，保证物料流稳定、高效流通(图 15-1)。选矿厂的生产经营管理可分为：需求与生产预测、综合生产计划、生产作业计划、精矿出厂产量管理、生产资源管理、生产质量管理。

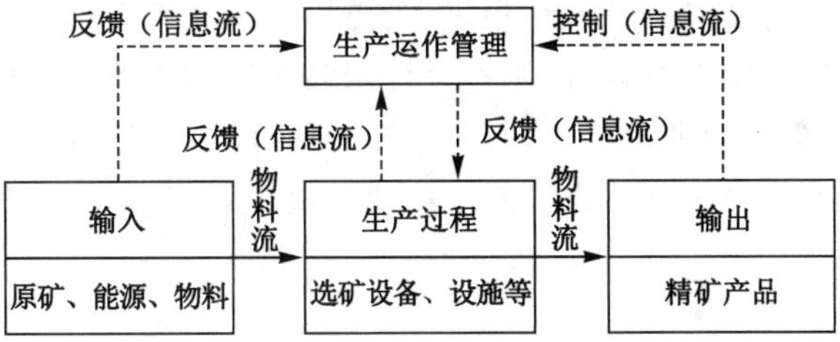

图 15-1　选矿生产信息流和物料流

(1) 需求与生产预测

一般情况下，选矿厂的需求与生产预测工作由集团公司负责开展，这些工作作为制订综合生产计划的依据。矿物价格是重要的影响因素，其影响因子有供需基本面及宏观经济形势、货币政策、金融因素。此外，矿产资源生产也会受国家宏观调控的影响。选矿厂根据集团下达的综合生产计划安排生产。

(2) 综合生产计划

选矿厂的综合生产计划主要包括原矿年处理量和金属年产量，每年滚动编制。选矿厂每年根据上年原矿品位波动情况和实际生产能力初步制订年度生产计划并上报集团，经集团综合统筹研究后批复下发，作为实际的综合生产计划。集团公司会同步下发生产质量要求，包括金属回收率(回收率低意味着金属流失、资源浪费)、精矿品位、精矿水分等。矿业公司接到集团的综合生产计划后编制生产计划表，将综合生产计划分解成月计划。

(3) 生产作业计划

生产作业计划是根据综合生产计划制订的月生产计划，一般由矿业公司按月下发至选矿厂。选矿厂根据各项生产指标完成情况制作生产报表，以班、日、月为周期统计生产进度与指标数据。如果发现当前生产完成情况偏离计划或生产质量不达标，则及时调整生产或分析工艺，形成生产作业计划与控制管理闭环。

报表自动化是选矿厂管理智能化的重要手段。选矿厂各生产环节产生的大量数据以及汇总计算得出的各项技术经济指标，都要以报表的形式逐级向上传送。这些数据包括品位指标、量值、率值等，它们通过复杂的计算相互关联，任何一个值的变动都会给生产流程中的其他指标带来变动，对产品质量和生产效率产生影响。报表自动化首先是自动收集实时生产数据、离散批次数据和人工录入数据，然后按照选矿厂的管理需求自动生成投入产出、物料平衡、物料消耗、控制系统运转率等项目的统计报表。报表的时间跨度可以根据不同岗位需求设定，报表的发布也根据不同的岗位任务进行定向发布和抄送发布。

（4）精矿出厂产量管理

选矿生产虽然是备货型生产系统，但生产的精矿产品会被直接运输至冶炼厂。选矿厂的精矿堆场可认为是库房，场地一般设计较小，仅作精矿的临时堆存。运输精矿的车辆出厂时在地磅系统称重，实时统计精矿出厂产量。精矿出厂产量反映作业计划完成情况，是生产进度的控制依据。

（5）生产资源管理

选矿厂生产资源主要包括两类：生产物料和能源介质。选矿厂根据备品备件日常消耗情况、库存及使用经验制订需求计划，并将需求计划反馈集团公司，由集团统一采购。生产物料的使用情况通过每月制作消耗统计报表、盘点库存方式管理，需要投入一定的人工。能源介质管理的主要内容为消耗统计，以制作统计报表为管理手段，可反映生产成本。通过仪表计量水、电、风、气等能源介质消耗。选矿厂按工段、车间、全厂分别作为统计单元，制作各类能源介质消耗的班、日、月统计报表。对于磨机等高能耗设备，均会独立统计电能消耗，制作成关键设备能耗统计报表。

（6）生产质量管理

生产质量管理包含安全生产、生产指标控制、金属平衡（金属矿选矿厂）、设备运转率等方面。安全生产是生产运作管理的首要任务，选矿厂通过建立管理制度来实现安全管理。生产指标直接反映生产质量，智能化技术的运用能有效提升和稳定生产指标。金属平衡通过分析实际回收率和理论回收率的关系来评估金属流失情况，管理主要参照国家颁布的金属平衡管理规范进行。设备运转的正常与否直接影响生产进度与质量，因此选矿厂建立了过程监控、日常点检、定期运维制度进行设备管理。

近年来，由矿冶科技集团有限公司提出了一种矿业集团按“云-边”架构建设信息化系统的智能管理方法，如图 15-2 所示。通过对旗下企业提供各类信息化服务方式对生产数据全面集成，促进集团信息化集约化建设，可对各生产节点综合调度，总体寻优。集团云端企业资源计划（enterprise resource planning，ERP）服务与下属选矿厂等生产企业边缘侧的制造运行管理（manufacturing operations management，MOM）系统数据互通，有利于集团精准了解当前生产质量情况和资源用量与需求，能更为精准地制订并派发综合生产计划，选矿厂也能更为精确地制订生产作业计划并执行。该架构使矿业集团从产业价值综合管理出发，根据市场变化，实现产、供、销的综合均衡，而不是拘泥于对下属各生产企业的单点管理。

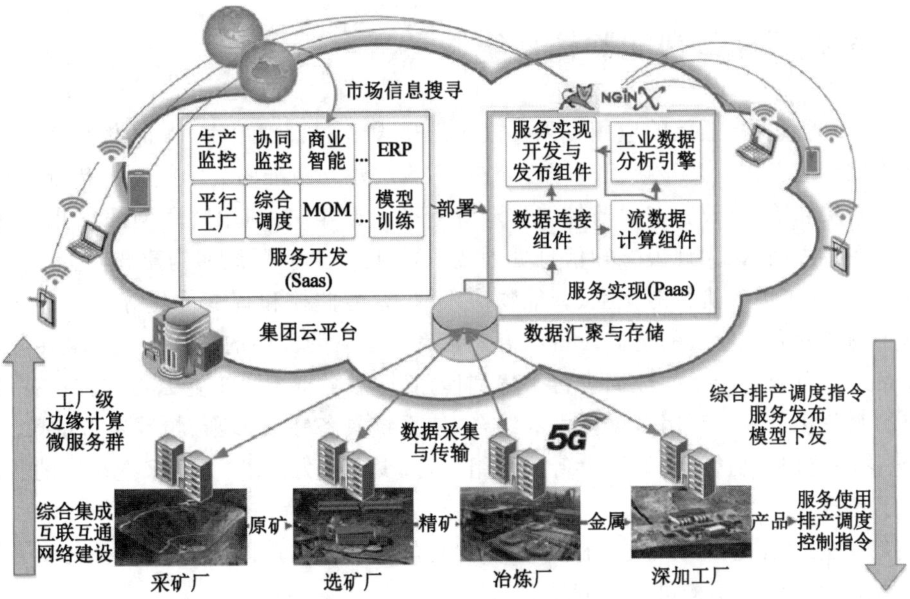

图 15-2　矿业集团“云-边”信息化建设架构

从选矿厂的角度来看,选矿生产运作管理的重点是保证物料连续和每个生产环节稳定运行。选矿厂可采用生产智能操作系统实现生产工艺流程智能控制。流程工业的设备运行稳定是生产的关键要素,设备智能运行系统将最大限度地提高设备健康运转率、节能降耗。生产运作管理上使用厂级边缘侧 MOM 服务提高管理效率,MOM 提供生产作业计划、生产资源管理、生产质量管理等多个服务。选矿厂的生产经营管理框架如图 15-3 所示。将管理环节的信息交互转变为信息系统内部的数据交互,是对当前生产运作管理手段全面信息化的升级,可将传统上的每班、每日统计数据,提高到实时统计,大幅提高决策效率。

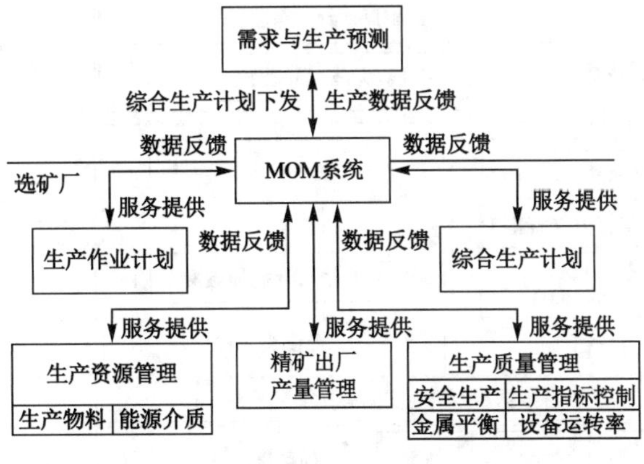

图 15-3　选矿厂的生产经营管理框架

15.2 选矿厂设备智能监控系统

在选矿厂管理中，监控的应用可以提高对选矿设备的管理效率，保证设备稳定运行，然而传统监控系统操作复杂且缺乏过程诊断技术，无法建立精准的数学模型。传统选矿 MES 存在信息断层和信息孤岛、实时监控能力弱等问题。近年来，利用物联网的感知识别技术、组网与泛在接入技术、大规模感知信息处理技术，智能化选矿厂能够构建选矿生产全过程的大数据平台，并应用人机智能交互、智能物流跟踪、智能监控和智能优化等技术于生产过程中。基于物联网和工业云的选矿设备状态监控系统是备受关注的一个方面。利用物联网技术对设备运行过程中产生的数据进行采集和传输，微服务框架将工业云与监控设备结合，完成系统的服务化过程。利用多种技术的结合，使系统具备在线诊断、精准定位故障部位、推送报警、移动监控等功能，增加了设备的利用率，减少了人力需求，为将来选矿厂的智能化发展提供了支持。

图 15-4 是学者提出的一类选矿厂设备智能监控系统结构图。该监控系统基于物联网的选矿 MES 建立，其结构可分为五层。

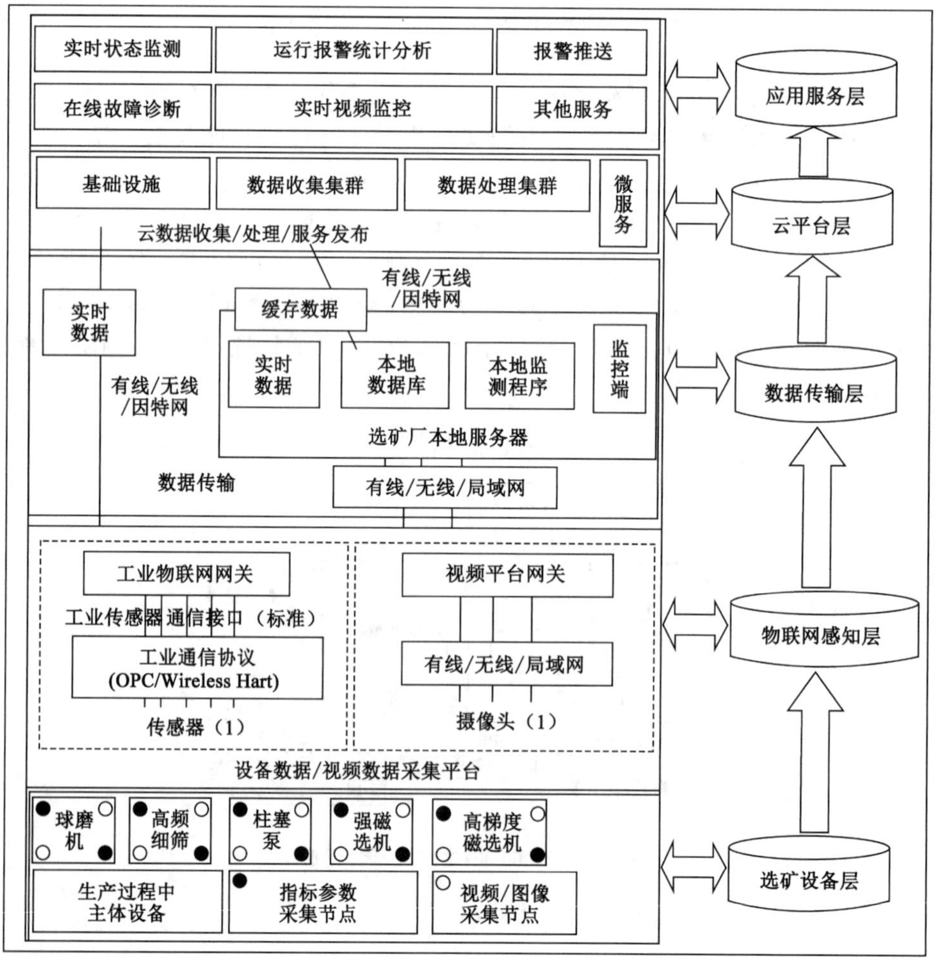

图 15-4 选矿厂设备智能监控系统结构图

(1) 选矿设备层

通过选矿设备的指标参数及视频图像采集节点,获取选矿过程中的多元数据。

(2) 物联网感知层

该层主要架构是数据采集平台、视频监控及 MES 设备管理系统形成的选矿设备物联网闭环。数据采集平台由部署在生产设备参数采集点的传感器构建而成,视频监控则通过部署在视频采集点的摄像头采集得到。

(3) 数据传输层

将物联网感知层采集的数据实时上传到工业云计算中心的实时数据收集集群中,且将数据存储至云端数据库,同时将经过现场工作站处理的数据放入数据库。

(4) 云平台层

通过在云计算设施基础上建立的数据收集和数据处理集群对数据进行分析处理,并发布与之对应的基于微服务架构的应用服务。

(5) 应用服务层

通过在工业云上部署 MES 设备管理系统,实现该系统的服务化。根据用户的不同需求提供如实时状态检测、在线故障诊断、实时视频检测及其他应用服务,能够有效降低企业使用本系统的门槛和成本。

该系统的功能设计主要分为 7 个单元,分别是基础设备信息管理单元、设备运行状况实时监控单元、设备运行维护单元、设备运行统计单元、设备运行分析单元、设备视频监控单元以及设备故障诊断单元。这些单元的功能涵盖设备基础信息管理、实时监控设备运行状态、记录设备维修情况、统计设备运行状况、分析设备故障率及综合效率、诊断设备故障等内容。这些功能的实现可以提升设备的功能性,为用户的使用提供便捷。

此外,该系统软件采用的是微服务软件构架设计模式。该模式的特点在于通过微服务将资源用 REST Web API 的形式对外公开,每一个独立的微服务都能实现一个不同特性的应用,且服务间相互独立,都有自己的操作系统进程,适用于基于工业云的分布式应用系统。选矿厂设备智能监控系统软件架构如图 15-5 所示。

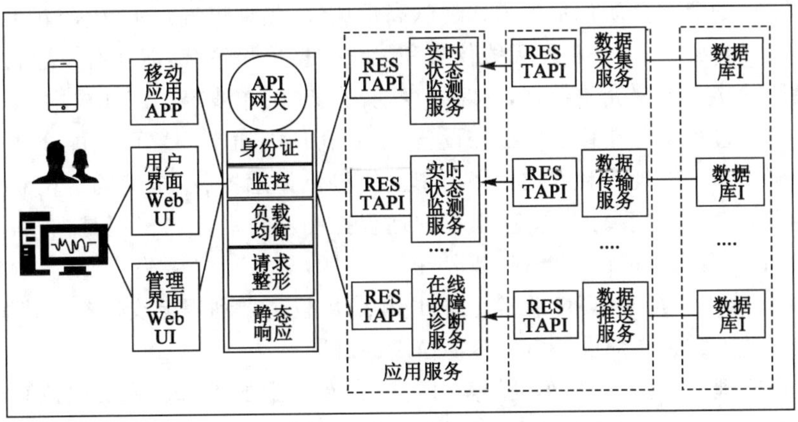

图 15-5　选矿厂设备智能监控系统软件架构

15.3 选矿厂物联网智能信息平台

对生产信息的全面采集是实现选矿生产运行优化和管理优化的基础，因此工业物联网技术在智能矿山建设中将发挥越来越大的作用。多数选矿厂已经或多或少地存在五花八门的自控和仪表单元，单个物联网架构或者一类物联网产品很难适应选矿全流程的复杂技术需求。选矿过程物联网系统的复杂性体现在多类型网络、多种通信协议、多种传感器、多种控制系统等并存的特点。因此，实现选矿生产全流程的信息互联互通、研发选矿工业全流程物联网信息数据平台是当前选矿厂实现智能化的重要前提。

选矿生产过程的特点是流程长、工序多、设备多、地域分散、环境恶劣。一方面选矿信息都需要占用大量的模拟量和开关量通道，因此受技术和成本限制，海量有用信息的采集、监视和控制不到位，选矿生产过程难以保持在优化运行状态；另一方面选矿厂现场常有噪声、粉尘等环境问题，因此需要选矿生产现场采用物联网技术，实现现场无人状况下的过程数据采集以及设备的远程操作。

选矿生产中的物联网系统需要体现多种系统、多种设备、多种网络、多种协议的有机集成。DCS 主控系统在常规意义上实现了选矿生产全流程的集中监控，保证了选矿生产过程的连续和稳定；同时，通信系统则通过现场总线通信系统实现智能现场设备和自动化系统之间的全数字、双向、多站通信连接。

在选矿生产流程中，大量的第三方成套设备也构成选矿物联网系统中的一部分，如破碎机、磨机、过滤机、浓缩机等。这些第三方成套设备往往都带有自身成套的控制系统，用于实现成套设备自身内部的监视和控制操作，如润滑系统、主电机状态、真空泵、离合器等。第三方控制系统往往通过现场总线网络（Profibus、Modbus、ControlNet 以及 DeviceNet 等）与选矿厂 DCS 主控系统进行通信，将自身的过程数据、内部设备状态及时发送给 DCS 主控系统，同时并接受 DCS 主控系统的运行指令。

在选矿生产过程中，能源介质数据的在线采集和计量对于监控选矿生产成本具有重要意义。选矿生产的能源介质包括电力、煤气（高炉煤气、焦炉煤气）、水（生产新水、尾矿回水、环水等）、蒸汽、压缩空气等。利用无线仪表和无线数据采集系统，能够有效地收集多个分散位置需要检测的多个能源介质数据，同时减少挖沟、架杆、布线等工序和成本。

在选矿生产过程中存在移动的被控设备，如矿仓顶端通常配置可逆配仓式带式输送机或者移动卸矿小车。常规控制方式是将小车上的料位传感器、小车编码定位装置等通过滑动电缆连接至 DCS 主控系统，以实现小车的远程控制和自动布料。但是，布料小车在移动过程中，滑动电缆会有可能出现磨损、断股、断芯问题，导致信号丢失，严重影响布料系统正常运行，同时维修工作量大，环境恶劣，更换电缆费用较高。利用无线传输代替滑动电缆，可以解决处于移动方式工作的设备电缆容易拉断的难题。

选矿生产管理中，对人员和车辆的实时定位也有一定的需求。人员定位系统可对选矿现场人员进行实时监测，随时查看人员数量、人员位置等信息。如果发生事故，可立即从监控计算机上查询事故现场的人员情况，显示被困人员数量，为事故抢险指挥提供科学依据。同时，也可利用系统的日常现场定位管理功能，对选矿厂区人员进行定位考勤管理。

通过移动终端和互联网或者无线网络对于工业云中的数据进行访问操作，可以实现用户对工厂运行情况的远程实时监控和移动式办公，以及数据的统一管理与分析，有效解决了传统控制系统对工程师站的依赖，具有造价低廉、维护方便、无须通过特定计算机进行控制操作、生产状态监控实时化等优点。移动监控系统结合新计算机、互联网技术，通过采用广泛应用的智能终端加云控制方式，使管理层与研发人员可以随时随地通过手机、平板等智能终端访问并监视工业系统的控制及优化现状，查看企业运行分析报告，并根据情况的需求随时下达生产指导意见。

基于上述物联网技术在选矿工业过程中的需求，有学者提出了选矿厂物联网信息平台结构，如图 15-6 所示。选矿厂物联网信息平台由选矿过程对象平台、有线物联网实验平台、无线物联网实验平台、边界网关和工业云计算数据中心组成。

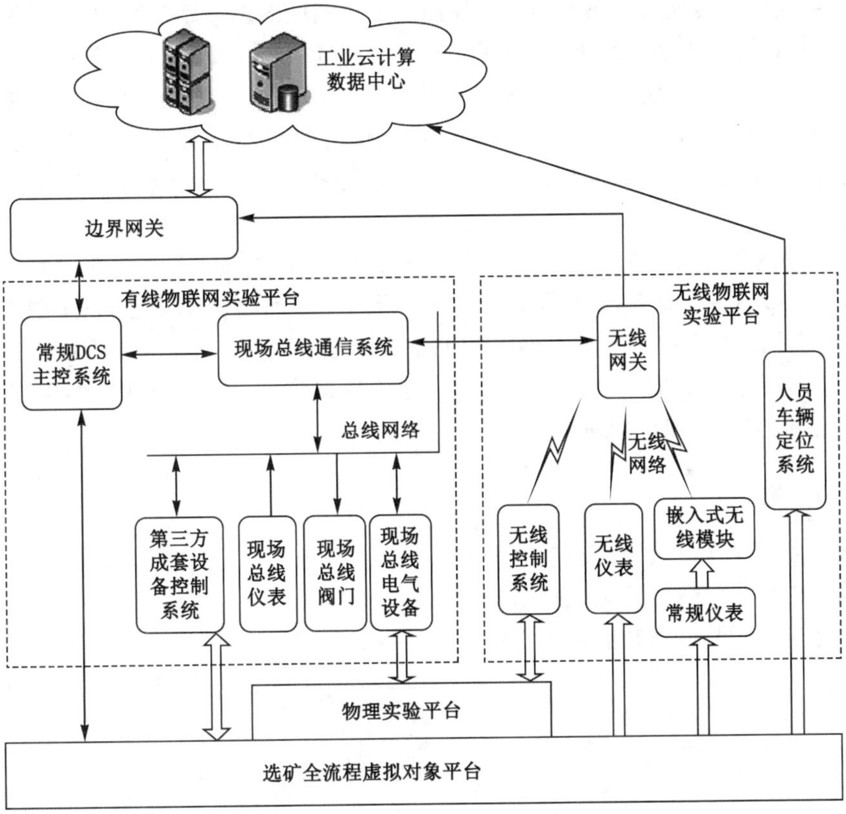

图 15-6　选矿厂物联网信息平台结构

选矿过程对象平台由选矿全流程虚拟对象平台和物理实验平台组成。选矿全流程虚拟对象平台采用仿真技术模拟选矿全流程各工序各环节的动静态特性，以及产生能源介质(电、水、煤气、蒸汽)等过程数据。物理实验平台是一套带有电加热器的冷热风混合系统，可以为有线物联网实验平台中的现场总线装置和无线物联网实验平台中的无线控制系统提供物理的被控对象，产生真实的生产过程数据。

有线物联网实验平台由常规 DCS 主控系统和现场总线通信系统组成。选矿全流程虚拟对象平台通过 OPC 通信技术实现选矿过程数据和生产指令的在线实时交互，实验人员在 DCS 主控系统上可以操作选矿生产线的设备启停和回路控制，采集大部分的选矿全流程生产过程数据。现场总线通信系统包括现场总线电气设备、现场总线阀门、现场总线仪表、第三方成套设备控制系统，它们之间通过多种协议的现场总线实现数据互联互通，而现场总线电气设备、现场总线阀门和现场总线仪表都安装在冷热风混合物理实验平台上，现场总线电气设备和现场总线阀门的动作可以直接地、真实地改变现场总线仪表的检测参数。现场总线电气设备和仪表以及第三方成套设备控制系统通过现场总线通信方式将数据上传至DCS主控系统，并接收执行主控系统发出的相关指令。有线物联网实验平台将生产数据通过边界网关上传至工业云计算数据中心。

无线物联网实验平台由无线控制系统、无线数据采集系统、无线网关和人员车辆定位系统组成。无线控制系统的被控对象是安装在冷热风混合物理实验平台上的电加热器装置，就地PLC系统可以实现电加热器的启停控制和加热温度的单回路控制，其启停指令和温度设定值指令可以通过无线网络下达，其过程数据通过无线网络上传至无线网关，再经现场总线通信系统传至DCS主控系统。考虑到选矿厂生产现场的不同需求，考虑两种无线数据采集方式，一种是直接安装无线仪表，另一种是常规仪表配嵌入式无线模块，在无线物联网实验平台上，两种仪表的信号源都是来自选矿全流程虚拟对象平台所模拟产生的4～20 mA标准电流信号。

此外，将人员车辆定位系统纳入无线物联网实验平台，通过无线基站采集移动着的人员车辆上的无线微标签信息，解析定位信息并上传至工业云计算数据中心，以实现人员和车辆移动信息的在线监控和指挥。边界网关和工业云计算数据中心负责采集全面的选矿全流程生产数据和人员车辆数据，并储存在工业云计算数据中心的数据库中，供生产执行系统(MES)使用，以实现精细化管理。

课后习题

1. 选矿厂的生产经营管理包括哪些方面？
2. 简述选矿厂设备监控系统的结构。
3. 简述选矿厂物联网智能信息平台的结构组成。

第 16 章　辅助作业智能化技术

在现代选矿厂中，除了一般的破碎、筛分、分选、脱水等作业流程外，还包含配电、监测、检修、运输、原矿准备、预选等多种选矿辅助作业。主要分选作业和辅助作业一同构成了选矿厂完整的工业运行体系，两者是选矿厂密不可分的重要组成。辅助作业一方面可以协助主要选矿过程，提高选矿效率，保证分选过程的稳定性并保证产品质量；另一方面也是保证选矿设备健康、选矿厂员工安全的重要作业。随着选矿厂分选智能化进程的不断推进，辅助作业的智能化也需要引起足够的重视。本章就当前选矿厂的辅助作业和智能化发展进行简要介绍，部分辅助作业已经在前面选煤篇介绍过，在这里就不再赘述。

16.1　智能预选技术

随着矿产资源的大量开发利用，高品位和易选矿产资源储量日趋减少，与此同时低品位和复杂难选矿产资源的增加造成矿业生产成本的自然递增，尾矿堆存大量占用土地资源及尾矿库服务年限降低，低品位和复杂难选矿产资源的经济高效开发利用越发迫切。因此预选抛尾作业逐渐进入选矿工艺中，成为当前选矿厂主要的一个辅助作业流程。预选抛尾技术主要应用于粗磨或细磨等作业前，通过预选抛弃部分废石或低品位矿石，实现原矿的预富集，提高了入选矿石品位，减少了磨选矿量，降低了细粒尾矿排出量，提高了资源利用率，减少了环境污染等。此外，还可以利用预选抛尾技术对废石和尾矿等进行处理，预富集有价组分达到边界品位，再进行选矿处理。尤其是在低品位和复杂难选矿产资源的开发利用方面，光电选矿抛尾、重选抛尾、浮选抛尾、磁选抛尾以及联合工艺抛尾获得了长足的进步和发展。

光电选矿技术是非常重要的预选抛尾技术之一，主要用于块状矿石的预选抛尾。其中，X 射线分选（XRT）技术在近年来得到了广泛的应用。XRT 技术是利用机械和电的组合进行分离矿物的选矿方法，即在 X 射线透射下，利用不同矿物成分和性质的差异，通过计算机识别建立各类矿石、围岩信息库。生产时，超高速 X 射线探测器采集系统对每一块物料进行透射识别，信号传输至计算机，经过后台快速计算判定属于矿石还是废石，下达指令启动喷吹执行机构动作，精准喷射设定的废石或矿石，实现矿废分离。该设备识别度高，识别时间短，工作效率高，抛废率大。XRT 分选机工作原理如图 16-1 所示。

水口山有色金属有限责任公司选矿厂铅锌选矿车间建立了一种以 XRT 技术为主的智能预选抛废系统。其预选抛废工艺流程如图 16-2 所示，原矿经颚式破碎机粗碎后，经洗矿预先筛分，进入中碎破碎机后进行检查筛分，筛下产品进入粉矿仓，筛上＋16 mm 产品经洗矿筛分后进入智能预选设备进行抛废作业，抛废后的精矿产品进入细碎破碎机，细碎产品与中碎产品合并进行检查筛分，形成闭路碎矿。抛废后的废石输送至废石仓外销。设计作业抛废率 25％至 30％，总抛废率 12％至 18％。

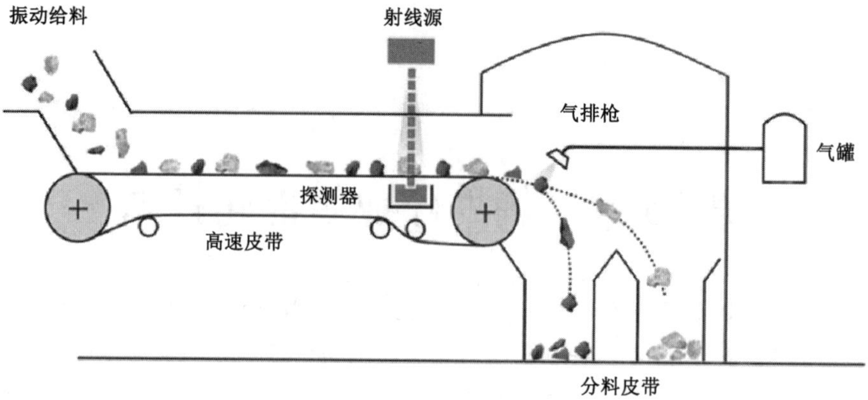

图 16-1　XRT 分选机工作原理

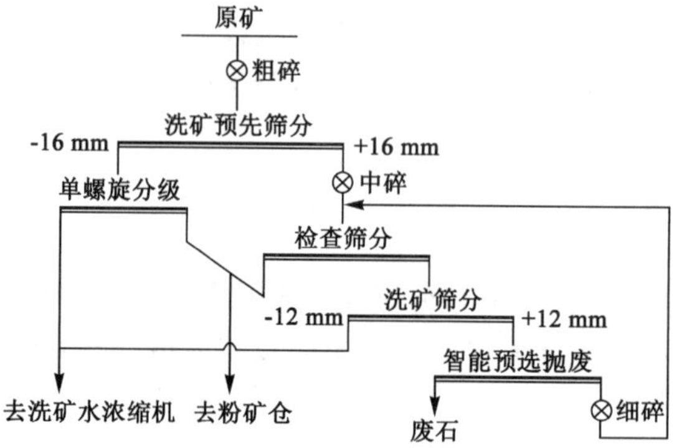

图 16-2　水口山铅锌选矿车间预选抛废工艺流程

重选抛尾技术同样在选矿厂有一定的应用。常用的重选抛尾设备有重介质旋流器、跳汰机、溜槽和离心选矿机。重介质旋流器具有分选速度快、分选精度高、台时处理能力大的特点，目前已被广泛应用于我国煤、磷矿石、萤石等非金属矿石的重选抛尾，同时在锂辉石、钨矿、铜铅锌等多金属矿、锰矿等金属矿石中也有应用，但高磨蚀性一定程度上影响了其在我国金属矿山的应用。跳汰机的优势是可以实现全粒级分选，因而分选工艺系统更简单，在钨矿、铁矿和铜铅锌锡钽铌等多金属矿重选抛尾中广泛使用，尤其在煤、磷矿石等物料的粗粒预选方面还保持较强大的生命力，设备台时效率的提高和节水性等将是努力的方向。溜槽是使用斜槽中流动的水流进行矿石分离的设备，该设备结构简单，用于预选抛尾具有单位面积处理量大和成本低等特点，但在智能化方面的应用和研究较少。离心选矿机是利用离心力场进行矿石分选的设备，其借助转筒的旋转带动矿浆呈流膜离心运动，使不同密度的颗粒因受到不同的离心力而分层和分离。离心选矿机在预选抛尾方面也有广泛的应用。

浮选抛尾技术也是选矿厂常用的预选方法。浮选抛尾多用于处理重选和磁选等抛尾效果不理想的矿石，通过浮选抛尾处理，可以将有价组分预富集到合适的品位，以便后续使用针对性强及成本高的化学选矿方法进行处理，从而更经济地综合利用矿产资源。适于浮选抛尾的矿石范围较广且抛尾率高，应该进一步推进粗粒浮选技术及设备的研发；但浮选抛尾工艺较复杂，生产运行费用高，选矿废水处理回用困难，成本高，对环境的污染较大，甚至难以满足日益苛刻的环保标准要求。

磁选抛尾技术是另外一种重要的预选技术，通过利用矿石中矿物的磁性差异实现不同矿物的分离。磁选设备的性能决定了磁选的入选粒度范围、处理能力及选别效率等。磁选设备按作业方式分为干式和湿式两类，干式磁选机用于分选大块粗颗粒强磁性矿石，湿式磁选机是利用水来实现矿物分选与提纯的，主要用于脱除矿物中的细粒级矿石及矿泥。近年来，磁选设备向复合力场及高梯度方向发展，以强化矿石分离效果，提高分选效率。复合力场磁选、高梯度磁选和超导磁选等磁选技术的应用为弱磁性细颗粒矿物的预选提供了合理的处理方法。

16.2　智能配矿技术

配矿是矿产企业生产过程中必不可少的环节之一，它将品位不同的矿石按照一定的比例进行搭配、混匀，使其达到所需的矿石品质指标。对于存在多品位矿石供货来源的采选一体化企业，配矿优化可以提高后续分选过程的分选效率、实现精矿稳定生产和降低生产成本。此外，配矿作业可以有效保证矿石达到某种品质指标的要求，而且使低品位矿石获得应用。配矿作业不仅提高了矿产资源的综合利用率，还提高了相关企业的经济效益。精准配矿对矿石的配矿精度、配矿匀度和配矿效率都有非常严格的要求，控制配矿的精度和匀度有多种工艺方法。现有矿场中，已有堆取料机能够实现自动堆料、取料作业，但配矿作业仍多为人工操作堆取料机进行，存在着诸多弊端，如人工操作受人员熟练程度、操作环境等影响，存在很大的作业误差，导致混矿的精度、匀度不稳定，出现低于或者高于预期的情况。因此，矿石配矿作业的智能化也成为矿山智能化进程中的重要组成部分。

国内学者报道了一种基于 PLC 的全自动智能配矿系统。该智能配矿系统包含全自动堆取料机控制系统、取料机数据采集以及实时流量监测控制系统三个方面。其功能如图 16-3 所示。

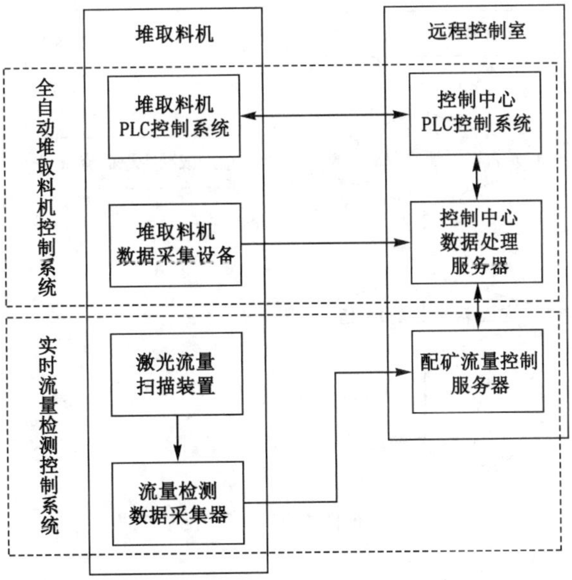

图 16-3　智能配矿系统功能

全自动堆取料机控制系统包含：堆取料机数据采集设备、堆取料机 PLC 控制系统、控制中心数据处理服务器和控制中心 PLC 控制系统。数据采集设备安装在堆取料机外部，用于采集矿场矿堆的表面数据信息及堆取料机的位置、运行状态等数据信息。堆取料机 PLC 控制系统安装于堆取料机电气房内，用于接收数据采集设备获取的各项数据信息，并与控制中心 PLC 控制系统进行数据信息与运行指令传输，控制堆取料机各运行机构进行自动化作业。控制中心数据处理服务器放置于远程控制室内，用于接收堆取料机数据采集设备获取的各项数据信息，通过程序算法得到堆取料机自动化作业运行流程指令，并将指令发送至控制中心 PLC 控制系统。控制中心 PLC 控制系统放置于远程控制室内，用于接收来自控制中心数据处理服务器下发的堆取料机自动化作业运行流程指令，将运行指令发送至堆取料机 PLC 控制系统，并与堆取料机 PLC 控制系统进行数据信息传输。堆取料机数据采集设备包括北斗/GPS 定位系统、倾角仪、三维激光扫描仪、料高检测雷达等。实时流量检测控制系统包含激光流量扫描装置、流量检测数据采集器及配矿流量控制服务器；激光流量扫描装置通过激光扫描的方式，检测获取堆取料皮带上的瞬时流量；流量检测数据采集器用于接收激光流量扫描装置获取的皮带瞬时流量数据，并将数据传输至配矿流量控制服务器；配矿流量控制服务器用于接收激光流量扫描装置获取的数据信息，并与控制中心数据处理服务器进行数据信息交互，通过程序算法得到瞬时最佳配矿流程控制指令，并通过控制中心数据处理服务器将指令发送至控制中心 PLC 控制系统。该智能配矿系统的配矿流程如图 16-4 所示。

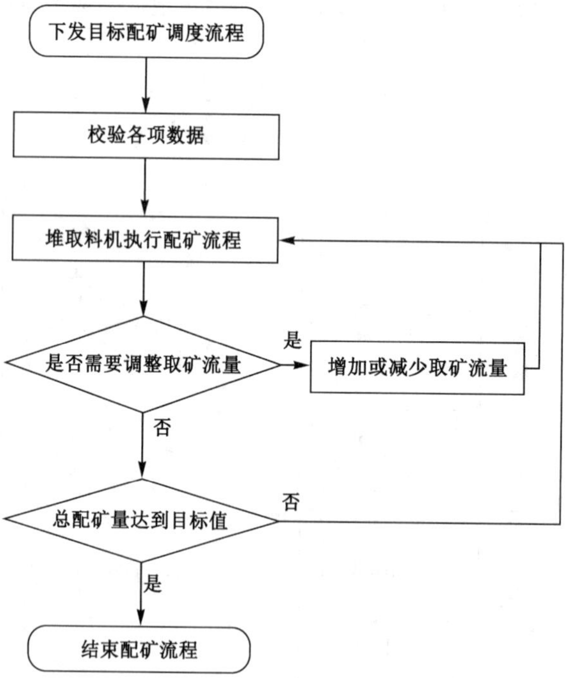

图 16-4　智能配矿系统的配矿流程

16.3　智能采样技术

在选矿厂内,矿物分选的工艺和实际过程十分复杂。只有通过对中间产品和最终产品进行取样和化验,才能反映出选矿厂达到的技术水平和存在的问题,为操作和管理提供准确依据。因此,取样是选矿厂技术质量管理的一项基础工作,是保证选矿厂高质量、稳定分选矿石的重要步骤。目前我国选矿厂取样技术包括人工取样和机械取样,由于选矿厂取样点四周的潮湿和粉尘环境,国内外选矿厂现有的机械取样机的设计寿命大大缩短,使用情况也不尽如人意,严重影响了选矿厂技术检测的有效性。取样技术和设备需要既能适应选矿厂取样环境、又能满足选矿技术检测要求,这对强化企业管理和增加企业效益有重要意义。虽然部分选矿厂采用了自动化的取样技术和机械,但我国选矿厂取样流程的智能化研究和应用均较少。

国内学者设计了一种基于 PLC 的浓缩机底流连续取样和在线检测设备。该设备结构如图 16-5 所示。系统主要由 PLC、上位机显示屏、消能式取样器、取样管、推杆电机、体积固定为 L 且带有可控开关阀的桶、称重传感器、液位继电器构成。消能式取样器用于对浓缩机底流矿浆进行在线连续取样,保证样品的稳定性和代表性以及防止矿浆沉淀。取样管用于截取消能式取样器整体样品的一部分,推杆电机用于控制取样管截取矿浆是否排入称重桶内部。体积固定为 L 的桶用于接收取样管截取矿浆样品。可控开关阀负责控制容器底部的开闭状态。称重传感器用于检测容器内矿浆的质量。PLC 负责对质量信号进行运算,得出最终的矿浆浓度数值;同时负责控制调节阀的开闭以及推杆电机的推收。上位机显示屏用于实时显示由 PLC 测出的矿浆浓度数值和体积流量数值。液位继电器用于判断容器内的矿浆是否达到设定体积。

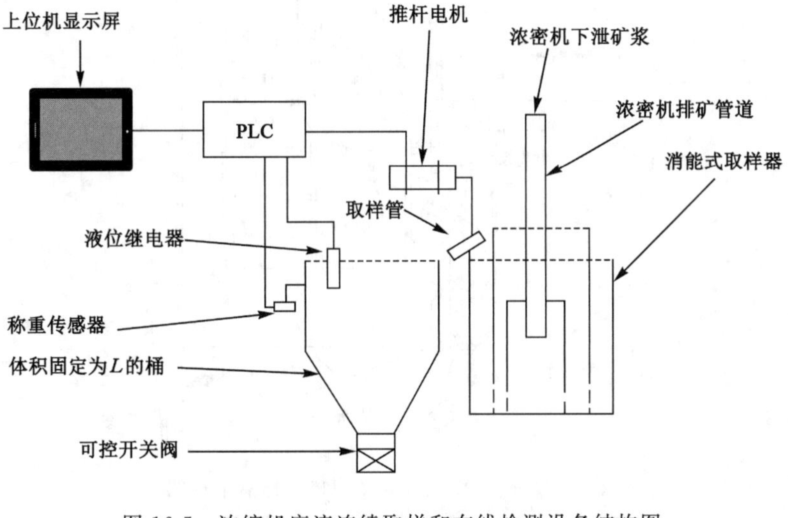

图 16-5　浓缩机底流连续取样和在线检测设备结构图

新疆紫金锌业有限公司选矿厂设计了一套自动取样和检测系统。该系统包含在线 X 荧光品位和在线粒度浓度一体化分析系统以及 6 套全自动取样器,用于磨浮原、精、尾矿及中间工艺流程的取样。该系统的结构图如图 16-6 所示。

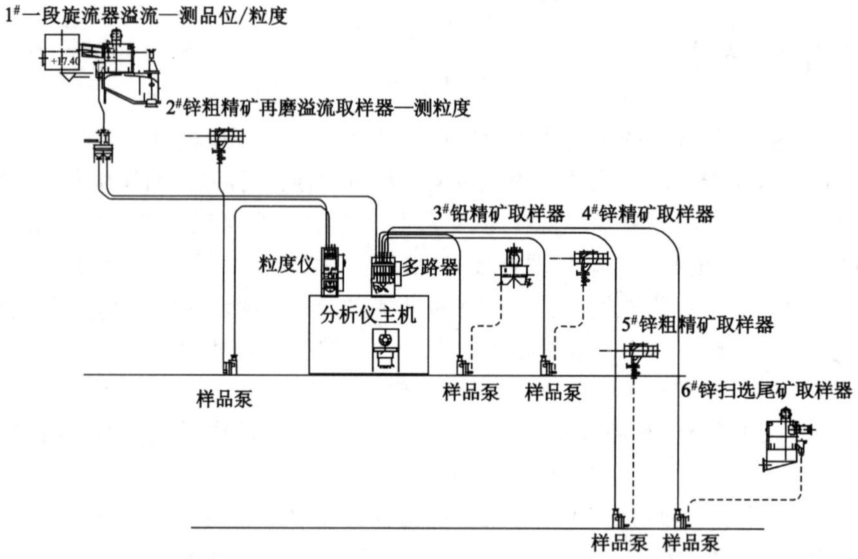

图 16-6 新疆紫金锌业有限公司选矿厂自动取样和检测系统结构图

该系统的取样装置采用大型线性移动刀口取样器，如图 16-7 所示。该取样器工作时，取样刀口在电机或气缸的带动下以稳定的线速度垂直于矿浆流动的方向切割整个矿浆流，从中取出一定量的矿浆以满足在线检测或实验室化验需求。

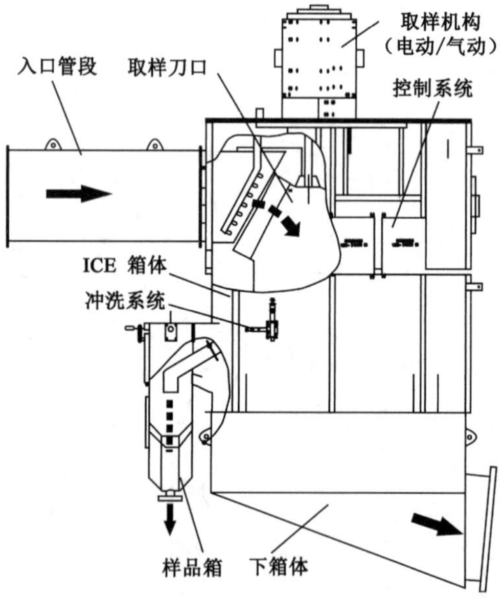

图 16-7 M1300 线性移动刀口取样器结构图

16.4 设备智能维护技术

随着选矿厂自动化、智能化水平的不断推进，近年来选矿厂也逐渐实现了现场人员的减员和无人值守的生产模式。但仍需进行必不可少的点检工作，特别是针对系统中的单台设备，如带式输送机、棒磨机及渣浆泵等设备。这些设备在运行时必须保证长周期的良好运行，因为设备故障可能导致非计划停车，进而影响系统正常生产。目前，选矿厂主要设备运行维护管理采用点巡检结合修复性维护、定期拆解维修、事后抢修等模式。设备运行状态监测手段有限，点巡检效果受工作人员经验、敬业程度、经验判断等因素影响，制约了设备能力发挥和管理水平的提升。设备早期故障无法及时发现及有效诊断，增加了非计划停车时间，也大大降低了选矿厂的生产效率。这种依靠人工和经验的运行维护策略，因缺乏数据统计支撑，不能正确评估和优化当前的运行维护模式，也不能准确预测设备状态，不契合当前数字化、智能化转型的企业管理的要求。

工业设备的维护维修分为事后维护、预测性维护以及预防性维护。事后维护是修复性维护，预测性维护和预防性维护都属于事先维护。而后两者不同之处在于预测性维护是通过安装在工业设备上的传感器实时监控设备的运行状态，预判故障可能发生的时间，如果存在故障隐患，将会自动触发报警或者维护命令；而预防性维护是凭经验记录运行状态。预测性维护是一种反应式的保养，既避免了过度维护，也防止欠维护而发生故障，在降低成本的同时提高了可靠性。预测性维护以振动、温度参数为基础，结合工艺、设备结构与设备维修数据及故障机理，对设备运行状态进行多角度、全方位的实时监测，通过传感器采集设备实时运行状态数据，进行计算、分析和判断，构成完整的状态监测系统。因此预测性维护是自动化和智能化的选矿厂最佳的维护方案。

设备维护包括几个基本的方面：设备监测、数据传输、异常诊断、故障报警以及维护建议。选矿厂预测性维护系统的基本架构如图 16-8 所示。当设备运行数据异常时，该系统能够自动报警，并通过短信、邮件以及手机 App 的方式推送给现场相关设备管理人员。现场工程师可通过软件中的分析工具对设备数据进行追踪回溯，判断当前设备状态，也可通过诊断专家支持实现云端故障诊断，帮助现场确定设备异常原因、部位、损伤严重程度、部件剩余寿命等，为运行维护检修决策提供数据支撑。

在选矿厂预测性维护中，监测技术是重要的一环。近年来，在设备监测技术中，智能巡检技术得到了广泛的应用，这里将对该技术进行简单的介绍。

智能巡检技术，又称智能巡检机器人，是一种携带红外传感器的移动设备，可实现手动和自动两种巡检模式。该技术可智能识别各类仪表设备数值，准确感知外界环境信息（温度、烟雾、可燃气体等），提供火情预警、语音识别、数据存储等多种功能，可用于多个领域，其主要作业内容是代替用户进行设备检测、数据收集以及缺陷管理等工作。目前，国内智能巡检机器人主要包括轨道悬挂式智能巡检机器人、地面移动式智能巡检机器人以及管道滚动式智能巡检机器人。三种类型的智能巡检机器人分别在不同环境下完成对外界环境以及设备的巡检及反馈。智能巡检机器人既降低了人力消耗和解决了技术问题，又能准确地提高检测精度，是当前智能化技术中比较可靠的一种巡检方式。

巡检系统要在整体上实现智能巡检，将巡检设备接入选矿厂物联网是一个可行的手段。有学者将 RFID(radio frequency identification)技术应用在选矿厂整体巡检系统中。RFID 技术是一种非接触式远距离的自动识别技术，可通过射频信号识别标签并获取预先存储的数据信息。巡检系统主要针对选矿厂设备的巡检、报修操作进行设计，同时结合设备的运行状况及相关数据推送，对设备进行点检、记录及上传。系统除包含 RFID 标签外，还配置有

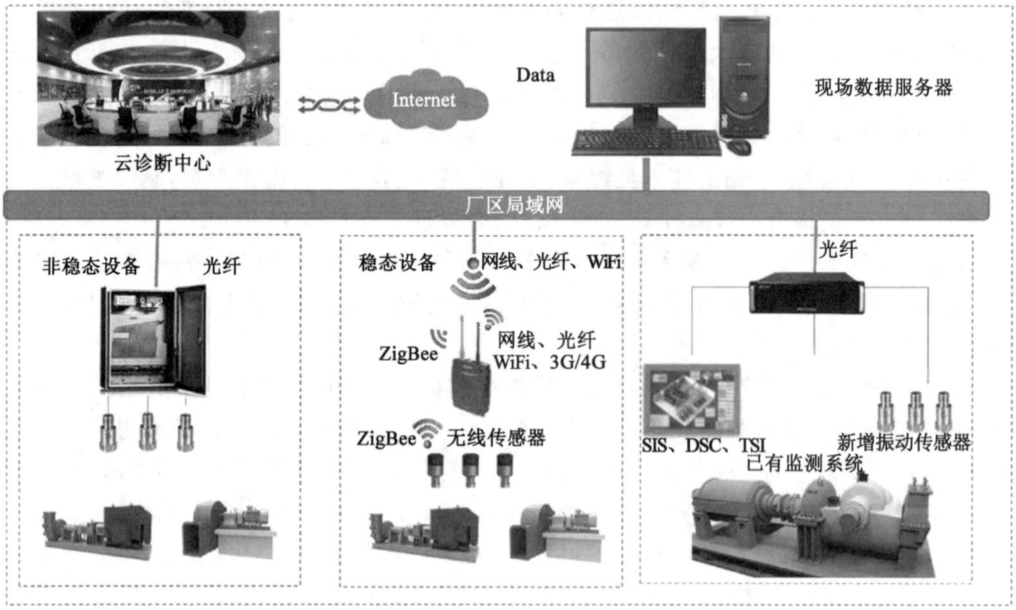

图 16-8　选矿厂预测性维护系统的基本架构

后台服务器、智能移动终端及相应的网络硬件设备。RFID 标签安装于设备侧，标签写入设备编号及基本信息。巡检服务器用于部署巡检系统服务程序，提供巡检服务并存储相关数据，同时采集 DCS 数据，以便巡检时查看各生产数据，帮助判断设备情况。智能移动终端集成有 RFID 读卡器，具备 RFID 读写功能，同时具备连接蜂窝网络的功能，用于现场设备巡检记录、数据上传、数据查看、记录查看。系统总体架构如图 16-9 所示。

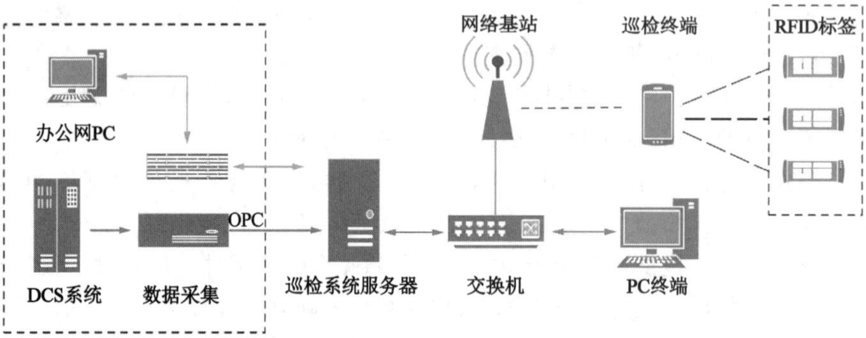

图 16-9　智能巡检系统构架

智能巡检机器人作为巡检系统前端，其智能化的研究和应用也扮演着重要的角色。矿冶科技集团有限公司研发了一种基于地磁定位导航的摇床智能巡检机器人。如图 16-10 所示，该巡检系统利用 VSLAM(visual simultaneous localization and mapping)技术，使巡检机器人能够通过视觉传感器信息确定自身空间位置，并建立所处空间的环境模型。通过传感器数据预处理、前端视觉里程计算、回环检测、点云建图定位和规划路径等方法，实现了三维地图构建和导航技术。巡检机器人主要由主控盒、人机界面、驱动系统、导航传感系统、安全保障系统、电力系统和车体框架构成。各构成组件的功能如下：工作时，机器人从起始站点出发，依次在一组摇床前方精准停止，利用工业相机自动拍摄床面矿带照片，嵌入式计算机获取到图像之后，内置的图像处理软件启动图像分割算法，寻找定位各条矿带的分界区域，经过图像空间和实际摇床的物理空间映射，得到分界区域的位置信息，同时提取到矿带宽度、颜色等特征信息。

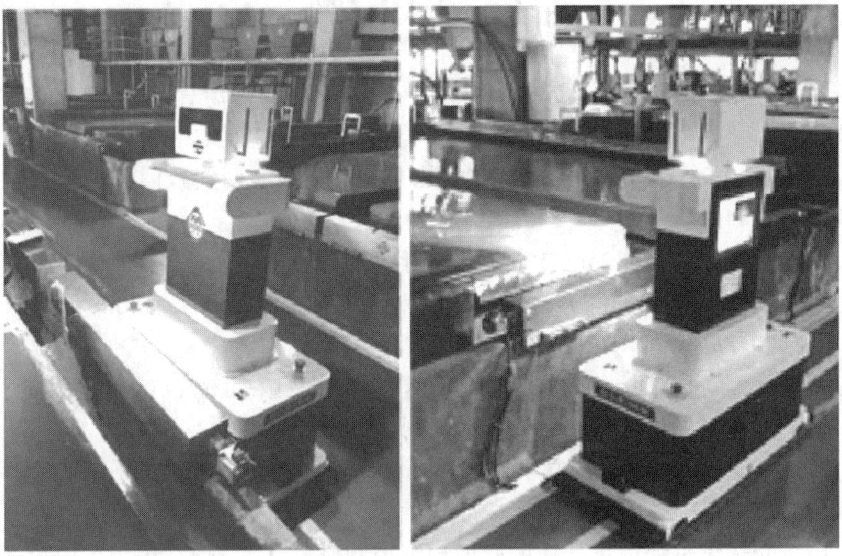

图 16-10　摇床智能巡检机器人

课后习题

1. 简述矿石预选的主要手段及智能化研究进展。
2. 简述配矿系统智能化的必要性。
3. 简述智能配矿系统的组成和配矿流程。
4. 举例说明智能取样相比传统取样的优势。
5. 简述选矿厂预测性维护系统的基本构架及优势。
6. 简述工业设备维护的分类及特征。

参考文献

[1] 敖顺福,朱家锐,徐峰,等.预选抛尾技术应用进展[J].矿产保护与利用,2021,41(4):157-163.

[2] 白龙,李振宇,罗珍平,等.除尘系统在上榆泉选煤厂的应用实践[J].煤炭加工与综合利用,2021(9):94-97.

[3] 白玮.基于选煤厂的智能配电方案优化设计[J].自动化应用,2020(10):154-156.

[4]卜斤革,陈建宏.基于粒子群算法优化 BP 神经网络的溶浸开采浸出率预测[J].黄金科学技术,2020,28(1):82-89.

[5] 蔡自兴,余伶俐,肖晓明.智能控制原理与应用[M].2 版.北京:清华大学出版社,2014.

[6] 蔡自兴.智能控制导论[M].北京:中国水利水电出版社,2007.

[7] 曹伟,商德勇,项庆欢,等.煤矿井下机械动筛跳汰机模糊逻辑控制[J].矿业科学学报,2018,3(6):568-574.

[8] 曹珍贯.重介选煤过程中重介质的密度预测控制研究[D].徐州:中国矿业大学,2014.

[9] 陈传虎,卢艳峰,刘海宽,等.基于 PLC 的选煤厂除尘系统设计与实现[J].工矿自动化,2010,36(10):8-11.

[10] 陈冬冰.基于专家系统的跳汰机风阀自动控制[D].太原:太原理工大学,2003.

[11] 陈佳欢.浮选配药与加药智能控制系统的研究与设计[D].昆明:昆明理工大学,2020.

[12] 陈文刊,李延锋,徐世辉,等.液固流化床粗煤泥分选机自动控制研究[J].煤炭工程,2011,43(8):84-86.

[13] 陈曦,葛少成,徐耀松,等.大型选煤厂粉尘在线监测与智能喷雾降尘系统研究[J].安全与环境学报,2015,15(5):69-72.

[14] 陈卓.现场总线控制系统应用中存在的问题及对策[J].光源与照明,2021(6):105-106.

[15] 程学旗,靳小龙,王元卓,等.大数据系统和分析技术综述[J].软件学报,2014,25(9):1889-1908.

[16] 邓建军,匡亚莉,赵建章,等.重介旋流器分选过程智能控制策略研究与实现[J].中国矿业大学学报,2019,48(3):624-632.

[17] 邓磊,张玉潇,陶花.基于 Na^{22+} 放射性同位素的密度计在矿浆检测上的运用[J].世界有色金属,2020(16):218-219.

[18] 邓展,王建民.基于 RBF 神经网络的磨机负荷智能控制的研究[J].矿业研究与开发,2018,38(2):89-94.

[19] 杜文杰.跳汰机床层松散度监控与风阀智能模糊控制系统设计[J].山东煤炭科技,2021,39(9):199-201.

[20] 付华，阎馨，杜忠波. 过程控制系统[M]. 北京：电子工业出版社，2018.
[21] 付家才，滕吉荣. T-S 模糊模型在跳汰机排料系统中的应用[J]. 工矿自动化，2009，35(9)：27-30.
[22] 高洁. 选煤厂块煤分选技术探讨[J]. 机械管理开发，2021，36(11)：319-320.
[23] 高明金. 工业企业中环保除尘设备的生产管理思路探索[J]. 冶金与材料，2021，41(4)：153-154.
[24] 高鹏. 煤泥沉降过程智能控制装置的研发[J]. 内蒙古煤炭经济，2016(15)：44-45.
[25] 顾强，刘炳江. 改进选煤厂防尘技术的有效途径探讨[J]. 煤炭加工与综合利用，1994(3)：18-20.
[26] 桂卫华，阳春华，徐德刚，等. 基于机器视觉的矿物浮选过程监控技术研究进展[J]. 自动化学报，2013，39(11)：1879-1888.
[27] 郭振宇，朱颖舟，邹国斌，等. 有色金属选矿生产运作管理分析与设想[J]. 中国矿业，2021，30(2)：31-35.
[28] 韩二宁，李茂龙，张国华，等. 汽车快速定量装车系统的智能化升级改造[J]. 智能矿山，2022，3(4)：78-82.
[29] 韩龙. 选煤厂设备智能故障诊断系统设计[J]. 江西煤炭科技，2021(3)：205-207.
[30] 韩晓敏，王建民，王聪聪，等. 基于超声波衰减理论的矿浆浓度计的设计[J]. 河北联合大学学报(自然科学版)，2013，35(4)：38-42.
[31] 韩益标. 智能巡检系统在选煤配电室的应用[J]. 煤炭加工与综合利用，2022(2)：48-51.
[32] 何江，张科星. 基于机器视觉的 AlexNet 网络煤矸石检测系统[J]. 煤炭技术，2022，41(3)：205-208.
[33] 贺顺. 振动筛振动监测及故障诊断系统设计研究[D]. 徐州：中国矿业大学，2022.
[34] 侯华，王旭红. 基于模糊控制的浓缩池加药系统研究[J]. 科技风，2022(21)：1-3.
[35] 侯慧姝. 过程控制技术[M]. 北京：北京理工大学出版社，2012.
[36] 侯凯，童雄，谢贤，等. 预测技术在矿物加工中的研究进展[J]. 矿产综合利用，2015(1)：7-13.
[37] 侯宗波，余家辉，王宇昊，等. 智能化粗煤泥分选控制系统的设计[J]. 煤炭加工与综合利用，2022(7)：46-48.
[38] 胡国良，胡健，姜山红. 智慧矿山磨矿过程优化控制系统设计[J]. 信息技术与信息化，2020(10)：241-244.
[39] 黄安平，罗远波. 智能预选抛废在铅锌金银多金属矿中的应用及生产实践[J]. 湖南有色金属，2022，38(4)：11-13.
[40] 黄邦松. TDS 智能干选机在双柳煤矿的应用[J]. 中国煤炭，2020，46(3)：47-50.
[41] 黄超，周福璜. 矿物加工过程中脱水设备与方法[J]. 建筑工程技术与设计，2017(18)：3940.
[42] 黄松，王敏，张静. X 射线智能选矸技术在姚桥选煤厂的应用分析[J]. 山东煤炭科技，2020(8)：186-188.
[43] 纪洪淮. 选煤厂铁路装车系统少人值守的探讨[J]. 煤炭加工与综合利用，2017(9)：

68-70.
[44] 贾布衣.选矿过程 DCS 系统的设计与应用[J].中国矿业,2019,28(S2):200-204.
[45] 蒋焱.TDS 智能分选机在阳煤集团五矿选煤厂的应用[J].煤炭加工与综合利用,2020(6):28-30.
[46] 金晓宇,尉晓珑.智能配电管理系统在吕临选煤厂的应用[J].山西焦煤科技,2020,44(7):38-41.
[47] 景广军,李松仁,梁雪梅.选矿人工智能技术的研究进展[J].国外金属矿选矿,2000,37(10):7-11.
[48] 蓝青,郭振宇,王庆凯,等.基于 RFID 技术的选矿设备移动巡检系统设计与实现[J].矿冶,2022,31(3):140-144.
[49] 雷亚国,贾峰,周昕,等.基于深度学习理论的机械装备大数据健康监测方法[J].机械工程学报,2015,51(21):49-56.
[50] 雷永顺,展仁礼,陈铁军,等.X 射线智能分选机应用于镜铁山矿难选铁矿预选工艺的试验研究[J].矿山机械,2020,48(7):56-60.
[51] 李奔.线性系统 PID 参数稳定域研究[D].南京:南京理工大学,2009.
[52] 李闯.智能浮选系统在西曲选煤厂的应用[J].煤炭加工与综合利用,2022(9):52-53.
[53] 李国清.智能矿山概论[M].北京:冶金工业出版社,2019.
[54] 李海波,王博,庞新富,等.赤铁矿混合选别过程智能运行反馈控制[J].控制工程,2018,25(12):2134-2139.
[55] 李浩.选煤厂煤尘及其防治[J].选煤技术,2010(5):71-73.
[56] 李建博,张煦.某选矿厂碎矿系统 5G+信息化建设实践[J].现代矿业,2021,37(10):150-152.
[57] 李浪.选前预排矸新工艺在淮北矿区的研究与应用[J].煤炭加工与综合利用,2022(9):54-57.
[58] 李琳,由晓芳,王凌云,等.矿物加工工程专业绿色智能化方向建设[J].中国冶金教育,2023(1):19-21.
[59] 李明旭.模糊神经网络在磨矿控制系统中的应用研究[D].天津:河北工业大学,2015.
[60] 李明旭,周颖,赵慧敏,等.补偿模糊神经网络在磨矿控制中的应用研究[J].计算机仿真,2015,32(9):340-344.
[61] 李晓强.选煤厂的智能快速定量装车系统设计[J].江西煤炭科技,2021(4):188-189.
[62] 李学龙,龚海刚.大数据系统综述[J].中国科学:信息科学,2015,45(1):1-44.
[63] 李艳崇.选煤设备机电数据远程状态监控系统的设计与实现[J].自动化与仪器仪表,2019(4):45-48.
[64] 李勇.磨矿过程参数软测量与综合优化控制的研究[D].大连:大连理工大学,2006.
[65] 李雨幕,王宇涵.选煤厂低压配电智能化改造[J].煤炭加工与综合利用,2021(1):24-26.
[66] 李雨慕.选煤厂低压配电系统智能化改造实践[J].煤炭加工与综合利用,2022(3):41-43.
[67] 栗培国.工业机器人智能巡检系统在选煤厂的应用[J].煤炭加工与综合利用,2020

(8):30-32.
[68] 梁彦国. 双碳和智能化背景下的选煤厂设计现状与展望[J]. 煤炭工程,2022,54(3):40-44.
[69] 林丽凤,靳远志,赵天波,等. TDS智能选矸系统在滨湖煤矿井下的应用[J]. 选煤技术,2020(6):49-52.
[70] 林毅晟. 可编程控制器发展现状与未来发展趋势分析[J]. 大众标准化,2020(2):115.
[71] 刘海增. 矿物加工过程控制[M]. 南京:南京大学出版社,2010.
[72] 刘鹤鸣. 选煤厂振动筛运行状态及故障诊断系统研究[J]. 机械管理开发,2021,36(2):121-123.
[73] 刘华春,李雷忠,孙学方,等. 载流X荧光品位分析仪在氧硫混合型锌矿的应用[J]. 中国矿业,2021,30(S1):151-155.
[74] 刘克颜,吴茂晗. 选煤厂智能视频监控系统设计[J]. 煤炭加工与综合利用,2017(3):6-7.
[75] 刘香君. 音叉式密度计的应用探讨[J]. 石油化工自动化,2016,52(5):73-74.
[76] 刘小会,王建南. 斜沟煤矿选煤厂智能加药系统的研究与应用[J]. 煤炭加工与综合利用,2020(8):39-41.
[77] 刘奕岑. 面向大数据的模糊推理算法及其应用研究[D]. 长沙:长沙理工大学,2018.
[78] 刘跃庆,金成志. 破碎机智能发展趋势[C]// 第七届中国国际砂石骨料大会论文集. 武汉,2020:106-108.
[79] 刘跃庆,陶勇政,何志敏. 大型破碎筛分设备远程智能监控系统设计与应用[J]. 世界有色金属,2021(19):16-17.
[80] 刘振东,王建民,杨刚. 基于改进BP-PID控制的磨矿回路控制系统的研究[J]. 矿业研究与开发,2018,38(7):99-103.
[81] 刘智慧,张泉灵. 大数据技术研究综述[J]. 浙江大学学报(工学版),2014,48(6):957-972.
[82] 吕一波,蒋振东,闫贺卿,等. 智能控制算法在流化床粗煤泥分选机中的工业应用[J]. 选煤技术,2016(4):58-62.
[83] 吕一波,王兰豪. DPMP-02型密度检测系统在哈拉沟选煤厂的应用[J]. 山西建筑,2014,40(8):244-246.
[84] 罗淇舰. 自动控制理论发展及其应用探索[J]. 中国设备工程,2019(18):230-232.
[85] 马伟. 基于模糊控制算法的跳汰机自动排料系统设计[J]. 山东煤炭科技,2021,39(9):134-136.
[86] 毛健,赵红东,姚婧婧. 人工神经网络的发展及应用[J]. 电子设计工程,2011,19(24):62-65.
[87] 毛世意,朱秋飞. 选矿厂浮选矿浆pH智能调节系统建设与应用[J]. 铜业工程,2021(2):30-33.
[88] 毛箫瑀,刘令云. 煤泥水处理智能控制研究现状[J]. 选煤技术,2022,50(2):78-85.
[89] 冒守靖. 矿浆液位与浓度智能监测与控制系统研究[D]. 长沙:长沙矿山研究院,2022.
[90] 明利军. 磁性物含量测量仪在选煤厂的应用[J]. 山西焦煤科技,2004,28(1):16-17.

[91] 穆海芳,韩君,李明.模糊 PID 算法在磨矿过程控制中的研究[J].九江学院学报(自然科学版),2019,34(2):32-35.
[92] 钮星星.智能化采制化技术发展趋向及应用探析[J].山西冶金,2021,44(3):259-261.
[93] 潘立登.过程控制技术原理与应用[M].北京:中国电力出版社,2007.
[94] 彭开香.过程控制[M].北京:冶金工业出版社,2016.
[95] 亓连超.基于物联网的选煤厂监控系统研究[J].山东煤炭科技,2021,39(7):205-207.
[96] 钱丽霞,李梁才.基于物联网的选煤厂生产与设备远程监测系统[J].选煤技术,2021(6):88-93.
[97] 钱丽霞.选煤厂智能介质添加系统研究[J].内蒙古煤炭经济,2021(21):55-57.
[98] 秦华江,王恩祥,赵涛,等.钼精矿浓缩脱水工艺研究及应用[J].现代矿业,2016,32(5):220-222.
[99] 秦少杰.煤泥水浓缩过程的药剂智能添加系统研究与应用[D].太原:太原理工大学,2021.
[100] 邱广雷.TCS 智能粗煤泥分选机的研制及应用[J].煤炭加工与综合利用,2018(7):35-37.
[101] 邱佳楷,王然风,付翔.重介质悬浮液密度宽域智能控制系统设计[J].工矿自动化,2019,45(7):33-37.
[102] 饶明生.海外矿山智能选厂建设实践[J].矿冶,2021,30(6):29-36.
[103] 任文华,鲍震,苟晓东,等.骆驼山选煤厂智能化综合管控平台的设计与实现[J].工业控制计算机,2021,34(11):138-140.
[104] 邵曙光,李鹏峰.一种机器人采制样系统在选煤厂的应用[J].中国无机分析化学,2020,10(1):20-24.
[105] 沈晓峰,张立忠,景治,等.红柳选煤厂重介质分选过程智能化操控初探[J].煤炭加工与综合利用,2020(7):39-43.
[106] 石磊.选煤厂破碎机故障在线监测系统设计[J].陕西煤炭,2020,39(2):37-39.
[107] 苏振华,谈承忠,张笃,等.光电智能抛废技术在低品位铅锌矿的试验研究[J].材料研究与应用,2021,15(2):159-164.
[108] 孙传尧,周俊武.流程工业选矿过程智能优化制造发展战略[J].有色金属(选矿部分),2019(5):1-5.
[109] 孙传尧,周俊武,王福利.基于 RBF 网络的浮选过程技术指标智能预测系统的研究[J].矿冶,2002,11(4):24-27.
[110] 孙晋永,符东旭,孟彬,等.井下跳汰排矸及矸石回填控制系统的设计[J].工矿自动化,2012,38(5):6-10.
[111] 孙小路.基于大数据的选煤信息融合与活化和重介分选在线参数的知识发现[D].徐州:中国矿业大学,2017.
[112] 孙小路,周春侠,张永志,等.选煤生产过程标准数据平台建设及其关键技术[J].煤炭工程,2021,53(1):38-42.
[113] 孙增圻,邓志东,张再兴.智能控制理论与技术[M].2 版.北京:清华大学出版社,2011.

[114] 汤化明,王玲,杨国华,等.人工智能在矿物加工技术中的应用与发展[J].金属矿山,2022(2):1-9.

[115] 陶亚东,潘月军.选煤厂煤泥水加药智能化控制系统研究[J].洁净煤技术,2019,25(5):151-155.

[116] 田蕴,李帅,王真.智能巡检机器人的发展与设计趋势探析[J].工业设计,2019(11):143-144.

[117] 汪涛,崔少华,马云.微波水分仪在马钢煤调湿技术中的应用[J].安徽冶金科技职业学院学报,2015,25(2):46-48.

[118] 汪小琪,李少华,熊向前.超声波在线粒度仪在水峪选煤厂的应用[J].选煤技术,2022,50(5):50-54.

[119] 王春丽.基于PLC的陶瓷过滤机控制系统优化设计[D].赣州:江西理工大学,2014.

[120] 王方.浓密机底流矿浆在线连续取样及浓度检测系统设计与应用[D].昆明:昆明理工大学,2021.

[121] 王海生,艾新朋.东欢坨选煤厂配电控制系统的智能化建设[J].煤炭加工与综合利用,2020(11):56-59.

[122] 王昊丹.全自动智能配矿系统的研究[J].科技创新与应用,2022,12(14):22-26.

[123] 王洪江,彭青松,杨莹,等.金属矿尾砂浓密技术研究现状与展望[J].工程科学学报,2022,44(6):971-980.

[124] 王建华.浅析无人值守的智能装车[J].信息与电脑(理论版),2020,32(23):163-165.

[125] 王建美.选煤厂煤泥压滤智能控制系统设计与应用[J].机械管理开发,2022,37(2):240-242.

[126] 王建南.新型TCS智能粗煤泥分选机在选煤厂的应用[J].山西焦煤科技,2016,40(8):14-17.

[127] 王磊.选煤厂机电设备故障分析及维护[J].山西煤炭,2021,41(1):80-83.

[128] 王鹏.X射线在线灰分仪在选煤工艺智能化的应用[J].内蒙古煤炭经济,2022(5):104-107.

[129] 王启健,于涛.黄金智慧矿山大数据分析平台研究与开发[J].有色金属(矿山部分),2021,73(6):25-31.

[130] 王庆凯.智能选矿助力矿业行业高质量发展探讨[J].智能矿山,2021,2(4):32-36.

[131] 王然风,高建川,付翔.智能化选煤厂架构及关键技术[J].工矿自动化,2019,45(7):28-32.

[132] 王新民,夏云凯.井下选煤排矸技术的发展现状及趋势[J].煤炭加工与综合利用,2020(3):6-10.

[133] 王旭,赵博实.铜浮选流程智能控制系统设计与应用[J].有色冶金设计与研究,2019,40(5):5-9.

[134] 王耀南.智能控制系统[M].2版.长沙:湖南大学出版社,2006.

[135] 王永成,杨海凤.TBS集中控制系统在西曲矿选煤厂的应用[J].露天采矿技术,2017,32(4):36-38.

[136] 王瑜,步子豪.基于工业互联网技术架构的选煤厂应用研究[J].煤炭加工与综合利

用,2022(5):63-66.
[137] 王宇涵.基于罗克韦尔 E300 的智能配电系统在选煤厂的应用[J].煤炭加工与综合利用,2019(10):8-10.
[138] 王月,赵鹏.智能化汽车装车计量系统的应用[J].山西焦煤科技,2020,44(10):34-36.
[139] 王再英,刘淮霞,彭倩.过程控制系统与仪表[M].2 版.北京:机械工业出版社,2020.
[140] 王泽雷.预富集技术研究进展[J].化工矿物与加工,2023,52(1):63-70.
[141] 韦巍.智能控制技术[M].2 版.北京:机械工业出版社,2016.
[142] 尉晓珑,曹英华.高效浮选智能加药系统在吕临能化选煤厂的应用[J].煤炭加工与综合利用,2022(7):55-58.
[143] 吴大为.浮游选煤技术[M].徐州:中国矿业大学出版社,2004.
[144] 吴伟.装车自动化在选煤厂的应用研究[J].内蒙古煤炭经济,2021(10):41-42.
[145] 吴向阳.点动式自动取样机的研制及其在生产中的应用[J].黄金科学技术,2011,19(4):77-79.
[146] 武国平,胡金良,吉日格勒.智能化选煤厂的自动采样技术发展与实践[J].煤炭技术,2021,40(1):142-144.
[147] 武涛,杨文旺,苏勇,等.选矿智能巡检机器人 VSLAM 导航技术研究[J].有色设备,2022,36(3):1-4.
[148] 武彦勇.压差式密度计在水峪选煤厂中的应用[J].机械管理开发,2017,32(11):83-84.
[149] 夏霜.基于物联网和工业云的选矿设备状态监控研究[J].电子制作,2021(11):92-94.
[150] 夏云凯,高建川,李磊.高灰易泥化炼焦煤干选预排矸工艺研究[J].山西焦煤科技,2022,46(9):19-25.
[151] 谢广元.选矿学[M].3 版.徐州:中国矿业大学出版社,2016.
[152] 谢晓东.多缸液压圆锥破碎机智能控制系统的研究[D].沈阳:沈阳工业大学,2020.
[153] 徐杰,秦士涛,王安华.智能选煤系统煤矸检测问题的研究[J].现代科学仪器,2013(4):129-131.
[154] 徐泽炜.选煤厂浮选系统自动化控制研究[J].机械管理开发,2022,37(6):232-233.
[155] 薛红伟,高攀.上湾选煤厂工业控制系统与智能监控系统联动研究与应用[J].洁净煤技术,2020,26(S1):98-102.
[156] 薛红伟,粟翠华.上湾选煤厂数字配电系统的研发和应用[J].洁净煤技术,2020,26(S1):87-91.
[157] 严凡涛,刘英驰,李传伟,等.BPSM-Ⅲ型在线粒度分析仪在辽宁排山楼金矿的应用[J].中国矿业,2019,28(S2):455-459.
[158] 杨大海,杨康,刘旌.跳汰机床层状态智能有源探杆[J].煤质技术,1998(3):33-34.
[159] 杨文旺,何庆浪,兰希雄,等.选矿摇床智能巡检机器人开发与应用[J].有色金属(选矿部分),2020(5):102-106.
[160] 姚良俊,田永红,周哲.Courier 6i SL 载流 X 荧光分析仪在某钼选厂的应用[J].中国

钼业,2021,45(3):35-37.
[161] 叶西宁,凌志浩.智能仪表原理与设计技术[M].3版.上海:华东理工大学出版社,2021.
[162] 印万忠.尾矿浓缩技术与设备的最新进展[J].金属矿山,2016(7):78-83.
[163] 于潇宇,于海波,於春慧,等.跳汰精煤灰分自动跟踪的闭环控制与跳汰机、风、水、给、排的相关性[C]//2014'中国选煤发展论坛论文集.北京,2014:55-61.
[164] 袁鹏涛.可变煤质的重介分选过程悬浮液密度设定智能决策与控制研究[D].太原:太原理工大学,2020.
[165] 袁小锋,桂卫华,陈晓方,等.人工智能助力有色金属工业转型升级[J].中国工程科学,2018,20(4):59-65.
[166] 岳恒,李健,庞为光,等.选矿工业全流程物联网实验平台的研发[J].控制工程,2017,24(4):909-916.
[167] 张道福.付村煤业选煤厂智能化建设实践[J].智能矿山,2022,3(10):44-53.
[168] 张建成.智能装车系统在哈尔乌素选煤厂的应用[J].工矿自动化,2021,47(S2):94-96.
[169] 张进帅.基于PLC的选煤厂精煤自动装车控制系统应用研究[J].机械管理开发,2021,36(6):253-255.
[170] 张民慧.红外水分测定仪原理及应用范围[J].衡器,2008,37(1):13-15.
[171] 张绍先.智能风水联动喷雾系统在马头洗选厂的应用[J].选煤技术,2020(1):95-98.
[172] 张天开,于春风,张冬梅.基于PLC的灰分回控跳汰机控制系统的研制[J].电气传动,2008,38(2):43-46.
[173] 张棪,曹健.面向大数据分析的决策树算法[J].计算机科学,2016,43(S1):374-379.
[174] 张雁云.巡检机器人在选煤厂配电室的应用[J].自动化应用,2021(10):100-102.
[175] 张永超,于智伟,丁丽林.基于机器视觉的煤矸石检测研究[J].煤矿机械,2021,42(4):32-34.
[176] 张勇.粗糙集-神经网络智能系统在浮选过程中的应用研究[D].大连:大连理工大学,2006.
[177] 张育铭.选煤标准数据平台中生产过程控制信息融合及应用研究[D].徐州:中国矿业大学,2020.
[178] 张云刚,王志春.基于RBF神经网络的磨矿粒度软测量模型及实现[J].计算机测量与控制,2017,25(1):38-39.
[179] 章宏令.潘集选煤厂智能化建设实践与路径探索[J].智能矿山,2022,3(10):54-60.
[180] 赵超越.基于案例推理的磨矿分级过程优化研究[D].沈阳:东北大学,2015.
[181] 赵大勇.赤铁矿磨矿全流程智能控制系统的研究[D].沈阳:东北大学,2015.
[182] 赵建林,初文晓.跳汰机各层松散度综合检测的研究与实现[J].选煤技术,2010(3):61-64.
[183] 赵亮,孙魁元,韩宝虎,等.基于人工智能视频分析的选煤厂安全管理研究[J].中国安全科学学报,2021,31(S1):19-23.
[184] 赵鹏,王月.选煤厂自动采样机的研究与选型分析[J].煤炭技术,2021,40(6):

194-196.

[185] 赵晓红,张明明,温智平.智能控制技术在煤泥浮选过程控制中的应用[J].选煤技术,2022,50(3):85-91.

[186] 赵忠宝.ZZ-89 系列 γ 射线 A 型和 C 型煤灰分仪在煤化工企业的应用[J].煤炭加工与综合利用,2012(2):43-46.

[187] 郑毅.智能粗煤泥分选机在鲍店选煤厂的应用[J].选煤技术,2021(5):82-86.

[188] 中国煤炭加工利用协会.智能化选煤厂建设 通用技术规范:T/CCT 005.1—2020[S].北京:中国标准出版社,2020.

[189] 中华人民共和国自然资源部.智能矿山建设规范:DZ/T 0376—2021[S].

[190] 周博文,王然风,付翔.基于浮选尾煤图像的灰分检测试验研究[J].矿业研究与开发,2021,41(8):172-177.

[191] 周成,赵海利,李传伟,等.BDAS-Ⅰ型在线矿浆浓度计的设计[J].中国矿业,2020,29(S1):213-216.

[192] 周成,赵建军,李传伟,等.线性移动刀口取样器的设计及应用[J].有色冶金设计与研究,2019,40(6):13-18.

[193] 周娟华,李太友.《智能化选煤厂建设 通用技术规范》标准解读[J].煤炭加工与综合利用,2022(1):71-78.

[194] 周俊武,孙传尧,王福利.基于 RBF 网络的浮选技术指标预报模型的研究[J].有色金属(选矿部分),2002(1):39-44.

[195] 周俊武,徐宁.智能选矿厂架构设计[J].自动化仪表,2016,37(7):1-5.

[196] 周平.复杂磨矿过程运行反馈控制方法及应用研究[D].沈阳:东北大学,2013.

[197] 周媛,周璐,王永超,等.煤炭机器人智能制样系统性能分析与试验研究[J].中国煤炭,2019,45(7):44-51.

[198] 朱建军.选煤厂智能照明控制系统的设计[J].煤炭加工与综合利用,2020(1):10-13.

[199] 朱黎阳,王国文.浅谈预测性维护技术在选矿厂的应用[J].矿山机械,2022,50(6):77-79.

[200] 朱亚坤,孟国营,赵国瑞,等.选煤厂大型设备状态监测与故障诊断系统[J].煤炭技术,2018,37(10):309-312.

[201] 邹国斌,李康,王庆凯,等.基于分步协调优化的浓缩脱水过程智能控制方法和系统[J].有色金属工程,2021,11(7):68-74.

[202] 邹国斌,王庆凯,徐宁,等.基于物料平衡和智能工况识别的磨矿分级专家系统[J].有色金属(选矿部分),2015(6):74-77.

[203] CAO W Y,WANG R F,FAN M Q,et al. A new froth image classification method based on the MRMR-SSGMM hybrid model for recognition of reagent dosage condition in the coal flotation process[J]. Applied Intelligence,2022,52(1):732-752.

[204] CHAI T Y,GENG Z X,YUE H,et al. A hybrid intelligent optimal control method for complex flotation process[J]. International Journal of Systems Science,2009,40(9):945-960.

[205] CIERPISZ S, JOOSTBERENS J. Monitoring of coal jig operation using a radiometric meter with a variable time of measurement[J]. IOP Conference Series: Materials Science and Engineering,2018,427(1).

[206] IZADI H,SADRI J,BAYATI M. An intelligent system for mineral identification in thin sections based on a cascade approach[J]. Computers & Geosciences,2017,99(C):37-49.

[207] LIU J P,GUI W H,TANG Z H. Flow velocity measurement and analysis based on froth image SIFT features and Kalman filter for froth flotation[J]. Turkish Journal of Electrical Engineering & Computer Sciences,2013,21:2378-2396.

[208] MOHANTY S. Artificial neural network based system identification and model predictive control of a flotation column[J]. Journal of Process Control,2009,19(6):991-999.

[209] OJEDA P,BERGH L G,TORRES L. Intelligent control of an industrial thickener[C]//2014 13th International Conference on Control Automation Robotics & Vision (ICARCV). Singapore. IEEE,2014:505-510.

[210] PEREIRAA A C, OLIVERA C A C, MERMA A G, et al. Mineral bioflotation optimization: comparison between artificial neural networks and response surface methodology[J]. Minerals Engineering,2021,169:106983.

[211] QUINTANILLA P,NEETHLING S J,BRITO-PARADA P R. Modelling for froth flotation control: a review[J]. Minerals Engineering,2021,162:106718.

[212] SBARBARO D,CARVAJAL G. Supervision of control valves in flotation circuits based on artificial neural network[M]//Lecture Notes in Computer Science. Heidelberg:Springer Berlin Heidelberg,2005:451-456.

[213] XU N, WANG X,ZHOU J,et al. An intelligent control strategy for thickening process[J]. International Journal of Mineral Processing,2015,142:56-62.

[214] ZHANG Q,CHEN H,WANG J Y,et al. Computer intelligent cloud server platform of coal preparation plant based on big data cloud technology[C]//Journal of Physics: Conference Series. IOP Publishing,2021,2083(4):042066.